HAMILTON

Handbuch für den Feuerwehrmann

19., neu bearbeitete Auflage, 2000,
319.–343. Tausend

begründet von

Brandoberamtmann a. D. Walter Hamilton †
ehem. Leiter der Feuerwehrschule in Loy

neu bearbeitet von

Dipl.-Ing. Ulrich Kortt
Landesbranddirektor im Innenministerium
Baden-Württemberg

Dipl.-Ing. Rolf Schmid
Branddirektor im Innenministerium
Baden-Württemberg

Dipl.-Ing. Hermann Schröder
Leiter des Landesfeuerwehrschule
Baden-Württemberg

Richard Boorberg Verlag
Stuttgart · München
Hannover · Berlin · Weimar · Dresden

Die Deutsche Bibliothek – CIP-Einheitsaufnahme

Hamilton, Walter:
Handbuch für den Feuerwehrmann / Hamilton.
Begr. von Walter Hamilton. Neu bearb. von
Ulrich Kortt ... – 19., neu bearb. Aufl. –
Stuttgart ; München ; Hannover ; Berlin ;
Weimar ; Dresden : Boorberg, 2000
ISBN 3-415-02554-3

Satz: Günter Heimbach, Stuttgart
Druck und Bindung: Clausen & Bosse, Leck

Vorwort zur 19. Auflage

Das Handbuch für den Feuerwehrmann erscheint nunmehr bereits in der 19. Auflage. Das Handbuch ist sowohl bezüglich des Inhalts als auch des Layouts grundlegend überarbeitet und aktualisiert; zudem wurde die optische Lesbarkeit durch Einsatz von Mehrfarbendruck erhöht.

Die starke Nachfrage belegt, daß dieses Buch in der Praxis nach wie vor als wertvolles Nachschlagewerk Verwendung findet, das das notwendige Wissen in kurzer, aber ausreichender Form vermittelt. Beibehalten wurde deshalb bewußt die bewährte Form der „Frage- und Antwortbehandlung" der Themen und die Herausgabe des Werkes als Handbuch.

Die Bearbeiter hoffen, daß das Handbuch wie bisher guten Anklang als Nachschlagewerk in der täglichen Praxis und im Ausbildungsbereich findet.

Im Oktober 1999

Ulrich Kortt
Rolf Schmid
Hermann Schröder

Inhalt

Abkürzungen der Feuerwehr

AA	Arbeitsausschüsse in der Normungsarbeit
AB	Abrollbehälter
Abt.	Abteilung
AFFF	Aqueous Film Forming Foam (flüssigkeitsfilmbildendes Schaummittel)
AGBB	Arbeitsgemeinschaft betrieblicher Brandschutz
AGBF	Arbeitsgemeinschaft der Leiter der Berufsfeuerwehren
AGIuK	Arbeitsgemeinschaft Information und Kommunikation
AL	Anhängeleiter
amtl.	amtlich
ASB	Arbeiter-Samariter-Bund
AU	Abgasuntersuchung
A-Tr	Angriffs-Trupp
A-TrFü	Angriffs-Truppführer
A-TrM	Angriffs-Truppmann
AWeFü	Amtswehrführer
BA	Brandamtmann
BAR	Brandamtsrat
BAss	Brandassessor
BBI	Bezirksbrandinspektor / Bezirksbrandinspekteur
BBM	Bezirksbrandmeister
BD	Branddirektor
BeFü	Bereichsführer
BF	Berufsfeuerwehr
BFI	Bezirksfeuerwehrinspekteur
BFV	Bezirksfeuerwehrverband
BG	Behältergerät mit Druckluft (Preßluftatmer)
Bgm.	Bürgermeister
BI	Brandinspektor
BIA	Brandinspektoranwärter
Bln	Berlin
BM	Brandmeister / Mehrzweckstrahlrohr Größe B

BOA	Brandoberamtmann
BOAR	Brandoberamtsrat
BOI	Brandoberinspektor
BOIzA	Brandoberinspektor zur Anstellung
BOR	Brandoberrat
BOS	Behörden und Organisationen mit Sicherheitsaufgaben
BR	Brandrat
Br	Bremen
Brb	Brandenburg
BRef	Brandrefendar
BRH	Bundesverband für das Rettungshundewesen e.V.
BRzA	Brandrat zur Anstellung
BtF	Betriebsfeuerwehr
BuK	Brand unter Kontrolle
BW	Baden-Württemberg
By	Bayern
CEN	Europäisches Komitee für Normung (Comité Européen de Normalisation)
CM	Mehrzweckstrahlrohr Größe C
CTIF	Internationales technisches Komitee für vorbeugenden Brandschutz und Feuerlöschwesen (Comité Technique International du Feu)
D	Deutschland
d	dienstlich
Dez.	Dezernat
DFV	Deutscher Feuerwehrverband
DIN	Deutsches Institut für Normung
Dipl.-Chem.	Diplom-Chemiker
Dipl.-Ing.	Diplom-Ingenieur
Dipl.-Phys.	Diplom-Physiker
Dir.	Direktor
DirBeFü	Direktionsbereichsführer
DJF	Deutsche Jugendfeuerwehr
DL	Drehleiter
DLK	Drehleiter mit Korb

DLRG	Deutsche Lebens-Rettungs-Gesellschaft
DM	Mehrzweckstrahlrohr Größe D
DN	Nenn-Durchmesser
DRK	Deutsches Rotes Kreuz
DVFG	Deutscher Verband Flüssiggas e.V.
DVGW	Deutscher Verein des Gas- und Wasserfachs e.V.
E	Entwurf (einer Norm)
EG	Europäische Gemeinschaft
EL	Einsatzleitung
ELW	Einsatzleitwagen
EN	Europanorm
EStuK	Einsatzstelle unter Kontrolle
ETK	Einheits-Temperaturzeit-Kurve
EU	Europäische Union
F	Feuerwiderstandsklasse (z. B. F 30), Feuerwehr
FA	Feuerwehrassistentin
FAA	Feuerwehrassistentin-Anwärter
FF	Freiwillige Feuerwehr
FH	Fachhochschule
FM	Feuerwehrmann
FMA	Feuerwehrmann-Anwärter
FMzA	Feuerwehrmann zur Anstellung
FNFW	Fachnormenausschuß Feuerwehrwesen
FP	Feuerlösch-Kreiselpumpe
FS	Fernschreiben
FSp	Fernspruch
FuG	Sprechfunkgerät
FuMe	Funkmeldeempfänger
FuSp	Funkspruch
FW	Feuerwache
Fw	Feuerwehr
FwA	Feuerwehranhänger
FwDV	Feuerwehr-Dienstvorschrift
FwH	Feuerwehrhaus
FwK	Feuerwehrkran

FwLts	Feuerwehr-Leitstelle
FwSP	Feuerwehrstützpunkt
FZ	Fanfarenzug
GemBM	Gemeindebrandmeister
GemWeFü	Gemeindewehrführer
GG	Gefahrengruppe nach FwDV 9/1/Gefahrgut
GGVS	Gefahrgutverordnung Straße
GKTW	Großraum-Krankentransportwagen
GM	Gelenkmast mit Bühne
Gr	Gruppe
GrFü, GF	Gruppenführer
GRTW	Großraum-Rettungswagen
GSF	Gesellschaft für Strahlen- und Umweltforschung
GSG	Gefährliche Stoffe und Güter
GUP	Gefahrgutumfüllpumpe
GUV	Gemeindeunfallversicherung
GW	Gerätewagen
GW-A	Gerätewagen-Atemschutz
GW-Dekon	Gerätewagen-Dekontamination
GW-G	Gerätewagen-Gefahrgutbeseitigung
GW-Li	Gerätewagen-Licht
GW-Öl	Gerätewagen-Ölbeseitigung
GW-Rüst	Gerätewagen-Rüstmaterial
GW-Str	Gerätewagen-Strahlenschutz
GW-W	Gerätewagen-Wasserrettung
H	Holz/Hydrant
h	Stunde
HBM	Hauptbrandmeister
Hmb	Hamburg
He	Hessen
HFA	Hauptfeuerwehrassistentin
HFM	Hauptfeuerwehrmann
HFuG	Handsprechfunkgerät
HLM	Hauptlöschmeister

ISO	Internationale Normierungsorganitsation (International Organisation for Standardization)
JF	Jugendfeuerwehr
JFM	Jungfeuerwehrmann
JFW	Jungendfeuerwehrwart
JGrl	Jugendgruppenleiter
JUH	Johanniter-Unfall-Hilfe
K	Kohlenstoffdioxid, Kohlensäure (Löschmittel)
Kat.	Katastrophe
KatS	Katastrophenschutz
KBI	Kreisbrandinspektor, Kreisbrandinspekteur
KBM	Kreisbrandmeister
KBR	Kreisbrandrat
Kdt	Kommandant
KFI	Kreisfeuerwehrinspekteur
KFV	Kreisfeuerwehrverband
KTW	Krankentransportwagen
KW	Kalenderwoche
KWeFü	Kreiswehrführer
LB	Löschboot
LBD	Landesbranddirektor
LBeFü	Landesbereichsführer
LBI	Landesbrandinspektor
LBM	Landesbrandmeister
LF	Löschgruppenfahrzeug
LFI	Landesfeuerwehrinspekteur
LFS	Landesfeuerwehrschule
LFV	Landesfeuerwehrverband
LG	Leichtschaumgenerator
LJFW	Landesjugendfeuerwehrwart
LK	Löschkreuzer
LM	Löschmeister / Leichtmetall
LP	Lenz-Kreiselpumpe
LSA	Sachsen-Anhalt

Ltd.	Leitender
LtS	Leitstelle
LZ	Löschzug
LZ-R	Löschzug-Rettung
LZ-W	Löschzug-Wasserversorgung
Ma	Maschinist
Me	Melder
MHD	Malteser-Hilfsdienst
mob.	Mobil(telefon)
MTF	Mannschaftstransportfahrzeug
MTW	Mannschaftstransportwagen
MV	Mecklenburg-Vorpommern
MZ	Musikzug
MZB	Mehrzweckboot
NAW	Notarztwagen
Nds	Niedersachsen
NEF	Notarzteinsatzfahrzeug
N. N.	nicht bekannt (bei Personen; nomen nescio)
NRW	Nordrhein-Westfalen
OB	Oberbürgermeister
OBD	Oberbranddirektor
OBI	Oberbrandinspektor
OBM	Oberbrandmeister
OBR	Oberbrandrat
OFA	Oberfeuerwehrassistentin
OFM	Oberfeuerwehrmann
OLM	Oberlöschmeister
OrtsBM	Ortsbrandmeister
OrtsWeFü	Ortswehrführer
OStD	Oberstadtdirektor
P	BC-Pulver (Löschmittel für Brandklassen B und C)
PA	Presslutftatmer
PF	Pflichtfeuerwehr

PG	ABC-Pulver (Löschmittel für Brandklassen A, B u. C)
PM	D-Pulver (Löschmittel für Brandklasse D)
PN	Normaldruck (Pressure Normal)
ppb	ein Milliardstel (parts per billion)
ppm	ein Millionstel (parts per million)
prEN	Entwurf einer Europäischen Norm (projet de norme européenne)
Ref.	Referat
ReLts	Rettungs-Leitstelle
RetW	Rettungswache
RG	Regenerationsgerät (Sauerstoffgerät)
RP	Rheinland-Pfalz
RTB	Rettungsboot
RTW	Rettungswagen
RW	Rüstwagen
RWA	Rauch- und Wärmeabzugsanlage
S	formstabiler Druckschlauch/Segeltuch/Saugschlauch/ Schaum (Löschmittel)
s.	siehe
Sa	Saarland
Sac	Sachsen
SH	Schleswig-Holstein
SI	Internationales Einheitensystem (Système International de Muités)
SMF	Schaummittelfahrzeug
SP	Sprungpolster
SpZ	Spielmannszug
ST	Sprungtuch
St	Staffel
StBD	Stadtbranddirektor
StBI	Standbrandinspektor
StBM	Stadtbrandmeister
StBR	Stadtbrandrat
StD	Stadtdirektor
StFI	Stadtfeuerwehrinspekteur

StFü	Staffelführer
StFV	Stadtfeuerwehrverband
StOBR	Stadtoberbrandrat
stellv.	stellvertretend
S-Tr	Schlauch-Trupp
S-TrFü	Schlauch-Truppführer
S-TrM	Schlauch-Truppmann
StVO	Straßenverkehrsordnung
StVZO	Straßenverkehrszulassungsordnung
StWeFü	Stadtwehrführer
SW	Schlauchwagen
T	Teil einer Norm/Tiefpumpe
TaV	Taktischer Verband
TH	Technische Hochschule
Th	Thüringen
THW	Bundesanstalt Technisches Hilfswerk
TLF	Tanklöschfahrzeug
TM	Teleskopmast mit Bühne
TP	Tauchpumpe
Tr	Trupp
TrBOS	Technische Richtlinien für Behörden und Organisationen mit Sicherheitsaufgaben
TRF	Technische Regeln zur Verwendung von Flüssiggas
TrFü	Truppführer
TrM	Truppmann
TroLF	Trockenlöschfahrzeug
TroTLF	Trockentanklöschfahrzeug
TS	Tragkraftspritze
TSA	Tragkraftspritzenanhänger
TSF	Tragkraftspritzenfahrzeug
TÜV	Technischer Überwachungsverein
TUIS	Transport-Unfall-Informations- und Hilfeleistungssystem
TUP	Tragbare Umfüllpumpe

UA	Unterausschuß
UBM	Unterbrandmeister
UEG	untere Explosionsgrenze
UVV	Unfallverhütungsvorschriften
V	Vornorm
VB	Vorbeugender Brandschutz
VbF	Verordnung über Lagerung, Umgang und den Transport brennbarer Flüssigkeiten
VCI	Verband der Chemischen Industrie e.V.
VdE	Verband deutscher Elektrotechniker
Verw.	Verwaltung
vfdb	Vereinigung zur Förderung des Deutschen Brandschutzes e.V.
VGW	Vorausgerätewagen
VRW	Vorausrüstwagen
W	Wasser oder wäßrige Lösung
WeFü	Wehrführer
WF	Werkfeuerwehr
WFV	Werkfeuerwehrverband
WGK	Wassergefährdungsklassen
WLF	Wechselladerfahrzeug
W-Tr	Wasser-Trupp
W-TrFü	Wasser-Truppführer
W-TrM	Wasser-Truppmann
Z	Zug/Zentrale
ZFü	Zugführer
Ziff.	Ziffer
ZW-A	Zentralwerkstatt-Atemschutz
ZW-F	Zentralwerkstatt-Funk
ZW-S	Zentralwerkstatt-Schlauch

A

Maßeinheiten, Tabellen, Feuerwehr-Dienstvorschriften, Normung

Maßeinheiten

1. Warum wurden neue Maßeinheiten eingeführt?

Diese neuen Maßeinheiten, die mit dem Gesetz über Einheiten im Meßwesen vom 2. 7. 1969 eingeführt wurden, sind Einheiten des international vereinbarten Maßsystems (Systeme International, daher SI-Einheiten). Sie ersparen bei der weltweiten wirtschaftlichen, technischen und wissenschaftlichen Verflechtung Umrechnungen und Kosten und erleichtern die internationale Normung. Sie sind auf Basiseinheiten sowie atomphysikalischen Einheiten aufgebaut, von denen sich die andern ableiten lassen. Deshalb bedarf es dann auch zwischen mechanischen, elektrischen und thermischen Maßen keiner Umrechnung mehr. Die alten Maßeinheiten traten zum 31. 12. 1977 außer Kraft.

2. Welches sind die Basiseinheiten im Sinne des Gesetzes?

Basisgröße	Basiseinheit	Kurzzeichen
Länge	Meter	m
Masse	Kilogramm	kg
Zeit	Sekunde	s
elektr. Stromstärke	Ampere	A
thermodynamische Temperatur (Beziehung Wärme-Kraft)	Kelvin	K
Lichtstärke	Candela	cd
Stoffmenge	Mol	mol

3. Welche abgeleiteten Einheiten sind für die Feuerwehr von Bedeutung?

Größe	Formelzeichen	Ableitung	gesetzliche Einheit
Masse	m	Basis	kg
Kraft	F	Masse x Beschleunigung	kgm/s^2 = N (Newton)
Druck	p	Kraft pro Fläche	N/m^2 = Pa (Pascal) 100 000 Pa = 1 bar
Energie Arbeit Wärmemenge	W	Kraft x Weg	N · m = J (Joule) 1 kcal = 4186,8 J
Leistung	P	Energie in Zeiteinheit	J/s = W (Watt) 1 kcal/h = 1,16 W

4. Wie verhält es sich mit der Temperatur?

Null Kelvin (0 K), ohne das Gradzeichen, entspricht der absolut möglichen Tiefsttemperatur von minus 273 °C, 0 °C sind 273 K, 100 °C entsprechen 373 K.

5. Welche Maßeinheiten sind für den Feuerwehrmann besonders wichtig?

alt	neu	Umrechnung
Kilopond (kp)	Newton (N)	1 kp = 9,81 N ≈ 10 N
Meter-Wassersäule (mWS) Atmosphäre (atm)	bar	1 mWS = 0,1 atm = 0,1 bar 10 mWS = 1 atm = 1 bar
PS	Watt (W) oder Kilowatt (kW)	1 PS = 75 kpm/s = 736 W ≈ 0,74 kW
kcal	Joule (J) oder Kilojoule (kJ)	1 kcal = 4186,8 J ≈ 4,2 kJ

6. Einheiten-Umrechnungstabelle

	Pa	bar	kp/m²	kp/cm² (at)	atm	Torr
1 Pa = (= 1 N/m²)	1	10^{-5}	0,102	$1{,}02 \cdot 10^{-5}$	$9{,}87 \cdot 10^{-5}$	$0{,}75 \cdot 10^{-2}$
1 bar	10^{5}	1	$1{,}02 \cdot 10^{-4}$	1,02	0,987	750
1 kp/m² =	9,81	$9{,}81 \cdot 10^{-5}$	1	10^{-4}	$9{,}68 \cdot 10^{-5}$	$0{,}736 \cdot 10^{-1}$
1 kp/cm² =	$9{,}81 \cdot 10^{4}$	0,981	10^{-4}	1	0,968	736
1 atm =	$1{,}013 \cdot 10^{5}$	1,013	$1{,}013 \cdot 10^{-4}$	1,033	1	760
1 Torr =	$1{,}33 \cdot 10^{-2}$	$1{,}33 \cdot 10^{-3}$	1,36	$1{,}36 \cdot 10^{-3}$	$1{,}32 \cdot 10^{-3}$	1

Einheiten der Energie, Arbeit, Wärmemenge

1 J = 1 Joule   1 J = 1 Nm = 1 Ws   1 J = 0,102 kpm

	J	kJ	kWh	kcal	PSh	kpm
1 J = (= 1 Nm = 1 Ws)	1	0,001	$2{,}78 \cdot 10^{-7}$	$2{,}39 \cdot 10^{-4}$	$3{,}77 \cdot 10^{-7}$	0,102
1 kJ =	1000	1	$2{,}78 \cdot 10^{-4}$	0,239	$3{,}77 \cdot 10^{-4}$	102
1 kWh =	3 600 000	3 600	1	860	1,36	367 000
1 Kcal =	4 200	4,2	0,00116	1	0,00158	427
1 PSh =	2 650 000	2 650	0,736	632	1	270 000
1 kpm =	9,81	0,00981	$2{,}72 \cdot 10^{-6}$	0,00234	$3{,}70 \cdot 10^{-6}$	1

Einheiten der Leistung, Energiestrom, Wärmestrom

1 W = 1 Watt 1 W = 1 N m/s = 1 J/s 1 W = 0,102 kpm/s

	W	kW	kcal/s	kcal/h	kpm/s	PS
1 W = (= 1 Nm/s = 1 J/s)	1	0,001	$2{,}39 \cdot 10^{-4}$	0,860	0,102	0,00136
1 kW =	1000	1	0,239	860	102	1,36
1 kcal/s =	4 190	4,19	1	3 600	427	5,69
1 kcal/h =	1,16	0,00116	$2{,}777 \cdot 10^{-4}$	1	0,119	0,00158
1 kpm/s =	9,81	0,00981	0,00234	8,43	1	0,0133
1 PS =	736	0,736	0,176	633	75	1

7. Welche Worte werden beim Fernsprech- und Funkbetrieb beim Buchstabieren verwendet?

Buchstabiertafel für Fernsprech- und Funkbetrieb

	National	International	*Aussprache*
A	– Anton	– Alfa	*[al-fa]*
Ä	– Ärger		
B	– Berta	– Bravo	*[bra-wo]*
C	– Cäsar	– Charlie	*[tschar-lie]*
CH	– Charlotte		
D	– Dora	– Delta	*[del-ta]*
E	– Emil	– Echo	*[e-ko]*
F	– Friedrich	– Foxtrott	*[fox-trott]*
G	– Gustav	– Golf	*[golf]*
H	– Heinrich	– Hotel	*[ho-tell]*
I	– Ida	– India	*[in-di-ah]*
J	– Julius	– Juliett	*[dju-li-ett]*
K	– Konrad (oder: Kaufmann)	– Kilo	*[ki-loh]*
L	– Ludwig	– Lima	*[li-mah]*
M	– Marta	– Mike	*[maik]*
N	– Nordpol	– November	*[no-vem-ber]*
O	– Otto	– Oscar	*[oss-kar]*

National		International	*Aussprache*
Ö	– Ödipus (oder: Ökonom)		
P	– Paula	– Papa	*[pah-pah]*
Q	– Quelle	– Quebec	*[kwi-beck]*
R	– Richard	– Romeo	*[roh-mi-oh]*
S	– Siegfried (oder: Samuel)	– Sierra	*[si-äh-rah]*
Sch	– Schule		
T	– Theodor	– Tango	*[täng-go]*
U	– Ulrich	– Uniform	*[ju-ni-form]*
Ü	– Übel (oder: Übermut)		
V	– Viktor	– Victor	*[wik-tor]*
W	– Wilhelm	– Whisky	*[wis-kih]*
X	– Xanthippe	– X-ray	*[icks-räh]*
Y	– Ypsilon	– Yankee	*[jän-kih]*
Z	– Zeppelin (oder: Zacharias)	– Zulu	*[suh-luh]*

Feuerwehr-Dienstvorschriften

8. Was wird mit den Feuerwehr-Dienstvorschriften insbesondere bezweckt?

Einheitliche Ausbildung
Einheitliches Arbeiten bei Übungen und Einsätzen
Unfallverhütung

9. Welche Dienstvorschriften gibt es derzeit für den Feuerwehrbereich?

FwDV 1/1	Grundtätigkeiten – Rettung und Löscheinsatz –
FwDV 2/1	Ausbildung der FF – Rahmenvorschriften
FwDV 2/2	Ausbildung der FF – Musterausbildungspläne
FwDV 3	Die Staffel im Löscheinsatz
FwDV 4	Die Gruppe im Löscheinsatz

FwDV 5	Der Zug im Löscheinsatz
FwDV 7	Atemschutz
FwDV 8	Tauchen
FwDV 9/1	Strahlenschutz – Rahmenvorschriften
FwDV 9/2	Strahlenschutz – Einsatzgrundsätze
FwDV 10	Tragbare Leitern
FwDV 12/1	Einsatzleitung – Führungssystem
FwDV 13/1	Die Gruppe im technischen Hilfeleistungseinsatz
FwDV 14	Gefährliche Stoffe und Güter
FwDV 810	Sprechfunkdienst

In Bearbeitung ist folgende Dienstvorschrift:

FwDV 1/2 Grundtätigkeiten – Technische Hilfeleistung –

Normung

10. Warum sind Feuerlöschgeräte genormt?

Vor allem, um ein Zusammenarbeiten der Feuerwehren untereinander zu ermöglichen.

11. Wer führt die Normung durch?

Das Deutsche Institut für Normung (DIN), innerhalb des DIN die einzelnen Fachnormenausschüsse. Für das Feuerwehrwesen: Der Fachnormenausschuß Feuerwehrwesen (FNFW), 10787 Berlin, Burggrafenstraße 4–7, mit seinen Arbeitsausschüssen (AA). Wie alle Fachnormenausschüsse ist der FNFW in Arbeitsausschüsse unterteilt.

Der FNFW arbeitet in folgenden internationalen Normen-Gremien mit:

a) Weltweit in der „International Organization for Standardization (ISO)“, und zwar im Technischen Komitee ISO/TC 21 „Ausrüstung für Brandschutz und Brandbekämpfung“;
b) auf europäischer Ebene im Europäischen Komitee für Normung (CEN).

Im Zuge der EG-Harmonisierung werden künftig vermehrt europäische Normen (EN) Gültigkeit haben.

12. Was sind die Aufgaben des FNFW?

Der FNFW hat die Aufgabe, die im Feuerwehrwesen notwendigen Normungsarbeiten im Rahmen seines Fachgebietes durchzuführen.

13. Aus welchen Organen besteht der FNFW?

Organe des FNFW sind

a) der Mitarbeiterkreis,
b) der Lenkungsausschuß,
c) der Vorstand,
d) der Geschäftsführer,
e) die Fachbereichsausschüsse,
f) die Arbeitsausschüsse der Fachbereiche.

14. Wie geht eine Normung vor sich?

Für jeden genormten Gegenstand gibt es ein Normblatt, kurz Norm genannt. In der Norm sind Gegenstand, Maße, Herstellungsverfahren, Werkstoff, Anforderungen, Prüfverfahren usw. festgelegt. Vor Herausgabe einer Norm wird ein Norm-Entwurf veröffentlicht.

15. Was sind Norm-Entwürfe?

Norm-Entwürfe sind zur Kritik gestellte vorgesehene Normen. Sie erscheinen im Gegensatz zu endgültigen Normen, die auf weißem Papier gedruckt werden, auf gelbem Papier.

Die Bezeichnungen lauten
E DIN … für deutsche Normentwürfe
pr EN … für europäische Normentwürfe

16. Was heißt DIN?

Das Wort DIN gilt als Name und Kennzeichen für die Gemeinschaftsarbeit des Deutschen Instituts für Normung.

17. Welche Abkürzungen werden im Bereich der europäischen Normung verwendet?

CEN	Comité Européen de Normalisation (franz.) = Europäisches Komitee für Normung
CEN-ELEC	Comité Européen de Normalisation Électrotechnique (franz.) = Europäisches Komitee für elektrotechnische Normung
DIN	Deutsches Institut für Normung
DIN EN	Europäische Norm mit dem Status einer Deutschen Norm
EG	Europäische Gemeinschaft
EN	Europäische Norm
ETSI	European Telecommunications Standards Institute (engl.) = Europäisches Institut für Telekommunikationsnormen
EU	Europäische Union
FNFW	Fachnormenausschuß Feuerwehrwesen
PG	Project Group (engl.) = Projektgruppe innerhalb einer WG
prEN	Projet de norme européenne (franz.) = Entwurf Europäische Norm
TC	Technical Committees (engl.) = Technisches Komitee
TG	Task Group (engl.) = Projektgruppe innerhalb einer WG
WG	Working Group (engl.) = Arbeitsausschuß (Arbeitsgruppe) innerhalb eines TC

18. Welche Normblatt-Nummern stehen für die deutschen Feuerwehrnormen zur Verfügung?

Vornehmlich 14 000 – 14 999.

19. Beispiel für eine Feuerwehrnorm:

DIN 14 302 = C-Druckkupplung
DIN 14 811 = Druckschläuche

20. In welchen Gremien wird derzeit vor allem die Normungsarbeit für Feuerwehrausrüstung geleistet?

Im Fachbereich FB 192 „Ausrüstung für die Feuerwehr“, der in folgende Arbeitsausschüsse untergliedert ist:

FB 192 Ausrüstung für die Feuerwehr

AA 192.01	Begriffe und Bildzeichen
AA 192.02	Bauliche Anlagen
AA 192.03	Persönliche Schützausrüstung
AA 192.1	Schläuche/Armaturen
AA 192.2	Pumpen
AA 193.3 A	Allgemeine Anforderungen Löschfahrzeuge
AA 192.3 B	Sonstige Fahrzeuge
AA 192.4	Hubrettungsfahrzeuge
AA 192.5	Sonstige Ausrüstung
AA 192.7	Rettungsgeräte

Zusammenstellung wichtiger Normen für das Feuerwehrwesen

Abkürzungen:	Bbl	Beiblatt
	T	Teil
	DVGW	Deutsche Vereinigung für Gas- und Wasserversorgung
	E	Entwurf
	V	Vornorm
	EN	Europanorm
	pr EN	Entwurf Europäische Norm

1. Normen des Feuerwehrwesens

DIN		Titel
		1.1 Begriffsbestimmungen, Kennzeichen, Sinnbilder
14 010		Angaben zur statistischen Erfassung von Bränden
E 14 011	T1	Begriffe aus dem Feuerwehrwesen: Physikalische und chemische Vorgänge
E 14 011	T2	Begriffe aus dem Feuerwehrwesen; Abwehrender Brandschutz einschließlich Wasserversorgung
E 14 011	T3	Begriffe aus dem Feuerwehrwesen; Technische Hilfeleistung
E 14 011	T4	Begriffe aus dem Feuerwehrwesen: Rettungsdienst
E 14 011	T5	Begriffe aus dem Feuerwehrwesen; Brandschutzeinrichtungen
E 14 011	T6	Begriffe aus dem Feuerwehrwesen; Feuerwehrfahrzeuge, Rettungsdienstfahrzeuge, sonstige Fahrzeuge der Feuerwehr
E 14 011	T7	Begriffe aus dem Feuerwehrwesen; Persönliche Ausrüstung und Geräte

	DIN		Titel
E	14 011	T8	Begriffe aus dem Feuerwehrwesen; Fernmeldewesen und -betrieb
E	14 011	T9	Begriffe aus dem Feuerwehrwesen; Organisation
E	14 011	T10	Brandschutz-Wörterbuch
	14 033		Kurzzeichen für das Feuerwehrwesen
	14 034	T1	Graphische Symbole für das Feuerwehrwesen; Einheiten, Fahrzeuge, Einrichtungen
	14 034	T2	Graphische Symbole für das Feuerwehrwesen; Besondere Risiken
	14 034	T3	Graphische Symbole für das Feuerwehrwesen; Bedienvorgänge
	14 034	T4	Graphische Symbole für das Feuerwehrwesen; Feuerwehrruf 112, Notruf 110
	14 034	T5	Graphische Symbole für das Feuerwehrwesen; Geräte
	14 034	T6	Graphische Symbole für das Feuerwehrwesen; Bauliche Einrichtungen
	14 035		Dachkennzeichnung für Feuerwehrfahrzeuge; Ausführung
	14 037		Feuerwehrfahrzeuge; Fahrzeugaufkleber „Feuerwehr 112“
	EN 2		Brandklassen; Deutsche Fassung

1.2 Sanitäts- und Rettungsgeräte

1.2.1 Sanitätsgeräte

E	14 143		Sanitätskasten S
	13 164		Erste-Hilfe-Material; Verbandkasten B

1.2.2 Rettungsgeräte

	14 151	T1	Sprungrettungsgeräte; Allgemeine Anforderungen, Prüfung
	14 151	T2	Sprungrettungsgeräte; Sprungtuch

DIN		Titel
14 151	T3	Sprungrettungsgeräte; Sprungpolster 16, Anforderungen, Prüfung
EN 1869		Löschdecken

1.3 Löschmittel, Löschverfahren, Löschanlagen

1.3.1 Zahlentafeln

14 200		Wasserdurchfluß von Strahlrohrmundstücken oder -düsen

1.3.2 Löschwasserbevorratung

14 210		Löschwasserteiche
14 220		Löschwasserbrunnen
14 230		Unterirdische Löschwasserbehälter
14 244		Löschwasser-Sauganschlüsse; Überflur und Unterflur

1.3.3 Löschanlagen, Löschmittel

EN 615		Brandschutz- und Löschmittel-Anforderungen an Löschpulver
EN 12 094-1		Ortsfeste Brandbekämpfungsanlagen – Bestandteile für CO_2-Anlagen
14 270	T1	Halonlöschmittel; Allgemeines, Prüfung
14 270	T2	Halonlöschmittel; Halon 1211
14 270	T3	Halonlöschmittel; Halon 1301
E 14 272	T1	Schaummittel; Proteinschaummittel und Fluorproteinschaummittel zur Erzeugung von Schwerschaum für Feuerlöschzwecke
E 14 272	T2	Schaummittel; Mehrbereich-Schaummittel zur Erzeugung von Schwer-, Mittel- und Leichtschaum für Feuerlöschzwecke
E 14 272	T3	Schaummittel; Wasserfilmbildende Schaummittel zur Erzeugung von Schwerschaum für Löschzwecke

	DIN		Titel
E	14 275		Löschmittel Pulver; Anforderungen, Prüfung
E	14 275	A1	Löschmittel Pulver; Änderung 1 zum Entwurf DIN 14 275
	14 475		Pulverlöschanlagen für den Einbau in Löschfahrzeuge
	14 489		Sprinkleranlagen; Allgemeine Grundlagen
	14 492		Ortsfeste Feuerlöschanlagen mit dem Löschmittel Pulver
	14 493	T1	Ortsfeste Schaumlöschanlagen; Allgem.
	14 493	T2	Ortsfeste Schaumlöschanlagen; Schwerschaum-Löschanlagen
	14 493	T3	Ortsfeste Schaumlöschanlagen; Mittelschaum-Löschanlagen
	14 493	T4	Ortsfeste Schaumlöschanlagen; Leichtschaum-Löschanlagen
	14 494		Sprühwasser-Löschanlagen; ortsfest, mit offenen Düsen
	14 495		Berieselung von oberirdischen Behältern zur Lagerung brennbarer Flüssigkeiten im Brandfall
	14 496		Halon-Raumschutzanlagen
	14 497		Kleinlöschanlagen; Anforderungen, Prüfung

1.4 Wasserführende Armaturen

1.4.1 Kupplungen

14 301		D-Druck-Saugkupplung PN 16 aus Aluminiumlegierung
14 302		C-Druckkupplung PN 16 aus Aluminiumlegierung
14 303		B-Druckkupplung PN 16 aus Aluminiumlegierung
14 306		D-Festkupplung PN 16 aus Aluminiumlegierung für Druck- und Saugbetrieb
14 307	T1	C-Festkupplung PN 16 aus Aluminiumlegierung mit Dichtring für Druckbetrieb
14 307	T2	C-Festkupplung PN 16 aus Aluminiumlegierung mit Dichtring für Saugbetrieb

DIN		Titel
14 308	T1	B-Festkupplung PN 16 aus Aluminiumlegierung mit Dichtring für Druckbetrieb
14 308	T2	B-Festkupplung PN 16 aus Aluminiumlegierung mit Dichtring für Saugbetrieb
14 309		A-Festkupplung PN 16 aus Aluminiumlegierung mit Dichtring für Druck- und Saugbetrieb
14 310		D-Blindkupplung PN 16 aus Aluminiumlegierung für Druck- und Saugbetrieb
14 311		C-Blindkupplung PN 16 aus Aluminiumlegierung für Druck- und Saugbetrieb
14 312		B-Blindkupplung PN 16 aus Aluminiumlegierung für Druck- und Saugbetrieb
14 313		A-Blindkupplung PN 16 aus Aluminiumlegierung für Druck- und Saugbetrieb
14 317		C-Festkupplung mit metallischer Dichtfläche PN 16 aus Aluminiumlegierung und Deckkapsel aus Grauguß oder Aluminiumlegierung
14 318		B-Festkupplung mit metallischer Dichtfläche PN 16 aus Aluminiumlegierung und Deckkapsel aus Grauguß oder Aluminiumlegierung
14 319		A-Festkupplung mit metallischer Dichtfläche PN 16 aus Aluminiumlegierung und Deckkapsel aus Grauguß oder Aluminiumlegierung
14 321		C-Saugkupplung PN 16 aus Aluminiumlegierung
14 322		B-Saugkupplung PN 16 aus Aluminiumlegierung
14 323		A-Druck-Saugkupplung PN 16 aus Aluminiumlegierung
14 330	T1	C-Druckkupplung PN 16 für Druckschläuche S, aus Aluminiumlegierung für Druckschläuche S 28
14 330	T2	C-Druckkupplung PN 16 für Druckschläuche S, aus Aluminiumlegierung, für Druckschläuche S 32
14 330	T3	C-Druckkupplung für Druckschläuche S; Einbindevorrichtung für Druckschläuche C–S 28 und C–S 32

DIN		Titel
14 332		C-Druckkupplung PN 16 aus Aluminiumlegierung für Druckschlauch C 42
		1.4.2 Sonstige Armaturen
14 341		C-D-Übergangsstück PN 16 aus Aluminiumlegierung
14 342		B-C-Übergangsstück PN 16 aus Aluminiumlegierung
14 343		A-B-Übergangsstück PN 16 aus Aluminiumlegierung
14 345		Verteiler PN 16
14 355		Sammelstück PN 16
14 362	T1	Saugkörbe
14 365	T1	Mehrzweckstrahlrohre PN 16; Maße, Werkstoffe, Ausführung, Kennzeichnung
14 365	T2	Mehrzweckstrahlrohre PN 16; Anforderungen, Prüfung
14 366	T1	Schaumstrahlrohre; Tragbare Schaumstrahlrohre
14 366	T2	Schaumstrahlrohre; Schaumstrahlrohre für Werferunterteile
14 368		Stützkrümmer PN 16
14 375	T1	Standrohr PN 16; Standrohr 2B
14 380		Druckbegrenzungsventil PN 16
14 381		B-Druckventil, PN 16 selbstschließend
14 384		Schaummittelzumischer, selbstansaugend
86 211		Schlauchanschlußventile ND 16 mit C- oder B-Kupplungen und mit Flanschanschluß
		1.5 Pumpen, Spritzen, Sonderlöschgeräte
		1.5.1 Kleinlöschgeräte
14 405		Kübelspritzen
E 14 405		Kübelspritzen
EN 3–1		Tragbare Feuerlöscher – Teil 1: Benennung, Funktionsdauer, Prüfobjekte der Brandklassen A und B

	DIN		Titel
	EN3–2		Tragbare Feuerlöscher, –Teil 2: Dichtheitsprüfung, Prüfung der elektr. Leitfähigkeit, Verdichtungsprüfung, besondere Anforderungen
E	14 406	T3	Tragbare Feuerlöscher; Konstruktive Ausführung, Druckfestigkeit, mechanische Prüfungen
	EN 3–4		Tragbare Feuerlöscher – Teil 4: Füllmengen, Mindestanforderungen an das Löschvermögen
	14 406	T4 Bbl 1	Tragbare Feuerlöscher; Instandhaltung; Informationen zur Anwendung
	EN 3–5		Tragbare Feuerlöscher – Teil 5: Zusätzliche Anforderungen und Prüfungen
	EN 3–6		Tragbare Feuerlöscher – Teil 6: Festlegungen für die Bestätigung der Konformität tragbarer Feuerlöscher nach EN 3–1 bis EN 3–5
	14 407		Einstellspritze
			1.5.2 Tragkraftspritze
	14 410		Tragkraftspritzen; Anforderungen, Typ- und Abnahmeprüfung
E	14 410	A1	Tragkraftspritzen; Anforderungen, Typ- und Abnahmeprüfung; Änderung 1
			1.5.3 Pumpen
	14 420	T1	Feuerwehrpumpen; Allgemeine Anforderungen, Prüfung
	14 420	T2	Feuerwehrpumpen; Feuerlösch- und Lenz-Kreiselpumpen; Anforderungen, Prüfung
	14 421		Überdruckmeßgeräte (Manometer) für Feuerwehrpumpen
	14 422		Wasserstrahlpumpe für Feuerwehrzwecke
	14 423		Siebe für Pumpen und Löschwasserbehälter
	14 424		Feuerwehrwesen; Explosionsgeschützte tragbare Umfüllpumpe mit Elektromotor; Anforderungen, Typ- und Abnahmeprüfung

DIN		Titel
14 425		Tragbare Tauchpumpe mit Elektromotor
14 426		Feuerwehrwesen; Tragbare Turbotauchpumpe
14 427		Explosionsgeschützte tragbare Gefahrgut-Umfüllpumpe mit Elektromotor; Anforderungen, Prüfung

1.5.4 Sonderlöschgeräte und Einrichtungen

14 452		Schaummittelbehälter, tragbar
14 461-1		Feuerlösch-Schlauchanschlußeinrichtungen – Teil 1: Wandhydrant mit formstabilem Schlauch
14 461	T2	Feuerlösch-Schlauchanschlußeinrichtungen; Einspeiseeinrichtung und Entnahmeeinrichtung für Steigleitung „trocken“
14 461-3		Feuerlösch-Schlauchanschlußeinrichtungen – Teil 3: Schlauchanschluß-Ventile PN 16
14 461	T4	Feuerlösch-Schlauchanschlußeinrichtungen; Einspeisearmatur PN 16 für Steigleitung „trocken“
14 461	T5	Feuerlösch-Schlauchanschlußeinrichtungen; Schlauchanschlußarmatur PN 16 für Steigleitung „trocken“
14 461-6		Feuerlösch-Schlauchanschlußeinrichtungen – Teil 6: Schrankmaße und Einbau von Wandhydranten mit Flachschläuchen nach DIN EN 671-2
14 462	T1	Löschwasserleitungen; Begriffe, schematische Darstellungen
14 462	T2	Löschwasserleitungen; festverlegte Steigleitung „trocken“, PN 16 in baulichen Anlagen
14 463		Löschwasseranlagen; Fernbetätigte Füll- und Entleerungsstationen; Anforderungen, Prüfung

1.6 Feuerwehrfahrzeuge

EN 1846-1		Feuerwehrfahrzeuge – Teil 1: Nomenklatur und Bezeichnung

	DIN		Titel
	14 502	T1	Feuerwehrfahrzeuge; Übersicht
	14 502	T2	Feuerwehrfahrzeuge; Allgemeine Anforderungen
	14 502	T2 Bbl 1	Feuerwehrfahrzeuge; Allgemeine Anforderungen, Information zu Gewichten von Fahrzeugen und Beladung
	14 502	T3	Feuerwehrfahrzeuge; Außenanstrich
			1.6.1 Löschfahrzeuge und Anhänger
	14 503		Feuerwehr-Anhänger, einachsig; Allgemeine Anforderungen
	14 505		Feuerwehrfahrzeuge; Wechselladerfahrzeuge mit Abrollbehälter, Allgemeine Anforderungen
E	14 507	T1	Einsatzleitfahrzeuge; Allgemeine Anforderungen
E	14 507	T2	Einsatzleitfahrzeuge; ELW 1
	14 507	T3	Einsatzleitfahrzeuge; ELW 2
	14 507	T4	Einsatzleitfahrzeuge; ELW 3
	14 520		Tragkraftspritzen-Anhänger
	14 521		Anhänger mit Schaum-Wasserwerfer
	14 530	T1	Löschfahrzeuge; Typen, Anforderungen an löschtechnische Einrichtungen
	14 530-5		Löschfahrzeuge – Teil 5: Löschgruppenfahrzeug LF 8/6
	14 530	T7	Löschfahrzeuge; Löschgruppenfahrzeug LF 8*
	14 530-8		Löschfahrzeuge – Teil 8: Löschgruppenfahrzeug LF 16-TS für den Katastrophenschutz
	14 530	T9	Löschfahrzeuge; Löschgruppenfahrzeug LF 16*
V	14 530	T10	Löschfahrzeuge; Löschgruppenfahrzeug LF 24*
	14 530	T11	Löschfahrzeuge; Löschgruppenfahrzeug LF 16/12
	14 530-16		Löschfahrzeuge – Teil 16: Tragkraftspritzenfahrzeug TSF
	14 530-17		Löschfahrzeuge – Teil 17: Tragkraftspritzenfahrzeug TSF-W
	14 530	T18	Löschfahrzeuge; Tanklöschfahrzeug TLF 8/18*
	14 530-20		Löschfahrzeuge – Teil 20: Tanklöschfahrzeug TLF 16/25

DIN		Titel
14 530	T21	Löschfahrzeuge; Tanklöschfahrzeug TLF 24/50
14 530-22		Löschfahrzeuge – Teil 22: Tanklöschfahrzeug TLF 16/24-Tr
14 530	T28	Löschfahrzeuge; Trocken-Tanklöschfahrzeug TroTLF 16*

1.6.2 Rüst- und Gerätewagen, Schlauchwagen, Rettungswagen

14 555	T1	Rüst- und Gerätewagen; Typen, Technische Einrichtungen
14 555	T2	Rüst- und Gerätewagen; Rüstwagen RW 1
14 555-3		Rüst- und Gerätewagen – Teil 3: Rüstwagen RW 2
14 555-12		Rüst- und Gerätewagen – Teil 12: Gerätewagen Gefahrgut GW-G3
14 555-13		Rüst- und Gerätewagen – Teil 13: Gerätewagen Gefahrgut GW-G2
14 555-14		Rüst- und Gerätewagen – Teil 14: Gerätewagen Gefahrgut GW-G1
14 565		Schlauchwagen SW 2000-Tr
E 75 079		Notarzt-Einsatzfahrzeuge (NEF); Begriffe, Anforderungen, Prüfung
E 75 080	T1	Krankenkraftwagen; Begriffe, Anforderungen, Prüfung
E 75 080	T2	Krankenkraftwagen; Rettungswagen (RTW)
75 080	T3	Krankenkraftwagen; Krankentransportwagen (KTW)

1.6.3 Fahrzeugzubehör

14 572		Abgasschläuche und Abgasschlauchanschlüsse
14 584		Feuerwehrfahrzeuge; Zugeinrichtung mit maschinellem Antrieb; Anforderungen, Prüfung

* Normen wurden Ende 1991 zurückgezogen

DIN		Titel
		1.6.4 Feuerwehrtechnische Ausrüstung für Feuerwehrfahrzeuge
14 800	T1	Feuerwehrtechnische Ausrüstung für Feuerwehrfahrzeuge; Einteilung
14 800	T1 Bbl1	Feuerwehrtechnische Ausrüstung für Feuerwehrfahrzeuge; Gruppe 1: Schutzkleidung und Schutzgerät
14 800	T1 Bbl2	Feuerwehrtechnische Ausrüstung für Feuerwehrfahrzeuge; Gruppe 2: Löschgerät
14 800	T1 Bbl3	Feuerwehrtechnische Ausrüstung für Feuerwehrfahrzeuge; Gruppe 3: Schläuche, Armaturen und Zubehör
14 800	T1 Bbl4	Feuerwehrtechnische Ausrüstung für Feuerwehrfahrzeuge; Gruppe 4: Rettungsgerät
14 800	T1 Bbl5	Feuerwehrtechnische Ausrüstung für Feuerwehrfahrzeuge; Gruppe 5: Sanitäts- und Wiederbelebungsgerät
14 800	T1 Bbl6	Feuerwehrtechnische Ausrüstung für Feuerwehrfahrzeuge; Gruppe 6: Beleuchtungs-, Signal- und Fernmeldegerät
14 800	T1 Bbl7	Feuerwehrtechnische Ausrüstung für Feuerwehrfahrzeuge; Gruppe 7: Arbeitsgerät
14 800	T1 Bbl8	Feuerwehrtechnische Ausrüstung für Feuerwehrfahrzeuge; Gruppe 8: Handwerkzeug und Meßgerät
14 800	T1 Bbl9	Feuerwehrtechnische Ausrüstung für Feuerwehrfahrzeuge; Gruppe 9: Sondergerät
14 800	T2	Feuerwehrtechnische Ausrüstung für Feuerwehrfahrzeuge; Strahlenschutzmeßgerätesatz
14 800	T4	Feuerwehrtechnische Ausrüstung für Feuerwehrfahrzeuge; Schornstein-Werkzeugsatz
14 800	T5	Feuerwehrtechnische Ausrüstung für Feuerwehrfahrzeuge; Mehrzweckzüge

DIN		Titel
14 800	T6	Feuerwehrtechnische Ausrüstung für Feuerwehrfahrzeuge; Hebesatz mit Hydraulikpressen
14 800	T7	Feuerwehrtechnische Ausrüstung für Feuerwehrfahrzeuge; Brennschneidgeräte, tragbar
14 800	T8	Feuerwehrtechnische Ausrüstung für Feuerwehrfahrzeuge; Übergangsstücke für Tankwagen und Kesselwagen

1.7 Nachrichtenmittel, Beleuchtungsgeräte, Elektrische Anlagen

1.7.1 Akustische Signale

14 610	Akustische Warngeräte für bevorrechtigte Wegebenutzer

1.7.2 Optische Signale

14 620	Kennleuchten für blaues oder gelbes Blinklicht
14 621	Kennsignaleinheit für blaues und gelbes Blinklicht
14 630	Akustische Warngeräte und Kennleuchten für bevorrechtigte Wegebenutzer; Anschlußpläne

1.7.3 Beleuchtungsgeräte

14 640	Scheinwerferbefestigung; Aufsteckbohrung, Aufsteckzapfen, Gelenkstück
14 642	Handscheinwerfer – explosionsgeschützt mit Fahrzeughalterung
14 643	Handscheinwerfer für Batteriebetrieb; Vorsteckscheibe
14 644	Arbeitsstellen-Scheinwerfer für Kleinspannung
14 646	Handscheinwerfer mit Warnleuchte, explosionsgeschützt mit Fahrzeughalterung

1.7.4 Meldeanlagen

14 623	Orientierungsschilder für automatische Brandmelder

DIN		Titel
14 650	T1	Nichtautomatische Brandmelder (Feuermelder) A und B zur Verwendung im Freien; Maße und Anforderungen
14 650	T2	Nichtautomatische Brandmelder (Feuermelder) A und B zur Verwendung im Freien; Inneneinrichtung für Melder mit mechanischem Impulsgeber
14 650	T3	Nichtautomatische Brandmelder (Feuermelder) A und B zur Verwendung im Freien; Steuerscheibensatz, Impulskontaktsatz, Erdkontaktsatz für mechanischen Impulsgeber
14 651		Nichtautomatische Brandmelder (Feuermelder) D zur Verwendung in trockenen Räumen
14 652		Nichtautomatische Brandmelder (Feuermelder) E zur Verwendung im Freien
14 653		Standfeuermelder zur Aufstellung im Freien
14 654		Nichtautomatische Brandmelder (Feuermelder) H zur Anwendung im Freien
14 655		Nichtautomatische Brandmelder (Feuermelder) G zur Anwendung in trockenen Räumen
14 661		Feuerwehrwesen; Bedienfeld für Brandmeldeanlagen
14 673		Prüffernsprecher mit Tasche
14 675		Brandmeldeanlagen; Aufbau
14 678		Nichtautomatische Brandmelder (Feuermelder) K zur Anwendung in explosionsgefährdeten Betriebsstätten
EN 54-1		Brandmeldeanlagen – Teil 1: Einteilung
EN 54–2		Brandmeldeanlagen – Teil 2: Brandmelderzentralen
EN 54-4		Brandmeldeanlagen – Teil 4: Energieversorgungseinrichtungen
EN 54	T5	Bestandteile automatischer Brandmeldeanlagen; Wärmemelder; Punktförmige Melder mit einem Element mit statischer Ansprechschwelle

	DIN		Titel
	EN 54	T6	Bestandteile automatischer Brandmeldeanlagen; Wärmemelder; Punktförmige Differentialmelder ohne Element mit statischer Ansprechschwelle
	EN 54	T7	Bestandteile automatischer Brandmeldeanlagen; Wärmemelder; Punktförmige Rauchmelder; Rauchmelder nach dem Streulicht-, Durchlicht- und dem Ionisationsprinzip
	EN 54	T8	Bestandteile automatischer Brandmeldeanlagen; Wärmemelder mit hohen Ansprechtemperaturen
	EN 54	T9	Bestandteile automatischer Brandmeldeanlagen; Erprobungstest
E	EN 54	T10	Bestandteile automatischer Brandmeldeanlagen; Flammenmelder
E	EN 54	T11	Bestandteile automatischer Brandmeldeanlagen; Handfeuermelder

1.7.5 Sonstige Geräte

14 680	T2	Handbetätigte Leitungstrommel; Wechselstrom und Drehstrom
14 680	T3	Handbetätigte Leitungstrommel; Kleinspannungen
14 683		Stativ, ausziehbar mit festen Aufsteckzapfen und mit Verlängerungsrohr
14 685		Tragbare Stromerzeuger 5 kVA und 8 kVA
14 686		Schaltschränke für fest eingebaute Stromerzeuger in Feuerwehrfahrzeugen
14 690	T1	Zweipolige Steckvorrichtung 16 A, 42 V; Steckdose, Kupplungsdose
14 690	T2	Zweipolige Steckvorrichtung 16 A, 42 V; Stecker

1.8 Leitern

1.8.1 Fahrbare Leitern

14 701	T1	Hubrettungsfahrzeuge; Zweck, Begriffe, Sicherheitseinrichtungen, Anforderungen

DIN			Titel
	14 701	T2	Hubrettungsfahrzeuge; Drehleitern mit maschinellem Antrieb
	14 701	T3	Hubrettungsfahrzeuge; Rettungskörbe
	14 702		Drehleiter DL 16-4 mit Handantrieb
	14 703		Anhängeleiter AL 16-4

1.8.2 Tragbare Leitern

	14 710	T1	Hakenleiter mit abklappbaren Haken
	14 710	T3	Hakenleiter aus Leichtmetall mit abklappbaren Haken
	14 711	T1	Steckleiter aus Holz
	14 711	T2	Steckleiter aus Leichtmetall
	14 711	T3	Steckleiter; Steckkastensprossen und Einsteckteile
	14 713		Klappleiter
	14 715	T1	Dreiteilige Schiebleiter aus Holz
	14 715	T2	Dreiteilige Schiebleiter aus Leichtmetall

1.8.3 Rettungs- und Hilfsgeräte

	14 152	T1	Luftheber für zulässige Betriebsüberdrücke 0,5 oder 1 bar; Anforderungen, Prüfung
	14 751	T1	Hydraulisch betätigte Rettungsgeräte für die Feuerwehr; Spreizer
	14 751	T2	Hydraulisch betätigte Rettungsgeräte für die Feuerwehr; Schneidgeräte
E	14 751	T3	Hydraulisch betätigte Rettungsgeräte für die Feuerwehr; Rettungszylinder
	14 961		Kleinboote für die Feuerwehr

1.9 Feuerwehrtechnische Ausrüstung und Geräte

1.9.1 Schläuche

	14 810		Saugschläuche; Anforderungen, Prüfung, Behandlung

	DIN		Titel
	14 811	T1	Druckschläuche; Anforderungen, Prüfung, Behandlung
	14 811	T2	Druckschläuche; Ermittlung des Druckverlustes
	14 811	T3	Druckschläuche; Ermittlung der Scheuerbeständigkeit
E	14 811	T4	Druckschläuche; Ermittlung des Verhaltens unter Flammeneinwirkung
	14 817	T1	Druckschläuche S; Anforderungen, Prüfung, Behandlung
	14 817	T2	Druckschläuche S; Ermittlung des Druckverlustes
	14 818	T1	Druckschläuche W; Druckschlauch WA; Anforderungen, Prüfung
	14 818	T2	Druckschläuche W; Druckschlauch WB; Anforderungen, Prüfung
	14 819		D-Ansaugschlauch für Löschmitteleinsätze; Anforderungen, Prüfung, Behandlung

1.9.2 Schlauchzubehör

14 820	T1	Schlauchbrücken aus Holz
14 820	T2	Schlauchbrücken aus Aluminium
14 821	T1	Schlauchüberführungen, Rohrschlauchüberführung 2 B
14 822	T1	Kupplungsschlüssel für Feuerwehrarmaturen; Kupplungsschlüssel BC
14 822	T2	Kupplungsschlüssel für Feuerwehrarmaturen; Kupplungsschlüssel ABC
14 825		Tragbare Schlauchhaspel mit Anschlußmaßen für Haspellagerung
14 826		Fahrbare Schlauchhaspel; Maße, Anforderungen
14 826-2		Fahrbare Schlauchhaspel – Teil 2: Einmann-Haspel
14 827		Schlauchtragekörbe für Druckschläuche B oder C
14 828		Schlauchhalter
14 829		Rollschlauchriemen

DIN		Titel
		1.9.3 Zusätzgeräte
14 060		Feuerwehrwesen; Mulde
14 851		Einreißhaken
14 853		Brechstange
14 854		Auffahrbohle
		1.9.4 Kästen
14 880	T1	Kästen für Feuerwehrgeräte; Kästen aus Holz
14 880	T2	Kästen für Feuerwehrgeräte; Kästen aus Leichtmetall und Leichtmetall/Holz
14 881		Feuerwehr-Werkzeugkasten
14 885		Feuerwehr-Elektrowerkzeugkasten mit bis 1000 Volt isolierten Werkzeugen
		1.10 Persönliche Ausrüstung und Geräte
		1.10.1 Persönliche Ausrüstung
14 900		Feuerwehraxt mit Schutztasche
14 901		Brechwerkzeug; mehrteilig, mit Tragtasche
14 920		Feuerwehrleine – Anforderungen, Prüfung, Behandlung
14 921		Feuerwehrleinenbeutel
14 923		Feuerwehr-Sicherheitsgurt; Maße, Anforderungen, Prüfung
14 924		Feuerwehrbeil mit Schutztasche
14 925		Feuerwehrwesen; Verschlußeinrichtung
14 926		Feuerwehr-Sicherheitsgurte mit Zweidornschnalle; Anforderungen, Prüfungen
		1.10.2 Bekleidung
EN 345-2		Feuerwehrschutzschuhwerk
EN 443		Feuerwehrhelm
EN 469		Schutzkleidung für die Feuerwehr-Anforderungen und Prüfverfahren für Schutzkleidung für die Brandbekämpfung

DIN		Titel
EN 471		Warnkleidung
EN 659		Feuerwehrschutzhandschuhe
EN 1486		Schutzkleidung für die Feuerwehr (Hitzeschutzkleidung)
14 941		Feuerwehrkleidung; Knöpfe
		1.11 Bauliche Anlagen und Einrichtungen
14 090		Flächen für die Feuerwehr auf Grundstücken
14 092	T1	Feuerwehrhäuser; Planungsgrundlagen
14 092	T2	Feuerwehrhäuser; Tore
14 092	T3	Feuerwehrhäuser; Schlauchtrockenturm, Übungswand
14 092	T4	Feuerwehrhäuser; Atemschutz-Werkstätten; Planungsgrundlagen
14 092	T5	Feuerwehrhäuser; Schutzanzugwerkstätten; Planungsgrundlagen
14 092	T6	Feuerwehrhäuser; Schlauchpflegewerkstätten; Planungsgrundlagen
14 093	T1	Atemschutz-Übungsanlagen; Planungsgrundlagen
14 095-1		Feuerwehrpläne – Teil 1: Für bauliche Anlagen
14 096	T1	Brandschutzordnung; Allgemeines und Regeln für die Erstellung des Teils A
14 096	T2	Brandschutzordnung; Regeln für die Erstellung des Teils B
14 096	T3	Brandschutzordnung; Regeln für die Erstellung des Teils C
14 097		Feuerwehr-Übungshäuser

2. Bauwesen und vorbeugender Brandschutz

– Auszug –

DIN		Titel
4 102	T1	Brandverhalten von Baustoffen und Bauteilen; Baustoffe; Begriffe, Anforderungen und Prüfungen
4 102	T2	Brandverhalten von Baustoffen und Bauteilen; Bauteile; Begriffe, Anforderungen und Prüfungen
4 102	T3	Brandverhalten von Baustoffen und Bauteilen; Brandwände und nichttragende Außenwände; Begriffe, Anforderungen und Prüfungen
4 102	T4	Brandverhalten von Baustoffen und Bauteilen; Zusammenstellung und Anwendung klassifizierter Baustoffe, Bauteile und Sonderbauteile
4 102	T5	Brandverhalten von Baustoffen und Bauteilen; Feuerschutzabschlüsse, Abschlüsse in Fahrschachtwänden; Begriffe, Anforderungen und Prüfungen
4 102	T6	Brandverhalten von Baustoffen und Bauteilen; Lüftungsleitungen; Begriffe, Anforderungen und Prüfungen
4 102	T7	Brandverhalten von Baustoffen und Bauteilen; Bedachungen; Begriffe, Anforderungen und Prüfungen
4 102	T8	Brandverhalten von Baustoffen und Bauteilen; Kleinprüfstand
4 102	T9	Brandverhalten von Baustoffen und Bauteilen; Kabelabschottungen; Begriffe, Anforderungen, Prüfungen
4 102	T11	Brandverhalten von Baustoffen und Bauteilen; Rohrummantelungen, Rohrabschottungen, Installationsschächte und -kanäle
4 102	T13	Brandverhalten von Baustoffen und Bauteilen; Brandschutzverglasungen; Begriffe, Anforderungen, Prüfungen
14 094		Notleitern aus Metall

	DIN		Titel
	18 082	T1	Feuerschutzabschlüsse; Stahltüren T 30-1, Bauart A
	18 082	T3	Feuerschutzabschlüsse; Stahltüren T30-1, Bauart B
	18 090		Aufzüge; Fahrschacht – Dreh- und Falttüren für Fahrschächte mit Wänden der Feuerwiderstandsklasse F 90
	18 091		Aufzüge; Horizontal- und Vertikal-Schiebetüren für Fahrschächte mit feuerbeständigen Wänden
E	18 091		Aufzüge; Fahrschacht-Schiebetüren für Fahrschächte mit Wänden der Feuerwiderstandsklasse F 90
	18 092		Kleinlastenaufzüge; Vertikal-Schiebetüren für Fahrschächte mit feuerbeständigen Wänden
	18 093		Feuerschutzabschlüsse; Einbau von Feuerschutztüren in massive Wände aus Mauerwerk oder Beton
	18 095	T1	Türen; Rauchschutztüren; Begriffe und Anforderungen
	18 095	T2	Türen; Rauchschutztüren; Bauartprüfung der Dauerfunktionstüchtigkeit und Dichtheit
V	18 230	T1	Baulicher Brandschutz im Industriebau; Rechnerisch erforderliche Feuerwiderstandsklasse
V	18 230	T1 Bbl 1	Baulicher Brandschutz im Industriebau; Rechnerisch erforderliche Feuerwiderstandsdauer; Abbrandfaktoren m und Heizwerte
	18 230	T2	Baulicher Brandschutz im Industriebau; Ermittlung des Abbrandfaktors
	18 232	T1	Baulicher Brandschutz im Industriebau; Rauch- und Wärmeabzugsanlagen; Begriffe und Anwendung
	18 232	T2	Baulicher Brandschutz; Rauch- und Wärmeabzugsanlagen; Rauchabzüge, Bemessung, Anforderungen und Einbau
E	18 232	T3	Baulicher Brandschutz; Rauch- und Wärmeabzugsanlagen; Rauchabzüge, Prüfungen

3. Kennzeichen, Sinnbilder, Schilder

– Auszug –

DIN		Titel
2 403		Kennzeichnung von Rohrleitungen nach dem Durchflußstoff
4 063		Hinweisschilder, Hinweiszeichen für den Zivilschutz
4 065		Gasfernleitungen; Hinweisschilder
4 066		Hinweisschilder für die Feuerwehr
4 067		Wasser; Hinweisschilder, Ortswasserleitungen und Wasserfernleitungen
4 068		Abwasser; Hinweisschilder
4 069		Ortsgasverteilungsleitungen; Hinweisschilder
4 844	T1	Sicherheitskennzeichnung; Begriffe, Grundsätze Sicherheitszeichen
25 400		Warnzeichen für ionisierende Strahlen
E 25 400		Zeichen für ionisierende Strahlen
40 008	T1	Sicherheitsschilder für die Elektrotechnik; Übersicht

4. Gas- und Wasserversorgung

– Auszug –

DIN		Titel
1 988	T6	Technische Regeln für Trinkwasser-Installationen; Feuerlösch- und Brandschutzanlagen, Techn. Regel des DVGW
2 425	Bbl	Richtlinien für Pläne der Wasserversorgung im Brandschutz
3 221		Unterflurhydranten PN 16
3 222		Überflurhydranten PN 16
3 321		Anforderungen und Anerkennungsprüfungen für Hydranten

DIN	Titel
19 651	Schnellkupplungsrohre; technische Lieferbedingungen
DVGW-W 405	Bereitstellung von Löschwasser durch die öffentliche Trinkwasserversorgung

5. Schutzausrüstungen, Atem- und Strahlenschutz

– Auszug –

EN-Nr.	Benennung
132	Atemschutzgeräte; Definition
133	Atemschutzgeräte; Einteilung
134	Atemschutzgeräte; Benennung von Einzelteilen
135	Atemschutzgeräte; Liste gleichbedeutender Begriffe
136	Atemschutzgeräte; Vollmasken; Anforderungen, Prüfung, Kennzeichnung
136-10	Atemschutzgeräte; Vollmasken für speziellen Einsatz; Anforderungen, Prüfung, Kennzeichnung
137	Atemschutzgeräte; Behältergeräte mit Druckluft (Preßluftatmer); Anforderungen, Prüfung, Kennzeichnung
138	Atemschutzgeräte; Frischluft-Schlauchgeräte in Verbindung mit Vollmaske, Halbmaske oder Mundstückgarnitur; Anforderungen, Prüfung, Kennzeichnung
139	Atemschutzgeräte; Druckluft-Schlauchgeräte in Verbindung mit Vollmaske, Halbmaske oder Mundstückgarnitur; Anforderungen, Prüfung, Kennzeichnung
140	Atemschutzgeräte; Halbmasken und Viertelmasken; Anforderungen, Prüfung, Kennzeichnung
141	Atemschutzgeräte; Gasfilter und Kombinationsfilter; Anforderungen, Prüfung, Kennzeichnung
142	Atemschutzgeräte; Mundstückgarnituren; Anforderungen, Prüfung, Kennzeichnung
143	Atemschutzgeräte; Partikelfilter; Anforderungen, Prüfung, Kennzeichnung

EN-Nr.	Benennung
144-1	Atemschutzgeräte; Gasflaschenventile; Gewindeverbindung am Einschraubstutzen
145	Atemschutzgeräte; Regenerationsgeräte mit Drucksauerstoff; Sauerstoffschutzgeräte; Anforderungen, Prüfung, Kennzeichnung
145-2	Atemschutzgeräte; Regenerationsgeräte mit Drucksauerstoff für besondere Verwendung; Anforderungen, Prüfung, Kennzeichnung
146	Atemschutzgeräte; Atemschutzhelme oder Atemschutzhauben mit Partikelfilter; Anforderungen, Prüfung, Kennzeichnung
147	Atemschutzgeräte; Vollmasken, Halbmasken und Viertelmasken mit Partikelfilter und Gebläse
148-1	Atemschutzgeräte; Gewinde für Atemanschlüsse; Rundgewindeanschluß
148-2	Atemschutzgeräte; Gewinde für Atemanschlüsse; Zentralgewindeanschluß
148-3	Atemschutzgeräte; Gewinde für Atemanschlüsse; Gewindeanschluß M 45x3
149	Atemschutzgeräte; Filtrierende Halbmasken zum Schutz gegen Partikel; Anforderungen, Prüfung, Kennzeichnung
250	Atemschutzgeräte; autonome Leichttauchgeräte mit Druckluft; Anforderungen, Prüfung, Kennzeichnung
269	Atemschutzgeräte; Frischluft-Druckschlauchgeräte mit Motorgebläse in Verbindung mit Haube; Anforderungen, Prüfung, Kennzeichnung
270	Atemschutzgeräte; Druckluft-Schlauchgeräte in Verbindung mit Haube; Anforderungen, Prüfung, Kennzeichnung
271	Atemschutzgeräte; Druckluft-Schlauchgeräte oder Frischluft-Schlauchgeräte mit Luftförderer mit Haube für Strahlarbeiten; Anforderungen, Prüfung, Kennzeichnung
371	Atemschutzgeräte; AX Gasfilter und Kombinationsfilter gegen niedrigsiedende organische Verbindungen; Anforderungen, Prüfung, Kennzeichnung

EN-Nr.	Benennung
372	Atemschutzgeräte; SX Gasfilter und Kombinationsfilter gegen speziell genannte Verbindungen; Anforderungen, Prüfung, Kennzeichnung
400	Atemschutzgeräte für Selbstrettung; Regenerationsgeräte; Drucksauerstoffselbstretter; Anforderungen, Prüfung, Kennzeichnung
401	Atemschutzgeräte für Selbstrettung; Regenerationsgeräte; Chemikalsauerstoff-(KO_2-)Selbstretter; Anforderungen, Prüfung, Kennzeichnung
402	Atemschutzgeräte für Selbstrettung; Behältergeräte mit Druckluft (Preßluftatmer) mit Vollmaske oder Mundstückgarnitur; Anforderungen, Prüfung, Kennzeichnung
403	Atemschutzgeräte für Selbstrettung; Filtergeräte mit Haube für Selbstretter bei Bränden; Anforderungen, Prüfung, Kennzeichnung
404	Atemschutzgeräte für Selbstrettung; Filterselbstretter; Anforderungen, Prüfung, Kennzeichnung
405	Atemschutzgeräte; Filtrierende Halbmasken mit Ventilen zum Schutz gegen Gase oder Gase und Partikel; Anforderungen, Prüfung, Kennzeichnung

B

Rechtsgrundlagen und Organisation

Achtung!
Je nach Ausgestaltung der Landesgesetze haben manche Antworten nur für einen Teil der Länder Gültigkeit!

1. Warum gibt es eine Feuerwehr?

Die Sicherheit der Bevölkerung und des einzelnen gegen die Gefährdung durch Brand, Naturereignisse und die Gefahren der Zivilisation (Verkehr, Industrie) machen eine Einrichtung wie die Feuerwehr erforderlich.

2. Wie ist die Feuerwehr entstanden?

Die Bekämpfung der Gefahren, die durch Brände entstehen, ist schon frühzeitig als notwendig erkannt worden. Aber erst die Erkenntnis, daß der Bürger sich nicht nur allein auf die Obrigkeit verlassen sollte, sondern selbst sein Schicksal bestimmen sollte, hat zur Bildung der ersten Freiwilligen Feuerwehren geführt. Hauptamtliche Brandbekämpfungsdienste gibt es in sehr großen Städten schon seit rund 250 Jahren (Wien).

3. Wodurch zeichnen sich Freiwillige Feuerwehren aus?

In Freiwilligen Feuerwehren sind Bürger organisiert, die unentgeltlich zu jeder Zeit bereit sind, Schadensfälle zu bekämpfen. Dadurch ist die Feuerwehr in der Lage, schnell mit ausreichend Personal und Gerät auf der Einsatzstelle tätig zu werden. Dadurch wird schnellste Hilfe geleistet, die von der Allgemeinheit auch noch finanziert werden kann.

4. Seit wann gibt es Feuerwehren?

Die Abwendung vom Obrigkeitsstaat zum Staat mit demokratischer Mitwirkung der Bevölkerung hat die Voraussetzung geschaffen, um zweckbestimmte Bürgergemeinschaften wie die Feuerwehr einzurichten. In Deutschland waren die Voraussetzungen seit der Bürgerlichen Revolution (1848) hierfür gegeben. Daraus erklären sich auch die vielen Gründungsaktivitäten in den darauffolgenden Jahren.

5. Warum sind Freiwillige Feuerwehren notwendig?

Die Bekämpfung der Gefahren, die durch ein Schadenfeuer (Brand) entstehen, muß schnell aufgenommen werden. Diese Forderung kann nur erfüllt werden, wenn einsatzbereite und ausgebildete Helfer unmittelbar an jedem Wohnplatz, in jeder Gemeinde und in jeder Stadt verfügbar sind. Aus finanziellen Gründen ist dies nur mit freiwilligen Kräften erreichbar.

6. Durch welche gesetzlichen Grundlagen ist das Feuerwehrwesen heute geregelt?

Durch das Grundgesetz (Artikel 30, 70, 74) ist festgelegt, daß das Feuerwehrwesen grundsätzlich durch die Länder geregelt wird. Daher hat jedes Land ein Gesetz über die Organisation und den Einsatz der Feuerwehren geschaffen (Feuerwehr- oder Brandschutzgesetz).

7. Welche Arten von Feuerwehren gibt es?

Die Feuerwehrgesetze der Länder unterscheiden Gemeindefeuerwehren als Freiwillige oder Berufsfeuerwehren, Betriebsfeuerwehren und anerkannte Betriebsfeuerwehren, auch Werkfeuerwehren genannt. Sollten nicht genügend Bürger für eine Mitarbeit in der Feuerwehr bereit sein, so kann der Bürgermeister die Bürger dienstverpflichten, womit eine Pflichtfeuerwehr entsteht. In Bayern ist die Feuerwehr eine Einrichtung der Gemeinde, die aber nur Ausstattung und Gerät bereitstellt. Die notwendige Einsatzmannschaft wird von den Feuerwehrvereinen gestellt, die den Namen Freiwillige Feuerwehr tragen.

8. Welche Aufgaben werden den Feuerwehren gesetzlich zugewiesen?

Sie haben Schadenfeuer (Brände) zu bekämpfen. Diese Aufgabe wird auch als abwehrender Brandschutz bezeichnet.

Sie müssen bei öffentlichen Notständen, die durch Naturereignisse, Einstürze und Unglücksfälle hervorgerufen werden, Hilfe leisten und sie müssen Einzelne und das Gemeinwesen vor hierbei drohenden Gefahren schützen. Zur Rettung von Menschen und Tieren aus lebensbedrohlichen Lagen leisten sie Technische Hilfe.

Diese beiden Bereiche bezeichnet man als Pflichtaufgaben.

Neben den Pflichtaufgaben kann die Gemeindefeuerwehr auch noch sog. Kannaufgaben, wie z.B. Maßnahmen der Brandverhütung oder den Feuerwehrsicherheitswachdienst, durchführen. Diese Kannaufgaben können je nach den gesetzlichen Vorgaben für den Verursacher auch kostenpflichtig sein. Bezüglich der Kannaufgaben gibt es in den einzelnen Bundesländern unterschiedliche Regelungen.

9. Wer ist gegenüber der Feuerwehr weisungsberechtigt?

Als Einrichtung der Gemeinde untersteht die Feuerwehr dem Bürgermeister als dem organisatorischen Leiter. Ansonsten sind der Leiter/Kommandant der Feuerwehr und bestellte Führungskräfte weisungsberechtigt.

10. Welche Gliederungen schreiben die Feuerwehrgesetze für die Feuerwehr vor?

Die Feuerwehr besteht im allgemeinen aus dem Leiter/Kommandanten der Feuerwehr, den Führungskräften und den aktiven Feuerwehrangehörigen, die den Einsatz durchführen. Daneben können noch die Jugendfeuerwehren und die Altersabteilungen als integrale Bestandteile der Feuerwehr vorhanden sein.

11. Welches Wesenselement bestimmt den Dienst in den Freiwilligen Feuerwehren?

Der Dienst in der Feuerwehr ist freiwillig und ehrenamtlich. Die Führungskräfte werden von den aktiven Feuerwehrangehörigen gewählt, wodurch sich ein besonderes Vertrauensverhältnis zwischen den Führungs- und den Einsatzkräften begründet. Die Führungskräfte werden nach ihrer Wahl für eine begrenzte Zeit von den Gemeindeorganen (Bürgermeister, Gemeinderat) bestellt.

12. Welche Aufgaben weisen die Landesgesetze den Gemeinden, den Landkreisen und den Ländern zu?

Die Gemeinden haben für die Schaffung oder den Betrieb einer Feuerwehr in dem für die örtlichen Verhältnisse notwendigen Umfang zu sorgen. Sie haben den organisatorischen Rahmen zu schaffen und die Geräte, die Ausrüstungen und Fahrzeuge sowie ein Feuerwehrhaus zur Verfügung zu stellen. Eine ausreichende Personalstärke ist von ihnen vorzuhalten, und sie haben für die Ausbildung aller Einsatzkräfte zu sorgen. Daneben müssen sie noch Löschmittel sowie Alarmeinrichtungen und alle sonstigen für einen erfolgreichen Einsatz benötigten Mittel bereitstellen. Sie kommen auch für die Kosten der Einsätze auf.

Die Landkreise haben für überörtliche Einrichtungen (Alarmierungszentrale oder Leitstellen, Fernmeldeinfrastruktur) und die Durchführung der notwendigen Ausbildung auf überörtlicher Ebene zu sorgen. Ferner haben sie für die Bereitstellung von solchen Fahrzeugen, Geräten und Ausrüstungsteilen zu sorgen, deren Vorhaltung nur überörtlich sinnvoll ist.

Die Länder haben die Gemeinden bei der Durchführung des gesetzlichen Auftrages durch die Bereitstellung landesweit notwendiger Infrastruktur von Ausbildungs- und Fortbildungseinrichtungen (Landesfeuerwehrschulen) sowie durch finanzielle Zuwendungen zu unterstützen. Ferner sorgen sie durch entsprechende zusätzliche Leistungen dafür, daß die Angehörigen der Feuerwehr für einsatzbedingt erlittene Schäden, insbesondere größeren Umfangs, entschädigt werden.

13. Was sind Aufsichtsbehörden?

Die Feuerwehr- oder Brandschutzgesetze legen in der Regel drei Aufsichtsebenen fest. Für die Gemeinden die Landkreise, für die Land- und Stadtkreise die Regierungsbezirke/Präsidien, für ein Bundesland das Innenministerium.

14. Wer hat bei einem Feuerwehreinsatz die Einsatzleitung?

Es gilt das Prinzip der örtlichen Zuständigkeit. Also hat der für das Schadensgebiet örtlich zuständige Leiter/Kommandant der Feuerwehr die Einsatzleitung. Vertreter der Aufsichtsbehörden können durch ausdrückliche Willenserklärung die Leitung des Einsatzes übernehmen. Einige Feuerwehrgesetze geben auch Angehörigen von Berufsfeuerwehren die Möglichkeit, die Einsatzleitung zu übernehmen, sofern sie mit eigenen Einsatzkräften zur Unterstützung herangezogen werden.

15. Sind Feuerwehren untereinander zur Hilfe verpflichtet?

Die Feuerwehren ist eine der Nächstenhilfe dienende Einrichtung, die ihre Aufgabe nicht nur als einzelne Gemeindefeuerwehren zu erfüllen hat. Daher ist gesetzlich festgelegt, daß sich Feuerwehren gegenseitig zu helfen haben. Um einen möglichst hohen Sicherheitsgrad für die gesamte Bevölkerung zu erreichen und wegen der Unmöglichkeit, daß jede Gemeinde für alle Schadensfälle, die auf ihrem Gebiet geschehen können, sich gerätetechnisch ausstatten kann, wird durch die Hilfeleistungspflicht sichergestellt, daß die Feuerwehr stets in möglichst kurzer Zeit mit optimalen technischen Mitteln und ausreichender Personalstärke am Schadensort tätig werden kann.

16. Gibt es eine Interessenvertretung der Feuerwehren?

Die Feuerwehrgesetze sehen vor, daß die einzelnen Gemeindefeuerwehren Mitglieder in sogenannten Feuerwehrverbänden werden können. Diesen Feuerwehrverbänden wird durch gesetzliche Regelungen Anhörungsrecht bzw. Mitwirkungsrecht bei der Lösung von allen Problemen, die die Feuerwehren betreffen, eingeräumt.

Die Mitgliedschaft in den Verbänden ist vollkommen getrennt von der gesetzlichen Aufgabenerfüllung der Feuerwehren zu sehen.

17. Wie wird man Mitglied in einer Gemeindefeuerwehr?

Jeder Bürger einer Gemeinde ist verpflichtet, Feuerwehrdienst zu leisten, sobald er 18 Jahre alt ist. Seine Dienstpflicht endet gemeinhin mit vollendetem 50. oder 60. Lebensjahr. Aktiven Dienst darf nur leisten, wer hierfür körperlich und geistig geeignet ist. Daher gibt es in der Regel ein Gremium in der Feuerwehr, das über die Aufnahme entscheidet. Ein Rechtsanspruch auf Aufnahme besteht nicht.

18. Welche Pflichten hat ein Angehöriger der Feuerwehr zu erfüllen?

Mit dem Eintritt in die Feuerwehr muß der neue Feuerwehrangehörige bereit sein, die sich aus dem Feuerwehrdienst ergebenden Pflichten, wie Durchlaufen der erforderlichen Ausbildungen, Befolgen von Weisungen der Führungskräfte, Pünktlichkeit bei Alarmen und Übungen, zu erfüllen. Ferner muß er bereit sein, durch kameradschaftliches Verhalten den inneren Zusammenhalt der Feuerwehren zu stärken, um damit die notwendige Voraussetzung für einen gemeinsamen, erfolgreichen Einsatz zu schaffen.

19. Welche Rechte hat ein Angehöriger der Feuerwehr?

Ein Angehöriger der Feuerwehr hat Anspruch auf Absicherung gegen die Folgen von im Einsatz und in der Ausbildung erlittenen Körperschäden. Er hat Anspruch auf Entschädigung für Aufwendungen im

Rahmen des Feuerwehrdienstes entsprechend den Satzungen. Er ist von seinem Arbeitgeber für Einsätze und Ausbildung, wenn irgend möglich, freizustellen.

20. Welche fachlichen Voraussetzungen muß ein Agehöriger der Feuerwehr erfüllen?

Die Unfallverhütungsvorschrift (UVV) „Feuerwehren" verlangt von jeder Einsatzkraft die fachliche Eignung. Die Feuerwehrdienstvorschriften FwDV 2/1 und 2/2 regeln die Ausbildung der Feuerwehrangehörigen.

Bei Eintritt in die Feuerwehr muß daher zunächst die Grundausbildung (70stündiger Lehrgang) erfolgreich abgeschlossen werden. Erst danach darf bei Einsätzen und Übungen mitgewirkt werden. An die Grundausbildung schließt sich die Truppmannausbildung an, die innerhalb von zwei Jahren in zweimal 40 Stunden durch Unterricht und Übungen das in der Grundausbildung gelernte Fachwissen verfestigen und die Verfahrensweisen in der praktischen Zusammenarbeit einüben soll. Während der Truppmannausbildung sollte auch die Ausbildung als Atemschutzgeräteträger und Sprechfunker erfolgen. Mit dieser umfassenden Ausbildung hat der Feuerwehrangehörige dann das Rüstzeug, um Einsätze durchführen zu können. Er hat damit auch die Voraussetzungen für weitere Ausbildungsgänge zur Wahrnehmung verschiedener Funktionen in der Feuerwehr erworben.

21. Welche Leistungen erbringen die Feuerwehren für die Allgemeinheit?

Die Berufsfeuerwehren und die Freiwilligen Feuerwehren leisten jährlich bei 155 000 Brandeinsätzen, 490 000 Technischen Hilfeleistungen und 850 000 Rettungseinsätzen Hilfe für den einzelnen und die Allgemeinheit. Beachtenswert ist, daß ca. ⅔ aller Einsatzfälle im Bereich Brand und Technische Hilfeleistung ausschließlich von Freiwilligen Feuerwehren geleistet werden. Geht man davon aus, daß etwa das Dreifache der jährlichen Schadenssumme durch Brandfälle an Sachwerten durch den Einsatz der Feuerwehren vor der Vernichtung gerettet wird, dann beträgt die finanzielle Leistung der Feuerwehren für die Allgemeinheit allein im Bereich der Brandeinsätze ca. 13 Milliarden an gerettetem Volksvermögen. Für den Bereich der Technischen Hilfeleistungen und der Rettungseinsätze kann jeweils nochmals mit mindestens gleichhohen Zahlen gerechnet werden.

22. Darf ein Angehöriger der Feuerwehr im Einsatz ohne den erforderlichen Führerschein ein Feuerwehrfahrzeug fahren?

Ohne den jeweils erforderlichen Führerschein (Klasse 3 zukünftig EU-Klasse B oder Klasse 2 zukünftig EU-Klassen C oder C1, je nach Fahrzeuggesamtgewicht) darf kein Feuerwehrfahrzeug gefahren werden. Es gibt keinen rechtfertigenden Notstand, der dies erlauben würde. Es darf auch von keinem Weisungsbefugten eine solche Weisung erteilt bzw. eine solche Forderung gestellt werden.

23. Was bedeutet der Begriff „Freistellung"?

Das Gesetz über den Wehrdienst sieht vor, daß anstelle des Grundwehrdienstes anderweitig Dienst für die Allgemeinheit geleistet werden darf. Eine Möglichkeit ist die Tätigkeit im Katastrophenschutzdienst. Will ein Wehrdienstpflichtiger im Katastrophenschutz seiner Dienstpflicht nachkommen, so muß er sich auf 8 Jahre verpflichten und regelmäßig Dienst leisten.

24. Wie wirkt die Feuerwehr im Katastrophenschutz mit?

Die Feuerwehr ist in ihrer Gesamtheit Teil des Katastrophenschutzes. Sie kann von den zuständigen Behörden im Falle einer Katastrophe zur Bekämpfung der Folgen herangezogen werden. Ein Teil der Feuerwehrangehörigen kann besonders für den Dienst im erweiterten Katastrophenschutz bestimmt und dafür auch besonders ausgebildet und ausgestattet werden. Die Kosten hierfür werden von der Bundesregierung getragen. Dadurch ist auch erklärt, warum die Feuerwehren auch Bestimmungen des Bundesinnenministeriums befolgen müssen.

C

Verhalten im Einsatz

1. Gibt es Festlegungen, die die Tätigkeit von Feuerwehrangehörigen im Einsatz und in der Ausbildung grundsätzlich regeln?

In den Feuerwehr-Dienstvorschriften (FwDV) sind die Tätigkeiten der Feuerwehrangehörigen für den Einsatz- und Übungsdienst grundsätzlich geregelt. Zur Vermeidung von Unfällen sind in den entsprechenden Unfallverhütungsvorschriften (UVV) und in den zugehörigen Durchführungsanweisungen weitere Festlegungen getroffen.

2. Welches sind für die Tätigkeit im Feuerwehreinsatz die wichtigsten Feuerwehr-Dienstvorschriften?

Die wichtigsten Feuerwehr-Dienstvorschriften für die praktische Tätigkeit sind:

FwDV 4	Die Gruppe im Löscheinsatz
FwDV 3	Die Staffel im Löscheinsatz
FwDV 13/1	Die Gruppe in der technischen Hilfeleistung

In diesen drei Dienstvorschriften ist das Zusammenspiel der Feuerwehrangehörigen im Einsatz geregelt. Nur wer diese Vorschriften kennt und anwenden kann, weiß, was er nach Erteilung des Einsatzbefehls tun muß.

3. Was beinhaltet der Befehl?

Der Befehl enthält immer Einheit und Auftrag; je nach Situation enthält der Befehl auch Angaben zu: Wasserentnahmestelle, Mittel, Ziel, Weg, Führung und Versorgung.

Mit dem Befehl teilt der Gruppenführer mit, was mit den Einsatzmaßnahmen erreichen werden soll *(Auftrag);* z.B. Menschenrettung, Brandbekämpfung, Abriegeln. Er gibt in jedem Fall auch an, welcher Trupp die Maßnahme durchführen soll *(Einheit).* Nach eigenem Ermessen entscheidet er außerdem, inwieweit er die Einsatzmaßnahmen genauer festlegen will oder festlegen muß. Er kann hierzu festlegen, womit die Einsatzmaßnahme aufgeführt werden soll *(Mittel),* wo sie genau durchzuführen ist *(Ziel)* und über welchen *Weg* die beauftragte Einheit dort hingelangt.

Der Gruppenführer legt somit fest, was *ein* Trupp seiner Gruppe oder Staffel tun muß. Die Tätigkeiten aller anderen Angehörigen der Gruppe orientieren sich an den Festlegungen in den oben genannten Feuerwehr-Dienstvorschriften.

Bei einem Löscheinsatz gibt der Gruppenführer zu Beginn *seines ersten Befehls* zusätzlich die *Wasserentnahmestelle* und die *Lage des Verteilers* an.

Der Befehl endet mit dem Wort *vor* oder *fertig!* Das Kommando *fertig* wird beim Einsatz mit Bereitstellung verwendet.

Schema des Befehls	Beispiel eines Befehls
Wasserentnahmestelle	*Wasserentnahme Hydrant vor Haus 10*
Lage des Verteilers	*Verteiler 5 m vor Hauseingang*
Einheit	*Angriffstrupp*
Auftrag	*zur Brandbekämpfung*
Mittel	*mit 1. Rohr unter PA*
Ziel	*ins Dachgeschoß*
Weg	*über Haupttreppenraum*
	VOR!

4. Warum muß jeder Befehl wiederholt werden?

Jeder Befehl muß von dem Einheitsführer, der den Befehl erhält, wiederholt werden, damit für den Anordnenden die Gewißheit besteht, daß der Befehl richtig verstanden worden ist.

5. Wie hat sich der Feuerwehrangehörige nach einem Alarm zu verhalten?

Er hat sich mit der gebotenen Eile, aber der StVO entsprechend, am Feuerwehrhaus einzufinden.

6. Wie verhält man sich bei einem Alarm im Feuerwehrhaus?

Ruhe bewahren, persönliche Ausrüstung vollständig anlegen, den Anordnungen der Führungskräfte Folge leisten, das angeordnete Fahrzeug besetzen. Nicht auf abrückende Fahrzeuge aufspringen!

7. Wie ist die Antreteordnung der Gruppe?

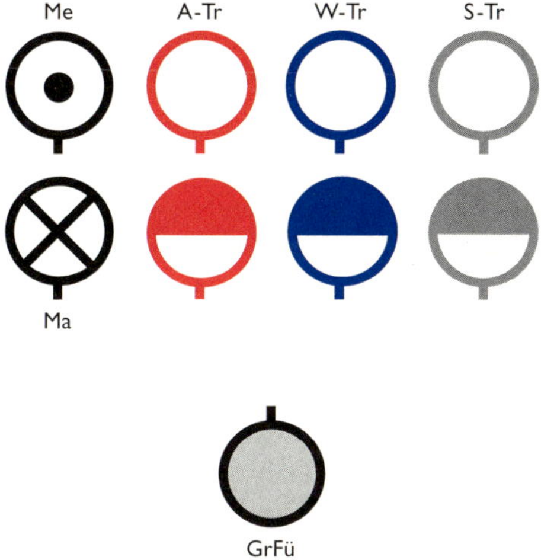

Me = Melder
Ma = Maschinist
A-Tr = Angriffstrupp
W-Tr = Wassertrupp
S-Tr = Schlauchtrupp
GrFü = Gruppenführer

Bild 1: Antreteordnung

8. Wie ist die Sitzordnung nach FwDV 4 im Löschgruppenfahrzeug?

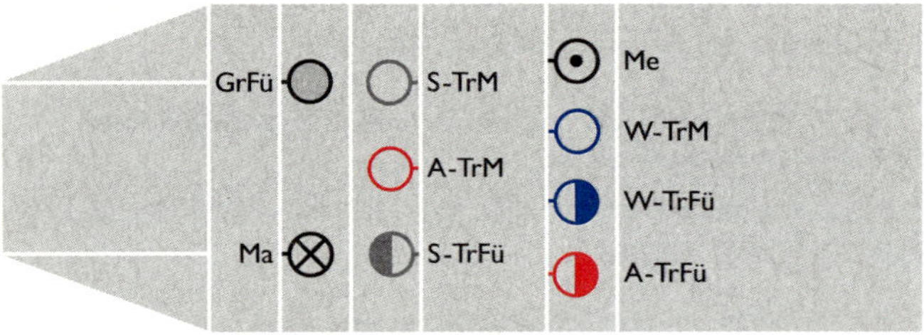

Bild 2: Sitzordnung Löschgruppenfahrzeug; TrFü = Truppführer, TrM = Truppmann

Werden Preßluftatmer (PA) im Mannschaftsraum mitgeführt, so sitzt der Angriffstrupp bei diesen Geräten mit Rücken zur Fahrtrichtung. Der Schlauchtrupp wechselt dann die Position mit dem Angriffstrupp (s. Bild 3).

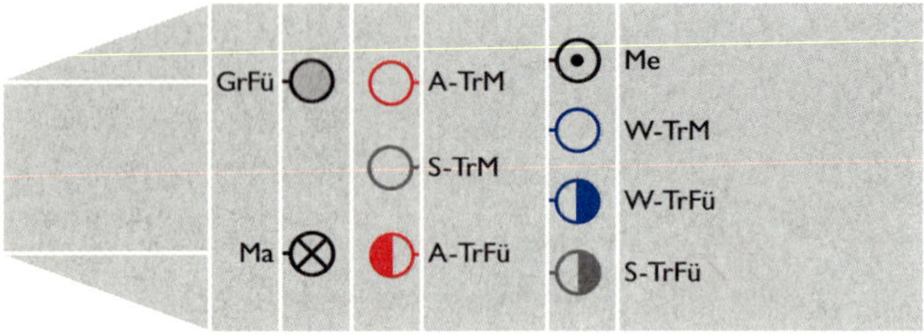

Bild 3: Sitzordnung Löschgruppenfahrzeug mit PA im Mannschaftsraum

9. Wie ist die Sitzordnung im Staffelfahrzeug?

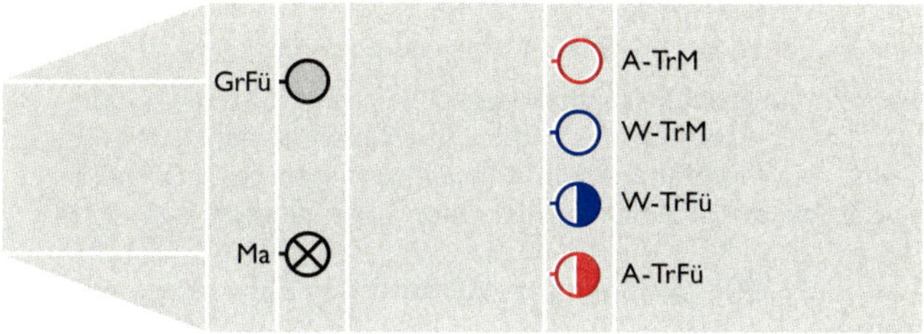

Bild 4: Sitzordnung Staffelfahrzeug

10. Wer ist für das Fahrzeug während der Fahrt verantwortlich?

Der Fahrer, nicht der Gruppenführer.

11. Wie muß sich der Fahrer auf der Fahrt zur Einsatzstelle verhalten?

Sicherheit geht vor Schnelligkeit. Der Fahrer muß Mannschaft und Gerät sicher an die Einsatzstelle bringen.

Die Geschwindigkeit richtet sich nach den gegebenen Verkehrsverhältnissen, der Witterung und dem Straßenzustand.

Bei mehreren gleichzeitig ausrückenden Fahrzeugen darf kein Wettrennen entstehen, die Reihenfolge der Fahrzeuge wird durch das Alarmierungsstichwort und die dazugehörige Ausrückeordnung festgelegt.

12. Mit welcher Geschwindigkeit soll zum Einsatz gefahren werden?

Die Geschwindigkeit richtet sich nach der Witterung, nach dem Gelände und dem herrschenden Verkehr. Die Vorgaben der Straßenverkehrsordnung sollen möglichst auch bei einer Einsatzfahrt eingehalten werden.

Bei Frost, Glatteis, Nebel, abschüssigen und unübersichtlichem Gelände muß langsam gefahren werden.

Besser etwas später ankommen, aber ankommen!

Bei Fahrten im geschlossenen Verband darf kein Wettrennen einsetzen und ein Fahrzeug das andere überholen wollen. Überholt wird ein Feuerwehrfahrzeug im Verband nur, wenn es ausscheiden muß und dies durch Zeichen oder über Funk kundtut.

13. Wie groß ist der Abstand der Fahrzeuge untereinander?

Abstand entsprechend der Geschwindigkeit. Mindestens 25 m, jedoch nicht über 50 m.

14. Was bedeutet es, Sonderrechte zu beanspruchen?

Aufgrund des § 35 StVO sind die Feuerwehren bei der Wahrnehmung ihrer Aufgaben berechtigt, im Straßenverkehr Sonderrechte in Anspruch zu nehmen. Die Sonderrechte dürfen nur zur Erfüllung hoheitlicher Aufgaben in Anspruch genommen werden, und auch nur dann, wenn der Einsatzerfolg *ohne diese Sonderrechte nicht oder nur teilweise möglich wäre.*

Zu den Sonderrechten gehören zum Beispiel:

Überschreiten von Geschwindigkeitsbegrenzungen, Befahren von Sperrflächen, Befahren gesperrter Straßen, Halten im Haltverbot oder an unübersichtlichen Stellen, Überqueren von Kreuzungen bei Rot, Mißachten von Stoppstellen, Mißachten von vorgeschriebenen Fahrtrichtungen, ...

Auch bei Inanspruchnahme von Sonderrechten darf man beispielsweise nicht

Gewichtsbeschränkungen bei Brückenbauwerken, Stegen, Tiefgaragen überschreiten oder ohne entsprechenden Führerschein fahren.

§ 38 StVO beschreibt das Wegerecht. Wegerecht bedeutet, daß die anderen Verkehrsteilnehmer dem Feuerwehrfahrzeug freie Bahn schaffen müssen, wenn dieses seine Absicht, Sonderrechte in Anspruch zu nehmen, mit blauer Rundumkennleuchte (Blaulicht) und Einsatzhorn anzeigt.

Einsatzfahrzeuge müssen mit Blaulicht *und* Einsatzhorn ausgerüstet sein. Nur *beide zusammen dienen* dazu, die anderen Verkehrsteilnehmer darauf aufmerksam zu machen, daß das Einsatzfahrzeug Sonderrechte nach § 35 StVO in Anspruch nehmen will.

Der Einsatzfahrer muß sich vergewissern, daß ihm die anderen freie Bahn gewähren. Er darf sich das Sonderrecht nicht erzwingen.

Blaulicht allein warnt die anderen Teilnehmer an Einsatzstellen vor besonderen Gefahren. Das Blaulicht allein bedeutet für die anderen Verkehrsteilnehmer nicht, daß sie freie Bahn zu schaffen haben.

15. Was ist bei Inanspruchnahme der Sonderrechte zu beachten?

Der begünstigte Fahrer darf von den Sonderrechten (Vorfahrt, entgegengesetzte Fahrtrichtung in Einbahnstraßen usw.) nur unter Anwendung größtmöglicher Sorgfalt und größter Vorsicht Gebrauch machen, da der nach der allgemeinen Regelung Vorfahrtsberechtigte sein Vorfahrtsrecht grundsätzlich behält, es wird lediglich zugunsten des Sonderrechtsfahrzeugs eingeschränkt.

16. Welche besonderen Signale darf die Feuerwehr einsetzen?

Das Einsatzhorn (Mehrtonfolgehorn) und die Rundumkennleuchte (DIN 14 620) für blaues Blinklicht (Blaulicht).

17. Dürfen die Sonderrechte auch bei der Rückfahrt von der Einsatzstelle zum Feuerwehrhaus beansprucht werden?

Nein. Die schnellere Wiederherstellung der Einsatzbereitschaft rechtfertigt nicht die Inanspruchnahme von Sonderrechten.

18. Wer bedient das Einsatzhorn?

Der Fahrer.

19. Wie muß das Einsatzhorn im Fahrzeug geschaltet sein?

Es darf sich nur nach Einschalten der Rundumkennleuchte betätigen lassen.

20. Wie bereitet sich der Gruppenführer auf die Fahrt zur Einsatzstelle auf seine Aufgabe vor?

Er kann sich an Hand von Hydrantenverzeichnissen, evtl. vorhandenen Feuerwehr- oder Einsatzplänen orientieren. Er kann ferner während der Fahrt seine Gruppe überprüfen und eventuell auch bereits bzgl. der Einsatzmaßnahmen einteilen, damit später kein Durcheinander entsteht. Das ist besonders wichtig, wenn die Gruppe nicht vollzählig ist. (Damit jeder Feuerwehrangehörige an jedem Platz, an den er gestellt wird, seine Pflicht erfüllen kann, ist es wichtig, ihn nach den Feuerwehr-Dienstvorschriften in allen Gruppenfunktionen auszubilden.)

21. Wie werden Feuerwehrfahrzeuge an der Einsatzstelle aufgestellt?

Beim Aufstellen der Fahrzeuge ist darauf zu achten, daß die Fahrzeuge nicht im Gefahrenbereich stehen. Nur so kann die Mannschaft gefahrlos absitzen, und das Fahrzeug bleibt ungefährdet. Die Aufstellung hat so zu erfolgen, daß sich der Einsatz ungehindert entwickeln kann. Der Zugang zur Einsatzstelle muß auch noch für weitere Fahrzeuge (z.B. Drehleitern, Rettungswagen) frei bleiben. Üblicherweise fährt das erste Fahrzeug ca. 15 Meter über die Einsatzstelle hinaus, um so nachrückenden Kräften Platz zu lassen, und stellt sich grundsätzlich auf der Einsatzstellenseite auf.

22. Was ist bei starkem Frost zu beachten?

Fahrweise den Straßenverhältnissen anpassen. Nicht mehr benötigte Pumpen und Leitungen sofort entleeren, dabei auf mögliche Eisbildungen auf der Straße achten; Wasser aus Schläuchen und Pumpen möglichst nicht auf Verkehrsflächen auslaufen lassen. Bei kurzfristigem „Wasser halt" Strahlrohre leicht geöffnet halten, um Wasser in Fluß zu halten. Siehe **Z 11**.

Bei längeren Einsätzen für die Mannschaft Aufwärmeraum und warme Getränke vorhalten. Rechtzeitig für Ablösung sorgen.

23. Wer ist bei Feuerwehreinsätzen der Einsatzleiter?

Grundsätzlich der örtliche Leiter der Feuerwehr. Deshalb ist für ihn eine umfassende Ausbildung nötig. Er kann die Einsatzleitung an entsprechende Kräfte abgeben (z.B. Aufsichtsbeamte wie Kreisbrandmeister, Bezirksbrandmeister und Landesbranddirektor), wenn es das Feuerwehrgesetz so vorsieht. Arbeiten mehrere Hilfsorganisationen an der Einsatzstelle zusammen, so hat der Einsatzleiter der Feuerwehr unter seiner Führung einen Einsatzstab zu bilden.

24. Wodurch soll sich der Einsatzleiter auszeichnen?

Durch überlegene Ruhe, volle Übersicht über die Lage, schnelle Entschlußkraft, klare Befehle. Dann wird seine Arbeit immer von Erfolg gekrönt sein. Sinnloses Draufgängertum und Kopflosigkeit führen niemals zum Erfolg! Ist der Leiter der Einsatzstelle unsicher, so überträgt sich dies stets auch auf die Mannschaft.

25. Was muß der Einsatzleiter an der Einsatzstelle zuerst tun?

Er muß sich so schnell wie möglich einen Überblick über die Lage verschaffen. Er muß erkunden.

26. Was muß der Einsatzleiter erkunden?

Der Einsatzleiter muß Gefahren für Menschen, Tiere, die Umwelt und Sachen erkunden. Siehe **D** .

27. Was schließt sich der Erkundung an der Einsatzstelle an?

Der Einsatzleiter beurteilt nun die einzelnen Gefahren (Beurteilung). Er legt fest, welche Gefahr zuerst und wie bekämpft werden muß (Entschluß). Dabei geht Menschenrettung immer der Brandbekämpfung vor, das heißt, daß zuerst die Gefahren für die Menschen beseitigt werden müssen.

Dem Entschluß folgt der Befehl. Durch den Befehl werden die Gedanken des Einsatzleiters in Taten der Mannschaft umgesetzt. Dabei dürfen aber für die Einsatzkräfte keine Gefahren entstehen. Sie sind mit geeigneter Ausrüstung (persönliche Ausrüstung, Angriffsgeräte, Atemschutzgeräte usw.) auszustatten, um sich wirkungsvoll schützen zu können.

28. Welche Aufgaben hat der Einsatzleiter nach einem Befehl?

Er muß kontrollieren, ob der Befehl auch richtig ausgeführt wird und ob die beabsichtigte Wirkung erzielt wird. Er muß weiterhin kontrollieren, ob sich die Lage ändert, was u.U. zu einer neuen Gefahrenanalyse, zu einer neuen Beurteilung der Gefahr, zu einem neuen Entschluß und damit zu einem neuen Befehl führen kann.

29. Wie ist der Einsatzleiter an der Einsatzstelle erreichbar?

Es muß eine Stelle gekennzeichnet sein (ELW o.ä.), die ständig besetzt ist und ständig Kontakt zum Einsatzleiter hat. Dazu eignen sich besonders Funkgeräte im 2-m-Bereich. Der Einsatzleiter trägt einen entsprechend gekennzeichneten Helm (siehe **C 63**).

30. Wann sollen Kräfte nachgefordert werden?

Sofort, wenn beim Eintreffen an der Einsatzstelle feststeht, daß die eigenen Kräfte nicht ausreichen.

Nicht erst versuchen, es mit den eigenen Kräften allein zu schaffen. Werden zu spät weitere Kräfte angefordert, so kann der Erfolg des Einsatzes gefährdet werden.

Deshalb: Lieber einmal Kräfte anfordern, die nicht mehr zum Einsatz kommen, als Kräfte zu spät anfordern. Falls die angeforderten Kräfte ortsunkundig sind, einen Lotsen am Ortseingang aufstellen, der sie an die Einsatzstelle leitet.

Reservekräfte geschlossen bereithalten, damit jederzeit Verstärkung oder Ablösung eingesetzter Kräfte möglich ist.

31. Was ist bei Brandbekämpfung noch zu berücksichtigen?

Zu berücksichtigen sind die Tageszeit (Tag bzw. Nacht) und die Jahreszeit. Reservekräfte zur Ablösung bereithalten. Im Winter für die abgelösten Kräfte möglichst einen warmen Raum vorhalten. Warme Getränke reichen.

Im Sommer, besonders bei Waldbränden, ebenfalls Reservekräfte bereitstellen und für Getränke sorgen.

Keinen Alkohol!

32. Wir wird die Rettung von Personen durchgeführt?

Die Rettungsaktion muß sehr rasch, aber überlegt und sicher vonstatten gehen. Gegebenenfalls sollten zwei Rettungswege gewählt werden. Dies erfordert zwar einen massiven Personaleinsatz, aber die Erfolgschance ist erheblich größer. Rettungswege über Treppenräume sind für die zu Rettenden leichter zu begehen als Leitern.

Über Leitern absteigende Personen durch eine Leine sichern. Immer daran denken, daß der Leiter der Rettungsaktion für die zu Rettenden verantwortlich ist. Die absteigende Person kann auf der Leiter von Schwindel befallen werden oder infolge seelischer Erregung, starker Einatmung von Rauch usw. zusammenbrechen. Ist sie von oben durch eine Feuerwehrleine gesichert, kann sie nicht abstürzen. Eine wesentliche Hilfe bringt der Rettungskorb (Bild 4) einer Drehleiter.

Wenn keine Möglichkeit besteht, an die zu rettenden Personen heranzukommen, und alle anderen Versuche zur Rettung fehlgeschlagen sind, bleibt das Sprungrettungsgerät als letzter Ausweg (siehe **I**).

Nach DIN 14 151 Teil 2 kann das Sprungtuch für Sprunghöhen von bis zu 8 m eingesetzt werden.

Bild 5: Rettung über Drehleiter mit Rettungskorb (Metz)

Bei Sprunghöhen über 8 m und bis etwa 16 m steht das Sprungpolster nach DIN 14 151 Teil 3 zur Verfügung. Zum Instellungbringen werden zwei Personen benötigt. Zum Auffangen der zu rettenden Person ist kein Personal erforderlich (siehe).

Klammern sich beim Eintreffen der Feuerwehr bereits Personen an Fensterkreuzen, Dachrinnen usw. fest, so muß sofort entweder das Sprungtuch oder das Sprungpolster in Stellung gebracht werden. Parallel dazu muß die Feuerwehr aber versuchen, über Treppen oder Leitern an die zu rettenden Personen heranzukommen.

33. In welcher Reihenfolge werden gefährdete Menschen gerettet?

1. Verletzte
2. Kinder, Frauen
3. Männer

Personen, deren Kleider Feuer gefangen haben, in Decken hüllen und Flammen ausdrücken, oder die Personen mit einem Feuerlöscher ablöschen. Auch Sprühstrahl kann angewendet werden, weil damit auch gekühlt wird und die Brandwunden nicht zusätzlich belastet werden.

Räume, Treppenräume, Dachstühle usw. nach bewußtlosen Personen absuchen.

Sich nicht auf Aussagen der Bewohner verlassen. Sie sind meist aufgeregt. Kinder verkriechen sich in Ecken, unter Betten usw.

34. Wie verhalten wir uns bei der Rettung von Vieh?

Die Rettung des Viehs ist nicht immer einfach. Es versucht, wieder in den Stall zurückzuflüchten.

Möglichst den Tierpfleger oder den Besitzer des Viehs hinzuziehen, da deren Stimmen den Tieren bekannt sind. Dem Großvieh Augen verbinden und einzeln herausführen. Pferde und Kühe werden versuchen, sich loszureißen. Pferde evtl. rückwärts herausführen oder Geschirr auflegen. Bei Schafen den Leithammel herausführen, alle anderen folgen größtenteils. Sonst alle einzeln herausschaffen.

Schweine und Kälber evtl. binden oder heraustragen. Federvieh kann man in Säcke stecken oder ebenfalls heraustragen.

Bei Bienenkörben Fluglöcher verstopfen, ins Freie schaffen und Fluglöcher sofort wieder öffnen.

Da Vieh gegen Rauch äußerst empfindlich ist, für Rauchabzug sorgen.

35. Worauf ist beim Auslegen der Schlauchleitung zu achten?

a) Schlauchleitungen sollen möglichst nicht den Verkehr behindern.
b) Sie sind so zu verlegen, daß sie von herabfallendem Brandschutt und von Trümmern nicht getroffen und beschädigt werden können.
c) Nicht schleifen oder über scharfe Kanten ziehen!
d) Wenn erforderlich, müssen Schlauchbrücken oder Schlauchüberführungen (behelfsmäßig evtl. mit Steckleitern) eingesetzt werden.

Posten bei Schlauchbrücken aufstellen, damit ankommende Fahrzeuge gewarnt werden und nicht neben den Schlauchbrücken über die Schläuche fahren. Bei Dunkelheit für Beleuchtung sorgen.

36. Wann wird Wasser gegeben?

Nur, wenn der Brandherd erkannt ist. Nicht in den Rauch spritzen.

37. Warum nicht in den Rauch spritzen?

Dringt der vorgehende Feuerwehrangehörige in einen verqualmten Raum ein, so kann er wegen der Verqualmung den Brandherd oft nicht erkennen. Wassergeben wäre also falsch, denn es würde nur Wasserschaden angerichtet. Ausgenommen ist hiervon die Sprühwasserabgabe in einen stark verrauchten Raum zur Vermeidung eines flash overs.

38. Was tut der Feuerwehrangehörige bei verqualmten Räumen?

Der Feuerwehrangehörige geht unter umluftabhängigem Atemschutz vor. Er sorgt für Belüftung, das heißt für Rauchabzug.

39. Wo löscht man das Feuer bei der Brandbekämpfung zuerst?

Man löscht von unten nach oben. Nicht hinter dem Feuer herlaufen, sondern dem Feuer den Weg abschneiden, es in die Zange nehmen.

40. Wie soll man mit Wasser umgehen?

Sparsam. Der Strahlrohrführer sollte damit umgehen, als wenn er jeden Liter Wasser selbst bezahlen müßte.

Um Wasserschaden zu vermeiden und die Menge kontaminierten Löschwassers gering zu halten. Mundstücke der Strahlrohre möglichst klein wählen. Sprühstrahl anwenden. Immer daran denken: „Wir wollen erhalten und nicht vernichten."

41. Warum soll man nicht von außen durch die Fenster spritzen?

Weil man den Brandherd dabei meist nicht erreicht. Spritzt man von außen in ein höher gelegenes Stockwerk oder in den Dachstuhl, so wird man in der Regel nur Wasserschaden anrichten.

42. Wie verhalten wir uns, wenn Wasserschaden entstanden ist?

Wir lassen die von Wasserschaden betroffenen Räume sofort räumen und die darin befindlichen Möbel und Maschinen abdecken.

Nasse Stellen an der Decke werden mit einem spitzen Gegenstand angestoßen, so daß das Wasser ablaufen kann. Das ablaufende Wasser wird in einem Gefäß aufgefangen.

Wasser auf dem Boden muß mit einem Wassersauger sofort aufgenommen werden, um einen Durchnässung des Gebäudes zu vermeiden.

Diese Maßnahmen sollten schon während der Löscharbeiten durchgeführt werden, um Wasserschäden zu vermeiden.

43. Wie verhalten wir uns bei Einsturzgefahr?

Die gefährdeten Trupps müssen sofort zurückgehen.

Gefahrenpunkte:
- Geschleifte Schornsteine
- Ungeschützte Stahlkonstruktionen
- Freistehende Giebel und Mauern, die sich nach außen neigen
- Teilzerstörte Dachkonstruktionen
- Auf Mauern aufliegende Stahlträger insbesondere auch während Nachlöscharbeiten.

Bei langen Einsatzzeiten die Standsicherheit durch einen Fachmann prüfen lassen.

44. Wann dürfen Mauern und Wände eingerissen werden?

Nur wenn unbedingt erforderlich. Sonst absteifen. Der Einsatzleiter macht sich ggf. strafbar bzw. kann für die Kosten in Anspruch genommen werden, wenn ihm nachgewiesen wird, er habe über das für die öffentliche Sicherheit notwendige Maß hinaus Maßnahmen angeordnet. Deshalb unüberlegtes oder vorsätzliches Einreißen von Mauern und Wänden unterlassen.

Wichtig für die Brandursachenermittlung: Möglichst wenig an der Brandstelle verändern.

45. Wo findet man am besten Schutz bei Einsturzgefahr?

Man vergewissert sich ständig über den Rückzugsweg. Kann man sich nicht mehr zurückziehen, so sucht man Schutz unter besonders standfesten Gebäudeteilen wie Tür- oder Fensterstürzen.

46. Wie schützen wir uns gegen Stichflammen?

Grundsätzlich geduckte Haltung.

Türen unter Beachtung der Vorsichtsmaßregeln öffnen. Beim Öffnen hinter der Türe stehen, so daß man durch diese geschützt ist. Hinter Mauern stehen oder sich auf den Fußboden legen.

47. Wie schützen wir uns gegen extreme Wärmestrahlung?

Wir suchen Deckung hinter Bauteilen, Geräten oder Fahrzeugen und wir schützen uns durch Hitzeschutzkleidung (siehe dazu E 17 ff.). Sie wird dann eingesetzt, wenn erkennbar ist, daß der Einsatzerfolg nur möglich sein wird, wenn man längere Zeit möglichst nahe am Feuer ist oder wenn Stichflammen zu erwarten sind. Trageübungen durchführen. Prüfung der Kleidung nach jedem Einsatz.

48. Wie verhalten wir uns, wenn Gasgeruch festgestellt wird?

Gaskonzentration mit Explosionsmeßgerät feststellen (vgl. **Q**). Preßluftatmer anlegen und alle freien Hautoberflächen durch Schutzkleidung schützen. Mitgeführte elektrische Geräte stets vor dem Betreten der vergasten Räume einschalten.

Jede Funkenbildung vermeiden. Elektrische Einrichtungen nicht schalten, nach Möglichkeit von außerhalb der gefährdeten Räume stromlos schalten. Funkenbildung bei Betätigung der Sicherungen beachten.

Absperren, damit nicht durch unbefugtes Betreten der vergasten Räume ein Unfall herbeigeführt wird.

Energieversorgungsunternehmen sofort verständigen.

Gebäude räumen.

49. Was ist bei Bränden von Gasleitungen zu beachten?

Brände von Gasleitungen nicht durch Löschmitteleinsatz bekämpfen. Bei Verlöschen der Flamme herrscht Explosionsgefahr durch nachströmendes Gas, daher darf ein Gasleitungsbrand nur durch Abschiebern gelöscht werden. Umgebung sichern, Energieversorgungsunternehmen alarmieren. Umgebung der Brandstelle kühlen. Warten, bis Energieversorgungsunternehmen Leitung abgeschiebert hat. Siehe auch **D 30** bis **D 33**.

50. Wie verhalten wir uns bei verschlossenen Türen?

Bei gewaltsamem Öffnen von Türen möglichst wenig Zerstörungen anrichten. Sperrzeug verwenden oder Schlüssel herbeischaffen. Wenn beides nicht vorhanden, dann vorsichtig mit Brechwerkzeug das Schloß öffnen.

Immer daran denken: „Es ist unsere Aufgabe, zu erhalten und nicht zu zerstören."

51. Worauf muß der vorgehende Trupp beim Brandeinsatz achten?

Der vorgehende Trupp muß seinen Rückzugsweg sichern. Dies heißt, daß er genau wissen muß, wie er das Gebäude im Gefahrenfall schnell verlassen kann.

Folgende Punkte sind hierzu zu beachten:

- In brennende Gebäude nur vorgehen, wenn ein Rettungstrupp außerhalb bereitsteht.
- Rückzugsweg möglichst durch Vornahme eines Rohres oder einer Sicherungs- und Signalleine sichern.
- Beim Vorgehen markante Punkte im Gebäude gut einprägen.
- Beim Vorgehen jede Möglichkeit zur Lüftung des Gebäudes nutzen. Insbesondere sind in Treppenräumen Fenster oder Rauchabzugsvorrichtungen sofort zu öffnen. In Räumen sind Fenster und Rolläden zu öffnen.
- Zur Unterstützung der Entrauchung sollte der Gruppenführer den Einsatz von Belüftungsgeräten prüfen.

52. Was bedeutet Überdruckbelüftung?

Das Prinzip der Überdruckbelüftung dient der schnellen Entrauchung von Gebäuden. Der Überdruck wird mittels transportabler Belüftungsgeräte erzeugt. Die Belüftungsgeräte werden im Eingangsbereich aufgestellt und umschließen mit ihrem Luftkegel den gesamten Türbereich. Innerhalb des Gebäudes entsteht ein Überdruck, der den Rauch bei Vorhandensein einer Austrittsöffnung aus dem Gebäude drückt.

Die Geräte werden z.B. vom Rettungstrupp aufgestellt (Bild 6). Neben der raschen Entrauchung bringt die Überdruckbelüftung weitere Vorteile:

- Der Frischluftstrom verringert die Wärmebeaufschlagung der Einsatzkräfte.
- Bei einem „flash over“ werden die sich bildenden Flammen in Richtung Fenster bzw. Auftrittsöffnung gelenkt. D.h., sie werden von den Angriffstrupps weg gelenkt. Für Trupps, die über Leitern von außen einsteigen, kann dies jedoch zu einer Gefährdung füh-

ren. Der Gruppenführer muß es daher in seiner Planung berücksichtigen.

Bild 6: Belüftungsgeräte zur Überdruckbelüftung (System „Tempest") werden vom Rettungstrupp in Einsatz gebracht (Ziegler)

53. Wie verhalten wir uns bei Kohlen- und Brikettbränden?

Kleinere Brände in Kellern bereiten keine Schwierigkeiten. Briketts oder Kohlen auseinandernehmen, Brandstelle freilegen und ablöschen. Bei größeren Lagern evtl. umschaufeln. Erforderlichenfalls Radlader oder Bagger einsetzen, um den Brandherd freizulegen. Es hat keinen Zweck, nur in den Kohlenhaufen zu spritzen. Ein Eindringen des Wassers in den Kohlenhaufen geschieht erst dann, wenn dem Löschwasser Netzmittel zugesetzt wird, daß heißt, mit dem Zumischer wird dem Löschwasser z.B. etwas Schaummittel zugesetzt. Dieses Gemisch wird über normale Strahlrohre abgegeben. Die Zumischmenge wird auf die geringstmögliche Zumischrate eingestellt.

Bei Kohlenbränden kann sich Kohlenstoffmonoxid (CO) bilden, deshalb vorsichtig sein, besonders in Kellern und geschlossenen Räumen. Atemschutz!

54. Wie verhalten wir uns in Betrieben, in denen viel Staub vorhanden ist?

Viel Staub haben wir in Mühlen, Sägewerken, Spinnereien, Schreinereien, Holzbearbeitungsbetrieben usw.

Vorsichtig vorgehen. Der Staub kann durch einen Vollstrahl aufgewirbelt und durch die Brandwärme entzündet werden, was zu Verpuffungen bzw. Staubexplosionen führen kann. Deshalb stets Sprühstrahl verwenden, da dann der Staub niedergeschlagen wird. Siehe auch **D 41**.

55. Was ist bei Metallbränden zu beachten?

Kein Wasser verwenden. Dieses wird infolge der hohen Temperaturen zersetzt und führt zu Explosionen durch Knallgasbildung.

Metallbrandpulver einsetzen (siehe **L 28**). Steht Metallbrandpulver nicht zur Verfügung, mit trockenem Sand abdecken, Magnesium auch mit Graugußspänen.

56. Was haben wir bei den Aufräumungsarbeiten zu beachten?

Wegen der Brandursachenermittlung grundsätzlich so wenig wie möglich ändern. Brandnester freilegen und ablöschen. Besonderheiten, die für die Brandursachenermittlung wichtig sein können, genau einprägen und anschließend die Brandursachenermittler darüber informieren. Brandstelle und umgebenden Gefahrenbereich durch Polizei absperren lassen. Die Feuerwehr ist kein Abbruchunternehmen. Auf mangelnde Standsicherheit der verbleibenden Gebäudeteile hinweisen.

57. Wann darf die Brandstelle verlassen werden?

Die Brandstelle wird erst verlassen, wenn die Gewißheit besteht, daß das Feuer restlos erloschen ist. Sonst muß eine Brandwache zurückbleiben.

Die Brandstelle muß vor dem Abrücken dem Besitzer oder dem Eigentümer übergeben werden. Auf festgestellte Mängel hinweisen.

58. Wann muß der Besitzer der Brandstelle die Kosten der Brandwache bezahlen?

Wenn der Einsatzleiter eine Brandwache nicht mehr für erforderlich hält, der Besitzer aber trotzdem noch eine Brandwache haben möchte. Der Besitzer ist hierauf aufmerksam zu machen.

59. Wie verhalten wir uns, wenn wir bei der Brandbekämpfung Spuren von Brandstiftung feststellen?

Spuren sichern. Nicht durch Löschwasser usw. vernichten. Den Einsatzleiter in Kenntnis setzen, damit er sofort die Polizei benachrichtigen kann.

60. Was sind Einsatzpläne?

Es sind Pläne, die umfassend geplante Maßnahmen für ein mögliches Vorgehen in gefährdeten Objekten beinhalten. Feuerwehrpläne können Bestandteil eines Einsatzplanes sein. In den Einsatzplänen sind von der Ausrückeordnung über Verkehrshindernisse, mögliche Anfahrtswegen, Anleitermöglichkeiten, Wasserentnahmestellen usw., alle Faktoren, die den Einsatz beeinflussen können, möglichst berücksichtigt. Solche Pläne müssen laufend überprüft und aktualisiert werden. Siehe auch DIN 14 095.

61. Was sind Feuerwehrpläne?

Feuerwehrpläne dienen der schnellen Orientierung in einem größeren Objekt oder einer baulichen Anlage (vgl. Beispiel S. 84 f.). Form und Inhalt sind in DIN 14 095 T1 festgelegt. Sie können auch Angaben für das taktische Vorgehen (Einsatzpläne) enthalten. Der Feuerwehrplan soll u.a. enthalten: Bezeichnung des Objekts, Art der Nutzung, Geschoßangaben und -bezeichnung, Trennwände, Brandabschnitte, Öffnungen in Decken und Wänden, Treppenräume mit Laufrichtung der Treppen, erreichbare Geschosse, besondere Angriffs- und Rettungswege, Feuerwehraufzüge, Bedienstellen für Rauch- und Wärmeabzugsanlagen, ortsfeste und teilbewegliche Löschanlagen, Art und Menge der Löschmittel, feuergefährliche Stoffe, Giftstoffe, radioaktive Stoffe, Hinweise auf Löschmittel, brandschutztechnische

Hinweise und Hinweise über Maßnahmen zur Löschwasserrückhaltung.

62. Wie kann sich die Feuerwehr bei großen oder besonders gefährdeten Anlagen und Betrieben auf einen Einsatz vorbereiten?

Durch Einsatzpläne und Übungen. Dies gilt vor allem auch für Objekte, bei denen Wasserförderung über lange Strecken erforderlich ist, oder besondere Gefahren eine besondere Einsatztaktik oder Ausrüstung erfordern.

63. Wie sind die Helme der Führungskräfte gekennzeichnet?

Um die Befugnisse einzelner Personen auf der Einsatzstelle für jedermann erkennbar zu machen, werden Helme entsprechend der Führungsfunktion gekennzeichnet. Bisher wurden folgende Kennzeichnungen verwendet:

Freiwillige Feuerwehr		Berufsfeuerwehr
Gruppenführer	1 Streifen	Fahrzeugführer
Zugführer	2 Streifen	Wachabteilungsführer, Zugführer
Kommandant	1 Ring	Beamter des gehobenen feuerwehrtechnischen Dienstes, Wachführer
Kommandant in kreisfreier Stadt, Kreisbrandmeister	2 Ringe	Beamter des höheren Dienstes (Einsatzleiter)

Bei dieser Kennzeichnung ist leider nicht zu erkennen, wer tatsächlich eine Führungsfunktion beim jeweiligen Einsatz ausübt; man erkennt eigentlich nur den Ausbildungsstand.

Für den konkreten Einsatzfall werden derzeit vom Deutschen Feuerwehrverband und den zuständigen Ländern Funktionskennzeichnungen in Form von unterschiedlich farbigen Westen und abnehmbaren Helmbändern erarbeitet. Diese Westen bzw. Helmbänder werden dann angelegt, wenn die Funktion im Einsatz tatsächlich wahrgenommen wird.

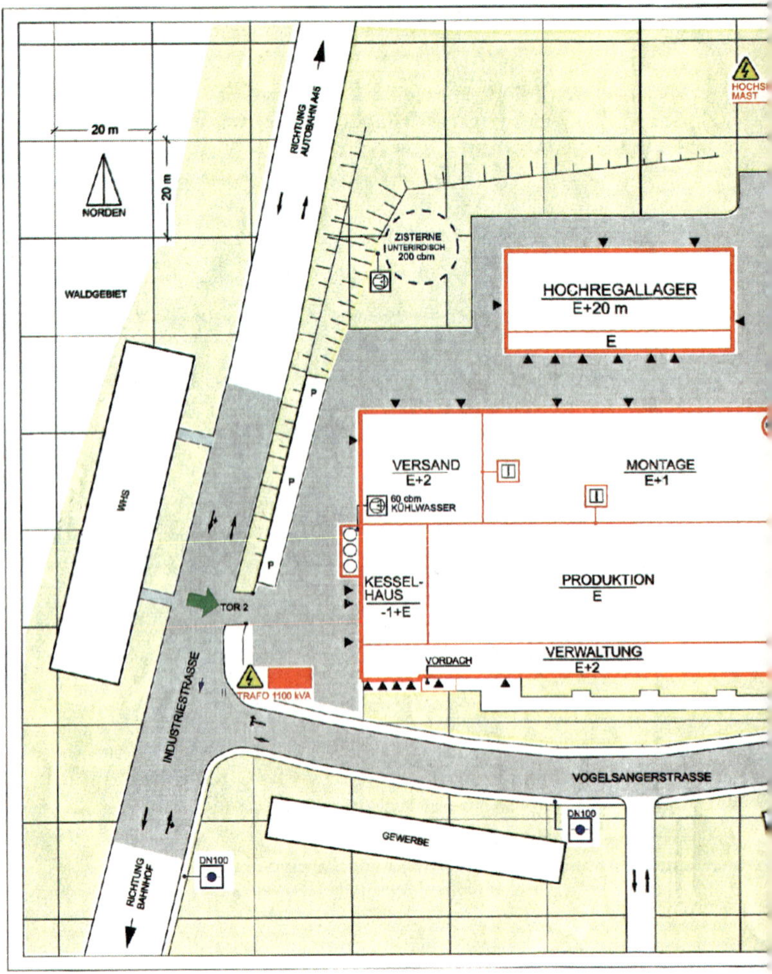
20 m
20 m
NORDEN
WALDGEBIET
RICHTUNG AUTOBAHN A45
ZISTERNE
UNTERIRDISCH
200 cbm
HOCHREGALLAGER
E+20 m
E
P
P
P
WHS
VERSAND
E+2
MONTAGE
E+1
60 cbm
KÜHLWASSER
KESSEL-
HAUS
-1+E
PRODUKTION
E
TOR 2
VERWALTUNG
E+2
VORDACH
TRAFO 1100 kVA
INDUSTRIESTRASSE
VOGELSANGERSTRASSE
GEWERBE
DN100
DN100
RICHTUNG BAHNHOF

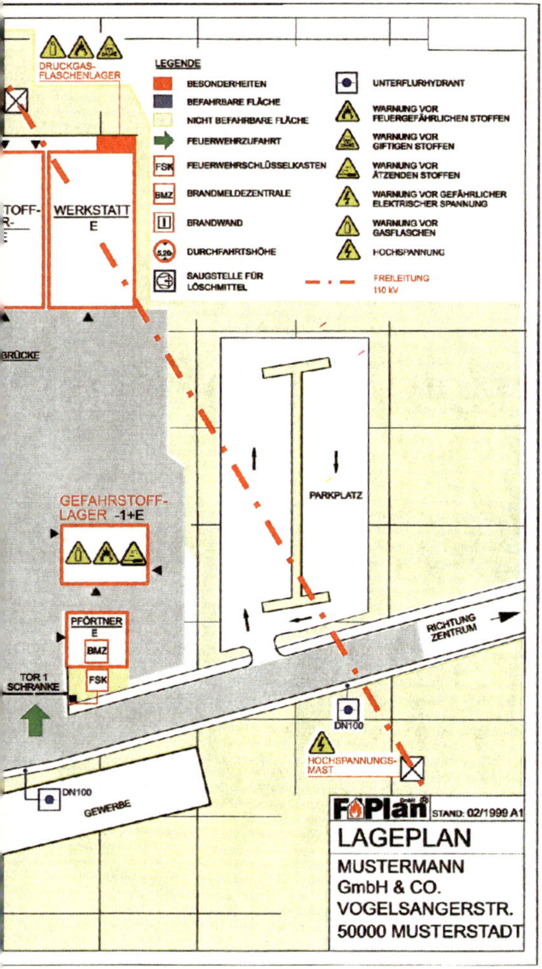

Bild 7: Beispiel eines Feuerwehrplans (F-Plan)

D

Gefahren der Einsatzstelle

1. Weshalb muß der Feuerwehrangehörige die Gefahren der Einsatzstelle genau kennen?

Der Feuerwehrangehörige ist im Einsatz und im Übungsdienst einer Vielzahl von Gefahren ausgesetzt. Um sich sicher und rechtzeitig vor ihnen schützen zu können, muß er die Gefahren erkennen und bewerten können.

Der Einsatzleiter muß darüber hinaus auch die Gefahren für fremde Personen sicher erkennen, um die richtigen Einsatzmaßnahmen schnell anordnen zu können.

2. Welche Gefahren gibt es im Feuerwehreinsatz?

Bei jedem Einsatz gibt es verschiedenartige Gefahren. Das denkbare Gefahrenspektrum ist ebenso groß wie die Vielfalt technologischer Entwicklungen.

Um im Einsatz dennoch den Anforderungen gerecht werden zu können, muß man die Vielzahl denkbarer Gefahren in einem leicht erlernbaren Merkschema zusammenfassen.

Dieses Merkschema lautet:

vier A – ein C – vier E

Die Buchstaben A, C und E stehen für die Anfangsbuchstaben von neun Gefahrengruppen. Diese sind:

A – Atemgifte
A – Angstreaktion
A – Ausbreitung
A – Atomare Strahlung
C – Chemische Stoffe
E – Erkrankung/Verletzung
E – Explosion
E – Elektrizität
E – Einsturz

3. Was muß der Feuerwehrangehörige aus diesem Schema ableiten können?

Er muß sich in der Kürze der im Einsatz verfügbaren Zeit überlegen können, welche Gefahren bestehen könnten bzw. welche derzeit vorhanden sind.

4. Für wen können oben genannte Gefahren bestehen?

Die neun Gefahren bestehen sowohl für *Mannschaft und Gerät*, als auch *für fremde Personen, Tiere, die Umwelt und Sachwerte*. Sie zeigen uns also wovor sich Einsatzkräfte einschließlich ihres Geräts schützen müssen und vor welchen Gefahren gefährdete Menschen, Sachen oder die Umwelt geschützt werden müssen.

5. Wie gefährden uns Atemgifte?

Atemgifte wirken auf Menschen und Tiere, indem sie über die Atemwege aufgenommen werden und den menschlichen Körper schädigen. Nach dem Schädigungsmechanismus werden die Atemgifte eingeteilt in:

- Atemgifte mit erstickender Wirkung
- Atemgifte mit Wirkung auf Blut, Nerven und Zellen
- Atemgifte mit Reiz- und Ätzwirkung

(siehe **F 8**)

6. Wie erkennen wir das Vorhandensein von Atemgiften?

Bei jedem Einsatz mit Rauchentwicklung, gleich ob im Freien oder in geschlossenen Räumen, müssen wir vom Vorhandensein der Atemgifte ausgehen. Gleiches gilt bei Gefahrstoffeinsätzen mit freiwerdenden Flüssigkeiten, Gasen und Stäuben.

Vom Vorhandensein der Atemgifte ist auch immer auszugehen, wenn bewußtlose Personen ohne erkennbaren Grund in Schächten, Silos oder Kellerräumen liegen.

7. Wie schützen sich Einsatzkräfte vor Atemgiften?

Immer wenn der Verdacht auf Atemgifte besteht, schützen sich die Einsatzkräfte mit umluftunabhängigen Atemschutzgeräten. Dies sind in aller Regel Preßluftatmer. Bei Einsätzen mit langen An- und Abmarschwegen (Tunnel, Tiefgarage, Bergbau) werden auch Regenerationsgeräte eingesetzt.

8. Wie schützen wir fremde Personen vor Atemgiften?

Immer wenn sich fremde Personen in Räumen aufhalten, die mit Brandrauch beaufschlagt sind, müssen diese Personen sofort ins Freie (rauchfreier Bereich) gebracht werden. Sie werden über Leitern oder über den Treppenraum gerettet.

Da der Treppenraum der erste Rettungsweg für fremde Personen ist, muß der erste über diesen Treppenraum vorgehende Trupp sofort mit Lüftungsmaßnahmen beginnen. Hierzu besteht die Möglichkeit, die Treppenraumfenster zu öffnen und – soweit vorhanden – die Rauchabzugsvorrichtung zu betätigen.

Bewußtlose Personen, die aus verrauchten Bereichen gerettet wurden, müssen mit Sauerstoff behandelt werden. Daraus folgt, daß bei Einsätzen, bei denen mit Personen innerhalb des Gebäudes gerechnet werden muß, sofort ein Notarztwagen anzufordern ist. Die Verwendung von Brandfluchthauben ist nur sinnvoll, wenn Personen bei ihrer Rettung aus nicht verrauchten Bereichen über verrauchte Bereiche geführt werden müssen. Eine solche Situation sollte aber möglichst vermieden werden. Besser ist dann eine Rettung über Leitern, um eine Rauchbeaufschlagung zu vermeiden.

9. Was bedeutet die Gefahr „Angstreaktion“?

Die Angstreaktion steht für Fehlhandlungen von Einzelpersonen infolge Schreck- bzw. Angsteinwirkungen. Der Begriff steht auch für Panikreaktionen von Menschenmassen.

10. Wann muß der Feuerwehrangehörige mit Angstreaktion fremder Personen rechnen?

Bei jeder gefährdeten Person, die noch bei Bewußtsein ist, muß mit Angstreaktion und einem sich daraus ergebenden Fehlverhalten (Springen, Zurücklaufen in brennende Räume, Schock) gerechnet werden.

11. Wie kann man der Gefahr der „Angstreaktion“ begegnen?

Personen, die durch Angstreaktion gefährdet sind, muß das Gefühl des Bedrohtseins genommen werden. Sie müssen spüren, daß man ihnen hilft. Beste und schnellste Möglichkeit ist, mit den Personen zu sprechen bzw. durch Zuruf auf sie beruhigend einzuwirken.

12. Was versteht der Feuerwehrangehörige unter „Ausbreitung“ der Gefahr?

Unter dem Begriff „Ausbreitung“ sind die Gefahren zusammengefaßt, die zu einer räumlichen Schadenausweitung beitragen. Dies können sein: Brandausbreitung, Rauchausbreitung, Auslaufen wassergefährdender Flüssigkeiten, Verschleppung kontaminierter Stäube.

13. Wie kann sich ein Brand ausbreiten?

Ein Brand kann sich ausbreiten durch

- Wärmeübertragung
- direkten Wärmeübergang
- Flugfeuer

14. Welche Möglichkeiten der Wärmeübertragung gibt es?

- Wärmeleitung
- Wärmestrahlung
- Wärmemitführung (Konvektion)

Die Begriffe sind in DIN 14 011 T1 definiert (vgl. **D 15** bis **D 19**).

15. Was ist Wärmeleitung?

Wärmeleitung ist die Übertragung von Wärme in einem festen, flüssigen oder gasförmigen Stoff zwischen unmittelbar benachbarten Teilen.

Wird ein Gegenstand, z.B. ein Stahlträger, im Brandraum erwärmt, so wird in diesem Gegenstand die Wärme weitergeleitet. Führt dieser Stahlträger in andere Räume, so wird auch die Wärme in andere Räume geleitet. In Extremfällen können dort lagernde Gegenstände oder Bauteile (z.B. Isolierstoffe), die mit dem Stahlträger in Berührung stehen, sich wiederum entzünden und zu einer Brandausbreitung führen.

Gleiches passiert bei Kaminbränden, wenn Möbelstücke direkt am brennenden Kamin stehen.

16. Was tut die Feuerwehr, um eine Brandausbreitung infolge Wärmeleitung zu verhindern?

Alle an den Brandraum angrenzenden Räume sind auf durchlaufende Rohrleitungen, Stahlträger, andere wärmeleitenden Bauteile bzw. Einrichtungen oder auf Erwärmung der Wände zu überprüfen.

Ggf. sind die erwärmten Teile mit Wasser zu kühlen und brennbare Materialien zu entfernen.

17. Was ist Wärmestrahlung?

Wärmestrahlung ist eine elektromagnetische Strahlung, die ein Stoff infolge seiner Temperatur unter Abgabe eines Teils seines Wärmeinhaltes an die Umgebung aussendet. Diese abgegebene Wärmemenge wird von anderen Gegenständen aufgenommen (absorbiert). Sie erwärmen sich dadurch.

Wärmestrahlung kann dazu führen, daß auch weiter vom Brandherd entfernte Materialien sich aufheizen. Eine Entzündung, eine Druckerhöhung in Druckbehältern und deren Festigkeitsverlust können Folgen hiervon sein.

18. Was tun wir, um die Gefahr der Brandausbreitung durch Wärmestrahlung zu verhindern?

Die Feuerwehr verhindert die Gefahr der Brandausbreitung, indem sie die die Wärmestrahlung aufnehmenden Stoffe mit Wasser kühlt. Das heißt, die sich erwärmenden Stoffe werden mit Wasser besprüht. Das an der Oberfläche ablaufende Wasser nimmt die absorbierte Wärme auf und führt sie ab. Eine Erwärmung findet somit nicht statt.

Der Feuerwehrangehörige muß wissen, daß Wärmestrahlung durch Glas und auch durch Wassernebel nahezu ungehindert durchgeht.

19. Was ist „Wärmemitführung“ (Konvektion)?

Wärmemitführung ist die Übertragung von Wärme in Gasen oder Flüssigkeiten durch deren Strömung (DIN 14 011 Teil 1). Wärmemitführung wird oft auch als Wärmeströmung bezeichnet.

Wärmemitführung bewirkt bei Bränden infolge der geringeren Dichte der erwärmten Luft grundsätzlich eine Wärmemitführung vertikal nach oben.

Wenn die Wärme ins Freie abgeführt werden kann, besteht keine Gefahr. Anders verhält es sich allerdings, wenn die Wärmemitführung innerhalb von Räumen oder Gebäuden stattfindet, ohne daß die Möglichkeit der Wärmeabführung ins Freie besteht. In diesem Fall besteht die Gefahr, daß sich die Wärme an der obersten Stelle des Raumes bzw. des Gebäudes staut (Wärmestau) und daß sich dort lagernde brennbare Stoffe erwärmen und schlagartig „durchzünden“ (flash over).

Die Situation des sich bildenden Wärmestaus tritt im Brandfalle häufig an der obersten Stelle von Treppenräumen und im Bereich der Dachkonstruktion von Produktions- und Lagerhallen auf. Befindet sich an der obersten Stelle von Treppenräumen ein Wohnungsabschluß, der Glaselemente enthält, so muß mit einem raschen Zerspringen dieser Glaselemente gerechnet werden. Feuer und Rauch könne sich in diesem Fall besonders schnell auf die oberste Wohnung ausbreiten.

In Produktions- und Lagerhallen kann diese Wärme durch Rauch- und Wärmeabzugsöffnungen von Rauch- und Wärmeabzugsanlagen (RWA) abgeführt werden.

20. Wie kann die Brandausbreitung infolge „Wärmemitführung" verhindert werden?

Es müssen umgehend Lüftungsmaßnahmen durchgeführt werden. Hierzu gehört: Öffnen der Treppenraumfenster auch insbesondere oberhalb des Brandgeschosses. Soweit vorhanden, Auslösen der Rauchabzugsvorrichtung in Treppenräumen. Öffnen der Rauch- und Wärmeabzugsanlage (RWA) in Lager- und Produktionshallen.

21. Wie kann sich ein Brand noch ausbreiten?

Ein Brand breitet sich zunächst immer durch direkte Flammen- bzw. Wärmeeinwirkung von brennenden Stoffen auf direkt angrenzende Stoffe aus. Wenn die Vorgaben des vorbeugenden Brandschutzes erfüllt sind, kann sich der Brand nicht über die bereits brennende Nutzungseinheit (Wohnung, Büroetage, Werkstatt usw.) hinaus ausbreiten. Sehr oft sind jedoch durch Mängel in der Ausführung, nachträgliche Baumaßnahmen oder durch Nutzungsänderungen diese Vorgaben nicht erfüllt.

Gefahrenpunkte sind dann: Wanddurchbrüche, Rohrdurchführungen, Zwischenböden, abgehängte Decken, Installationsschächte usw. Die Feuerwehr muß beim Brand auf diese Gefahrenpunkte achten und ggf. durch Vornahme von Rohren eine mögliche Brandausbreitung verhindern.

22. Was ist Flugfeuer?

Flugfeuer ist der durch Auftrieb oder Wind verursachte Flug größerer Teile von brennenden Stoffen.

Flugfeuer trägt zur Brandausbreitung bei, wenn die brennenden Teile auf leicht entflammbare Materialien auftreffen. Beispiele sind: Stroh, Heu, Kartonage, Abfallstoffe.

Die Feuerwehr muß hierauf achten und durch Kontrolle und rechtzeitige Vornahme von Rohren eine Brandausbreitung verhindern.

23. Was verstehen wir in der technischen Hilfe unter Ausbreitung?

Im technischen Hilfeleistungseinsatz verstehen wir unter Ausbreitung alles, was zu einer räumlichen Vergrößerung des Schadens führen kann. Insbesondere handelt es sich um das Auslaufen wassergefährdender Flüssigkeiten und den Austritt gefährlicher gasförmiger oder flüssiger Stoffe (siehe **P**).

24. Was verstehen wir unter der Gefahr „Atomare Strahlung"?

Die Gefahr „Atomare Strahlung" erfaßt alle Gefahren, die von radioaktiven Stoffen und von Röntgenstrahlung ausgehen (siehe hierzu **R**).

25. Was verstehen wir unter der Gefahr durch „Chemische Stoffe"?

Die Gefahr durch „Chemische Stoffe" erfaßt Schädigungen, die von Gefahrstoffen durch Reiz- und Ätzwirkung an Oberflächen entstehen. Es werden auch Schädigungen erfaßt, die infolge Aufnahme über die Haut (Hautresorption) durch giftige Stoffe verursacht werden (siehe **P**).

26. Was heißt für die Feuerwehr die Gefahr „Erkrankung/Verletzung"?

Unter „Erkrankung/Verletzung" werden lebensbedrohliche bzw. gesundheitsgefährdende medizinische „Zustände" erfaßt. Auslöser hierfür können mechanische Verletzungen, Vergiftungen oder psychische Ursachen sein. Aufgrund der Erkrankung/Verletzung kann sich die bedrohte Person meist selbst nicht aus ihrer Zwangslage befreien. Die Feuerwehr muß daher Verletzungen erkennen und bis zum Eintreffen oder zur Unterstützung des Rettungsdienstes Erste Hilfe leisten können. Hierzu ist eine ständig zu wiederholende Erste-Hilfe-Ausbildung notwendig.

27. Welche Verletzungen muß der Feuerwehrangehörige sofort erkennen und behandeln können?

Die vom Feuerwehrangehörigen durchzuführenden Maßnahmen der Ersten Hilfe reduzieren sich in der Mehrzahl aller Einsätze auf folgende Punkte.

Bedrohlicher Zustand	Maßnahme der Ersten Hilfe
Atemstillstand	Mund-zu-Mund/Mund-zu-Nase-Beatmung ggf. zuvor Brustraum von mechanischer Belastung befreien (z.B. Lenkrad, Schüttgut)
Blutung	Blutung sofort durch Verband bzw. Abdrücken stoppen; Druckverband anlegen
Bewußtlosigkeit	Seitenlage nach Überprüfung der Atem- und Kreislauffunktion
Schockgefahr	Beine hoch lagern und mit der Person beruhigend sprechen
Herz-Kreislaufstillstand	Herz-Lungen-Wiederbelebung durchführen

Diese Maßnahmen muß jeder Feuerwehrangehörige beherrschen.

28. Was verstehen wir unter der Gefahr der „Explosion"?

Explosion ist in der Gefahrenlehre der Oberbegriff für alle schnell verlaufenden exothermen Reaktionen mit plötzlich frei werdender

Wärme- oder Druckwirkung. Der Feuerwehrangehörige ordnet unter „Explosion“ auch den Druckbehälterzerknall, den Fliehkraftzerknall und die Staubexplosion ein.

Wissenschaftlich betrachtet, wird unterschieden zwischen Explosion, Deflagration und Detonation.

Von *Explosion* wird bei exothermen Reaktionen in explosionsfähigen Gemischen bzw. in explosionsfähiger Atmosphäre gesprochen, bei denen die *Flammenausbreitung* infolge *Wärmeübertragung* geschieht und die *Ausbreitungsgeschwindigkeit* unterhalb der *Schallgeschwindigkeit* bleibt.

Eine *Deflagration* ist eine Explosion mit *geringem* Druckanstieg.

Die *Detonation* unterscheidet sich von der Explosion dadurch, daß die Flammenausbreitung durch eine *Stoßwelle* ausgelöst wird und die *Flammenausbreitungsgeschwindigkeit* im *Überschallbereich* liegt.

29. Wann besteht im Feuerwehreinsatz „Explosionsgefahr“?

Explosionsgefahr besteht, wenn brennbare Gase austreten und insbesondere in Räumen ein explosionsfähiges Gemisch mit der Umgebungsluft bilden. Typische Einsatzfälle sind defekte Gasleitungen im Bereich der Erdgasversorgung oder Undichtigkeiten an Schläuchen oder Ventilen von Druckgasbehältern.

Explosionsgefahr besteht auch immer, wenn Gasflaschen der Brandwärme ausgesetzt sind.

In Betrieben können brennbare Gase auch aus stationär verlegten Rohrleitungen austreten.

Explosionsfähige Gemische können sich auch durch Verdampfen ausgelaufener brennbarer Flüssigkeiten bilden (z.B. Benzin).

30. Wie verhalten wir uns bei Explosionsgefahr?

Zündquellen, soweit möglich, beseitigen. Bei Transportunfällen mit Gefahrguttransporten durch Betätigung des Batteriehauptschalters des Lkws Stromzufuhr unterbrechen.

Zündfähiges Gemisch von Zündquellen (auch heißen Oberflächen) wegdrängen (Sprühstrahl, Belüftungsgeräte, Schließen von Fenstern und Türen).

Alle Personen sofort aus Gefahrenbereich entfernen. Bei Gebäuden, betroffenes Gebäude und Nachbargebäude räumen lassen.

Einsatzkräfte, die ggfs. zur Menschenrettung in den explosionsgefährdeten Bereich vorgehen müssen, grundsätzlich mindestens mit Preßluftatmer schützen. Ungeschützte Hautpartien z.B. mit Flammschutzhauben schützen.

Weiteres Austreten von Gas unterbinden.

Nur explosionsgeschützte Geräte benutzen.

Im Brandfalle dürfen brennende Gasleitungen nicht gelöscht werden. Die Gaszufuhr muß vorher unterbrochen werden.

Gasflaschen kühlen.

31. Woran kann man ggf. erkennen, daß ein Gebäude mit Erdgas versorgt wird?

An Gebäuden, die mit Erdgas versorgt werden, ist oft an der Hauswand in ca. ein Meter Höhe eine gelbe, runde Markierung von 3 bis 5 cm Durchmesser angebracht. Die gelbe Markierung zeigt an, an welcher Stelle des Gebäudes die Erdgasleitung im Untergeschoß ins Gebäude führt. Dort befindet sich auch der „Feuerhahn“ (Gasabstellhahn).

Erdgas hat durch Zusatzstoffe einen scharfen knoblauchartigen Geruch.

32. Wie verhalten wir uns bei Verdacht auf Erdgasaustritt im Gebäude?

Wir beachten die unter Frage **D 30** und **C 48** beschriebenen Verhaltensregeln.

Außerdem fordern wir das zuständige Energieversorgungsunternehmen an. Falls Ex-Warngeräte vorhanden sind, schicken wir einen Trupp unter Preßluftatmer und Flammschutzhaube ins Kellergeschoß. Der Trupp erhält den Auftrag, den Feuerhahn zu schließen.

33. Wie verhalten wir uns, wenn Gas aus Druckbehältern austritt?

Wir versuchen durch Schließen der Absperrvorrichtung den Gasaustritt zu stoppen. Die vorgehenden Trupps tragen Preßluftatmer und Schutzhauben (siehe auch Frage **D 30**).

34. Wie erkennen wir bei Gasflaschen, welches Gas in den Flaschen ist?

Am Flaschenhals ist die genaue Bezeichnung des Gases eingeschlagen.

Die wesentliche Eigenschaft des Gases erkennen wir bereits an der Flaschenfarbe. Hierbei galt bisher:

graue Flasche	=	nicht brennbare Gase; einschl. Ammoniak
rote Flasche	=	brennbare Gase

Davon abweichend waren besonders gekennzeichnet:

blaue Flasche	=	Sauerstoff
gelbe Flasche	=	Acetylen
grüne Flasche	=	Stickstoff

Seit Juli 1997 gilt die DIN EN 1089-3. Diese schreibt folgende neue und bis zum Jahr 2006 in Deutschland anzuwendende Farbkennzeichnung vor (die Farbkennzeichnung ist am Flaschenhals des Ring oder bei mehrfarbiger Kennzeichnung auch als Quadranten zulässig anzubringen):

gelb	=	giftig und/oder korrosiv (nach DIN ISO 10298 und ISO 13338)
rot	=	brennbar (nach EN 720-2)
hellblau	=	oxidierend (nach EN 720-2)
leuchtendes grün	=	inert (ungiftig, nicht korrosiv, nicht brennbar, nicht oxidierend.)

Besonders gekennzeichnet sind:

kastanienbraun	=	Acetylen
weiß/blau	=	Sauerstoff und Lachgas

Für medizinische Gasgemische und sauerstoffhaltige Luft ist vorgeschrieben:

weiß und schwarz	=	Luft oder synthetische Luft
weiß und braun	=	Helium/Sauerstoff
weiß und grau	=	Sauerstoff/Kohlenstoffdioxid
weiß und blau	=	Sauerstoff/Lachgas.

Während der Umstellungsphase bis zum Jahr 2006 sind Flaschen, deren Farbkennzeichnung bereits der neuen Norm entsprechen, auf der Flaschenschulter mit einem „N" zu versehen.

Die Farbe des Flaschenbehälters ist in der Norm nicht festgelegt. Die Gase-Industrie hat sich auf folgende drei Möglichkeiten geeinigt:

- Flaschenfarbe gemäß alter Kennzeichnung bei bereits vorhandenen Flaschen;
- Flaschenfarbe grau;
- Flaschenfarbe gleich der Farbe auf der Flaschenschulter.

Bei Acetylengasflaschen beachten, daß sich diese durch eine im Behälterinneren ablaufende Acetylengaszersetzung immer wieder von neuem selbst erwärmen können. Acetylengasflaschen sind daher mindestens 24 Stunden ständig zu kühlen.

37. Kann man an der Farbe der Rohrleitungen erkennen, welches Medium darin gefördert wird?

Ja, DIN 2403 schreibt vor:

Durchflußstoff	Farbkennzeichnung
Wasser	grün
Wasserdampf	rot
Luft	grau
brennbare Gase	gelb
nichtbrennbare einschl. verflüssigte Gase	gelb mit weißen oder schwarzen Ringen
Säuren	orange
Laugen	violett
brennbare Flüssigkeiten	braun
nicht brennbare Flüssigkeiten	braun mit weißen oder schwarzen Ringen
Sauerstoff	blau

Pfeile auf den Rohrleitungen zeigen die Fließrichtung an.

38. Wovon hängt beim Verdampfen brennbarer Flüssigkeiten die Explosionsgefahr ab?

Die Explosionsgefahr hängt vom Dampfdruck der Flüssigkeit ab. Er bestimmt, wieviel Gas aus der Flüssigkeit bei einer gegebenen Temperatur entweicht.

In der Praxis orientieren wir uns aufgrund der Einteilung der brennbaren Flüssigkeiten nach der „Verordnung über Lagerung, Umgang und den Transport brennbarer Flüssigkeiten“ (VbF) am Flammpunkt. Je geringer der Flammpunkt, um so größer die Menge entstehender Gase und um so größer die Explosionsgefahr.

39. Wie werden die brennbaren Flüssigkeiten nach VbF eingeteilt?

Brennbare Flüssigkeiten im Sinne der „Verordnung über Lagerung, Umgang und den Transport brennbarer Flüssigkeiten“ (VbF) sind Stoffe mit Flammpunkt (vgl. **R 16** bis **18**), die bei 35 °C weder fest noch salbenförmig sind, bei 50 °C einen Dampfdruck von 3 bar oder weniger haben und zu einer der nachstehenden Gruppen gehören:

1. Gruppe A:

Flüssigkeiten, die einen Flammpunkt nicht über 100 °C haben und hinsichtlich der Wasserlöslichkeit nicht die Eigenschaften der Gruppe B aufweisen, und zwar:

Gefahrklasse I: Flüssigkeiten mit einem Flammpunkt unter 21 °C, z.B. Rohpetroleum, Petroläther, Benzin, Gasolin (Leichtbenzin), Benzol usw.

Gefahrklasse II: Flüssigkeiten mit einem Flammpunkt von 21 °C bis 55 °C, z.B. Petroleum, Terpentinölersatz, Xylol, Kumol usw.

Gefahrklasse III: Flüssigkeiten mit einem Flammpunkt von über 55 °C bis 100 °C, z.B. Leuchtöle, Solaröle, Gasöle, Heizöle, Dieselkraftstoff usw.

2. Gruppe B:

Flüssigkeiten mit einem Flammpunkt unter 21 °C, die sich bei 15 °C in jedem beliebigen Verhältnis in Wasser lösen oder deren brennbare flüssige Bestandteile sich bei 15 °C in jedem beliebigen Verhältnis in Wasser lösen (Alkohole, Spiritus).

Die VbF regelt u.a. auch Art und Menge der Lagerungsmöglichkeit von brennbaren Flüssigkeiten.

Bei Flüssigkeitsbränden kann Wasser nicht verwendet werden, höchstens bei kleinen Bränden Sprühstrahl. In der Hauptsache wird Schaum oder Pulver zur Brandbekämpfung angewendet (siehe **U 5**).

40. Wie entstehen Staubexplosionen?

Staubexplosionen sind überall dort möglich, wo es Staubablagerungen gibt.

Im Einsatz kann der Staub durch falschen Einsatz der Strahlrohre (direkt auf Staub auftreffender Strahl) aufgewirbelt werden. Durch die damit erzielte Oberflächenvergrößerung kann es zum schlagartigen Entzünden des Staubes kommen.

41. Wie kann eine Staubexplosion vermieden werden?

Der Betreiber soll durch ständiges Absaugen des Staubes eine Ablagerung vermeiden. Die Feuerwehr muß im Einsatz durch vorsichtigen Umgang mit Strahlrohren jede Staubaufwirbelung vermeiden. Grundsätzlich nur Sprühstrahl anwenden.

42. Was verstehen wir unter Gefahren durch „Elektrizität"?

Unter „Elektrizität" verstehen wir alle Gefahren, die vom elektrischen Strom ausgehen sowie die Gefahren durch statische Elektrizität.

43. Wo treten Gefahren durch „Elektrizität" während des Feuerwehreinsatzes auf?

Nahezu bei jedem Feuerwehreinsatz sind wir den Gefahren durch Elektrizität ausgesetzt. Die Gefahren ergeben sich vor allem aus dem Schadenereignis selbst. Wir müssen jedoch auch bedenken, daß die Gefahren z.T. erst beim Tätigwerden entstehen (z.B.: Einsatz eines Stromerzeugers, statische Elektrizität beim Umfüllen brennbarer Flüssigkeiten).

44. Gibt es Regelungen für den Feuerwehreinsatz, die die Gefahr durch Elektrizität berücksichtigen?

Ja, das richtige und sichere Verhalten der Feuerwehr ist in DIN VDE 0132 „Brandbekämpfung im Bereich elektrischer Anlagen" geregelt. In dieser Vorschrift sind Hinweise für vorbereitende Maßnahmen, für Maßnahmen bei Bränden, über die Eignung von Löschmitteln, über Maßnahmen nach dem Brand und über erste Maßnahmen bei Unfällen durch elektrischen Strom enthalten.

45. Welche Grundsatzregelungen sind in der DIN VDE 0132 enthalten?

Vor Tätigwerden der Feuerwehr in Bereichen mit stromführenden Teilen gilt:

- Spannungsführende Teile sind stromlos zu schalten und gegen Wiedereinschalten zu sichern. Die Spannungsfreiheit ist zu überprüfen.
- Herabgefallene Leitungen und angrenzende Metallteile niemals berühren und gegen Berührung sichern.
- Schalthandlungen dürfen nur durch Elektrofachkräfte vorgenommen werden. Hiervon ausgenommen sind Hausinstallationen
- Kurzschließen und Durchtrennen von stromführenden Leitungen und Kabeln dürfen von Feuerwehrangehörigen auch als Notmaßnahme zur Menschenrettung nicht durchgeführt werden.

46. Welche zusätzlichen Regelungen gelten für Niederspannungsanlagen?

Niederspannungsanlagen sind Starkstromanlagen mit Nennspannungen bis 1000 Volt (1 kV).

- Bei Annäherung, z.B. beim Erkunden und Retten, an unter Spannung stehenden Niederspannungsanlagen ist ein Mindestabstand von einem Meter einzuhalten.
- Beim Einsatz eines CM-Strahlrohres (max. 12 mm Düsendurchmesser) dürfen als Abstand zwischen Strahlrohr und unter Spannung stehendem Anlagenteil (Niederspannung) folgende Richtwerte nicht unterschritten werden:

Sprühstrahl	mind. 1 m
Vollstrahl	mind. 5 m

47. Welche zusätzlichen Regelungen (bezogen auf Frage 45 und 46) gelten für Hochspannungsanlagen?

Hochspannungsanlagen sind Starkstromanlagen mit Nennspannungen über 1000 Volt (1 kV).

- Hochspannungsanlagen (z.B. Schalt- und Umspannanlagen) dürfen nur in Gegenwart der zuständigen Elektrofachkräfte betreten werden. Die Weisungen der Fachkräfte sind zu befolgen.
- Im unmittelbaren Einwirkungsbereich eines Brandes liegende Anlagenteile sind durch Fachpersonal vor Annäherung spannungsfrei zu machen.

– Bei Annäherung, beim Erkunden und Retten in der Nähe von spannungsführenden nicht abgeschlossenen Hochspannungsanlagen, z.B. Freileitungen, sind folgende Mindestabstände einzuhalten.

Spannung in Volt	Mindestabstand in Meter
über 1 000 bis 110 000	3
über 110 000 bis 220 000	4
über 220 000 bis 380 000	5

Da wir die Nennspannung i. d. R. nicht wissen, sollte sich die Feuerwehr am 5-Meter-Wert orientieren.

– Bei Rettungsarbeiten im Bereich elektrischer Bahnen (von 1 bis 25 kV) ist eine Annäherung bis auf 1,5 m an die Oberleitung möglich. Dies bedeutet, daß Einsatzmaßnahmen aus Zügen und in der Nähe von Zügen gefahrlos auch bereits vor der Freischaltung der Oberleitung durchgeführt werden können, solange die Oberleitung nicht zerstört ist und herabhängt, niemand auf die Waggons steigen muß und keine langen Einsatzgeräte, wie Leitern oder Einreißhaken verwendet werden.
– Am Boden liegende Freileitungen und Fahrleitungen bis 20 kV sind im Abstand von mind. 20 m zu meiden. Haben die Leitungen Berührung mit Metallteilen, wie Zäunen, Geländern, Schienen, so ist auch von diesen Teilen ein Abstand von mind. 20 m einzuhalten.
– Beim Einsatz eines CM-Strahlrohres (max. 12 mm Düsendurchmesser) dürfen als Abstand zwischen Strahlrohr und unter Spannung stehendem Anlagenteil (Hochspannung) folgende Richtwerte nicht unterschritten werden:

  Sprühstrahl mind. 5 m
  Vollstrahl mind. 10 m

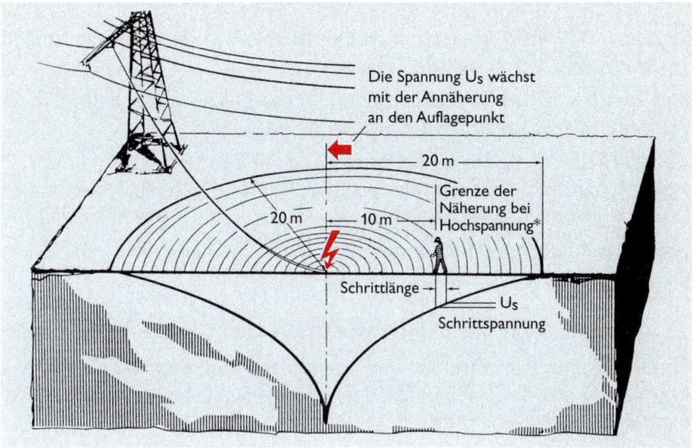

Bild 1: Spannungstrichter

* Die Grenze von 20 m darf nur bis auf einen Schutzabstand von mindestens 10 m unterschritten werden, wenn die Fehlerstelle von einer Elektrofachkraft des betreffenden Energieversorgungsunternehmens beurteilt und eine solche Empfehlung ausgesprochen wurde.

48. Wo liegen die Gefahren durch Elektrizität bei Einsätzen in Gebäuden?

Bei einem Gebäudebrand treffen wir immer auf Elektroinstallationen.

In Wohngebäuden bereiten uns vor allem Brände in Untergeschossen Probleme, da die Elektroinstallation dort oft über Putz liegt. Auch bei nur geringer Brandintensität schmilzt die Ummantelung der Kabel ab und die stromführenden Kupferdrähte liegen frei.

Vorsicht ist immer auch bei Dachständern in Verbindung mit Dachstuhlbränden geboten. Die Dachständer können herabstürzen und Personen direkt treffen oder andere Teile unter Strom setzen. Selbst wenn nach dem Herabfallen des Dachständers alle „Lichter" in der Umgebung erlöschen, kann der Einsatzleiter nicht sicher sein, daß alle Leitungen am Dachständer stromlos sind.

49. Wie verhält sich der bei Gebäudebränden in den Innenangriff vorgehende Trupp?

Der Trupp schaltet in dem Geschoß, in das er zum Innenangriff vorgeht, die Hausinstallation am Sicherungskasten ab.

Bei Werkstätten findet er im Eingangsbereich in aller Regel einen Hauptschalter. Mit diesem Hauptschalter lassen sich alle Maschinen in der Werkstatt stromlos schalten.

Im übrigen beachtet der vorgehende Trupp die nach DIN VDE 0132 vorgeschriebenen Annäherungs- und Strahlrohrabstände.

50. Was verstehen wir unter der Gefahr „Einsturz"?

Unter „Einsturz" verstehen wir jede Gefährdung der Standsicherheit von Gebäuden, Gebäudeteilen oder Anlagen. Einsturz beinhaltet auch die Gefährdung durch herabstürzende Gegenstände und Bauteile.

51. Was sind Ursachen für einen Einsturz?

- Querschnittsminderung bei Holzbauteilen infolge Abbrand
- Querschnittsminderung bei Betonbauteilen infolge Abplatzung durch Wärmeeinwirkung
- Festigkeitsverlust bei Stahlbauteilen und freiliegender Betonbewehrung infolge Temperaturbeaufschlagung
- Zerspringen von Natursteinen infolge innerer Spannungen bei Temperaturbeaufschlagung
- Verschiebung von Auflagern bei Stahlträgern durch deren Längenausdehnung infolge Temperaturbeaufschlagung
- Überlastung von Bauteilen infolge Brandschutt und Löschwasser aufsaugender Stoffe (Stroh, Heu, Polstermöbel)
- Volumenvergrößerung stark quellender Stoffe nach Löschwasserbeaufschlagung (z.B. Quellen von Getreide in Silos) mit der Folge eines Auseinderreißens der Behälter

52. Wie erkennt man die Gefahr des Einsturzes?

Einsturzgefahr ist schwer zu erkennen. Am ehesten sind Veränderungen im Auflagerbereich festzustellen. Beispiele sind: Risse in Wänden, Verschiebungen von Mauerwerk, abgebrannte Knotenpunkte bei Holzkonstruktionen.

Einsturzgefährdet sind immer freistehende Wände, insbesondere Giebelwände und Schornsteine. Besonders hoch ist die Einsturzgefahr einzustufen, wenn herabgestürzte Träger die Wand einseitig belasten.

Bei Nachlösch- und Aufräumungsarbeiten stellen Stahlträger eine besondere Gefahr dar. Da sie sich bei Erwärmung ausdehnen, verschieben sie während eines Brandes ihre Auflager nach außen. Beim Abkühlen ist die Längenänderung dann wieder rückläufig, d.h. die Stahlträger ziehen sich wieder zusammen. Diese Längenänderung vollziehen die Auflagerpunkte sehr oft jedoch nicht mit, was zum Herabstürzen des Trägers während seiner Abkühlungsphase führt.

53. Wie schützen wir uns vor der Einsturzgefahr?

Die Einsatzkräfte müssen wissen, wo Einsturzgefahr bestehen kann. Beim Vorgehen müssen sie die Bauteile und die Konstruktion genau beobachten.

Vorgehende Trupps müssen ihren Rückzugsweg absichern und auf festen Stand achten, um sich schnell aus dem Gefahrenbereich entfernen zu können. Möglichst immer Standorte unter Türstürzen oder im Treppenraumbereich unter nach oben weiterführenden Stahlbetontreppen suchen.

Bei Holzkonstruktionen vordringlich Knotenpunkte ablöschen.

E

Persönliche Ausrüstung/ Schutzkleidung

1. Warum und für welche Bereiche müssen Schutzausrüstungen getragen werden?

Zum *Schutz* vor den Gefahren des Feuerwehrdienstes bei
- Ausbildung
- Übung
- Einsatz

2. Welche Teile gehören nach UVV zur persönlichen Schutzausrüstung?

- Feuerwehrschutzanzug (z.T. nach landesrechtlichen Vorschriften)
- Feuerwehrhelm mit Nackenschutz (nach DIN EN 443)
- Feuerwehrschutzhandschuhe (nach DIN EN 659)
- Feuerwehrschutzschuhwerk (nach DIN EN 345-2)

3. Welche speziellen persönlichen Schutzausrüstungen können bei besonderen Gefahren notwendig werden?

- Feuerwehrsicherheitsgurt (nach DIN 14 923 oder DIN 14 926)
- Feuerwehrleine mit Tragbeutel (nach DIN 14 920)

- Warnweste (nach DIN EN 471), soweit der Feuerwehrschutzanzug die Warnwirkung nicht erfüllt
- Sonderschutzkleidung, z.B. Wathosen, Chemikalienschutzanzug, Hitzeschutzkleidung, Kontaminationsschutzkleidung
- Atemschutz (umluftabhängig oder -unabhängig)
- Augen- und Gesichtsschutz
- Auftriebsmittel (Schwimmwesten oder Rettungskragen)
- Gehörschutzmittel

4. Welchem Zweck dient der Feuerwehrhelm?

- Schutz des Kopfes vor Verletzungen
- Schutz des Nackenbereiches vor Nässe und Glutteilen
- Anstrich und Reflexstreifen sollen Erkennbarkeit auch bei schlechten Sichtverhältnissen ermöglichen
- Kennzeichnung von Funktionen, z.B. Gruppenführer, Zugführer

5. Aus welchen wesentlichen Teilen besteht der Feuerwehrhelm?

- nachleuchtende Helmschale
- Innenausstattung
- Kinn-Nacken-Riemen
- Nackenschutz

Weiteres siehe DIN EN 443 – Feuerwehrhelme –

Bild 1: Feuerwehrangehöriger mit persönlicher Schutzausrüstung (BF München)

Bild 2: Beispiele moderner Einsatzkleidung

6. Welchem Zweck dienen Schutzhandschuhe?

Schutzwirkung gegen:

- Schnitt- und Stichverletzungen
- Abschürfungen, Rißwunden
- Verbrennungen
- Geringe chemische Einwirkungen

7. Wo werden die Anforderungen für Schutzhandschuhe beschrieben?

In DIN EN 659.

Bei der Kennzeichnung müssen neben der Kennzeichnung und Größe der Handschuhe zusätzlich in einem Piktogramm die Leistungsstufen für
- Scheuerfestigkeit
- Schnittfestigkeit
- Weiterreißfestigkeit
- Stichfestigkeit
- Brennverhalten
- Kontaktwärme
- Fingerfertigkeit

angegeben werden.

8. Wo sind die Anforderungen an Feuerwehr-Sicherheitsschuhwerk beschrieben?

In DIN EN 345-2.

Die Anforderungen erfüllen Stiefel gemäß DIN EN 345-2 Kapitel 7 Form C (Schnürstiefel) oder Form D (Schaftstiefel) mit Zehenschutzkappe, durchtrittsicherer Sohle, antistatischer Sohle, Anziehschlaufen, Profilierung der Sohle und Wasserdichtheit nach DIN EN 344-2. Bei der Kennzeichnung muß zusätzlich zu der Norm DIN EN 345-2 ein Piktogramm mit der Bezeichnung „FPA“ angegeben sein. Nur dann erfüllt ein solcher Stiefel die Anforderungen für Feuerwehr-Sicherheitsschuhwerk.

9. Wozu dient der Feuerwehr-Sicherheitsgurt?

Der Sicherheitsgurt, der den seitherigen Hakengurt ersetzt, soll den Feuerwehrmann in die Lage versetzen, sich mit dem Sicherheitsseil auf Leitern und anderen ungesicherten Stellen gegen Abstürze zu sichern.

Der Sicherheitsgurt dient außerdem zum Retten von Personen und zum Selbstretten durch Abseilen unter Zuhilfenahme der Feuerwehrleine. Am Sicherheitsgurt wird das Feuerwehrbeil mit Schutztasche nach DIN 14 924 getragen. Er ist ein 85 mm breiter Leibgurt

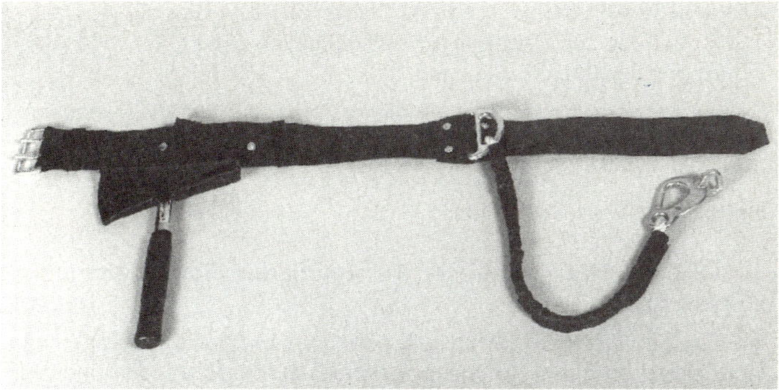

Bild 3: Feuerwehr-Sicherheitsgurt mit Feuerwehrbeil

mit Klemmschnallenverschluß oder Zweidornschnalle, an dem zwei Fangösen und ein Sicherheitsseil mit Karabinerhaken befestigt sind.

10. Welche Gebrauchsdauer hat ein Sicherheitsgurt?

Feuerwehr-Sicherheitsgurte sind gemäß Geräteprüfordnung GUV 67.13 spätestens 20 Jahre nach Herstellungsdatum auszumustern.

11. Welche wiederkehrenden Prüfungen sind von den Feuerwehren durchzuführen?

Ein durch einen Absturz beanspruchter Gurt ist sofort zu prüfen. Außerdem hat jährlich eine Sichtprüfung zu erfolgen.
Bei diesen Prüfungen sind zu untersuchen:

- das Gurtband auf Abnutzung, Flecke, Risse oder Beschädigungen,
- die Nähte auf Beschädigungen,
- die Nieten auf Abnutzung, Einreißstellen und Beschädigungen,
- die Beschläge auf einwandfreie Funktion (Zunge am Karabinerhaken muß federn) und Beschädigungen,
- das Sicherheitsseil auf Abnutzung, Flecke, zerrissene Fäden, ordnungsgemäße Beschaffenheit der Spleiße (Beschädigungen des Seiles liegen auch vor, wenn sich das Seil um einige Zentimeter gegenüber der Länge der Chromlederumhüllung gedehnt hat),

- die Sicherheitsseilkauschen auf festen Sitz und Beschädigungen,
- die Seilhülle aus Chromleder einschließlich deren Naht auf Abnutzung und Beschädigungen.

Feuerwehrsicherheitsgurte, die die Prüfbedingungen nicht erfüllen, sind entweder vom Hersteller instand setzen zu lassen oder auszumustern.

Ein Prüfnachweis ist zu führen.

12. Was ist bei der Reinigung der Sicherheitsgurte zu beachten?

Ein verschmutzter Sicherheitsgurt darf nur mit Seifenwasser (und nicht mit chemischen Reinigungsmitteln) gereinigt werden und muß ohne direkte Sonneneinwirkung zum Trocknen aufgehängt werden.

13. Wozu dient die Feuerwehrleine nach DIN 14 920?

Die Feuerwehrleine dient zum Retten von Personen, zum Selbstretten, zur Sicherung von Einsatzkräften und anderen Personen bei Absturzgefahr, als Sicherungs- und Signalleine für vorgehende Einsatztrupps sowie zum Hochziehen und Ablassen von Gerät.

14. Welche wesentlichen Merkmale und Daten gelten für die Feuerwehrleine nach DIN 14 920?

- Länge: 30 m
- Durchmesser: 10 mm (Toleranz: +1 mm, –0 mm)
- Material: Marken-Polyesterfasern
- Farbe: ungefärbt, nicht rot! (Rot nur für Arbeitsleinen)
- Reißkraft: mind. 14 kN
- Gewicht: max. 2,5 kg
- Gebrauchsdauer: max. 20 Jahre

15. Wie wird die Feuerwehrleine aufbewahrt, behandelt und gepflegt?

Leinen müssen in allen Fällen, in denen sie nicht der Abwehr dringender Gefahr dienen, schonend behandelt werden. Sie dürfen nicht mit Schmutz, Säuren und anderen ätzenden Flüssigkeiten oder mit

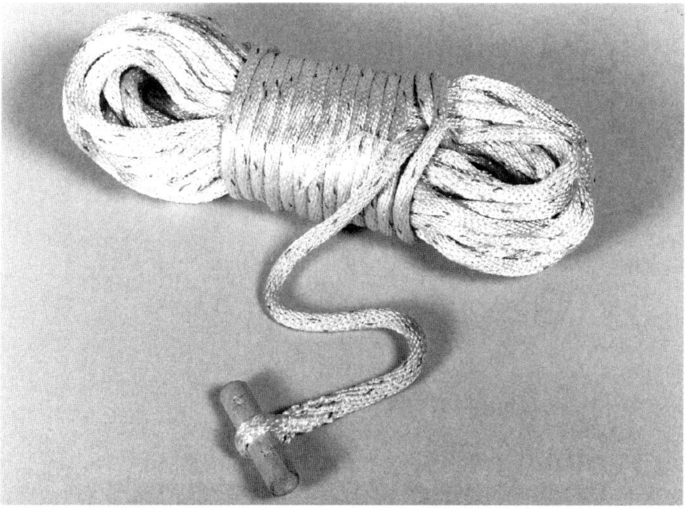

Bild 4: Feuerwehrleine

Ölen und Putzmitteln, Brandstellenglut oder -schutt in Berührung kommen. Müssen Leinen über scharfe Kanten geführt werden, sind weiche Unterlagen zwischenzulegen.

Personen und Gegenstände müssen gleichmäßig und ohne Ruck abgeseilt werden. Besondere Vorsicht muß bei kurzen Gebrauchslängen der Leine angewendet werden, da ruckweise Belastung eine kurze Leine mehr beansprucht als eine längere.

Leinen sind nach jedem Gebrauch zu reinigen und zu trocknen. Nach dem Trocknen ist die Feuerwehrleine zu prüfen.

Die Feuerwehrleine ist in einem Beutel bereitzuhalten. Dient dieser Beutel als Tragebeutel, so ist ein Feuerwehrleinenbeutel nach DIN 14 921 zu verwenden.

Leinen sind grundsätzlich an einem trockenen Ort aufzubewahren.

Bild 5: Tragebeutel nach DIN 14 921 zum Aufbewahren der Feuerwehrleine

16. Wann muß Warnkleidung getragen werden?

Bei Tätigkeiten der Feuerwehr im Verkehrsbereich (Straßenraum).

Hinweis:
Warnkleidung verbessert auch die Erkennbarkeit der Feuerwehrangehörigen bei schlechten Sichtverhältnissen (z.B. Dunkelheit, Raucheinwirkung). Bei entsprechender Ausbildung des Feuerwehrschutzanzuges kann bereits mit diesem eine ausreichende Warnwirkung erreicht werden, so daß dann eine zusätzliche Warnkleidung (z.B. Warnweste) entfallen kann.

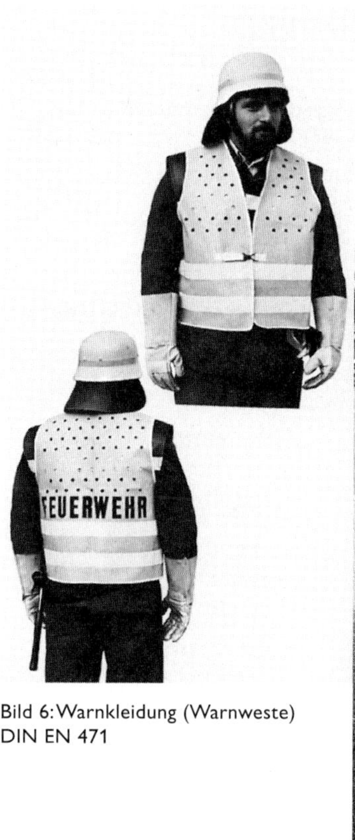

Bild 6: Warnkleidung (Warnweste) DIN EN 471

Bild 7: Feuerwehrschutzanzug mit integrierter Warnwirkung nach DIN EN 471

Sonderschutzkleidungen

17. Welche Sonderschutzkleidungen werden bei den Feuerwehren i.d.R. verwendet?

- Hitzeschutzkleidung (Wärmeschutzkleidung)
- Chemikalienschutzkleidung
- Kontaminationsschutzkleidung
- Schutzkleidung für Wasser- und Öleinsätze

18. Welche grundsätzliche Art von Schutzkleidung ist möglich?

- Teilschutzkleidung; sie schützt nur bestimmte Teile des Körpers. Beispiele: Gesichtsschutz, Schürze, Handschuhe, Stiefel, Gehörschutz, Schnittschutzhose, Wathose usw.
- Vollschutzkleidung; sie schützt die gesamte Körperoberfläche vor schädlichen Einflüssen. Das Tragen von Vollschutzkleidung ist fast immer mit dem Tragen von umluftunabhängigem Atemschutzgerät verbunden.

Beispiele für Teilschutzkleidung:

Bild 8: Schnittschutz (Beinlinge) für Arbeiten mit Motorsäge (BF München)

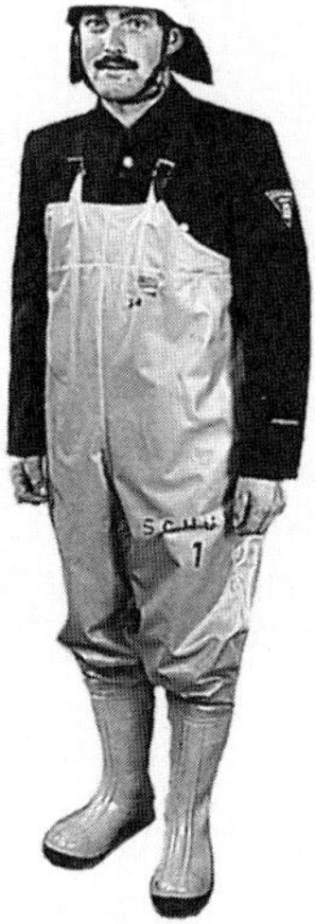

Bild 9: Wathose mit angearbeiteten Stiefeln für Wassereinsätze, je nach Material auch geeignet für Öleinsätze (BF München)

Bild 10: Teilschutzkleidung, bestehend aus Gesichtsschutz (Klappvisier), Schürze, Schutzhandschuhen, Schutzstiefeln, z.B. für Öl- oder einfache Gefahrguteinsätze (BF München)

Hitzeschutzkleidung (Wärmeschutzkleidung)

19. Welchem Zweck dient die Hitzeschutzkleidung?

Sie schützt den Feuerwehrangehörigen in Zusammenwirken mit persönlicher Schutzausrüstung und ggfs. Atemschutzausrüstung vor gefährlicher Wärmestrahlung.

Sie schützt *nicht* vor direkter Flammenbeaufschlagung!

20. Welche Arten von Hitzeschutzkleidung sieht DIN 14 942 vor?

Form I, bestehend aus Kopfhaube mit Sichtgitter und Schulterschutz, sowie Fünffingerhandschuhen mit langen Stulpen

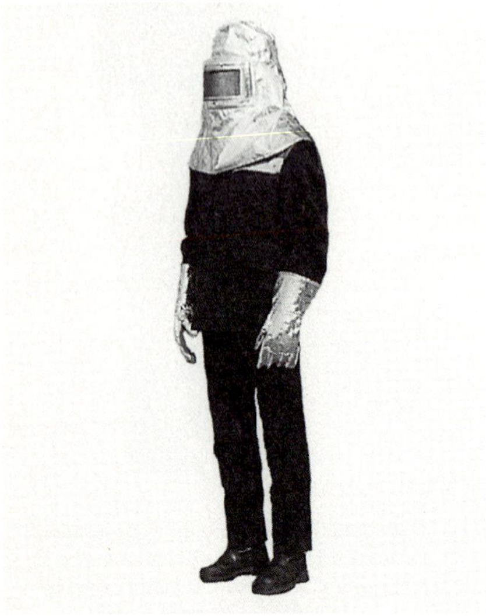

Bild 11: Hitzeschutzkleidung – Form I – (BF Heilbronn)

Form II, bestehend aus Mantel einschl. Kopfhaube mit Sichtscheibe, sowie Fünffingerhandschuhen mit langen Stulpen

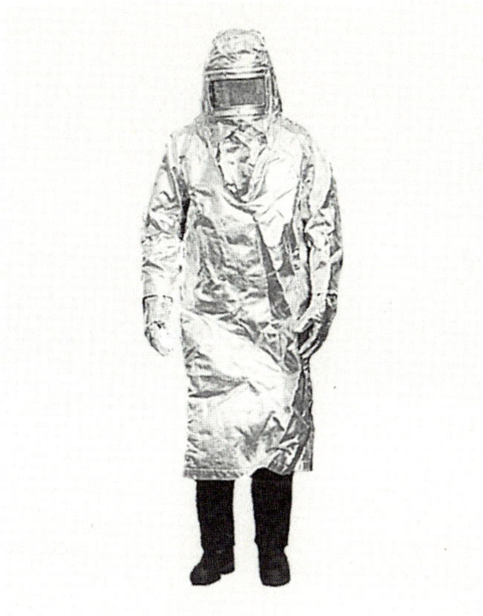

Bild 12: Hitzeschutzkleidung – Form II – (BF Heilbronn)

Form III, bestehend aus Vollschutzanzug einschl. Kopfhaube mit Sichtscheibe und Hitzeschutzstiefel sowie Fünffingerhandschuhen mit langen Stulpen. Der Vollschutzanzug darf aus mehreren Teilen bestehen.

Bild 13: Hitzeschutzkleidung – Form III – (BF Heilbronn)

21. Welche wesentlichen Anforderungen ergeben sich für Hitzeschutzkleidung nach DIN 14 942?

- Kopfhaube, Mantel, Anzug, Stiefel aus glanzverspiegeltem Gewebe oder Gewirke mit nach innen wirkender Dampfsperre und flüssigkeitsabweisender Oberfläche
- Sichtgitter, z. B. aus Chrom-Nickel-Stahldrahtgewebe

- Sichtscheibe, z. B. goldbedampftes Verbundglas
- Tragen eines Preßluftatmers muß unter der Hitzeschutzkleidung möglich sein
- Gewichte:

Form I	*max.*	*2 kg*
Form II	*max.*	*5 kg*
Form III	max.	14 kg

Chemikalienschutzkleidung

22. Welchem Zweck dient der Chemikalienschutzanzug?

Er schützt den Träger des Anzuges bei direktem Kontakt mit Gefahrstoffen für eine begrenzte Zeitdauer (ca. 30 Minuten).

23. Nach welchem Regelwerk wird derzeit Chemikalienschutzkleidung für die Feuerwehr hergestellt und geprüft?

Nach der „Richtlinie 0801 – Chemikalienschutzanzüge" der VFDB (Vereinigung zur Förderung des Deutschen Brandschutzes).

Erläuterung:
In Ermangelung von für die Feuerwehr brauchbaren Regelungen (z. B. Normen) wurde die Richtlinie 0801 gemeinsam von den Anwendern (Feuerwehren) und der Industrie erarbeitet. Die meisten Bundesländer haben mittlerweile Regelungen derart getroffen, daß für den Feuerwehrbereich nur noch solche Chemikalienschutzkleidung beschafft wird, die die Anforderungen nach der Richtlinie 0801 der VFDB erfüllt. Damit ist ein vergleichbares Mindestschutzziel für Anwender und Hersteller erreicht.

Bild 14: Chemikalienschutzanzug (Vollschutz) (Auergesellschaft)

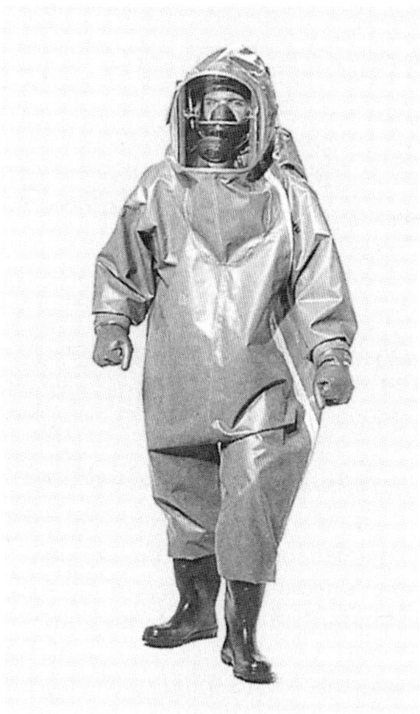

Bild 15: Chemikalienschutzanzug (Vollschutz) (Drägerwerk)

24. Welche wesentlichen Anforderungen ergeben sich nach der „Richtlinie 0801 der VFDB“ für Chemikalienschutzanzüge?

- Anzüge mit Sichtscheibe oder fest eingebauter Vollmaske
- Schutzhandschuhe und Stiefel müssen mit Anzug verbunden sein
- Feuerwehrhelm und Preßluftatmer müssen unter dem Anzug getragen werden können
- Anforderungen hinsichtlich Höchstzugkraft, Weiterreißkraft und Knickverhaltens des beschichteten Gewebes
- Anforderungen hinsichtlich Dichtheit insgesamt und Dichtheit gegen das Durchdringen von Chemikalien
- besondere Kennzeichnung der Schutzanzüge

Kontaminationsschutzkleidung

25. Welchem Zweck dient die Kontaminationsschutzkleidung?

Sie soll die Verschmutzung der Körperoberfläche (Haut, Haare) durch radioaktive Stoffe verhindern ($\triangleq$ Kontamination).

Hinweis:
Die Inkorporation (Aufnahme radioaktiver Stoffe über die Atemwege muß mittels Atemschutzgeräten verhindert werden.

26. Welche Arten von Kontaminationsschutzkleidung werden im Feuerwehrdienst getragen?

- Kontaminationsschutzhaube und -handschuhe in Verbindung mit Feuerwehrschutzanzug, Helm, Stiefel und Atemschutzgerät
- Kontaminationsschutzanzug in Verbindung mit Helm, Stiefel und Atemschutzgerät
- Chemikalienschutzanzug (Vollschutz) mit Atemschutzgerät

27. Wann wird die Kontaminationsschutzhaube getragen?

Bei Einsätzen in Verbindung mit radioaktiven Stoffen dient sie dem *ersten* vorgehenden Trupp als schnell anzulegender Kontaminationsschutz (Ersteinsatz). Sie wird i.d.R. bereits auf dem Anfahrtsweg im Einsatzfahrzeug angelegt. Sobald Kontaminationsschutzanzüge an der Einsatzstelle verfügbar sind, soll das nur mit Kontaminationsschutzhauben ausgerüstete Personal herausgelöst werden.

Bild 16: Kontaminationsschutzkleidung für den *Ersteinsatz*, bestehend aus Kontaminationsschutzhaube und -handschuhen in Verbindung mit üblicher Einsatzkleidung und Atemschutzgerät (BF München)

28. Aus welchem Material besteht Kontaminationsschutzkleidung?

Aus atmungsaktivem, dichtmaschigem Textilgewebe. Durch zusätzliche Imprägnierung wird flammwidriges, nachglimmsicheres, wasser- und ölabweisendes Verhalten erreicht.

Als Alternative kann Material wie für Chemikalienschutzkleidung verwendet werden.

29. Aus welchen wesentlichen Teilen besteht der Kontaminationsschutzanzug?

- einteiliger Anzug mit Kapuze
- elastischer Dichtrahmen an Kapuze (Abschluß zur Atemschutzmaske)
- elastische Dichtmanschetten an Ärmeln und Hosenbeinen

Bild 17: Kontaminationsschutzanzug (BF München)

30. Wie ist die Tragweise des Kontaminationsschutzanzuges aus Textilgewebe?

- über Atemschutzmaske
- unter Atemschutzgerät
- über Feuerwehrschutzschuhwerk
- unter Feuerwehrhelm

31. Welche Vorteile hat das Tragen eines Chemikalienschutzanzuges als Kontaminationsschutzkleidung?

- relativ leichte Dekontamination des Anzuges im Falle einer radioaktiven Verschmutzung
- Atemschutzgerät wird durch Anzug ebenfalls geschützt
- am Kontaminationsnachweisplatz kein Wechsel am Atemanschluß vom Preßluftatmer zum Filter notwendig.

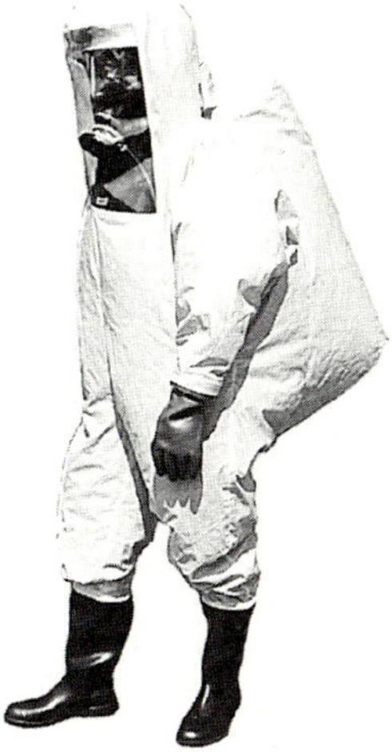

Bild 18: Chemikalienschutzanzug als mögliche Kontaminationsschutzkleidung (BF München)

F

Atemschutz

Allgemeines

1. Warum brauchen wir den Atemschutz?

Zur Aufrechterhaltung des Lebens benötigt der Mensch Sauerstoff, den er durch Atmen aus der Umluft einnimmt. Beim *Einatmen* strömt durch die Erweiterung des Brustraums, infolge der Tätigkeit der Rippenhebemuskeln und des Zwerchfells, Luft in die Lunge.

Beim *Ausatmen* wird durch Verkleinerung des Brustraums, verursacht durch die Wölbung des Zwerchfells und das Sinken der Rippen, Luft aus der Lunge gedrückt.

In der Lunge erfolgt die Aufnahme von Luftsauerstoff ins Blut und die Kohlendioxidabgabe in die Ausatemluft. Dieser Gasaustausch wird als äußere Atmung bezeichnet.

Die innere Atmung ist der Austausch von Sauerstoff und Kohlendioxid zwischen Blut und Gewebe. Die roten Blutkörperchen tauschen das Kohlendioxid aus dem Körper gegen neuen Sauerstoff aus der Lunge aus. Der Austausch findet in den Lungenbläschen statt. Befinden sich in der Atemluft giftige Stoffe in Form von Gasen, Nebel,

Dämpfen oder Stäuben und gelangen diese bei der Atmung in die Lunge, so können sie schädigende Wirkungen auf die Organe ausüben. Abhängig von Art und Konzentration der Gifte kann sogar der Tod eintreten.

Bei Einsätzen müssen Feuerwehrangehörige oft in Räumen arbeiten, in denen Sauerstoffmangel herrscht oder Atemgifte vorhanden sind. Ohne Atemschutz würden sie schwere, unter Umständen tödliche Schädigungen erleiden.

Einsatzhinweise

Die Unversehrtheit der Einsatzkräfte hat erste Priorität. Daher ist im Zweifel stets umluftunabhängiges Atemschutzgerät anzulegen.

Bei geringerer Gefährdung z.B. Aufräumen der Einsatzstelle ist der Gebrauch von umluftabhängigen Atemschutzgeräten, z.B. Filtergeräten, auch wegen der geringeren körperlichen Belastung, einsatztaktisch richtig.

2. Wieviel Atemluft braucht der Mensch?

Der Sauerstoffbedarf und somit der Bedarf an Luft ist von der körperlichen und seelischen Belastung (Angst, Aufregung) abhängig.

In der Minute benötigt der Mensch:

in Ruhe	8 – 10 Liter Luft
bei mäßiger Arbeit	15 – 30 Liter Luft
bei starker Anstrengung	40 – 80 Liter Luft

Das entspricht einem Sauerstoffbedarf von:

in Ruhe	etwa 0,25 l
leichte Arbeit	etwa 0,80 l
schwere Arbeit	etwa 2,00 l
schwerste Arbeit	etwa 3,00 l und mehr.

Erhöhter Sauerstoffbedarf wird durch Erhöhung der Atemfrequenz und Volumenvergrößerung der Atemzüge befriedigt.

3. Wie setzt sich die Atemluft zusammen?

Einatemluft:		*Ausatemluft:*	
Sauerstoff	21 %	Sauerstoff	17 %
Kohlendioxid	0,04 %	Kohlendioxid	4,04 %
Stickstoff	78 %	Stickstoff	78 %
Edelgase	0,96 %	Edelgase	0,96 %

Diese Angaben sind der FwDV 7 entnommen.

4. Bei welchem Sauerstoffanteil ist der Mensch noch leistungsfähig?

Volle Leistung ist bis 17 % Sauerstoffanteil möglich.

5. Was ist die Folge, wenn der Sauerstoffgehalt der Atemluft sinkt?

Sinkt der Sauerstoffgehalt der Luft, geht die Leistungsfähigkeit des Menschen zurück.

17–15 %	erste Ermüdungserscheinungen
unter 13 %	Bewußtlosigkeit – Tod

6. Wird Sauerstoffmangel durch Schmerzen oder irgendwelche Beschwerden empfunden?

Nein! Sauerstoffmangel ist ein „getarnter Feind". Er bewirkt Ermüdung, die unmerklich bis zum Tode führt. Mit Sauerstoffmangel werden gleichzeitig Reaktionen des Gehirns ausgeschaltet. Die Reaktion „Ich werde müden, hier ist Sauerstoffmangel" bleibt aus.

7. Was sind Atemgifte?

Es sind in der Luft befindliche Fremdkörper, die durch die Atemwege in den Körper gelangen. Sie können vorkommen als Gase, Nebel, Dämpfe oder Stäube, die den menschlichen Organismus schädigen.

8. Wie werden die Atemgifte nach ihrer Wirkung auf den menschlichen Körper eingeteilt?

Sie werden in 3 Gruppen eingeteilt.

1. Toxikologisch indifferente Gase oder auch Stickgase. sie verdrängen anteilmäßig den Sauerstoff und führen zu den unter **F 5** beschriebenen Folgen.
2. Blut, Nerven und Zellen schädigende Atemgifte. Bei Blutgiften wird das Hämoglobin gehindert, Sauerstoff aufzunehmen oder an den Körper abzugeben.
   Nervengifte bewirken Seh-, Hör- und Gefühlsstörungen. Auch werden Gleichgewichtsstörungen hervorgerufen.
3. Reiz- und Ätzgifte: Sie reizen die Atemwege und schädigen das Lungengewebe. Sie sind wasserlöslich und können durch den Geruchssinn wahrgenommen werden, was ihre Gefährlichkeit nicht mindert. Zwischen der Einatemphase und der Wirkungsphase kann eine Latenzzeit von mehreren Stunden liegen.

Einsatzhinweis

Der Feuerwehrmann schützt sich gegen Atemgifte durch Atemschutzgeräte.

9. Was sind Atemschutzgeräte?

Atemschutzgeräte sind Geräte, die es dem Träger ermöglichen, sich unter Aufrechterhaltung seiner Atmung in gesundheitsschädigender Umgebungsluft aufzuhalten.

10. Wie werden Atemschutzgeräte nach der europäischen Norm EN 133 und der FwDV 7 eingeteilt?

Die europäische Norm DIN EN 133 ist an die Stelle der bisherigen DIN-Normen getreten und ist bei Überarbeitung der FwDV 7 übernommen worden. Daher werden Atemschutzgeräte jetzt wie folgt eingeteilt:

1. In Atemschutzgeräte, die *abhängig* von der Umgebungsatmosphäre wirken (Filtergeräte).

2. In Atemschutzgeräte, die *unabhängig* von der Umgebungsatmosphäre wirken (Isoliergeräte).

11. Welche Filtergeräte nach der europäischen Norm EN 133 werden bei den Feuerwehren eingesetzt?

Die EN 133 unterteilt die Filtergeräte in drei Gruppen

1. Filtergeräte gegen Partikel
   - Partikelfilter und Atemanschluß
   - Filtrierender Atemanschluß gegen Partikel
2. Filtergeräte gegen Gase und Dämpfe
   - Gasfilter und Atemanschluß
   - Filtrierender Atemanschluß gegen Gase und Dämpfe
3. Filtergeräte gegen Partikel, Gase und Dämpfe
   - Kombinationsfilter und Atemanschluß
   - Filtrierender Atemanschluß gegen Partikel, Gase und Dämpfe

Bei den Feuerwehren werden nur Filter gegen Partikel, Gase und Dämpfe, also Kombinationsfilter in Verbindung mit einer Vollmaske eingesetzt.

12. Was sind umluftabhängige Atemschutzgeräte (Isolationsgeräte)?

Die EN 133 unterteilt ähnlich wie die DIN 3179 in folgende Haupttypen

1. Nicht frei zutragende Isoliergeräte
   1.1 *Frischluft-Schlauchgeräte*
      - Frischluft-Saugschlauchgeräte
      - Frischluft-Druckschlauchgeräte mit Handgebläse
      - Frischluft-Druckschlauchgeräte mit Motorgebläse

   1.2 *Druckluft-Schlauchgeräte*
      - Druckluft-Schlauchgeräte mit Regelventil
      - Druckluft-Schlauchgeräte mit Lungenautomat
      - Druckluft-Schlauchgeräte mit Lungenautomat und mit Überdruck

2. Frei zutragende Isoliergeräte
   2.1 *Behältergeräte*
      – Behältergeräte mit Druckluft (Preßluftatmer mit Normaldruck)
      – Behältergeräte mit Druckluft und mit Überdruck (Preßluftatmer mit Überdruck)
   2.2 *Regenerationsgeräte*
      – Regenerationsgeräte mit Drucksauerstoff
      – Regenerationsgeräte mit Flüssigsauerstoff
      – Regenerationsgeräte mit Chemikalsauerstoff

13. Was gehört zu jedem Atemschutzgerät?

Der Atemanschluß, der das Gerät mit den Atemwegen des Benutzers verbindet. Der Atemanschluß für die Feuerwehren ist die zugelassene Vollmaske nach Norm.

14. Welche grundsätzlichen Forderungen stellt die Unfallverhütungsvorschrift für den Einsatz von Atemschutzgeräten?

- Können Feuerwehrangehörige durch Sauerstoffmangel oder durch Einatmen gesundheitsschädigender Stoffe gefährdet werden, müssen sie geeignete Atemschutzgeräte tragen.
- Bei umluftabhängigen Atemschutzgeräten ist dafür zu sorgen, daß eine Verbindung zwischen den Atemschutzgeräteträgern und Feuerwehrangehörigen, die sich im nicht gefährdeten Bereich aufhalten, vorhanden ist.
- Je nach Situation am Einsatzort muß ein Rettungstrupp mit umluftunabhängigen Atemschutzgeräten zum sofortigen Einsatz bereitstehen.

Einsatzhinweis

Wenn Atemschutzgeräte getragen werden, so muß eine Überwachung der mit Atemschutzgeräten ausgerüsteten Einsatzkräfte durch andere Personen erfolgen.

Wir nehmen Sie in Schutz

Die Überwachung hat sicherzustellen, daß die Geräteträger in gewissen Abständen über die noch verbleibende Einsatzzeit informiert werden.

Auch sollen rechtzeitig Einsatzkräfte zur Fortführung der Einsatztätigkeit am Einsatzort bereitgestellt werden.

15. Welche Atemschutzgeräte dürfen bei den Feuerwehren eingesetzt werden?

Bei den Feuerwehren dürfen nur zugelassene Geräte verwendet werden. Die Prüfung der Geräte erfolgt bei anerkannten Zulassungsstellen. Die Zulassung spricht im Rahmen der Verwaltungsvereinbarung der Länder der Innenminister des Landes Nordrhein-Westfalen aus.

Der Atemanschluß (Atemschutzmaske)

16. Was muß man über die Atemschutzmaske wissen?

Atemschutzmasken müssen für den Einsatz bei der Brandbekämpfung und der Hilfeleistung der europäischen Norm DIN EN 134 entsprechen. Die Zulassung muß durch eine anerkannte Prüfstelle durchgeführt und von einer Akkreditierungsstelle bestätigt worden sein.

Eine Schraubverbindung zwischen Atemanschluß und dem Atemschutzgerät muß einer der folgenden Anforderungen entsprechen:

EN 148-1 für Geräte ohne Überdruck (Rundgewindeanschluß)
EN 148-2 für Regenerationsgeräte (Zentralgewindeanschluß)
EN 148-3 für Geräte mit Überdruck (Gewindeanschluß M 45 x 3)

Außerdem ist darauf hinzuweisen, daß Vollbartträger und Personen mit starken Koteletten wegen mangelhafter Dichtwirkung der Atemschutzmaske als Geräteträger nicht geeignet sind (siehe einschlägige Regelungen der Länder).

17. Woraus besteht die Atemschutzmaske?

Die zugelassenen Masken sind Vollmasken nach Norm (Bild 1).
Sie bestehen aus

- dem Maskenkörper
- der Sichtscheibe
- dem Anschlußstück mit Einatemventil
- dem Ausatemventil
- der Bebänderung
- dem Trageband
- der Innenmaske
- der Sprechmembrane
- der Vorkammer

Der Maskenkörper besteht aus einer Gummimischung. Der Dichtrahmen und die Kinnstütze bzw. Kinntasche müssen dicht schließen. Das Anschlußstück enthält beim Normaldruckgerät ein Rundgewinde und beim Überdruckgerät ein Spitzgewinde zum Anschließen andas Atemschutzgerät. Im Anschlußstück befindet sich das Einatemventil. Das Ausatemventil ist eine Gummimembrane mit großem Querschnitt, die ein leichtes Ausatmen ermöglichst.

Bei jedem Ausatmen wird die Ausatemventil-Vorkammer ausgespült, so daß keine schädlichen Substanzen in das Maskeninnere vordringen können und eine Stichflamme das Ausatemventil nicht zerstören kann.

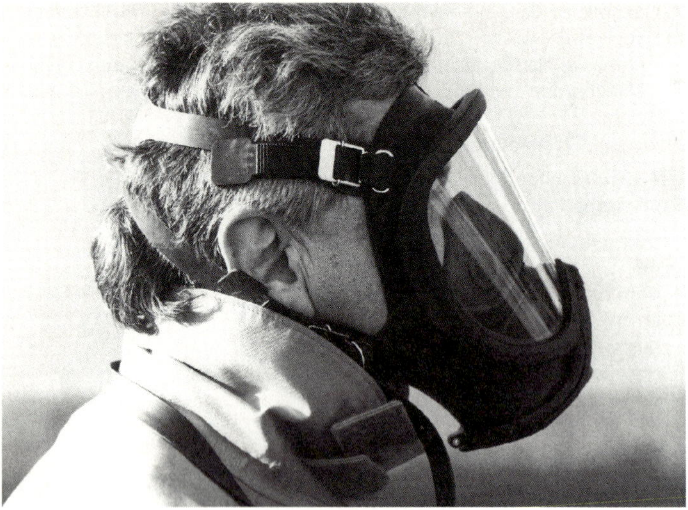

Bild 1: Atemschutzmaske „Panorama Nova“ (Dräger)

Die Bebänderung besteht aus Stirnband, Schläfenband, Nackenband und Trageband, sie sind stufenlos verstellbar und halten die Vollmaske fest und bequem am Kopf fest.

Um den Atemlufttotraum möglichst gering zu halten, ist eine Innenmaske mit 2 Steuerventilen eingebaut.

Die Sprechmembrane im Anschlußstück sorgt für gute sprachliche Verständigung.

18. Worin besteht der Unterschied zwischen einem Atemanschluß für Preßluftatmer (Normaldruck) gegenüber einem Preßluftatmer mit Überdruck?

Normaldruck

- Rundgewindeanschluß
- unbelastetes Ausatemventil

Überdruck
– Spitzgewindeanschluß
– federbelastetes Ausatemventil

19. Was ist der Totraum einer Maske und welche Bedeutung hat er?

Der Totraum ist der Zwischenraum zwischen Maske und Gesicht. Er muß so klein wie möglich sein, da sonst ein großer Teil der kohlendi -oxidhaltigen Ausatemluft im Totraum verbleiben könnte und wieder eingeatmet würde.

20. Wie ist der Weg der Atemluft in der Maske?

(Bild 2)
Die eingeatmete Luft bestreicht die Sichtscheibe und nimmt die kondensierende Feuchtigkeit auf. Dadurch kann die Sichtscheibe nicht beschlagen. Durch die zwei Steuerventile gelangt die Luft in die Innenmaske und wird eingeatmet. Die feuchte Ausatemluft wird aus der Innenmaske über das Ausatemventil direkt ins Freie geführt.

21. Wie wird die Maske auf- und abgesetzt?

Aufsetzen:
Bebänderung weit stellen, mit beiden Händen die Maske fassen, Bebänderung überstreifen, gleichmäßig anziehen, zuerst Nacken-, dann Schläfenbänder, zuletzt Stirnband.

Absetzen:
Lösen der Bebänderung, Maske am Anschlußstück fassen und nach oben abziehen.

22. Wie prüft man die Atemschutzmaske auf Dichtigkeit?

Maske anlegen, Feuerwehrhelm aufsetzen, Kinnriemen anziehen, beachten, daß keine Haare in den Dichtrahmen kommen, Rundgewindeanschluß mit dem Handballen abdichten. Beim Einatmen darf keine einströmende Luft spürbar sein. Die Maske muß sich dicht an das Gesicht schmiegen. Danach Atemschutzgerät anschließen.

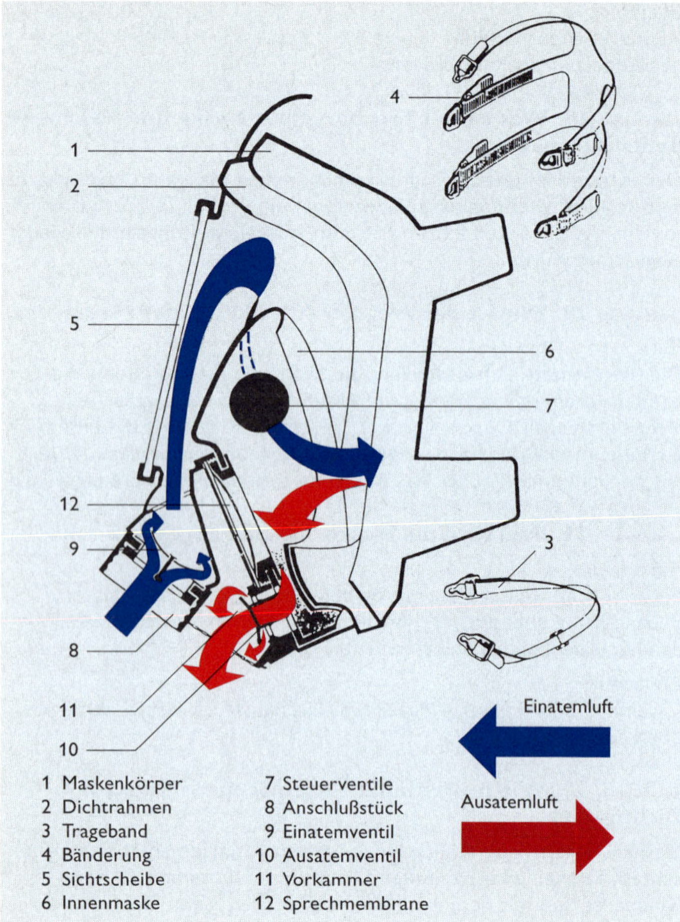

Bild 2: Wege der Atemluft

23. Was versteht man unter Einwegatmung und Zweiwegatmung?

Die beschriebenen Masken sind Masken mit *Zweiwegatmung* und *Einwegatmung* (Bild 3).

Bei der Zweiwegatmung öffnet sich beim Einatmen das Einatemventil, das Ausatemventil schließt sich. Einatemluft wird angesaugt. Bei der Ausatmung öffnet sich das Ausatemventil und das Einatemventil schließt sich. Die Ausatemluft verläßt die Atemschutzmaske über das Ventil ins Freie.

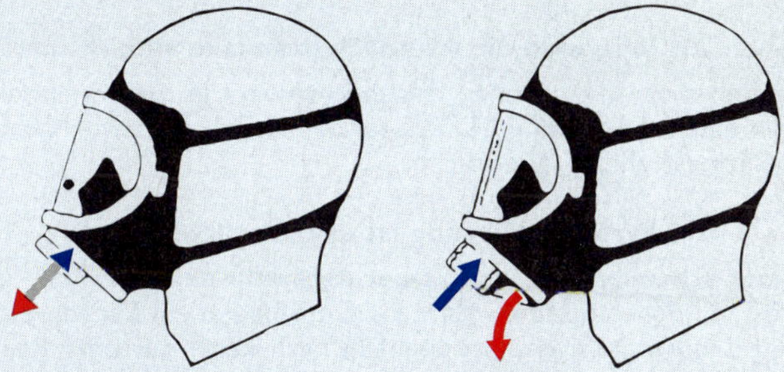

Zweiwegatmung für Preßluftatmer, Filter- und Schlauchgeräte

Einwegatmung (für Regenerationsgeräte)

Bild 3: Luftweg in Atemschutzmasken

Diese Atemschutzmasken mit Aus- und Einatemventil werden für Filtergeräte, Schlauchgeräte und Behältergeräte benötigt. Bei der *Einwegatmung* nimmt die Ein- und Ausatemluft den gleichen Weg durch das Anschlußstück. Die Maske hat *keine* Ventile. Diese Maskenart wird für Regenerationsgeräte benötigt. Das Ein- und Ausatemventil sitzt in diesem Fall im Atemschutzgerät.

24. Wie ist die Atemschutzmaske zu pflegen?

Nach jedem Gebrauch ist sie gründlich zu waschen und zu spülen und entsprechend der Empfehlung des Herstellers mit einem Desinfektionsmittel zu desinfizieren, wenn es sich nicht um eine persönliche Maske handelt. In normal temperiertem und belüftetem Raum trocknen.

25. Wie wird die Atemschutzmaske aufbewahrt?

Entweder in einer geeigneten Tragebüchse oder im Feuerwehrfahrzeug in einem Folienbeutel. Die Lagerung hat geschützt vor Licht- und Wärmestrahlung zu erfolgen.

26. Welche Wartung ist erforderlich?

Die Atemschutzmaske ist nach jeder Reparatur und jedem Ein- und Ausbau von Teilen mit dem Maskendichtprüfgerät auf Dichtigkeit zu prüfen. Das Ausatemventil ist ebenfalls nach Reparatur oder Reinigung auf Dichtigkeit zu prüfen.

Die Arbeiten sind nur durch den Atemschutzgerätewart durchzuführen.

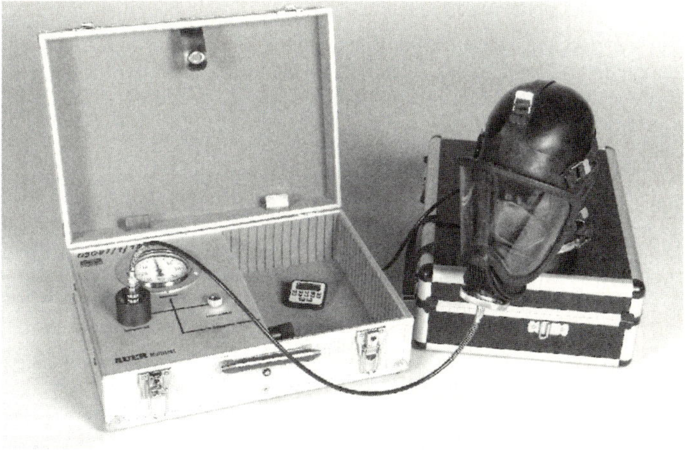

Bild 4: Maskendichtprüfgerät (Auer)

Filtergeräte

27. Was ist grundsätzlich zum Einsatz von Filtergeräten zu sagen?

Filtergeräte sind umluftabhängige Geräte. Sie *schützen* also nicht bei Sauerstoffmangel. Die Unfallverhütungsvorschrift stellt fest:

„Atemschutzmasken mit Filter sind, insbesondere in geschlossenen Räumen, in der Regel *nur als Fluchtgeräte* geeignet, da Filtergeräte nur bei ausreichendem Sauerstoff in der Atemluft unter Beachtung der Anwendungsgrenze der Filter eingesetzt werden können. Ausreichender Sauerstoff ist im allgemeinen nur im Freien zu erwarten."

Einsatzhinweis

Die Verwendung von Filtergeräten gewinnt zunehmend an Bedeutung, da zur Erhöhung des Schutzes der Einsatzkräfte auch bei Nachlösch- und Aufräumungsarbeiten umluftabhängige Atemschutzgeräte verwendet werden sollten.

28. Welche Filtertypen oder Kombinationen davon kennt die DIN 3181 und die EN 141 bzw. EN 143?

Filtertyp	Kennfarbe	Klasse	Hauptanwendungsbereich
A	Braun	1, 2 oder 3	Organische Gase und Dämpfe, Siedepunkt > 65 °C z.B. Tetrachlormethan
B	Grau	1, 2 oder 3	Anorganische Gase und Dämpfe z. B. Schwefelwasserstoff
E	Gelb	1, 2 oder 3	Schwefeldioxid und andere saure Gase und Dämpfe
K	Grün	1, 2 oder 3	Ammoniak
P	Weiß	1, 2 oder 3	Partikel
		oder Kombinationen davon (Spezialfilter)	
NO-P3	Blau/Weiß		Stickoxide (z.B. NO, NO_x)
Hg-P3	Rot/Weiß		Quecksilberdampf

29. Wie halten die Filter Schadstoffe zurück?

Es gibt:

a) Gasfilter. Sie sind mit Aktivkohle gefüllt, deren poröse Struktur eine große Oberfläche bildet, an der die Schadstoffmoleküle physikalisch festgehalten (absorbiert) werden.

b) Partikelfilter. Sie sind mit einem Gemisch feiner Fasern gefüllt, an denen die Schadstoffe festgehalten werden.

c) Kombinationsfilter (Bild 5). Sie vereinigen Gas- und Partikelfilter in einem Gehäuse.

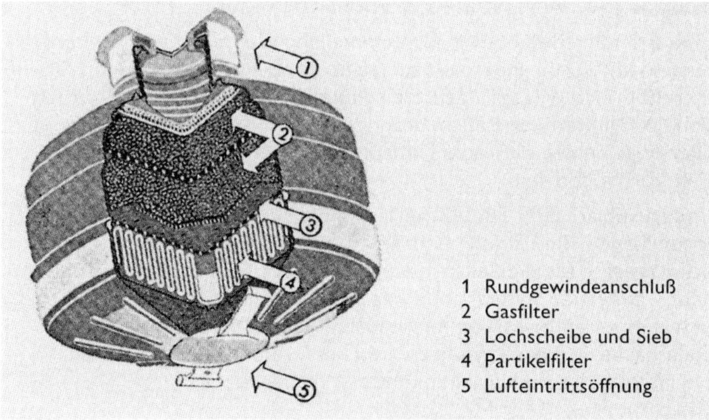

Bild 5: Schnittdarstellung eines Kombinationsfilters

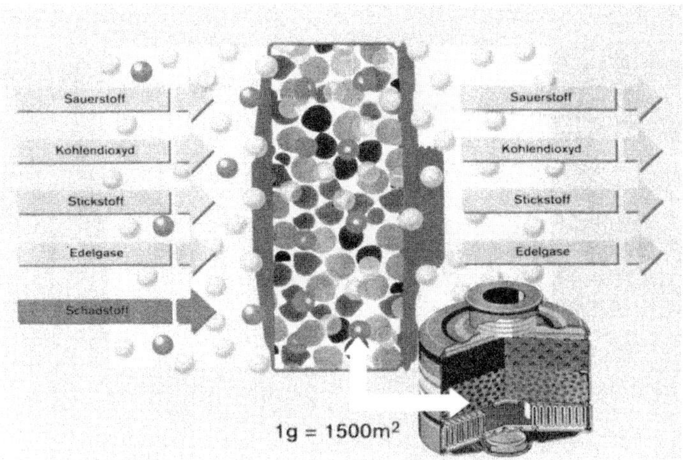

Bild 6: Wirkungsweise eines Kombinationsfilters

30. Was ist eine Brandfluchthaube?

Eine Brandfluchthaube ist zum einmaligen Gebrauch vorgesehen, um aus einem Gefahrenbereich zu gelangen, aber *nie*, um in einen Gefahrenbereich einzudringen. Sie schützt bedingt für einen Zeitraum von 15 Minuten vor Rauch, Brandgasen und Kohlenmonoxid. Es muß allerdings immer ein Sauerstoffanteil von mindestens 17 % in der Luft vorhanden sein.

Im Normblatt DIN 58 647 Teil1 sind die sicherheitstechnischen Anforderungen, die Prüfung und die Kennzeichnung solcher Atemschutzgeräte für die Selbstrettung festgelegt. Sie bestehen im wesentlichen aus einer Schutzhaube mit Sichtfenster und Halsmanschette sowie einer Filterfassung mit innerhalb der Haube angeordneter Halbmaske. Für das Mitführen auf Feuerwehrfahrzeugen ist die Fluchthaube in einer Aluminiumdose verpackt.

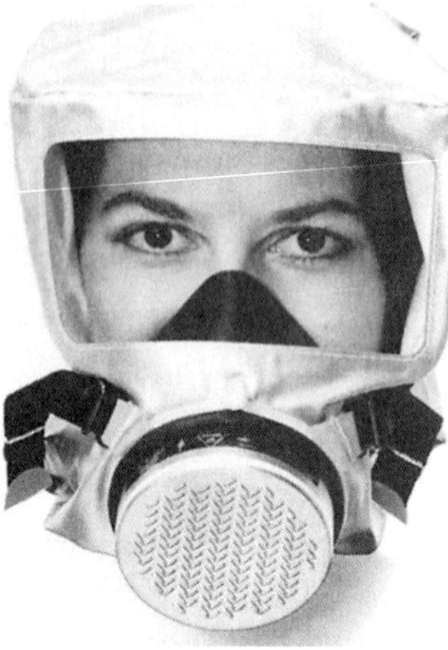

Bild 7: Rettungshaube Dräger-Parat-mask (Dräger)

Einsatzhinweise

Bei der Anwendung von Fluchthauben ist laufend zu prüfen, ob die Verrauchung der Rettungswege nicht bereits zuviel Sauerstoff verdrängt hat, so daß die zu Rettenden durch Sauerstoffmangel gefährdet sind.

Einsatzkräfte der Feuerwehr tragen immer umluftunabhängiges Atemschutzgerät.

Schlauchgeräte

31. Welche Arten von Schlauchgeräten gibt es?

1. Frischluft-Saugschlauchgeräte
2. Frischluft-Druckschlauchgeräte
3. Druckluft-Schlauchgeräte

32. Woraus besteht ein Frischluft-Saugschlauchgerät und wie arbeitet es?

Es besteht aus: Atemschutzmaske, Atemschlauch mit den Schlauchanschlußstücken, Luftzuführungsschlauch, Staubfilter, Leibgurt mit dem Anschlußstück.

Beim Saugschlauchgerät saugt der Geräteträger mit eigener Lungenkraft Luft aus giftfreier Außenluft an. Die Ausatemluft entweicht durch das Ausatemventil.

Während der Ausatmung ist das Einatmungsventil geschlossen, so daß die Ausatemluft nicht in den Luftschlauch zurücktreten kann.

33. Woraus besteht das Frischluft-Druckschlauchgerät und das Druckluft-Schlauchgerät?

Der Aufbau ist gleich wie beim Frischluft-Saugschlauchgerät, nur wird die Luft dem Geräteträger mittels eines *Blasebalgs,* eines

Gebläses oder eines Druckluftinjektors zugedrückt. Beim Druckluftinjektor wird der Inhalt einer Druckluftflasche als Luftförderer benutzt. Das Druckgas strömt über einen Druckminderer in die Düse des Injektors, der Frischluft ansaugt und sie zum Geräteträger fördert. Am Gurt des Geräteträgers ist ein kleiner Atembeutel aus gummiertem Stoff befestigt, um die auch während der Ausatmung nachströmende Frischluft zu speichern.

Beim Druckluft-Schlauchgerät wird die Luft aus einer Druckluftflasche mit Druckminderer oder mit einem Niederdruckkompressor über ein Rohrleitungsnetz zugeführt, wobei man bei der Luftzuführung zwischen der Ausführung mit Regelventil oder Lungenautomat unterscheidet.

34. Welche Vorteile und Nachteile haben Schlauchgeräte?

Vorteile: Einfacher Aufbau. Zufuhr stets frischer, kühler Luft (geeignet beim Befahren von Tanks).

Nachteile: Der lange Zuführungsschlauch muß nachgezogen werden; er behindert den Geräteträger in seiner Bewegungsfreiheit, Gefahr der Beschädigung des Zuführungsschlauches. Sie dürfen nicht eingesetzt werden, wenn der Rückzug gefährdet ist, womit die Eignung auf Brandstellen praktisch ausgeschlossen ist.

Behältergeräte

35. Welche Behältergeräte werden von der Feuerwehr eingesetzt?

Die Norm unterteilt Behältergeräte in

1. Behältergeräte mit Druckluft (Preßluftatmer)
2. Behältergeräte mit Druckluft mit Überdruck, (Überdruckpreßluftatmer)

Beide Gerätearten werden von der Feuerwehr eingesetzt.

36. Was sind Behältergeräte mit Druckluft?

Behältergeräte mit Druckluft (Preßluftatmer), nach DIN 58 645 T1 und T10 und der EN 137 werden von den Feuerwehren im Einsatz verwendet. Der Preßluftatmer ist ein lungenautomatisches Atemschutzgerät ohne Rückgewinnung der Ausatemluft. Die Einatemluft wird den Atemluftflaschen durch eine atemgesteuerte Dosierungseinrichtung (Lungenautomat) entnommen, die selbsttätig die erforderliche Luftmenge liefert. Die Ausatemluft entweicht durch das Ausatemventil der Atemschutzmaske ins Freie. In den Atemluftflaschen befindet sich von Öl, Staub und Feuchtigkeit befreite komprimierte Luft nach DIN 3188. Der Preßluftatmer gehört zur Gruppe der Isoliergeräte, die ihren Benutzer von der Umgebungsluft – sei sie gifthaltig oder sauerstoffarm – unabhängig macht.

Atemschutzmasken für den Feuerwehreinsatz müssen zugelassene Vollmasken sein.

37. Welche Arten von Preßluftatmern gibt es?

1. Gerät mit 1 Druckluftflasche von 6 l Inhalt und 300 bar Nennfülldruck (Bild 8).
2. Gerät mit 2 Druckluftflaschen zu je 4 l Inhalt mit 200 bar Nennfülldruck (Bild 9).

Bild 8:
Preßluftatmer PA 80/1800-1 (Dräger),
Druckluftflasche (Interspiro)

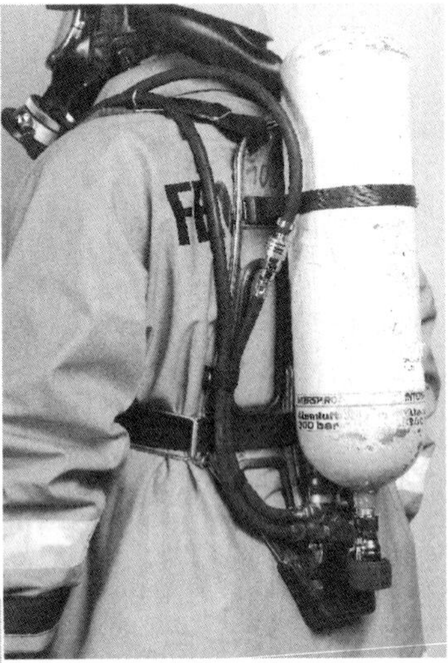

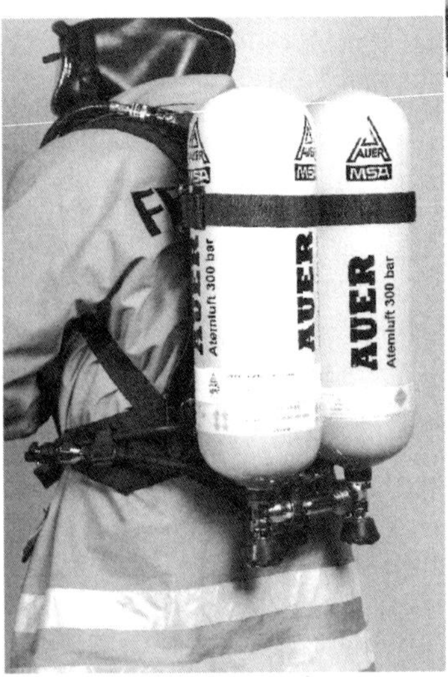

Bild 9: Preßluftatmer
Zweiflaschengerät (Auer)

38. Wie ist der Aufbau und die Wirkungsweise des Preßluftatmers?

(Bild 9)
Die am Tragegestell befestigte Vorratsflasche ist mit Druckluft von 300 bar gefüllt.

Bei geöffneten Flaschenventilen strömt die Druckluft zum Druckminderer, der den Hochdruck auf einen gleichbleibenden Arbeitsdruck – etwa 4,5 bis 9 bar – entspannt. Unter diesem Druck gelangt die Druckluft durch den geschmeidigen Druckschlauch zum Lungenautomaten. Der Lungenautomat wird unmittelbar an die Maske geschraubt. Der beim Einatmen entstehende geringe Unterdruck öffnet das lungenautomatische Ventil. Dieses gibt die zum Füllen der Lunge erforderliche Luftmenge ab und schließt sich danach selbsttätig.

Das akustische Warnsignal warnt durch einen schrillen Pfeifton spätestens bei einem Restdruck von 55 bar ± 5. Es ertönt ständig bis zum völligen Verbrauch des Druckluftvorrats.

39. Welche Gebrauchsdauer hat der Preßluftatmer?

Der Luftvorrat der Preßluftflasche beträgt ca. 1800 l. Der Luftbedarf bei normaler mittelschwerer Arbeit ist 30 l/min, bei schwerer Arbeit erheblich größer. Einsatzzeit daher 20 – 30 Minuten, je nach Dauer des Anmarsch- bzw. Rückzugsweges.

40. Wie arbeitet der Lungenautomat?

(Bild 10)
Beim Einatmen entsteht in der Maske und in der Kammer 1 des Lungenautomaten ein geringer Unterdruck, durch dessen Einwirkung die Membran 2 aus gummiertem Gewebe sich in die Kammer hineinwölbt. Sie nimmt dabei den Hebel 3 mit, an dessen Ende der Ventilteller 4 befestigt ist. Durch die Bewegung des Hebels 3 wird der Ventilteller 4, der sich auf den Rand des Ventilsitzes 5 stützt, derart gekippt, daß zwischen dem Ventilsitz und dem Ventilteller ein Spalt entsteht. Nun strömt Druckluft – sich entspannend – in die Kammer 1 des Lungenautomaten und von hier in die Maske. Am

Ende des Einatemzuges staut sich die Luft in der Kammer 1 des Lungenautomaten. Die Membran 2 geht in die Ausgangslage zurück, und das Ventil 4/5 schließt sich unter der Wirkung der Feder 6 und des Mitteldruckes: Der Ventilteller 4 wird auf den Ventilsitz 5 gedrückt. Die Zufuhr von Atemluft in die Maske hört damit auf.

Die Ausatemluft entweicht durch das Ausatemventil der Maske, wobei das lungenautomatische Ventil geschlossen bleibt. Durch Druck auf den im Gummiüberzug eingearbeiteten Knopf 7 kann zwecks Druckentlastung über den Stößel 8 das Ventil 4/5 direkt betätigt werden.

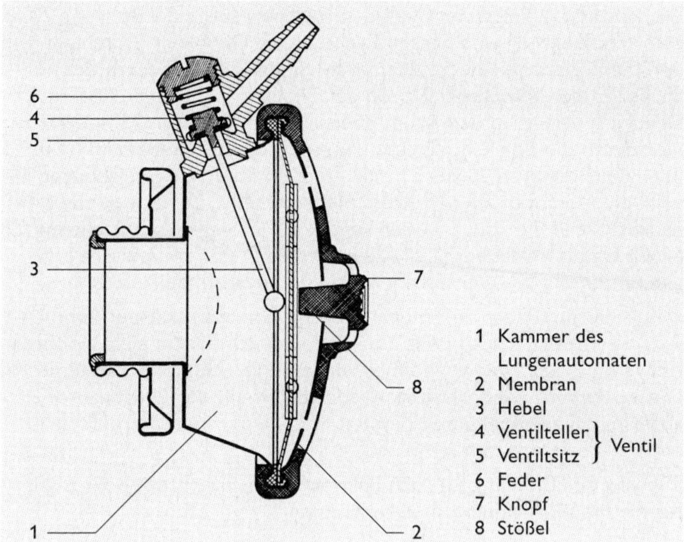

Bild 10: Schnittzeichnung des Lungenautomaten

41. Wo ist der Lungenautomat eines Preßluftatmers angebracht?

Entweder unmittelbar an der Atemschutzmaske oder am Gerät auf dem Rücken. Ist der Lungenautomat an der Maske angebracht, so führt von dem Gerätedruckminderer zum Lungenautomaten ein Druckschlauch. Ist der Lungenautomat dagegen am Gerät auf dem Rücken angebracht, so führt vom Lungenautomaten zur Maske ein Atemfaltenschlauch.

42. Wie arbeiten Druckminderer und Warnsignal?

a) *Druckminderer* mit Warnsignal (Bild 11)
Die Hochdruckluft strömt von den Flaschen durch die Bohrung 20 zum Ventilkegel 21 und dessen Dichtung 22. Die Feder 27 schiebt den Membranteller 26 der Membran 25 aufwärts, wodurch der Stößel 23 den Ventilkegel 21 von der Dichtung 22 abhebt. Die Druckluft gelangt in den Raum oberhalb der Membran 25 und von hier durch die Bohrung 28 zum Lungenautomaten. Sobald im Raum über der Membran 25 der Druck auf den Mitteldruck angestiegen ist, wird die Membran 215 mit ihrem Membranteller 26 so weit abwärts gedrückt, daß die Feder 24 den Ventilkegel 21 gegen den Dichtring 22 preßt. Damit ist das Ventil 21 /22 geschlossen und die weitere Luftzufuhr zum Raum über der Membran 25 unterbunden.

Wenn diesem Raum durch den Lungenautomaten Luft entnommen wird, sinkt der Druck etwas und die Feder 27 streckt sich, wodurch das Ventil 21/22 wieder geöffnet wird und Druckluft nachströmt. Dieser Vorgang wiederholt sich jedesmal, wenn der Lungenautomat anspringt. Der Arbeitsdruck im Raum über der Membran 25 bleibt dabei nahezu konstant.

Die von der Bohrung 20 nach links aufwärts gerichtete Bohrung leitet die Hochdruckluft zum Druckmesser.

b) *Warnsignal*
Die Preßluftatmer sind mit einem akustischen Warnsignal ausgestattet (Bild 11). Der Hochdruck überträgt sich von der Bohrung 20 auf den Raum unterhalb der Membran 29 und wölbt diese so weit

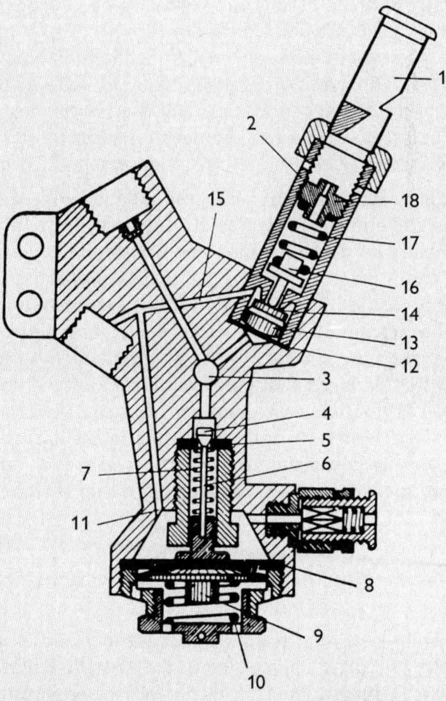

1 Signalpfeife
2 Steuervorrichtung
3 Bohrung
4 Ventilkegel
5 Dichtung
6 Stößel
7 Feder
8 Membran
9 Membranteller
10 Feder
11 Bohrung
12 Membran
13 Bolzen
14 Ventilsitz
15 Bohrung
16 Stößel
17 Steuerfeder
18 Stellschraube

Bild 11: Vereinfachter Schnitt durch den Druckminderer

durch, daß der Schließbolzen 30 auf den Ventilsitz 31 gedrückt wird. Der über die Bohrung 32 mit dem Mitteldruckraum des Druckminderers in Verbindung stehende Raum um den Schließbolzen 30 wird dadurch abgedichtet. Während der Schließbolzen 30 von der unteren Seite mit der durch die Membran 29 übertragenen Kraft des Flaschendruckes belastet wird, wirkt die durch den Stößel 33 übertragene Kraft der Steuerfeder 34 in entgegengesetzter Richtung.

Sobald der Flaschendruck auf 55 bar ± 5 gesunken ist, wird die durch die Membran übertragene Kraft kleiner als die Federkraft. Infolgedessen hebt die Feder 34 den Schließbolzen 30 von dem Ventilsitz 31 ab. Nun kann vom Mitteldruckraum des Druckminderers Luft über die Bohrungen 28 und 32 in den Raum der Feder 34 und durch die Düse der Stellschraube 35 zur Signalpfeife 8 strömt. Durch zwei hinter der Düse angeordnete Bohrungen wird zusätzlich Außenluft angesaugt, so daß sich dadurch trotz kleinem Druckluftverbrauch ein lauter Warnton ergibt, der erst bei einem Restdruck von etwa 3 bar abflaut. Der Druckluftverbrauch des Warnsignals darf max. 5 l/min betragen, was im Verhältnis zum Atemluftverbrauch so gering ist, daß er die Gebrauchsdauer des Gerätes nicht merklich beeinflußt.

43. Wie wird der Preßluftatmer gebrauchsfertig gemacht?

Gerät hinlegen; gefüllte Atemluftflaschen von unten in die Doppelschelle einschieben. Die Flaschenventile auf die Anschlußstutzen setzen und die Anschlußschrauben mit der Hand anziehen. Auf guten Zustand der Dichtringe achten! Kurzprüfung des Gerätes auf Einsatzbereitschaft.

Prüfung des Luftdruckes jeder Flasche. Ein Flaschenventil öffnen und Druck am Druckmesser ablesen und wieder schließen. Druck ablassen. Der Druck soll 200 bar, bei Einflaschengeräten 300 bar, betragen. Beträgt der Fülldruck einer Flasche weniger als 90 % des Nenndrucks, so darf damit nicht in den Einsatz gegangen werden. Die Flasche muß ausgewechselt werden.

Hochdruck-Dichtprüfung
Flaschenventil wieder schließen und den Druckmesser beobachten. Der angezeigte Druck darf innerhalb einer Minute nicht sinken. Nach einer Minute werden die Flaschenventile wieder geöffnet, ein Ausschlagen des Zeigers am Druckmesser darf nicht erfolgen.

Prüfung des Signals
Bei der Prüfung muß bei ca. 50 bar (Druckmesser beachten) das Warnsignal ertönen. Der Pfeifton flaut erst ab, wenn der Druck in den Gerätearmaturen auf etwa 3 bar gesunken ist.

44. Wie wird der Preßluftatmer in Betrieb genommen?

Einsatzhinweis

Beim Anlegen der Geräte unterstützen sich die Geräteträger gegenseitig und kontrollieren die Funktionen der Geräte.

1. Das Gerät mit weit eingestellten Schultergurten umhängen und durch Zug an den freien Enden hochziehen, bis es fest und bequem sitzt. Leibgurt schließen, dabei darauf achten, daß der Lungenautomatenschlauch unter dem Leibgurt liegt. Freie Enden der Schultergurte unter den Leibgurt stecken. Atemschutzmaske umhängen
2. Atemluftvorrat feststellen: Flaschenventil öffnen, Druckmesser ablesen (90 % des Nennfülldruckes müssen vorhanden sein, d.h. mind. 180 bar beim Zweiflaschengerät und mind. 270 bar beim Einflaschengerät), Flaschenventil schließen.
3. Lungenautomat überprüfen:
   3.1 lungenautomatisch durch Ansaugen und
   3.2 mechanisch durch Betätigen des Belüftungsknopfs
4. Kontrolle des Warnsignals: Durch Betätigen des Belüftungsknopfs Druck soweit absenken, bis das Warnsignal ertönt. Das Warnsignal muß im Bereich von 55 bar ± 5 ansprechen.

5. Flaschenventil öffnen, dabei Handrad bis Anschlag drehen, dann eine halbe Umdrehung zurückdrehen, Atemschutzmaske aufsetzen, auf dichten Sitz prüfen (siehe **F 21**)
6. Lungenautomaten anschließen. Funktion durch mindestens 2 tiefe Atemzüge feststellen.

Der *Geräteträger ist fertig* zum Einsatz.

7. Während des Einsatzes Vorratsdruck der Flasche am Druckmesser überwachen.
8. Für den Rückzug ist eine ausreichende Druckluftmenge, etwa entsprechend der Vormarschmenge, bereitzuhalten.

Beendigung des Einsatzes

9. Lungenautomat abschrauben.
10. Nach Gebrauch: Flaschenventil schließen, Gerät durch Entlüftungsknopf drucklos machen.
11. Schultergurte lockern, Leibgurt öffnen, Geräte ablegen, nicht *abwerfen*.
12. Atemschutzmaske zuletzt ablegen (Erkältungsgefahr beachten).

45. Wie wird der Preßluftatmer durch den Atemschutzgerätewart einsatzbereit gemacht?

1. Atemluftflaschen abschrauben (nicht vollständig entleeren) und zum Füllen geben. Der Fülldruck soll bei Zimmertemperatur 200 bar (300 bar) betragen.
   Falls das Gerät nicht druckentlastet wurde, lassen sich die Flaschen nur sehr schwer abschrauben (Druck lastet zusätzlich auf dem Gewinde). Es sind die Ventile zu schließen und die Armaturen durch Druck auf den Entlüftungsknopf am Lungenautomaten drucklos zu machen.
2. Der Lungenautomat wird vom Gerät abgekuppelt, desinfiziert und mit klarem lauwarmem Wasser kräftig gespült; an normal tempertiertem, vor direktem Sonnenlicht geschütztem Ort zum Trocknen aufhängen.

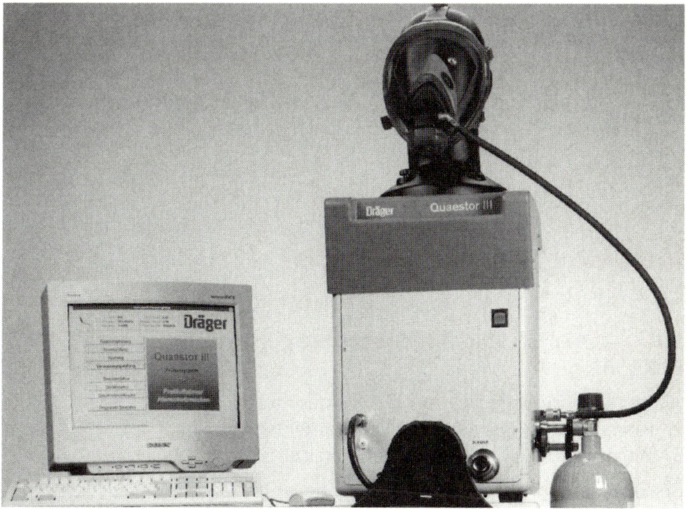

Bild 12: Preßluftatmer-Prüfgerät (Dräger)

3. Nach der Reinigung das Gerät wieder zusammenbauen. Stets darauf achten, daß die Dichtringe vorhanden und in gutem Zustand sind.
4. Prüfung wie nach **F 43** durchführen.

46. Was ist bei der Aufbewahrung und Pflege des Preßluftatmers zu beachten?

1. Die Geräte sind trocken, kühl und vor Sonneneinwirkung und sonstigen Wärmeeinflüssen geschützt und möglichst staubfrei zu lagern.
2. Ihre Einsatzbereitschaft ist monatlich auf Funktion und Dichtigkeit zu überprüfen.
3. Die vorgeschriebenen regelmäßigen Prüfungen des Geräts und der einzelnen Teile muß nach der Wartungsanweisung für Preß-

luftatmer gem. RdErl. d. Innenministers NRW VIII B4–4 42 831 vom 4.10.1977 von Fachpersonal (Atemschutzwerkstatt) durchgeführt werden.

4. Die Atemluftflaschen müssen nach der Druckgasverordnung alle 6 Jahre, bei Tauchgeräten alle 2 Jahre, amtlich geprüft werden.

Regenerationsgeräte

47. Welche Regenerationsgeräte gibt es nach DIN EN 133?

1. Regenerationsgeräte mit Drucksauerstoff
2. Regenerationsgeräte mit Flüssigsauerstoff
3. Regenerationsgeräte mit Chemikalsauerstoff

Bei den Feuerwehren sind nur Regenerationsgeräte mit Drucksauerstoff, sog. Sauerstoff-Schutzgeräte, im Einsatz. Als Fluchtgeräte werden Regenerationsgeräte mit chemisch gebundenem Sauerstoff verwendet.

Regenerationsgeräte mit Sauerstoffvorrat im Druckbehälter

48. Was ist ein Sauerstoff-Schutzgerät (Kreislaufgerät mit Drucksauerstoff)

Ein auf dem Rücken zu tragendes Atemschutzgerät, das den Benutzer von der Umgebungsluft unabhängig macht (Isoliergerät), ein Gerät mit Sauerstoffvorrat im Druckbehälter und Regeneration der Ausatemluft (Bild 13 und 14) mittels Regenerationspatrone.

Die Atemluft strömt, bewegt durch die Lungenkraft und durch Ventile gesteuert in einem geschlossenen Kreislauf durch das Gerät. Die

Ausatemluft wird in der Regenerationspatrone von Kohlendioxid und Wasserdampf befreit und in einen Atembeutel geleitet.

Diese gereinigte Luft wird im Einatemzug wieder aus dem Atembeutel entnommen. Der für die Atmung benötigte Sauerstoff wird aus dem Sauerstoffvorrat durch konstante Dosierung von 1,5 l/min und bei Mehrverbrauch zusätzlich durch eine lungenautomatische Dosierung zugesetzt. Beim Öffnen der Sauerstoff-Flasche wird das Gerät mit 6 Liter Sauerstoff vorgespült.

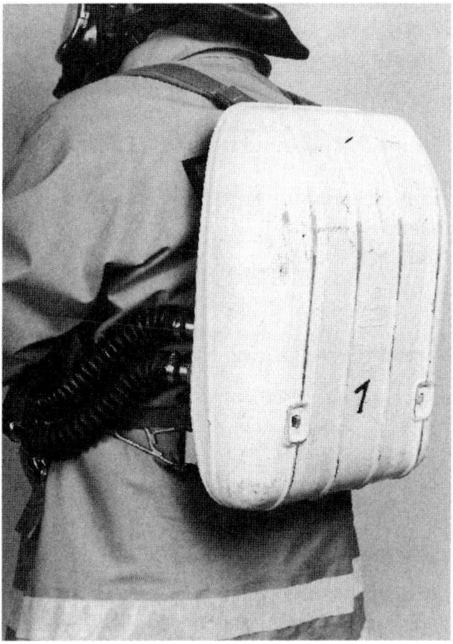

Bild 13: Sauerstoff-Schutzgerät Travox® 120 (Dräger)

Bild 14: Sauerstoff-Schutzgerät Travox® 120 mit abgenommener Schutzschale (Dräger)

49. Welche Atemschutzmaske kann für Sauerstoff-Schutzgeräte verwendet werden?

Für Sauerstoff-Schutzgeräte dürfen grundsätzlich nur ventillose Masken verwendet werden.

50. Wie ist die Wirkungsweise des Sauerstoff-Schutzgerätes?

(Bild 15)
Die ausgeatmete kohlendioxidhaltige Luft strömt durch den Ausatemschlauch 1 über das Ausatemventil 2 zur Regenerationspatrone 3, wo das Kohlendioxid absorbiert wird. Die gereinigte Luft strömt zum Atembeutel 4, von dort über Einatemventil 6 und Einatemschlauch 7 zum Atemanschluß.

Bei geöffnetem Flaschenventil 9 strömt aus der Sauerstoff-Flasche 10 Hochdrucksauerstoff zum Druckminderer 12, wird auf 4 bar Druck reduziert und kommt über die Dosierungsdüse 13 in die Vorspülleitung 16 und von dort in die aufzufrischende Kreislaufluft.

Die Lungenautomatenmembran 21 regelt sowohl bei Überdruck des Atembeutels (geringer Luftverbrauch) das Abströmen nicht

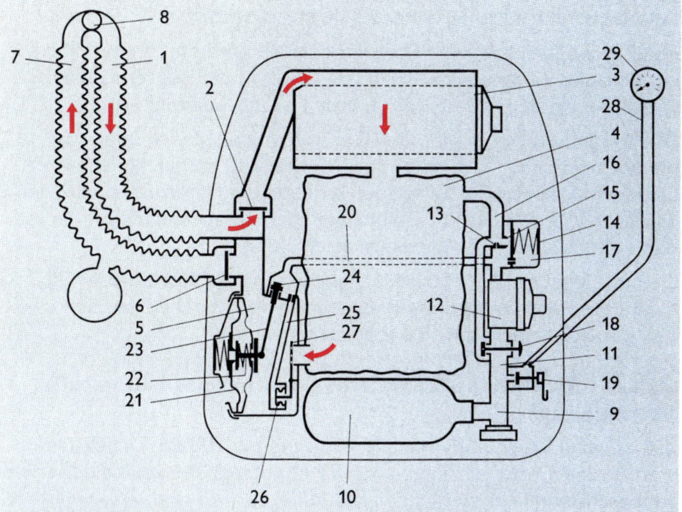

1 Ausatemschlauch
2 Ausatemventil
3 Kalkwiederfüllpatrone
4 Atembeutel
5 Ventilkasten
6 Einatemventil
7 Einatemschlauch
8 Anschlußtülle für Atemanschluß
9 Flaschenventil
10 Sauerstoffflasche
11 Sauerstoffverteiler
12 Druckminderer
13 Dosierungsdüse
14 Vorspüleinrichtung
15 Vorspülungsventil
16 Vorspülleitung
17 Steuerraum
18 Handzusatzventil
19 Druckmesserabsperrventil
20 Sauerstoffleitung
21 Lungenautomatenmembran
22 Druckbolzen mit Dichtplatte
23 Lungenautomatenhebel
24 lungengesteuertes Ventil
25 Warnsignalleitung
26 Warnsignalsteuerbalg
27 Warnsignalklappe
28 Hochdruckleitung
29 Druckmesser

Bild 15: Sauerstoff-Schutzgerät Travox® 120 (Dräger)

verbrauchter Luft, wie bei Unterdruck des Atembeutels (größerer Luftbedarf) die automatische Zuführung zusätzlichen Sauerstoffs.

Das Warnsignal, das *kein Rückzugssignal* ist, wird durch eine Warnsignalklappe 27 ausgelöst, wenn das Gerät in drucklosem Zustand, also bei nicht geöffneter oder leerer Flasche, beatmet wird.

Die Vorspülung bei Beginn der Gerätebenutzung wird über das membrangesteuerte Vorspülventil 15 bewirkt, das bei gleichem Druck im Steuerraum 17 wieder schließt. Ein Handzusatzventil 18 ermöglicht durch direkte Zuführung über die Vorspülleitung 16 in den Luftkreislauf eine Not-Sauerstoffzufuhr.

Der mit leuchtenden Markierungen versehene Druckmesser 29 kann durch das Druckmesserabsperrventil 19 bei evtl. Undichtigkeit der Druckmesserleitung 28 abgesperrt werden.

51. Welche Gebrauchsdauer hat das Sauerstoff-Schutzgerät?

Der übliche Sauerstoffvorrat (1-l-Flasche bei 200 bar Druck) gestattet eine Gebrauchsdauer von 90 Minuten. Die maximale Gerätegebrauchsdauer liegt etwa bei 120 Minuten.

52. Was muß man von der Sauerstoff-Flasche wissen?

Sie hat einen Rauminhalt von 1 l. Bei 200 bar Gebrauchsdruck bedeutet dies einen Sauerstoffvorrat von 200 l. Gefüllte Sauerstoff-Flaschen müssen auf Dichtigkeit geprüft und sorgfältig gelagert werden. Sie müssen nach der Druckgasverordnung alle 6 Jahre amtlich geprüft werden. Das Datum der nächsten Prüfung ist auf der Flasche eingeschlagen.

53. Woraus besteht die Regenerationspatrone?

Sie ist beim Sauerstoff-Schutzgerät eine wiederfüllbare Kalkpatrone, deren Mantel aus nichtrostendem Stahl besteht. Sie enthält den Atemkalk.

Beim Wiederfüllen ist die Betriebsanleitung zu beachten. Gute und gleichmäßige Packung des Atemkalks ist wichtig.

Die Kalkwiederfüllpatrone muß sofort nach jedem Einsatz entleert werden, damit sie nicht mit frisch gefüllten Patronen verwechselt werden kann.

54. Was ist beim Gebrauch des Sauerstoff-Schutzgerätes zu beachten?

Zum Gebrauch muß das Sauerstoff-Schutzgerät mit einer neuen Regenerationspatrone und einer gefüllten Sauerstoff-Flasche versehen sein. Das Gerät muß vollständig zusammengesetzt und geprüft sein, damit die Sicherheit besteht, daß alle Anschlüsse dicht angeschlossen sind (auf Dichtringe achten).

55. Wie wird das Sauerstoff-Schutzgerät in Betrieb genommen?

1. Gerät umhängen. Leibriemen umschnallen. Länge der Tragriemen der Körpergröße entsprechend einstellen.
2. Atemschutzmaske fest an die Anschlußtülle schrauben. Auf Vorhandensein und einwandfreien Zustand der Dichtringe achten.
3. Verschlußventil der Sauerstoff-Flasche öffnen, dabei Handrad bis Anschlag drehen, dann eine halbe Umdrehung zurückdrehen. Die Sauerstoffvorspülung und anschließend die konstante Dosierung muß hörbar strömen. Sauerstoffvorrat am Druckmesser ablesen.
4. Atemschutzmaske aufsetzen.
5. Maske auf dichten Sitz prüfen, dazu Atemschläuche am oberen Ende mit den Händen zukneifen und versuchen, Luft zu holen. Man darf keine Luft ansaugen können. In gleicher Weise durch Ausatmen prüfen, ob sich Luft bei zu geringem Überdruck abblasen läßt.
6. Während des Einsatzes den Druckmesser von Zeit zu Zeit beobachten. *Rückzug rechtzeitig antreten.* Bei der Entscheidung beachten, daß für den Rückweg zumindest die gleiche Sauerstoffmenge benötigt wird wie für den Anmarschweg.
7. Nach Ablegen des Gerätes Flaschenventil schließen.

56. Was muß nach dem Gebrauch des Gerätes geschehen?

Das Gerät ist zu reinigen und zu desinfizieren und wieder einsatzbereit zu machen.

Hochdruckverschraubungen (Sauerstoff) dürfen nicht gefettet oder geölt werden.

Nach der Prüfung Anschlußstück der Atemschläuche verschließen. Das Sauerstoff-Schutzgerät kann auch ohne Regenerationspatrone und Sauerstoff-Flasche aufbewahrt werden. Kühl und trocken lagern. Arbeiten sind vom Atemschutzgerätewart zu erledigen.

57. Was muß man über die Prüfung des Sauerstoff-Schutzgerätes wissen?

Die vorgeschriebenen regelmäßigen Prüfungen des Geräts und der einzelnen Teile müssen nach der Betriebsanleitung und der Feuerwehrdienstvorschrift FwDV 7 „Atemschutz" von Fachpersonal (Atemschutzwerkstatt) durchgeführt werden.

Regenerationsgeräte mit chemisch gebundenem Sauerstoff

58. Was ist ein Regenerationsgerät mit chemisch gebundenem Sauerstoff?

Ein Gerät, bei dem der für die Atmung erforderliche Sauerstoff durch chemischen Vorgang erzeugt wird (Bild 16). Das Kohlendioxid und der Wasserdampf der Ausatemluft reagieren mit der im Gerät vorhandenen Chemikalie (Kaliumperoxid) so, daß Sauerstoff erzeugt, daß Kohlendioxid und der Wasserdampf gebunden werden. Es handelt sich also um eine bedarfsabhängige Sauerstofferzeugung.

Da beim Anlegen des Geräts kein Sauerstoffvorrat vorhanden ist, er wird ja erst durch das Beatmen des Chemikals gebildet, wird durch einen Schnellstarter, der auch den Warnmechanismus für das akustische Warnsignal betriebsbereit macht, eine spontane Sauerstoffversorgung sichergestellt. Bei dieser Starthilfe wird eine Kaliumchloratkerze angelassen, die sekundenschnell ihren Sauerstoffvorrat in den Atembeutel des Geräts abgibt.

59. Woraus besteht das Regenerationsgerät mit chemisch gebundenem Sauerstoff?

Es besteht aus:

- Vollsichtmaske mit Sprechmembran, Maskenanschlußstück mit Ein- und Ausatemventil, Atemschläuchen und Kanisteranschlußstück
- Regenerationspatrone mit sauerstoffabgebender Chemikalie und eingebautem Schnellstarter
- Atembeutel mit Überdruckventil
- Schutzschild mit Zeitmesser, Schutzmantel für den Atembeutel und Gurtband-Tragevorrichtung.

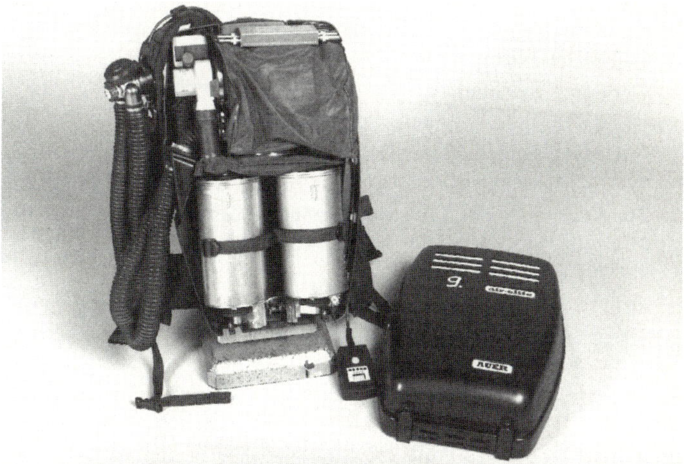

Bild 16: Regenerationsgerät mit chemisch gebundenem Sauerstoff (Auer)

60. Welche Grenzen der Schutzwirkung hat dieses Gerät?

Es ist unabhängig von der Umluft und dem Ort. Es hat eine Einsatzzeit von 20 Minuten. Danach ist noch für eine Rückzugszeit von 10 Minuten eine Sauerstoffversorgung gesichert. Das Ende der Einsatzzeit wird durch ein akustisches Warnsignal und durch die Verfärbung des Kontrollfeldes am Gerät angezeigt.

61. Welche Besonderheiten hat das Gerät?

Es muß luftdicht abgeschlossen in einer Blechbüchse gelagert werden, da ja sonst die Luftfeuchtigkeit das Chemikal zur Reaktion bringen würde. Nach Gebrauch muß das Gerät durch die Herstellerfirma wieder einsatzfähig gemacht werden.

62. Welche Vor- und Nachteile hat das Gerät?

Vorteile:

1. Geringes Gewicht (ca. 5,5 kg)
2. Kein Wartungsaufwand innerhalb einer 5jährigen Lagerungsmöglichkeit bei Nichtgebrauch
3. Geringe Anschaffungskosten

Nachteile:

1. Nach Gebrauch muß das Gerät durch die Herstellerfirma wieder einsatzbereit gemacht werden.
2. Zur Ausbildung der Feuerwehrmänner müssen besondere Geräte beschafft werden, die für den Einsatz nicht verwendet werden dürfen.

Richtlinien für den Einsatz von Atemschutzgeräten

63. Welche Dienstvorschrift regelt Ausbildung und Einsatz für den Atemschutz?

Die Feuerwehrdienstvorschrift FwDV 7 „Atemschutz".

64. Welche allgemeinen Richtlinien gelten für den Atemschutzeinsatz von Atemschutzgeräten?

A. *Für den Geräteträger:*

1. Träger von Atemschutzgeräten müssen von einem zugelassenen Arzt nach dem „Grundsatz für arbeitsmedizinische Vorsorgeuntersuchungen", „Träger von Arbeitsschutzgeräten für Arbeit und Rettung" (G 26) untersucht und für tauglich erklärt werden.
2. Sie sollen nach Möglichkeit nicht über 50 Jahre alt sein.
3. Eine Wiederholungsuntersuchung hat alle 3 Jahre, bei über 50 Jahre alten Feuerwehrangehörigen jedes Jahr zu erfolgen. Besondere Untersuchungen sind notwendig, wenn vermutet wird, daß der Geräteträger gesundheitlich den Anforderungen nicht mehr genügt.
4. Der Geräteträger muß einen Atemschutzlehrgang an einer Landesfeuerwehrschule oder einer anerkannten Ausbildungsstätte besucht haben. Der Lehrgang soll ihm die Kenntnisse über den Atemvorgang, die Atemgifte, ihre Eigenschaften und Wirkungen, die Atemgeräte und ihre Grenzen vermitteln und ihn durch praktische Übungen mit den erschwerten Einsatzbedingungen und Belastungen vertraut machen.
5. Regelmäßige Einsatzübungen sollen ihn in Übung halten. Atemschutzübungen müssen dauernd überwacht werden, so daß bei Zwischenfällen unverzüglich Hilfe geleistet werden kann.

6. Vollbartträger und Personen mit starken Koteletten können wegen mangelhafter Dichtwirkung der Atemschutzmaske als Geräteträger nicht eingesetzt werden.

B. Für die Geräte:

1. Atemschutzgeräte sind trocken, vor Sonneneinstrahlung oder sonstigen Wärmeeinflüssen geschützt zu lagern.
2. Ein Bestands- und Prüfnachweis ist zu führen.
3. Sie müssen sorgfältig gewartet und regelmäßig geprüft werden (Atemschutzgerätewart).
4. Ihre Einsatzbereitschaft ist monatlich auf Funktion und Dichtigkeit zu überwachen.

65. Welche Einsatzgrundsätze sind zu beachten?

1. Nur ausgebildete und körperlich geeignete Geräteträger einsetzen.
2. Geprüfte und gewartete Geräte und einwandfreie Atemschutzmasken sind unabdingbare Voraussetzung.
3. Die Atemschutzgeräte sind außerhalb des Gefährdungsbereichs anzulegen.
4. Einsatz mindestens in Truppstärke (2 Mann) und nur gleichartige Geräte verwenden.
5. Klare und festumrissene Aufträge an Einsatztrupp.
6. Rettungstrupp zur Verfügung halten.
7. Rückzugsweg sichern (Schlauchleitung, Funk, Leinenverbindung).
8. Atemluftvorrat durch stetige Druckkontrollen überwachen.
9. Einsatzleiter überwacht und sorgt rechtzeitig für Ablösung.
10. Notwendige Rettungsmaßnahmen bei Unfällen des Einsatztrupps haben Vorrang.

66. Welche Einsatzgrundsätze gelten für die einzelnen Gerätearten?

1. *Filtergeräte: Gebunden an Umluft, nicht an Ort und Zeit.*

Einsatz nicht möglich, wenn vermutet wird, daß:
a) der Luftsauerstoff ganz oder teilweise verdrängt ist,
b) Atemgifte vorhanden sind, gegen die das Filter nicht schützt,
c) starke Ruß- und Flockenbildung vorhanden ist.

2. *Schlauchgeräte: Gebunden an Ort, nicht an Zeit und Umluft.*

Kein Einsatz, wenn Rückzug gefährdet oder wenn Zuluftschlauch gefährdet werden kann. Also nicht auf Brandstellen. Gut geeignet für das Befahren von Tanks. Auf Ansaugstelle in schadstofffreier Luft achten!

3. *Umluftunabhängige Geräte: Gebunden an Zeit, nicht an Ort und Umluft.*

Einsatzdauer des Trupps richtet sich nach dem Geräteträger, dessen Luft- oder Sauerstoffvorrat zuerst verbraucht ist.

67. Was muß eine Feuerwehr beim Kauf von Atemschutzgeräten beachten?

Es darf nie nur ein einzelnes Gerät beschafft werden.

Es sind für den Einsatz unter Atemschutz mindestens 4 Mann erforderlich. 2 Atemschutzgeräteträger befinden sich im Einsatzort, 2 Atemschutzgeräteträger bilden den Rettungstrupp. Die Beschaffung von 4 Geräten ist daher als Minimum anzusehen. Für *Taucher* wird auf die Feuerwehrdienstvorschrift FwDV 8 verwiesen.

G

Feuerwehrpumpen

1. Welche Pumpen werden bei der Feuerwehr verwendet?

1. Feuerlösch-Kreiselpumpen
2. Lenz-Kreiselpumpen
3. Tauchpumpen
4. Umfüllpumpen

2. Nach welchen Funktionsprinzipien arbeiten die bei der Feuerwehr eingesetzten Pumpen?

1. als Kreiselpumpe
2. als Strahlpumpe
3. als Schlauchpumpe
4. als Exzenter-Schneckenpumpe
5. als Membranpumpe
6. als Kolbenpumpe
7. als Zahnradpumpe

Feuerlösch-Kreiselpumpen

3. Was sind Feuerlösch-Kreiselpumpen?

Für die Einsatzaufgaben der Feuerwehr besonders gestaltete maschinell angetriebene Strömungsmaschinen, die zum Einbau in Löschfahrzeuge und als Tragkraftspritzen geeignet sind und vorwiegend zur Förderung von Löschwasser dienen. Sie müssen DIN 14 420 bzw. EN 1028 entsprechen.

4. Welche Konstruktionsmerkmale haben Feuerlösch-Kreiselpumpen?

Das Pumpengehäuse umschließt das feste Leitrad und das Laufrad. Die Kombination Laufrad und Leitrad wird als Stufe bezeichnet. Das Laufrad ist auf der vom Motor angetriebenen und aus nichtrostendem Stahl hergestellten Pumpenwelle befestigt. Die Pumpen werden ein- oder zweistufig gebaut (Bild 4). Bei Löschfahrzeugen werden sie als Frontpumpe (Bild 1) oder als Heckpumpe (Bild 3) verwendet.

5. Welche Bedeutung hat die Typbezeichnung einer Feuerlösch-Kreiselpumpe?

Dem Kurzzeichen FP werden Zahlen angehängt, die die Nennförderleistung angeben. Die erste Zahl mit dem Faktor 100 multipliziert ergibt den Nennförderstrom in l/min. Die zweite Zahl gibt direkt den Nennförderdruck in bar an. Eine Pumpe mit 1600 l/min Nennförderstrom und 8 bar Nennförderdruck hat also die Bezeichnung FP 16/8.

6. Wie ist die Typbezeichnung einer Feuerlöschkreiselpumpe nach der Europäischen Norm DIN EN 1028 aufgebaut?

Dem Kurzzeichen PN werden Zahlen angehängt, die die Nennförderleistung angeben. Die erste Zahl gibt direkt den Nennförderdruck in bar an. Die zweite Zahl steht für den Nennförderstrom in

Bild 1: Frontpumpe FP 8/8 (Ziegler)

l/min. Eine Pumpe mit 1500 l/min Nennförderstrom und 10 bar Nennförderdruck hat die Bezeichnung PN 10-1500.

7. Wie arbeitet eine Feuerlösch-Kreiselpumpe?

Durch den in Richtung der Pumpenwelle angeordneten Saugstutzen strömt das Wasser in die Pumpe ein, wird von den Schaufeln des sich drehenden Laufrades erfaßt und nach außen geschleudert. Dadurch entsteht im Wasserstrom eine Druck- und Geschwindigkeitserhöhung. Nach Austritt aus dem Laufrad strömt das Wasser in das an das Laufrad anschließende Leitrad und wird dort in seiner Geschwindigkeit verlangsamt, wodurch der Wasserdruck weiter steigt.

Bild 2: Schnittmodell einer Frontpumpe FP 8/8 (Ziegler)

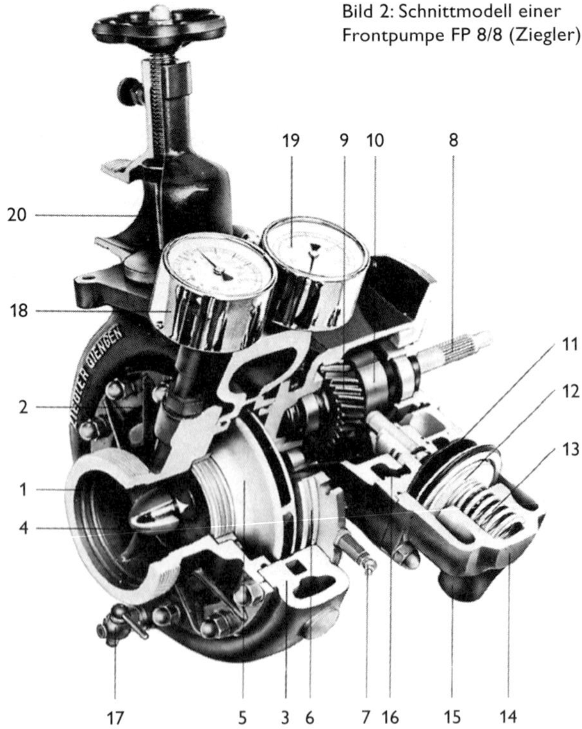

1 Saugeingang,
2 Pumpendeckel,
3 Spiralgehäuse mit eingegossenem Leitrad,
4 Gleitlagerbüchse,
5 Laufrad,
6 Spaltring,
7 Schmiernippel,
8 Antriebswelle,
9 Pumpengetriebe,
10 TROKOMAT-Antrieb,
11 Eintrittsmembrane,
12 TROKOMAT-Kolben,
13 Druckfeder,
14 Zylinderkappe,
15 TROKOMAT-Ausstoß,
16 Ansaugkanal zum Pumpengehäuse,
17 Wasserablaßhahn,
18 Überdruck-Unterdruck-Meßgerät,
19 Überdruck-Meßgerät,
20 selbstschließendes Niederschraubventil.

Bild 3: Heckpumpe FP 16/8 vor dem Einbau

Bei den „zweistufigen“ Feuerlösch-Kreiselpumpen wird das aus dem Leitrad der ersten Stufe austretende Wasser dem zweiten Laufrad zugeführt. Es wiederholt sich der für die erste Stufe schon geschilderte Vorgang. Der Wasserdruck steigt bei gleichem Förderstrom weiter an.

Das aus der letzten Stufe austretende Wasser sammelt sich im Spiralgehäuse und wird nach Öffnen der dort angebrachten Ventile den angekuppelten Druckschläuchen zugeführt. Durch die Saugwirkung des in der Kreiselpumpe erzeugten kontinuierlichen Wasserstroms fließt zur Saugseite der Pumpe durch den ständigen Luftdruck bedingt ebenfalls ständig Wasser aus dem Saugschlauch nach, wodurch eine stetige Wasserförderung erhalten bleibt.

8. Können die Kreiselpumpen das Wasser selbst ansaugen?

Kreiselpumpen können nicht selbst ansaugen. Mit ihnen kann Luft nicht gefördert werden, da bei den verhältnismäßig hohen Umdrehungszahlen, die bei Feuerlösch-Kreiselpumpen bis zu 6000 l/min betragen, ein luftdichter Abschluß zwischen dem Laufrad und dem Pumpengehäuse nicht möglich ist. Außerdem sind die Laufräder nicht zum Pumpen von Luft ausgelegt. Daher muß die Luft im Pumpengehäuse sowie in den angekuppelten Saugschläuchen durch eine besondere Pumpe, die zur Förderung von Luft geeignet ist, entfernt werden. Dieser Vorgang wird im Sprachgebrauch der Feuerwehr als „Entlüften“ bezeichnet.

Die bei den Feuerlösch-Kreiselpumpen gebräuchlichen Entlüftungseinrichtungen und ihre Wirkungsweisen sind im Abschnitt **G 46ff.** beschrieben. Dort ist auch die Möglichkeit erwähnt, wie Kreiselpumpen trotz Ausfall der Entlüftungseinrichtung in Betrieb genommen werden können.

9. Was versteht man unter geodätischer Saughöhe, Eingangsdruck, Förderdruck, Förderleistung und Schließdruck?

An einer offenen Wasserentnahmestelle wird nach Inbetriebsetzung der Kreiselpumpe und während der Entlüftung das Wasser durch den auf dem Wasserspiegel lastenden Luftdruck in die Saugleitung hinein- und zur Pumpe hochgedrückt.

Theoretisch könnte die Wassersäule in einer restlos entlüfteten Leitung durch den Luftdruck ca. 10 m hochgedrückt werden. Die senkrechte Höhe (in m) zwischen Mitte der Pumpenwelle und der Wasseroberfläche (Saugwasserspiegel) wird als Geodätische Saughöhe H_{sgeo} bezeichnet.

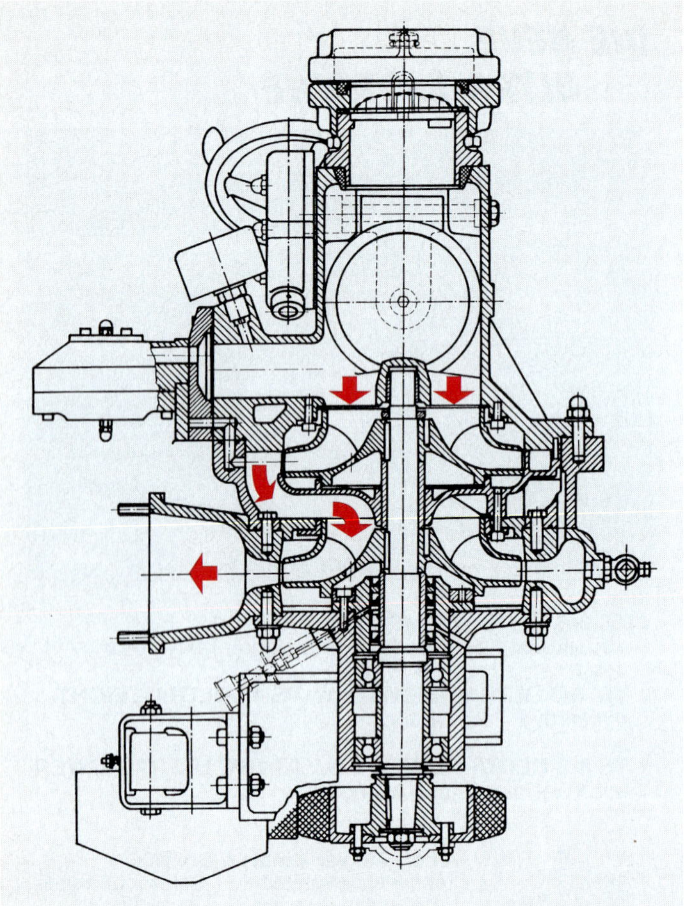

Bild 4: Feuerlösch-Kreiselpumpe FP 16/8-II (Metz)

Der vom Eingangsdruckmesser am Saugeingang der Kreiselpumpe angezeigte Druck wird als Eingangsdruck bezeichnet (= Druck im Eintrittsquerschnitt). Im Wert des Eingangsdrucks beim Saugen sind die geodätische Saughöhe und alle Druckverluste enthalten. Beim Saugbetrieb zeigt das Eingangsmanometer negative Druckwerte an.

Es kann beim praktischen Betrieb nur mit einer Saughöhe von etwa 8 m gerechnet werden, da auch die Höhenlage des Aufstellungsorts der Kreiselpumpe, die Wetterlage, damit also der Barometerstand, die Strömungsverluste in Saugkorb und Saugleitung und der Dampfdruck des geförderten Wassers von Einfluß sind. Da der maximale Förderstrom von der Saughöhe begrenzt wird, ist der Aufstellungsplatz für die Pumpe möglichst nahe beim Wasser, also die geringste Saughöhe anzustreben. Dies läßt sich mit der Tragkraftspritze meist leichter erreichen als mit dem Löschfahrzeug.

Der Förderdruck der Pumpe (p) ist der Unterschied zwischen dem Druck beim Austrittsquerschnitt (p_a) (= Ausgangsdruck) und dem Druck im Eintrittsquerschnitt (p_e) der Pumpe.

$$P = P_a - P_e$$

Die Antriebsleistung (P) ist die von der Pumpe auf den Förderstrom (Q) übertragene nutzbare Leistung. Es ist

$$p = \frac{Q \cdot p}{600}$$

wobei P die Einheit kW hat, wenn Q in l/min und p in bar eingesetzt werden.

Der Schließdruck p_o ist der Druck bei geschlossenen Druckausgängen bei der am Bedienungsstand der Pumpe einstellbaren Höchstdrehzahl.

10. Was bedeuten Nennförderdruck, Nennförderstrom, Nennförderleistung und Nenndrehzahl der Pumpe?

Nach DIN 14 420 ist der Nennförderdruck p_N der für die Nennförderleistung festgelegte Förderdruck.

Tabelle 1

			Typ FP						Typ LP
			2/5	4/5	8/8	16/8	24/8	32/8	24/3
Geodätische Nennsaughöhe $H_{sgeo}N$	m		1,5	1,5	3,0	3,0	3,0	3,0	3,0
Nennförderstrom Q_N l/min		200	400	800	1600	2400	3200	2400	
Nennförderdruck p_N bar		5	5	8	8	8	8	3	
Nennungswirkungsgrad	%	min.	40	40	50	55[1]	55	55	50
Förderstrom Q bei max 1,2 n_N	l/min		100	200	400	800	1200	1600	–
Förderdruck p bei max 1,2 n_N	bar		6	6	12	12	12	12	–
Schließdruck p_0 bei max. 1,4 n_N	bar	max.	8	8	16	16	16	16	8
	bar	mln	6	6	14	14	14	14	5
Geodätische Saughöhe H_{sgeo}	m		6	6	7,5	7,5	7,5	7,5	7,5
Förderstrom Q	l/min	min	100	200	400[2]	800	1200	1600	800
Förderdruck p	bar		5	5	8	8	8	8	3
Zeitspanne für 3maliges Entlüften t_3	s	max.	360	360	240	240	240	360	240
Prüfdruck bei stillstehender Purnpe p_{ps}	bar		8	8	16	16	16	16	12
Prüfdruck bei laufender Pumpe p_{pl}	bar		12	12	24	24	24	24	15
Anzahl der Anschlüsse für Saugschläuche nach DIN 14810			1 × C	1 × B	1 × A	1 × A	1 × A	2 × A	1 × A
Anzahl der Anschlüsse für Druckschläuche nach DIN 14811 Teil 1	min		1 × C	1 × B	1 × B	2 × B	3 × B	4 × B	2 × B

[1] Bei baugleichen Pumpen, die als FP 16/8 und FP 24/8 typgeprüft werden, min. 50%.
[2] Anzustreben sind 800 l/min

Der Nennförderstrom Q_N ist der für die Nennförderleistung festgelegte Volumenstrom bei der jeweiligen geodätischen Nennsaughöhe.

Die Nennförderleistung P_N ist die Förderleistung bei Nenndrehzahl, bei Nennförderstrom und dem Nennförderdruck.

Die Nenndrehzahl ist die Drehzahl der Pumpenwelle bei Nennförderstrom und Nennförderdruck.

Die Mindestleistungsbedingungen der nach DIN 14 420 genormten Feuerlösch-Kreiselpumpen ergeben sich aus Tabelle 1. Sie werden auch als Garantiepunkte bezeichnet.

Die Mindestleistungsbedingungen der nach EN 1028 (Entwurf) genormten Feuerlösch-Kreiselpumpen sind in Tabelle 2 enthalten.

11. Welche Druckbereiche für Feuerlöschkreiselpumpen gibt es nach DIN EN 1028 (Entwurf), und für welchen Verwendungszweck sind die zugehörigen Pumpen vorgesehen?

Nenndruck 6 bar: Kleine Feuerlöschkreiselpumpe für den Verwendungsbereich der bisherigen FP 4/5

Nenndruck 10 bar: Normaldruckpumpe (bisher Nennförderdruck 8 bar), Verwendungsbereich wie bisher
Nenndruck 15 bar: Normaldruckpumpen bisher in Frankreich üblich.

Nenndruck 40 bar: Hochdruckpumpe zum Einsatz mit einer Schnellangriffseinrichtung mit Hochdruckstrahlrohr.

Achtung: Bei der Bezeichnung nach DIN EN erfolgt zuerst die Angabe des Drucks (PN : Normaldruck) und danach die Förderleistung in jeweils ganzen Zahlen. Siehe Tabelle 2 S. 186.

12. Was bedeutet der Begriff „Grenzdruck pa lim“ in DIN EN 1028?

Der Grenzdruck „pa lim“ bezeichnet den im Betrieb der Feuerlöschkreiselpumpe maximal zulässigen Wert für den Ausgangsdruck. Der Förderstrom kann dabei Null betragen. Dieser höchste erreichbare Ausgangsdruck darf aber bei einer nach europäischer Norm gebauten Pumpe auch bei einem Förderstrom größer als Null

Tabelle 2

Bezeichnung	Nennförderdruck P_N bar	Nennförderstrom Q_N l/min	Grenzdruck pa_{1lim} bar	dynamischer Prüfdruck PPd bar	Schließdruck PO[1)] bar
PN* 6 – 500	6	500	11	16,5	6 bis 11
PN* 10 – 750	10	750	17	22,5	10 bis 17
PN* 10 – 1000	10	1000	17	22,5	10 bis 17
PN* 10 – 1500	10	1500	17	22,5	10 bis 17
PN* 10 – 2000	10	2000	17	22,5	10 bis 17
PN* 10 – 3000	10	3000	17	22,5	10 bis 17
PN* 10 – 4000	10	4000	17	22,5	10 bis 17
PN* 10 – 6000	10	6000	17	22,5	10 bis 17
PN* 15 – 1000	15	1000	20	25,5	15 bis 20
PN* 15 – 2000	15	2000	20	25,5	15 bis 20
PN* 15 – 3000	15	3000	20	25,5	15 bis 20
PN* 40 – 250	40	250	54,5	60	40 bis 54,5

* PN bedeutet Pressure Norma = Normaldruck

erreicht werden. Man spricht in solch einem Fall von „instabiler Kennlinie“.

13. Welche Meßinstrumente verwenden wir bei der Kreiselpumpe?

Zur Kontrolle des Betriebszustandes der Kreiselpumpe sind zwei Druckmesser angebracht, nämlich

- der Eingangsdruckmesser (für positive und negative Druckwerte) an der Saugseite der Pumpe, und
- der Ausgangsdruckmesser (für positive Druckwerte) am Pumpenausgang.

Am Saugeingang kann beim Saugbetrieb ein negativer Druck, bei Wasserentnahme aus dem Netz der abhängigen Wasserversorgung (am Hydranten) ein positiver Druck auftreten. Deshalb hat der

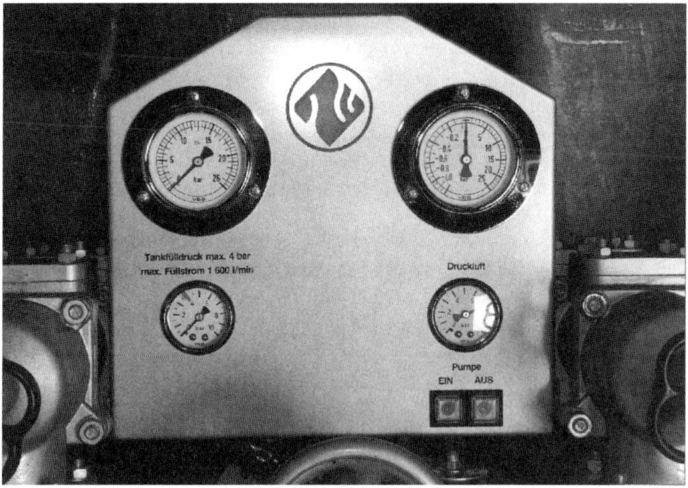

Bild 5: Druckmesser, rechts ein Manometer für positive und negative Druckwerte, links ein Manometer für positive Drücke

Eingangsdruckmesser zwei Anzeigebereiche, nämlich den linken (rote Teilung) von –1 bis 0 bar (früher 0 – 10 mWS) für Saugbetrieb und den rechten (schwarze Teilung) von 0 – 25 bar (früher 0 – 250 mWS). Der am Druckausgang angebrachte Ausgangsdruckmesser hat eine schwarze Teilung von 0–25 bar (früher 0–250 mWS) für die Anzeige des Ausgangsdruckes.

14. Was ist an der tiefsten Stelle der Kreiselpumpe angebracht?

An der tiefsten Stelle der Kreiselpumpe ist ein Ablaßhahn angebracht, durch den zum Schutz gegen Einfrieren das Wasser aus der Kreiselpumpe (auch aus der Entlüftungseinrichtung) abgelassen werden kann.

Ratschläge für die Einsatzpraxis

15. Was ist bei einer fabrikneuen Kreiselpumpe zu beachten?

Sie darf nicht gleich auf Vollast gebracht werden, da infolge der kurzen Laufzeit beim Hersteller die Lager noch nicht eingelaufen sind und leicht fest- oder auslaufen. *Mit wechselnden Drehzahlen einlaufen* lassen und *besonders auf gute Schmierung achten*. Bedienungshinweise beachten!

16. Wie wird die Kreiselpumpe auf Dichtheit geprüft?

Indem die Trockensaugprobe durchgeführt wird. Die Blindkupplung am Saugeingang wird angeschlossen. Die Blindkupplungen an den Druckausgängen werden abgenommen und die Niederschraubventile etwas geöffnet. Der Ablaßhahn wird geschlossen. Der Motor wird gestartet und die Entlüftungseinrichtung eingeschaltet. Der Motor wird auf die vorgeschriebene Drehzahl gebracht. Der Zeiger des Eingangsdruckmessers muß in das rote Feld ausschlagen. Er muß innerhalb 30 s bei 0,8 bar angelangt sein. Dann wird die Entlüftungs-

einrichtung ausgeschaltet. Die Kreiselpumpe wird als dicht bezeichnet, wenn der Druck innerhalb 1 Minute um nicht mehr als 0,1 bar zunimmt.

Bleibt der Zeiger nicht stehen oder geht er sofort auf 0 zurück, so ist das ein Zeichen, daß Luft in die Kreiselpumpe einströmt. Der Fehler ist zu suchen. Ist der Fehler nicht zu finden, so muß die Pumpe mit dem in der Tabelle 1 angegebenen Prüfdruck (bei stillstehender Pumpe) abgedrückt werden. An der undichten Stelle tritt sehr wahrscheinlich Wasser aus. Nach Beseitigung des Fehlers wird erneut die Trockensaugprobe gemacht.

17. Wie wird die Kreiselpumpe und die Entlüftungseinrichtung entwässert?

Das Entwässern geschieht in der Regel nach dem Befehl: zum Abmarsch fertig. Dazu wird *während des Betriebs der Pumpe* die Ventilleine gezogen und der Ablaßhahn geöffnet, damit Luft in die Saugleitung nachströmen kann. Danach werden die angeschlossenen Schlauchleitungen entfernt und die Kreiselpumpe mit der Entlüftungseinrichtung eine kurze Zeit (maximal 2 Minuten) betrieben. Auf diese Weise wird alles in den Laufrädern befindliche Wasser herausgeschleudert und Pumpe und Entlüftungseinrichtung durch den Luftstrom getrocknet.

Der Ablaßhahn kann sich zusetzen, dann fließt das Wasser nicht ab. Zur Kontrolle ist im Stillstand der Pumpe mit einem Draht der Ablaßhahn zu durchstoßen.

In die Kreiselpumpe kann in der kalten Jahreszeit nach der Entwässerung Frostschutzmittel eingefüllt werden. Kreiselpumpe einige Male durchdrehen, damit das Frostschutzmittel an alle Teile herankommt, dann Frostschutzmittel wieder ablassen.

Achtung! Frostschutzmittel sind zumeist wassergefährdende Flüssigkeiten. Auf eine ordnungsgemäße Entsorgung achten.

18. Was muß nach Gebrauch an einer offenen Wasserentnahmestelle mit der Kreiselpumpe geschehen?

Kreiselpumpe gründlich durchspülen, damit abgelagerter Sand entfernt wird.

Trockensaugprobe durchführen.

19. Was ist bei der Wasserentnahme aus dem Hydranten zu beachten?

Motordrehzahl immer so einstellen, daß kein Unterdruck in der Pumpe entsteht. Druckschläuche würden durch den äußeren Luftdruck zusammengedrückt. Eingangsdruckmesser beachten ([1,5 bar/15 mWS] Mindestdruck).

Spülung der Hydranten nur, wenn Verschmutzung vermutet werden muß.

20. Wie oft muß eine FP geschmiert werden?

Die Feuerlösch-Kreiselpumpe bzw. Tragkraftspritze muß gemäß der Gebrauchsanleitung geschmiert werden. Der zeitliche Abstand zwischen den wiederkehrenden Schmierungen wird in Betriebsstunden angegeben (z.B. nach der 10. und allen 50 weiteren Betriebsstunden). Der Schmierdienst sollte jedoch mindestens alle 6 Monate durchgeführt werden. Das Stützlager für die Pumpenwelle im Saugeingang wird bei älteren Modellen mit der Staufferbüchse geschmiert. Bei neueren Modellen findet sich dort ein Preßschmiernippel oder es wird ein selbstschmierendes Lager verwendet. Die Wartung dieser Lagerstelle ist sehr wichtig. Sobald das Lager auch nur ein wenig Spiel hat, überträgt sich dies auf die auf der Welle sitzenden Laufräder, welche zu streifen beginnen.

21. Warum hat (bei älteren Pumpen) die Staufferbüchse am Saugstutzen einen Absperrhahn?

Das Stützlager befindet sich im Saugstutzen. Wird nun beim Entlüften ein Unterdruck erzeugt, so würde, wenn kein Absperrhahn an der Staufferbüchse angebracht wäre, durch den Druck der Außenluft das Fett nachgedrückt und nach dem Fett Luft in die Pumpe eintreten. Deshalb muß beim Nachdrücken von Fett der Hahn an der Staufferbüchse geöffnet und nach dem Fetten wieder geschlossen werden.

22. Was ist beim Abschmieren über Preßschmiernippel zu beachten?

Nicht alle Geräte haben eine Staufferbüchse. Bei manchen Pumpen sind Preßschmiernippel angebaut. Beim Abschmieren ist hier darauf zu achten, daß die Kugel nach der Abschmierung in die richtige Lage zurückkommt. Die Kugel wird in ihrer Lage durch eine Feder gehalten. Die Federkraft ist so groß, daß sie durch den Luftdruck nicht überwunden werden kann. Bricht die Feder, so muß ein neuer Preßschmiernippel eingesetzt werden, da sonst hier beim Entlüften Luft eintreten würde und bei großen Saughöhen die Wassersäule abreißen könnte.

23. Was ist beim Nachziehen der Stopfbüchse zu beachten?

Das Nachziehen der Stopfbüchse darf nur bei laufender Maschine geschehen, d.h. die Pumpenwelle muß sich drehen. Vorsichtig und nicht übermäßig anziehen. Übermäßiges Anziehen wirkt sich auf die Pumpenwelle aus. Sie wird heiß und schleift aus, was zu Undichtigkeiten führt. Bei 4 bar muß sie beim Nachziehen druck- und vakuumdicht sein. Bei höheren Drücken darf ca. alle 30 Sekunden ein Tropfen Wasser aus der Gehäuseentlastungsbohrung austreten. Das schadet nichts, im Gegenteil, das Wasser kühlt die Wellenabdichtungsstelle.

24. Was hat der Maschinist bei starkem Frost auf der Brandstelle zu beachten?

Er muß von Zeit zu Zeit die Absperrorgane bewegen, damit sie nicht einfrieren. Bei Beendigung des Pumpeneinsatzes ist die Pumpe sofort gründlich zu entwässern.

Soll eine Pumpe bei starkem Frost vorübergehend außer Betrieb gesetzt werden, so ist sie entweder restlos zu entwässern, durch Aufheizeinrichtungen warmzuhalten oder es ist bei niederer Drehzahl Wasser zu fördern.

Lenzpumpen

25. Welche Arten von Lenzpumpen kennen wir bei der Feuerwehr?

1. Die Lenzkreiselpumpe nach DIN 14 420
2. Die tragbare Tauchpumpe mit Elektromotor nach DIN 14 425
3. Die tragbare Turbotauchpumpe nach DIN 14 426
4. Die Wasserstrahlpumpe nach DIN 14 422
5. Schmutzwasser-Kreiselpumpen (nicht genormt)

Lenzkreiselpumpe

26. Was sind Lenz-Kreiselpumpen, wie ist ihre Typenbezeichnung und wie sind ihre Leistungsbedingungen?

Lenz-Kreiselpumpen werden vorwiegend zur Förderung von Wasser für den Lenzeinsatz verwendet. Dem Kurzzeichen LP werden Zahlen angehängt, die die Nennförderleistung angeben, wobei die erste Zahl mit 100 multipliziert den Nennförderstrom in l/min, die zweite den Nennförderdruck in bar angibt. die in DIN 14 420 genormte Lenzpumpe heißt LP 24/3. sie wird als Tragkraftspritze gebaut. Ihre Mindestleistungen ergeben sich aus der Tabelle 1, G 10.

Tauchpumpe

27. Welche Eigenschaften hat eine Tauchpumpe?

Die Pumpe (Bild 6 und 7) ist eine einstufige Kreiselpumpe, bei der der Pumpendeckel gleichzeitig zum Ableiten des Wassers dient. Die Pumpe TP 4/1 hat einen Korndurchlaß von 8 mm, der durch ein

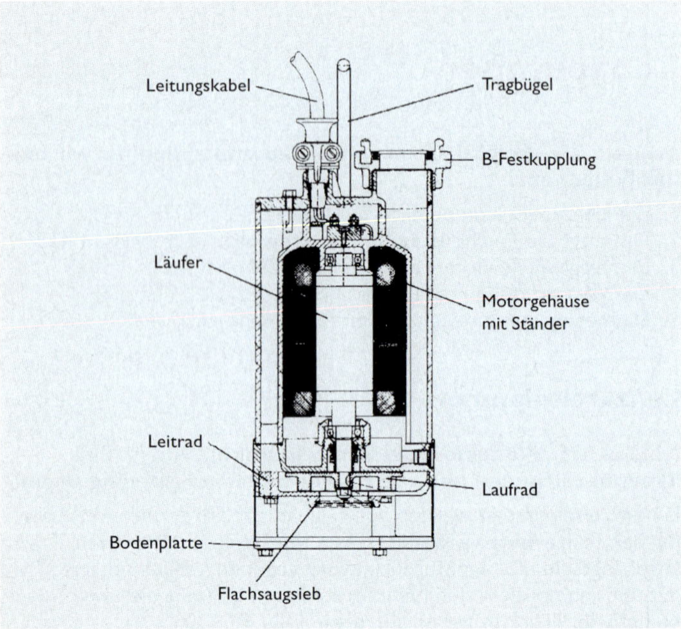

Bild 6: Schnittdarstellung einer Tauchpumpe

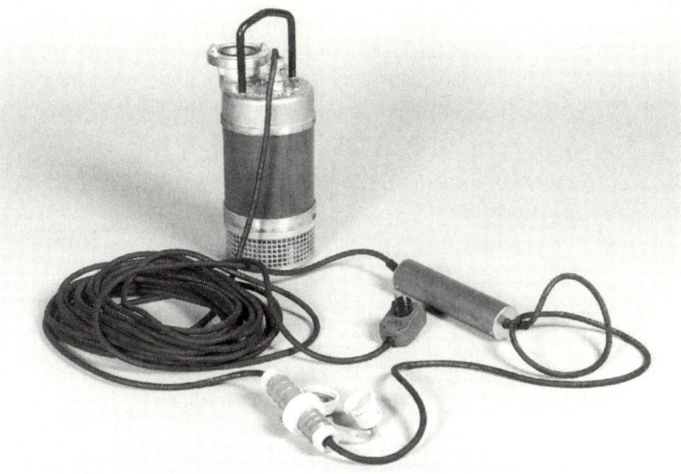

Bild 7: Tauchpumpe mit Schutzeinrichtung nach VDE 0661 (Mast)

fest eingebautes Schutzsieb abgesichert ist. Sie wird in das Fördermedium ein- oder untergetaucht, wobei es belanglos ist, ob die Pumpe stehend oder liegend im Betrieb ist Die Pumpe ist in DIN 14 425 genormt.

Die Pumpe darf nur mit einer Schutzeinrichtung nach VDE 0661 betrieben werden.

28. Was versteht man unter einer Schutzeinrichtung nach VDE 0661 ?

Schutzeinrichtungen nach VDE 0661 sind Geräte, die zwischen das öffentliche Stromnetz und den Verbraucher geschaltet werden, um Personen vor Schäden durch Elektrizität zu schützen, die durch fehlerhafte Elektroinstallation oder schadhafte Geräte verursacht werden können. Diese Schutzschalter werden z.B. als Schutzstecker fest an Tauchpumpen installiert oder als Zwischenstecker verwendet. Das Gerät misst den Strom in der Phasenleitung und im Nullleiter. Sollte bei einem Fehler eine Differenz auftreten, weil ein Teil des Stromes durch das Gehäuse der Pumpe über das Wasser oder den Nutzer abfließt, dann trennt dieser Schalter den Verbraucher vom Netz. Die Geräte werden allgemein als FI- oder DI- Schalter bezeichnet.

29. Welche Pumpengrößen gibt es nach DIN 14 425 für Tauchpumpen?

Tabelle 3

			TYP		
			TP 4/1	TP 8/1	TP 15/1
NennförderStrom Q_N		l/min	400	800	1500
Nennförderdruck P_N		bar	1	1	1
Nenneintauchtiefe (bezogen auf die Standfläche)	max	mm	500	600	600
Korndurchlaß im Schutzkorb		mm	8	10	15
Anschlußspannung		V	220 V ~	380 V 3 ~	380 V 3 ~
Aufnahmeleistung P_1	max.	kW	1,8	3,5	5,8
Aufnahmestrom (Nennstrom)	max.	A	9	6	10
Pumpenausgang			Festkupplung DIN 14 308 – B		Festkuppl. DIN 14 309 – A
Gewicht mit 20 m langer Anschlußleitung und Anschlußstecker	max.	kg	25	40	50

30. Welche Vorteile hat eine Tauchpumpe?

Sie ist einfach zu bedienen und sehr wirtschaftlich. Sie bedarf keines zusätzlichen Mediums zum Betrieb. Bei Antrieb durch Einphasenstrommotor kann sie an das Haushaltsnetz angeschlossen werden und eignet sich daher besonders gut zum Lenzen überfluteter Räume. Die beiden kleinen Typen sind serienmäßig mit Flachsaugeinrichtung ausgerüstet. Nach Abnahme des Schutzsiebs kann damit bis auf wenige Millimeter Wasserhöhe abgepumpt werden. Diese Pumpe ist sehr umweltfreundlich, da sie nur bei Ausfall des Netzstroms den Betrieb eines motorbetriebenen Stromaggregats erforderlich macht.

31. Welchen Verwendungszweck hat die Tauchpumpe noch?

Als Zubringerpumpe (Tiefsaugen).

Turbotauchpumpe

32. Wie arbeitet die Turbotauchpumpe?

Die technischen Anforderungen für Turbotauchpumpen sind in DIN 14 426 festgelegt.

Die Turbotauchpumpe (Bild 8 und 9) ist eine Kreiselpumpe. Ihr Antrieb erfolgt durch eine Wasserturbine. Treibwasserstrom und Schmutzwasserstrom sind völlig getrennt. Das Druckwasser kann wie bei der Wasserstrahlpumpe von einer Feuerlöschkreiselpumpe zugeführt werden. Bei Speisung aus einem Tanklöschfahrzeug ist der Betrieb wirtschaftlicher, da das Treibwasser, welches ja nicht mit dem Fördermedium vermischt wird, wieder in den Tank zurückbefördert werden kann. Bei Verwendung einer Treibwasserpumpe (einer TS 8/8 oder der FP 8/8 eines Löschfahrzeugs) ohne Wasserbehälter ist zweckmäßigerweise ein Sammelbehälter zwischenzuschalten. Turbinenrad und Pumpenrad sitzen auf einer Welle. Die Förderleistung der Pumpe ist abhängig vom Treibwasserdruck und Treibwasserstrom.

Bild 8: Turbotauchpumpe (Widenmann)

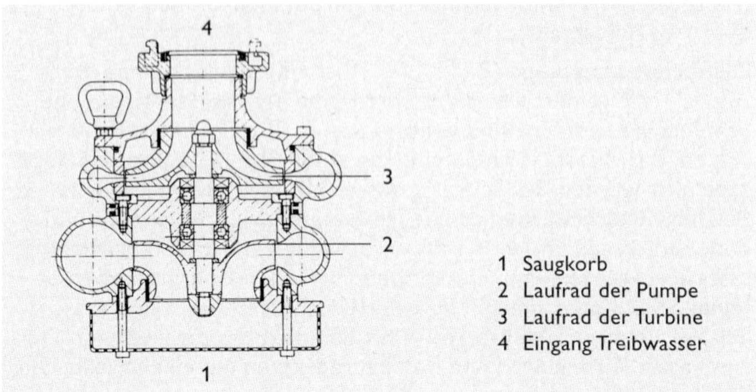

Bild 9: Schnitt durch eine Turbotauchpumpe

33. Welche Leistungen erbringt die Turbotauchpumpe?

Tabelle 4

Druck am Eingang der Turbine Pe bar	Förderstrom der Turbine Q_T l/min	Förderstrom der Pumpe bei einem Förderdruck von				
		0,6 bar	0,8 bar	1,0[1] bar	1,2 bar	1,5 bar
		l/min min.				
6	850	1000	800	700	600	450
8[1]	950[1]	1100	1000	800[1]	700	600
10	1100	1200	1100	1000	900	800

[1] Wert für Nennbetrieb

Wasserstrahlpumpe

34. Was ist beim Betrieb einer Wasserstrahlpumpe zu beachten?

Wasserstrahlpumpen nach DIN 14 422 dürfen an Treibwasserleitungen (Hydranten) nur in Verbindung mit einem Rückschlagventil mit Rohrbelüfter (keine Standardausrüstung der Feuerwehr) angeschlossen werden.

35. Wie arbeitet eine Wasserstrahlpumpe?

Zum Betrieb der Pumpe ist ein Treibwasserstrom erforderlich. Die Pumpe wird durch einen C-Druckschlauch mit Treibwasser gespeist (Bild 10), das einem Hydranten (Mindestdruck 3 bar) oder einer Feuerlösch-Kreiselpumpe entnommen wird. Der aus der Treibdüse mit hoher Geschwindigkeit austretende Wasserstrahl (Bild 11) erzeugt in der Fangdüse einen Unterdruck, durch den das Förderwasser aus dem Saugraum mitgerissen und zusammen mit dem Treibwasser durch den B-Schlauch ins Freie gedrückt wird.

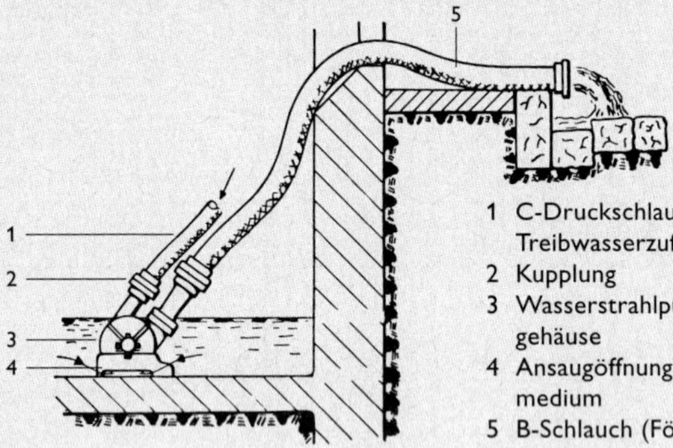

1 C-Druckschlauch, Treibwasserzuführung
2 Kupplung
3 Wasserstrahlpumpengehäuse
4 Ansaugöffnung für Fördermedium
5 B-Schlauch (Fördermedium und Treibwasser)

Bild 10: Einsatz einer Wasserstrahlpumpe (Widenmann)

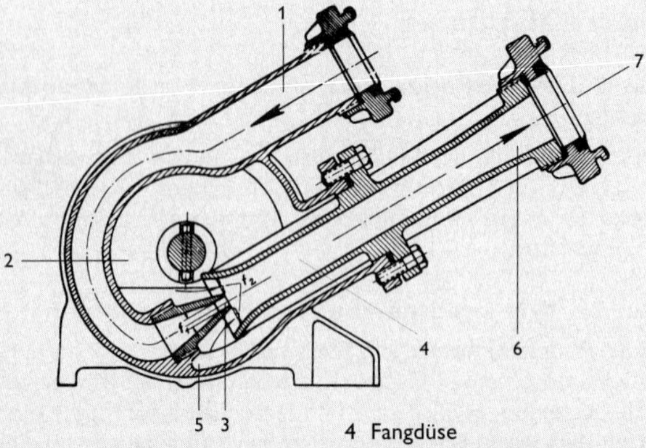

1 Eintritt für Treibwasser
2 Saugraum für Fördermedium
3 Treibdüse zur Erzeugung des Unterdrucks im Saugrau
4 Fangdüse
5 Eintritt Fördermedium
6 Diffusor (Erzeugung von Druck)
7 Wasseraustritt für Treibwasser und Fördermedium

Bild 11: Arbeitsweise der Wasserstrahlpumpe (Widenmann)

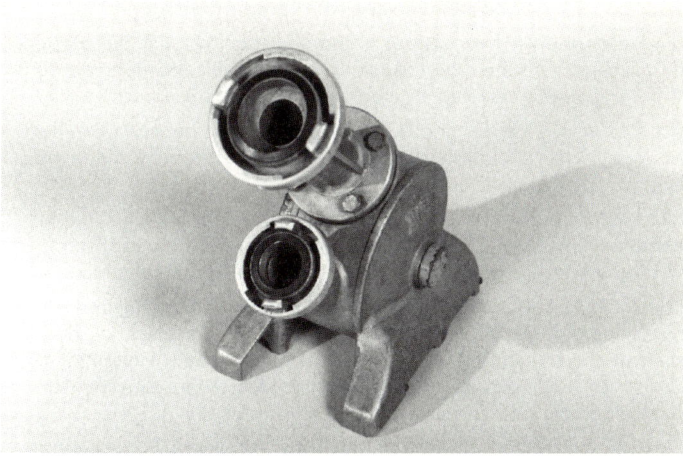

Bild 12: Wasserstrahlpumpe (Widenmann)

36. Welche Bedingungen für die Herstellung und Abnahme schreibt das Normblatt vor?

Die Wasserstrahlpumpe hat eine C-Festkupplung DIN 14 307 für das eintretende Treibwasser und eine B-Festkupplung DIN 14 308 für die abströmende Flüssigkeitsmenge. Beide Anschlüsse müssen in die gleiche Richtung zeigen.

Die Wasserstrahlpumpe ist am Flüssigkeitseintritt mit einem leicht austauschbaren Sieb oder Rechen versehen. Die Maschenweite muß ein Verstopfen des Ringraumes zwischen Fangdüse und Treibdüse ausschließen. Die Wasserstrahlpumpe muß das Absaugen bis zu einer Tauchtiefe von 20 mm gestatten.

Das Gewicht darf 8 kg nicht überschreiten.

37. Wann verwendet man einen Tiefsauger?

Ein Tiefsauger wird verwendet, wenn die Saughöhe, d.h. der Höhenunterschied zwischen dem Saugeingang der Kreiselpumpe und dem Wasserspiegel – senkrecht gemessen – mehr als 8 m beträgt.

Da die Grenze der Saughöhe bei Kreiselpumpen bei etwa 8 m liegt, ist eine Wasserentnahme bei größeren Saughöhen nicht mehr möglich.

Um trotzdem Wasser fördern zu können, bedient man sich neben anderen Möglichkeiten eines Tiefsaugers. Die Arbeits- und Wirkungsweise ist die gleiche wie die der Wasserstrahlpumpe.

Das Treibwasser entnimmt man aus einem Druckausgang der Kreiselpumpe und führt es mittels eines B-Druckschlauches, den man an die B-Kupplung des Tiefsaugers kuppelt, dem Tiefsauger zu. Zwischen A-Kupplung am Tiefsauger und dem A-Saugeingang der Kreiselpumpe verlegt man eine A-Saugleitung.

Um den Arbeitsvorgang einzuleiten, ist es erforderlich, die Leitung zunächst mit Wasser aufzufüllen.

Schmutzwasser-Kreiselpumpe

38. Wie ist die Arbeitsweise der Schmutzwasser-Kreiselpumpe?

Die Pumpe (Bild 13) ist eine selbstansaugende Kreiselpumpe. Bei dieser muß vor dem Einsatz das Pumpengehäuse mit der abzusaugenden Flüssigkeit aufgefüllt werden, damit sie in die Lage versetzt wird, die Saugleitung zu entlüften und die Flüssigkeit anzusagen (Durchmesser der Saugleitung muß passen).

39. Welche Pumpengrößen sind handelsüblich?

Im wesentlichen sind es Pumpen mit einem Nennförderstrom von 400 l/min, 800 l/min, 1000 l/min und 1200 l/min bei freiem Auslauf. Die kleinere Pumpe hat C-Anschlüsse, die größere B-Anschlüsse.

DEUTSCHE SPITZENQUALITÄT
MAST-PUMPEN
Tauchpumpen
Bei uns sind Sie an der richtigen Adresse. Denn Mast fertigt alle in der DIN aufgeführten Tauchpumpen.
MAST
MAST-PUMPEN GmbH
Mörikestraße 1
D-73773 Aichwald
Tel.: (0711) 93 67 04-0
Fax (0711) 93 67 04 30
http://www.mast-pumpen.de
Mast Tauchpumpe TP 4-1 DIN 14 425
Die wartungsfreie, unempfindliche Tauchpumpe mit Flachsaugeinrichtung zum Abschlürfen bis auf wenige mm Wasserstandshöhe. Lassen Sie sich von diesem robusten, zuverlässigen Qualitätsprodukt überzeugen.
Gerne informieren wir Sie über unsere gesamte Produktpalette.
1/97

Bild 13: Schmutzwasser-Kreiselpumpe (Mast)

Der Korndurchlaß der Pumpe ist, abhängig von der Pumpengröße, 8–20 mm.

Die Pumpe wird wahlweise mit 2-Takt- oder 4-Takt-Benzinmotor, Dieselmotor oder Elektromotor (Wechsel- und Drehstrom) geliefert.

Das gesamte Aggregat ist auf einem Traggestell mit federnden Schlittenkufen montiert.

Umfüllpumpe

40. Welchem Zweck dienen die Umfüllpumpen?

Dem Umpumpen von Mineralölprodukten und sonstigen brennbaren Flüssigkeiten im explosionsgefährdeten Bereich und dem Umpumpen flüssiger Gefahrgüter. Sie sind in DIN 14 424 bzw. 14 427 genormt.

41. Wie ist die Typenbezeichnung für Mineralölpumpen?

Dem Kurzzeichen TUP (**T**ragbare **U**mfüll-**P**umpe) werden zwei Zahlen angehängt, die die Nennförderleistung angeben (siehe **G 5**). Die Pumpe heißt TUP 3 – 1,5 DIN 14 424 (Bild 14).

Bild 14: Umfüllpumpe TUP 3–1,5 DIN 14 424 (Mast)

42. Welche Forderungen werden an die TUP gestellt?

Als Kreiselpumpe kann sie nach Auffüllen des Pumpengehäuses mit max. 10 l der Ansaugflüssigkeit die Saugleitung entlüften und das Fördermedium ansaugen. Alle ihre Bauteile dürfen bei normalem Betrieb und bei betriebsüblichen Störungen zu Zündgefahren keinen Anlaß geben. Umlaufende und daran angrenzende Teile dürfen nicht aus Leichtmetall sein.

Die Pumpe ist in einem Traggestell gelagert und ist mit jeweils einer C-Festkupplung für Saugein- und Druckausgang versehen.

Ihr Aufbau entspricht dem der Schmutzwasserpumpe. Als Antrieb dient ein explosionsgeschützter Elektromotor mit einer Leistung von 2,5 kW, Anschlußspannung 380/220 Volt, Schutzart EEx e II T 3.

43. Welches sind die Mindestleistungen der TUP 3 – 1,5?

Nennförderstrom Q_N	bei 1,5 m geod. Saughöhe	300 l/min
Nennförderdruck P_N		1,5 bar
Saugzeit höchstens		60 s
Förderstrom Q	bei 4,5 m geod. Saughöhe	200 l/min
Saugzeit höchstens		90 s

44. Gibt es auch Umfüllpumpen für flüssige Gefahrgüter?

Ja, die sogenannte Gefahrgutumfüllpumpe nach DIN 14 427 (Bild 15), Sie ist aus nichtrostendem Stahl (Pumpenteile und Rahmen) gebaut und hat daher eine hohe Beständigkeit gegen Säuren und Laugen. Neben Kreiselpumpen werden auch Schlauchpumpen eingesetzt. (Ihre Kurzbezeichnung ist GUP.)

Die Mindestleistung bezogen auf Wasser entspricht der der TUP nach DIN 14 424.

Bei höheren Viskositäten nimmt der Förderstrom ab.

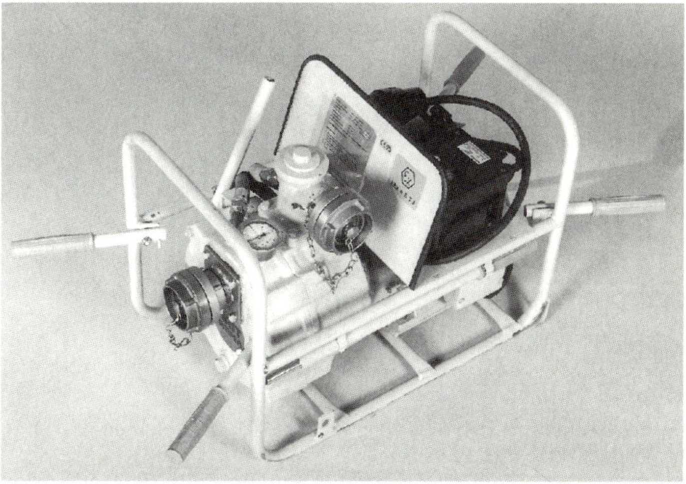

Bild 15: Umfüllpumpe für flüssige Gefahrgüter (Mast)

45. Wie ist das Funktionsprinzip einer Gefahrgutumfüllpumpe in der Bauweise als Schlauchpumpe?

(Bild 16 und 17)

1. Der Rotor 1 mit 3 Rollen 2 dreht sich innerhalb eines feststehenden und mit dem Gehäuse verschraubten Trennteils 3.
2. Dieser Trennteil 3 ist so eingebaut, daß bei der Drehbewegung des Rotors keine wesentlichen Längenänderungen eintreten.
3. Dieser Trennteil 3 schließt den Außenraum 4 vom Innenraum 5 ab.
4. Der Außenraum 4 ist allseitig dicht.

1 Rotor
2 Trennteil
3 Gehäuse
8 Schlauch

Bild 16: Haupttteile einer Schlauchpumpe

5. Bei Drehung des Rotors 1 vergrößert sich das Volumen des Außenraums 4 (s. Bilder).
6. Im Raum 6 bleibt das Volumen konstant. Im Raum 7 wird es wieder verkleinert, es entsteht eine volumetrische Pumpe, die z.B. für Wasser ohne weiteres einsetzbar wäre.
7. Um die ideale Pumpe zu bauen, wird ein Schlauch 8 aus verschiedensten Materialien um den Trennteil 3 herumgelegt und direkt mit den Saug- und Abgangsleitungen verbunden.
8. Durch das im Außenraum 4 bei Rotation entstehende Vakuum wird im Schlauch durch Vergrößerung des Innenvolumens ebenfalls ein Vakuum erzeugt. Dadurch wird angesaugt. Im Raum 6 bleibt das Schlauchvolumen konstant. Im Raum 7 wird das Schlauchvolumen verkleinert und dadurch ein Überdruck erreicht.
9. In das flüssigkeitsdichte Gehäuse ist ca. 1 Liter Silikon eingefüllt, welches als Schmier- und Kühlmittel wirkt.

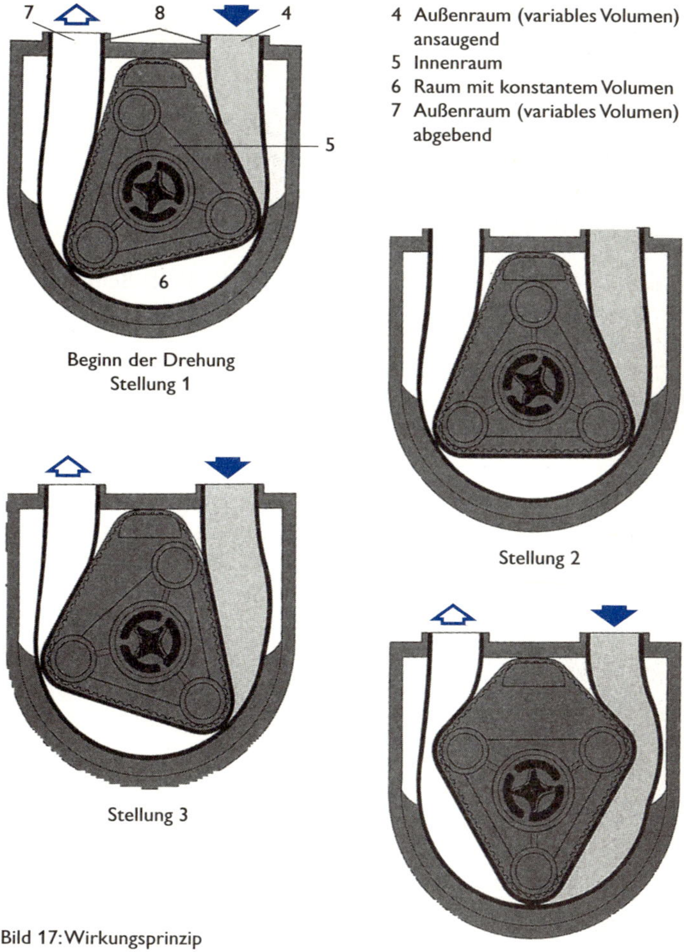

4 Außenraum (variables Volumen) ansaugend
5 Innenraum
6 Raum mit konstantem Volumen
7 Außenraum (variables Volumen) abgebend

Beginn der Drehung
Stellung 1

Stellung 2

Stellung 3

Stellung 4

Bild 17: Wirkungsprinzip der Schlauchpumpe

10. Durch eine Absperrvorrichtung (Regulierventil im Deckel) kann der Saugraum 4 mit dem Innenraum 5 verbunden werden. Dadurch kann die Fördermenge dosiert oder die Saughöhe verändert werden.
11. Der eingebaute Vakumeter (Unterdruckmanometer) ist mit dem Außenraum 4 verbunden und zeigt das Vakuum in dem den Schlauch saugseitig umgebenden Raum 4 an und dadurch auch zugleich das innerhalb des Schlauchs entstehende Vakuum, d.h. die wirkliche Saugleistung der Pumpe.

46. Was ist beim Betrieb einer GUP als Schlauchpumpe zu beachten?

Die Schlauchpumpe ist eine Verdrängerpumpe. Deshalb darf in der Druckleitung kein Absperrventil eingebaut sein. Die Schläuche müssen ohne Knicke verlegt werden, so daß keine Drosselung eintritt. Jeder zusätzliche Widerstand würde zu einem erhöhten Druckaufbau führen und den Motor durch den Temperatursicherheitsschalter vorzeitig abschalten.

47. Welche Sicherheitseinrichtung gegen zu hohe Erwärmung weist die TUP und die GUP auf?

Einen Motorschutzschalter, der bei unzulässig hoher Erwärmung des Antriebsmotors diesen ausschaltet.

Entlüftungseinrichtungen für Feuerlösch-Kreiselpumpen

48. Warum werden Entlüftungseinrichtungen an Feuerlösch-Kreiselpumpen benötigt?

Weil die Kreiselpumpen nicht selbst ansaugen, d.h. keinen Unterdruck in Pumpe und Saugschlauch erzeugen können.

49. Welche Arten von Entlüftungseinrichtungen gibt es?

Strahlapparate
Verdrängerentlüftungspumpen

Strahlapparate

Gasstrahler

50. Welche Arten von Gasstrahlern gibt es?

Es gibt einstufige Strahler (Bild 18) und zweistufige Strahler (Bild 19).

51. Wie arbeitet der einstufige Strahler?

Durch Umlegen eines Hebels wird der Entlüftungshahn zur Pumpe geöffnet und die Klappe in der Auspuffleitung geschlossen. Die Auspuffgase werden über den Ejektor geleitet. Bei den hier auftretenden hohen Geschwindigkeiten wird beim Übergang der Auspuffgase aus der Treibdüse in die Fangdüse ein Unterdruck erzeugt und die Luft aus der Entlüftungsleitung mit ins Mischrohr gerissen. Hierdurch wird die Luft aus Pumpe und Saugleitung herausgezogen, so daß der atmosphärische Druck die Saugleitung und Pumpe mit Wasser auffüllen kann.

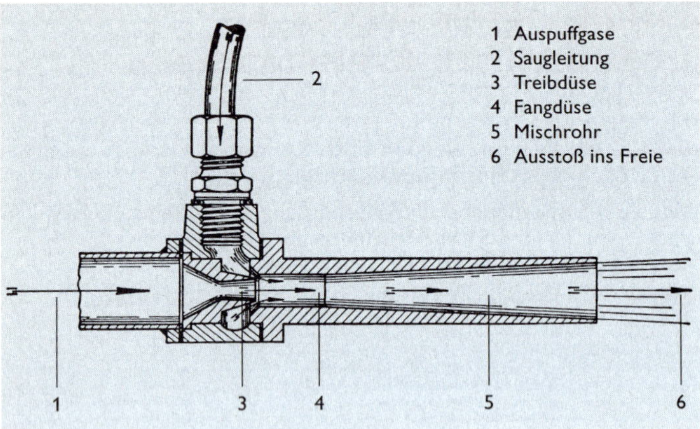

Bild 18: Einstufiger Strahler (Ziegler)

52. Wie arbeitet dieser zweistufige Strahler?

Bei dieser Ausführung sind zwei Treibdüsen hintereinandergeschaltet. Durch die Auspuffgase wird jedoch nur die 1., die Hauptdüse, betätigt, während die 2., die Luftdüse, mit Außenluft arbeitet. Die Entlüftungsleitung zur Pumpe ist an der Luftdüse angeschlossen und wie bei einstufigen Strahlapparaten mit einem Entlüftungshahn versehen. Die im Auspuffrohr befindliche Absperrklappe steht durch ein Gestänge mit dem Entlüftungshahn in Verbindung. Absperrklappe und Hahn werden durch einen gemeinsamen Hebel betätigt. Beim Entlüften wird der Entlüftungshahn zur Pumpe geöffnet und die Klappe in der Auspuffleitung geschlossen. Die Auspuffgase treten durch die Hauptdüse im Strahler hindurch und erzeugen hierdurch in der Luftdüse einen Unterdruck. Dadurch entsteht zwischen der äußeren Atmosphäre und der Luftdüse ein Druckgefälle, wodurch diese Stufe in Tätigkeit tritt.

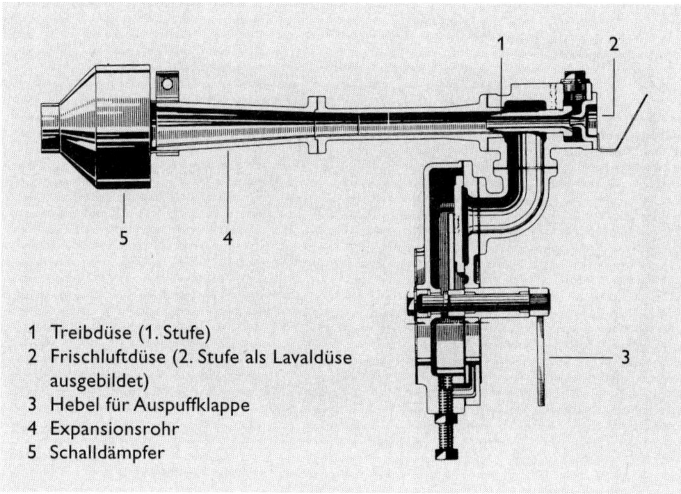

Bild 19: Zweistufige Strahlpumpe (Magirus)

Verdrängerentlüftungspumpen

Handkolben-Entlüftungspumpe

53. Wo wird diese Entlüftungspumpe verwendet?

Bei den kleinen Tragkraftspritzen wie TS 05/5, TS 2/5 und TS 4/5. Die Anordnung der Handkolben-Entlüftungspumpe ist auf Bild 20 gut zu sehen.

Bild 20: Handkolben- Entlüftungspumpe bei der TS 2/5 (Ziegler)

54. Wie arbeitet die Handkolben-Entlüftungspumpe?

Beim Hochziehen des Kolbens wird die Luft aus Pumpe und Saugleitung abgesaugt. Beim Niederdrücken des Kolbens wird die Luft über das Druckventil ins Freie befördert.

Flüssigkeitsring-Entlüftungspumpe (Wasserring-Entlüftungspumpe)

55. Wie ist die Flüssigkeitsring-Entlüftungspumpe aufgebaut und wie arbeitet sie?

Die Flüssigkeitsring-Entlüftungspumpe (Bild 21) besteht aus einem Pumpengehäuse, der Pumpenwelle, dem Kreiselrad mit sternförmig angeordneten offenen Schaufeln und einem Antriebsrad.

Zum Entlüften wird die Entlüftungspumpe durch ein Reibrad angetrieben. Durch die Drehung des Kreiselrads wird die Flüssigkeit im Pumpenkörper nach außen geschleudert, wodurch sich ein Flüssigkeitsring ausbildet, der eine räumliche Trennung der einzelnen Kreiselradsegmente bewirkt.

Es bilden sich sichelförmige Hohlräume, die sich im Saugbereich erweitern und im Druckbereich zum Ausstoß hin verengen.

Nachdem ein bestimmter Ausgangsdruck erreicht ist, schaltet dieser den Reibradantrieb automatisch aus. Die Entlüftungseinrichtung kann auch von Hand ausgeschaltet werden. In die Entlüftungsleitung ist ein Kugelventil eingebaut.

Um das Kreiselrad ist exzentrisch das Gehäuse der Flüssigkeitsring-Entlüftungspumpe angeordnet. Im Gehäuse, das ständig mit Flüssigkeit

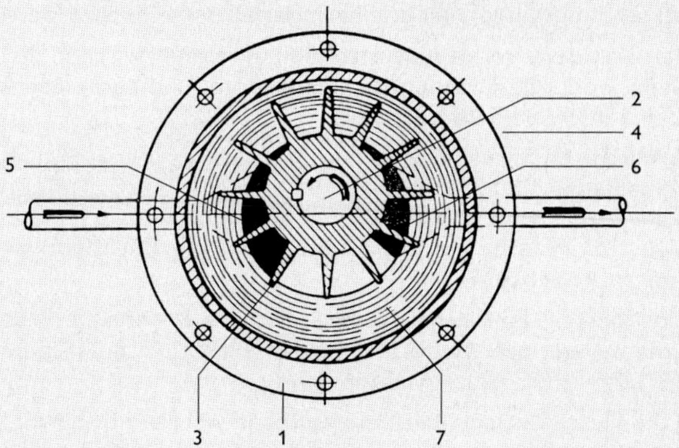

1 Pumpengehäuse
2 Antriebswelle für Entlüftungseinrichtung
3 Kreiselrad
4 Antriebsrad (Reibrad)
5 Saugeingang zur Entlüftungseinrichtung (Lufteinzug)
6 Druckausgang von der Entlüftungseinrichtung (Luftausstoß)
7 Flüssigkeitsring (im Betriebszustand)

Bild 21: Flüssigkeitsring-Entlüftungspumpe

gefüllt sein muß, befinden sich zwei Schlitze. Der eine, der *Saugschlitz,* steht in Verbindung mit dem Pumpengehäuse. Der andere, der *Druckschlitz,* steht in Verbindung mit einem Ausstoßrohr, das ins Freie mündet. Wird das Kreiselrad in drehende Bewegung gesetzt, so wird die Flüssigkeit infolge der Fliehkraft durch die Schaufeln des Kreiselrades an die Gehäusewand geschleudert und bildet dort einen Flüssigkeitsring.

In den sich bildenden Flüssigkeitsring tauchen die Schaufeln des Kreiselrades *oben fast ganz,* auf der *unteren* Seite nur mit den Spitzen ein.

Durch den Flüssigkeitsring wird die Abdichtung zwischen Kreiselrad und Gehäuse herbeigeführt und zwischen zwei aufeinanderfolgenden Schaufeln werden jeweils Kammern gebildet. In diesen Kammern wird die Luft von der Saug- nach der Druckseite befördert.

Auf der *Saugseite* werden die Lufträume zwischen den Schaufeln größer. Es entsteht ein Unterdruck, wodurch die Luft aus Pumpe und Saugschlauch herausgesaugt und nach der Druckseite befördert wird.

Auf der *Druckseite* verkleinern sich die Lufträume zwischen den Schaufeln, wodurch die Luft zusammengepreßt und durch den Austrittschlitz ins Freie befördert wird.

Diese Art der Entlüftung bezeichnet man auch als „nasse Entlüftung" oder „Naßansaugen".

56. Was ist bei der Flüssigkeitsring-Entlüftungspumpe zu beachten?

Bei Frost besteht Einfriergefahr, die jedoch bei Betrieb mit Frostschutzmittel verringert wird. Nach jedem Einsatz ist bei Winterbetrieb Frostschutzmittel nachzufüllen.

Wird die Flüssigkeitsring-Entlüftungspumpe während der Winterzeit nur mit Wasser betrieben, so ist nach jedem Gebrauch das Wasser abzulassen. Vor Wiederinbetriebnahme ist dann Wasser nachzufüllen, da sonst die Entlüftungspumpe nicht arbeitet.

Trockenring-Entlüftungspumpe

57. Wie ist ihre Arbeitsweise?

Die *Trockenring-Entlüftungspumpe* besteht im wesentlichen aus einem Gehäuse mit einer inneren und einer äußeren Laufbahn, auf der sich ein exzentrisch rotierender Pleuelkolben (so genannt, weil er in sich Drehkolben und Pleuel vereinigt) in Schubkurven rollend und gleitend bewegt. Hinter der Abrollstelle des Pleuelkolbens bildet sich ein innerer und äußerer sichelförmiger Hohlraum. Die Pumpe ist also doppelwirkend, was ihre hohe Saugleistung erklärt. Der durch die Rotation entstehende Sog läßt Luft durch den Ansaugschlitz in einen der sichelförmigen Hohlräume nachströmen. Der Pleuelkolben verdrängt bei seinem weiteren Abrollen das gefaßte Luftvolumen über den Ausstoßschlitz durch den angeschlossenen Schlauch ins Freie.

Die Wirkungsweise der Trockenring-Entlüftungspumpe veranschaulicht Bild 22:

Entlüften
Luft strömt von der Kreiselpumpe in Raum 1. Gleichzeitig wird die vorhandene Luft in Raum 2 und die Restluft des vom Rotor abgeteilten Raumes 1 ausgestoßen. Nach dem weiteren Abrollen des Rotors ist in Raum 2 Unterdruck (Vakuum) vorhanden.

Fördern
Während der Rotor die eingeströmte Luft in Raum 1 zur Ausstoßseite fördert, strömt infolge Unterdruck (Vakuum) Luft aus der Kreiselpumpe in Raum 2. Die Restluft aus Raum 2 der durch den Rotor geteilt ist, wird ins Freie gepreßt.

Ausstoßen
Die Luft in Raum 1 wird ins Freie ausgestoßen. Die eingeströmte Luft in Raum 2 wird zur Ausstoßseite gefördert. Gleichzeitig strömt durch den vorhandenen Unterdruck (Vakuum) in den vom Rotor abgeteilten Raum 1 neue Luft aus der Kreiselpumpe zu.

Bild 22: Trockenring-Entlüftungspumpe (Vakumatik, Metz)

Das zwischen Feuerlösch-Kreiselpumpe und Trockenring-Entlüftungspumpe befindliche automatisch arbeitende Ent- und *Belüftungsventil* erleichtert die Bedienung erheblich. In seinem Gehäuse ist je eine Saug- und Druckmembrane so eingespannt, daß über eine Ventilstange auch die Membranen ein Ventil geöffnet oder geschlossen wird. Das in Ruhe durch Federkraft geschlossene Ventil wird bei Unterdruck durch den atmosphärischen Druck auf die Saugmembrane geöffnet. Die Verbindung zwischen FP und Entlüftungspumpe ist hergestellt. Sobald die FP Wasser angesaugt hat, schließt der Pumpendruck über die Druckmembrane das Ventil und trennt damit die Entlüftungspumpe von der FP. Im Falle des Abreißens der Wassersäule öffnet sich das Ent- und Belüftungsventil bei noch oder wieder eingeschalteter Entlüftungspumpe automatisch und der Saugvorgang wird fortgesetzt.

Eine Rückschlagklappe gewährleistet die Trockensaugprobe.

Freikolben-Entlüftungspumpe

58. Wie arbeitet eine Freikolben-Entlüftungspumpe?

Die Freikolben-Entlüftungspumpe besteht aus den schaltbaren Antriebs- und Steuerelementen, dem Kurbelgehäuse mit Saugkanal, den beiden Zylindern mit Kolben und den Gehäusedeckeln mit Ausstoßplatten und Ausstoßkanälen. Die Kurbelwelle bewegt die Kolben in den Zylindern gegenläufig zueinander. Anstelle der Kurbelwelle wird bei neueren Konstruktionen eine Exzenterwelle benutzt. Durch die Bewegung der Kolben in den Zylindern entsteht in diesen eine Saugwirkung, wobei die Luft über den Ansaugkanal aus der Feuerlösch-Kreiselpumpe angesaugt wird. Die angesaugte Luft wird durch die Kolben über die Ausstoßplatten und Ausstoßkanäle ins Freie gedrückt.

59. Welche Besonderheiten besitzt die Freikolben-Entlüftungspumpe?

Die Freikolben-Entlüftungspumpe soll den Pumpbetrieb vereinfachen und die Entlüftungsvorgänge vollautomatisch durchführen. Die Kolben laufen ohne Schmiermittel, Wasser oder Frostschutzmittel.

60. Woraus besteht das Entlüftungssystem?

Das Entlüftungssystem besteht in den meisten Fällen aus zwei getrennt arbeitenden Kurzhub-Kolbenpumpen, welche unmittelbar mit der Kreiselpumpe verbunden sind (Bilder 23 und 24).

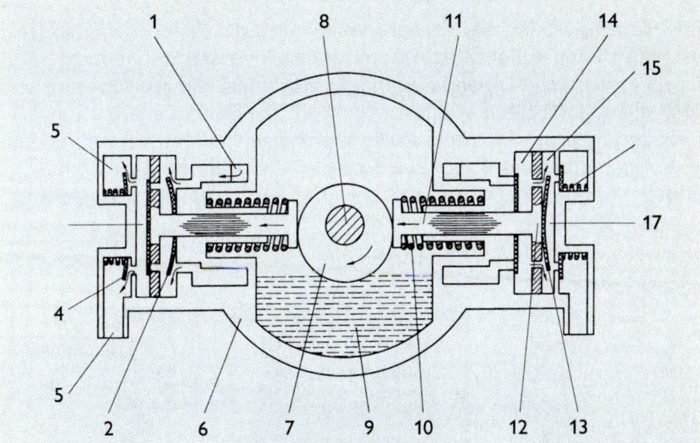

1 Ansaugkanal vom Pumpensaugraum
2 Einlaßmembran
3 Ansaugende Kolben
4 Außlaßmembran
5 Austritt ins Freie
6 Pumpengehäuse
7 Exzenter
8 Antriebswelle
9 Öl
10 Druckfeder (bei beiden Kolben)
11 Kolbenstössel
12 Kolben
13 Kolbenmembran
14 hinterer Hubraum
15 vorderer Hubraum
16 äußere Druckfeder
17 Anstoßhub

Bild 23: Freikolben-Entlüftungspumpe (GFT)

Bild 26 demonstriert die Einfachheit des Systems und zeigt die wenigen Teile in der Reihenfolge der Montage.

61. Was zeigt die Abbildung „Arbeitsstellung“?

Sie veranschaulicht die Funktion während des Ansaugens.

Durch die Rotation des mit der Pumpenwelle verbundenen Exzenters werden die Kolben 3 hin- und herbewegt (Bild 24).

Die Kolbenbewegung nach außen bewirkt, daß die Luft über die Ansaugkanäle aus dem Pumpenraum angesaugt wird. Sie strömt an der sich öffnenden Eintrittsmembrane 2 vorbei in den Hubraum zwischen Kolbenscheibe und Eintrittsmembrane.

Die Rückbewegung des Kolbens wird durch die Feder 6 eingeleitet und durch den äußeren Atmosphärendruck verstärkt. Die nach innen gerichtete Kolbenbewegung komprimiert die im Hubraum befindliche Luft, diese wiederum schließt die Eintrittsmembrane 2 und strömt dann durch die Kolbenbohrungen, an der sich öffnenden Austrittsmembrane 4 vorbei, durch die Ausstoßleitung ins Freie. Dieser Vorgang wiederholt sich so lange, bis Pumpe und Saugleitung

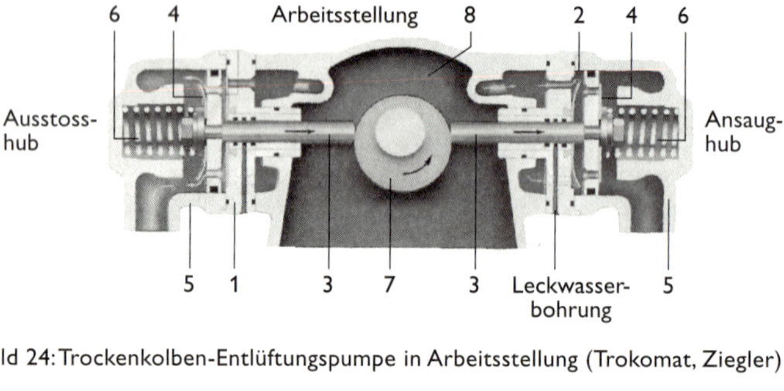

Bild 24: Trockenkolben-Entlüftungspumpe in Arbeitsstellung (Trokomat, Ziegler)

Zu den Bildern 24 bis 26:

1 Lagerflansch
2 Eintrittsmembrane
3 Kolben
4 Austrittsmembrane
5 Zylinderkappe
6 Druckfeder
7 Exzenter
8 Ansaugkanäle

luftleer sind und das Wasser in den Pumpenraum eintritt. Damit beginnt die Wasserförderung der Kreiselpumpe.

62. Was zeigt die Abbildung „Ruhestellung"?

Die Abbildung „Ruhestellung" zeigt die Situation während der Wasserförderung der Kreiselpumpe. Das Wasser ist über die Ansaugkanäle 8 in die Pumpe eingedrungen. Es strömt an der sich öffnenden Eintrittsmembrane 2 vorbei und drückt die Kolben 3 vom rotierenden Exzenter 7 weg nach außen, bis die Austrittsmembrane

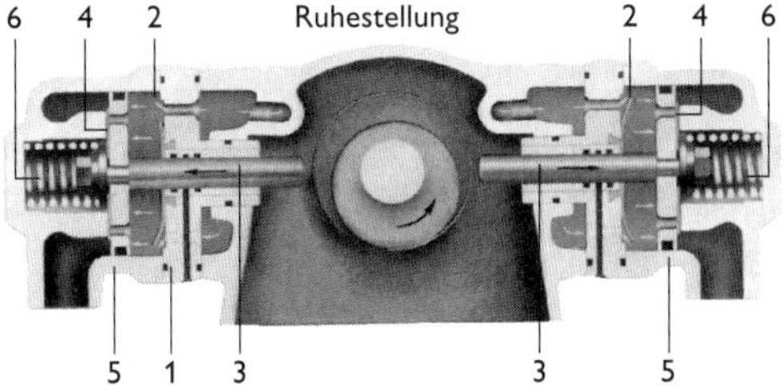

Bild 25: Trockenkolben-Entlüftungspumpe in Ruhestellung (Ziegler)

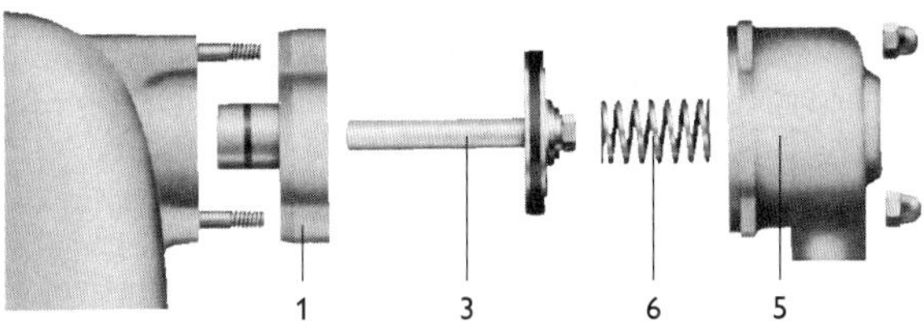

Bild 26: Trockenkolben-Entlüftungspumpe-Einzelteile (Ziegler)

4 innen an der Zylinderkappe 5 anliegt und die Kolbenbohrungen abdichtet. Der Exzenter dreht sich leer, die Entlüftungspumpe ist auf diese Weise vom Pumpbetrieb getrennt worden und steht still. Unnötiges Mitlaufen der Entlüftungseinrichtung während des Pumpenbetriebes wird auf diese Weise vermieden (Bild 25).

63. Was geschieht, wenn die Wasserförderung abreißt?

Reißt die Wasserförderung ab – liegt also kein Wasserdruck mehr auf den Kolben –, so drückt die Feder 6 die Kolben 3 an den Exzenter zurück und die Situation ist wieder so, wie auf der Abbildung Arbeitsstellung, es wird erneut automatisch angesaugt.

64. Was bedeutet vollautomatische Entlüftungseinrichtung?

In zunehmendem Maße werden von den Pumpenherstellern die Entlüftungseinrichtungen als „vollautomatische“ eingebaut.

Diese Entlüftungseinrichtungen wirken von der Funktion her (Freikolben-Entlüftungspumpe) oder durch Hilfseinrichtungen (Membranventil, Magnetventil, vom Pumpendruck gesteuerte Ausschaltvorrichtung u.a.) vollautomatisch. Beim Einschalten der FP führen sie die Entlüftung durch und die Wasserförderung beginnt ohne weitere Bedienungsvorgänge. Bei Abreißen der Wassersäule führen nun erneut selbständig die erforderliche Entlüftung durch.

65. Nach welchem System arbeitet die „Professional“-Entlüftungseinrichtung der Firma Rosenbauer?

Diese z.B. in die Tragkraftspritze „Fox“ eingebaute Entlüftungseinrichtung ist eine Doppelkolben-Entlüftungspumpe, bei der alle bewegten Teile wie Kolben und Exzenterantrieb in einem Ölbad laufen.

66. Was ist bei Einspeisedrücken unter 1 bar bei der „Professional“-Entlüftungseinrichtung zu beachten?

Das an der Pumpe angebrachte Rückschlagventil, das über einen druckfesten Schlauch mit der Entlüftungseinrichtung verbunden ist, ist von Hand zu schließen, da ansonsten Wasser über die Entlüftungseinrichtung austritt (Bild 27).

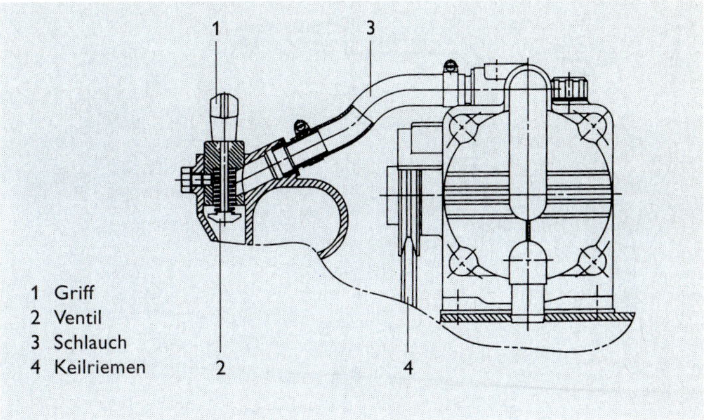

Bild 27: Entlüftungseinrichtung „Professional“ (Rosenbauer)

67. Wie erfolgt bei der Tragkraftspritze „Fox“ der Antrieb der Entlüftungseinrichtung?

Die Welle der Entlüftungseinrichtung mit dem Exzenter zum Antrieb der Entlüftungskolben wird über einen Keilriemen angetrieben, der durch eine federbelastete Spannrolle gespannt wird.

Bei einem Pumpendruck von 1,5 bar drückt ein hydraulischer Abschaltzylinder die Spannrolle automatisch zurück, wodurch sich der Keilriemen lockert.

Membran-Entlüftungspumpe

68. Wie arbeitet eine Membran-Entlüftungspumpe?

Bei der Membran-Entlüftungspumpe (Bild 28 und 29) werden über eine Exzenterwelle zwei gegenläufige Kolbenstangen betätigt. Auf der Kolbenstange befindet sich der Kolbendeckel, in dem die

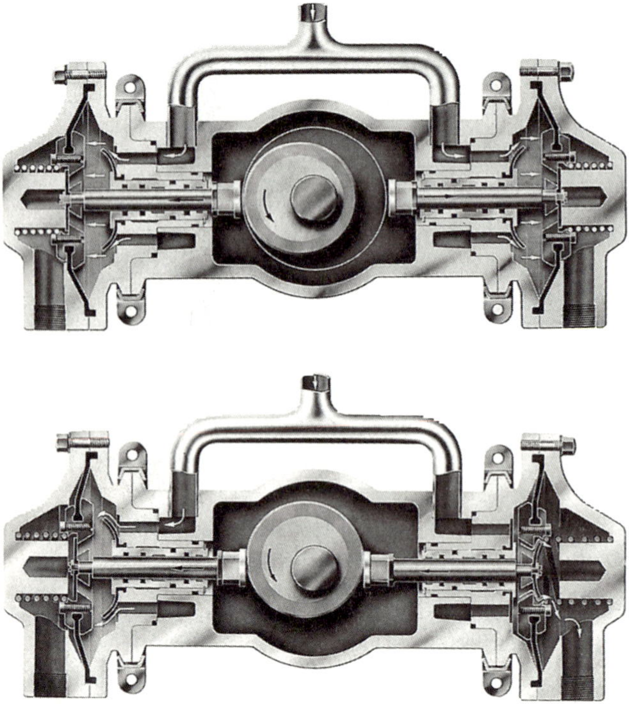

Bild 28: Membran-Entlüftungspumpe (Magirus-Primatic)

Membran befestigt ist. Wie die Trockenkolben-Entlüftungspumpe verfügt die Membran-Entlüftungspumpe über Eintritts- und Austrittsmembran. Ebenso wird die Rückstellkraft auf den Kolbendeckel durch eine Feder bewirkt.

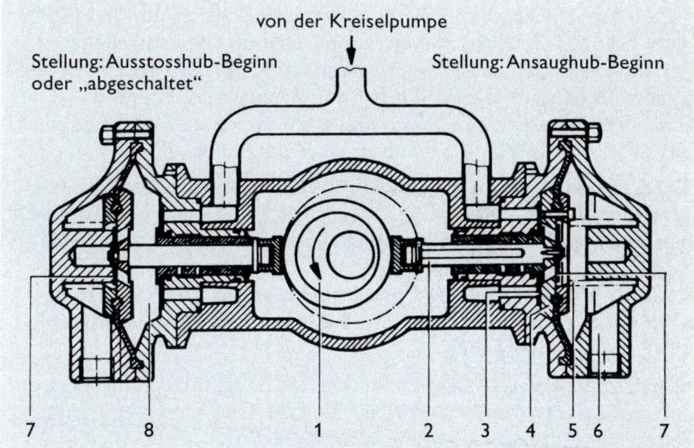

1 Exzenter
2 Kolbenstange
3 Einlaßmembrane
4 Membranteller
5 Feder
6 Ausstosskanal
7 Auslassmembrane

Bild 29: Membran-Entlüftungspumpe; Funktionsschema (Magirus-Primatic)

Einsatztaktische Hinweise

69. Was macht der Maschinist beim Bedienen der Entlüftungseinrichtungen häufig falsch?

Sobald die Entlüftung beendet und Wasser in der Pumpe ist, schalten viele Maschinisten sofort die Entlüftungseinrichtung aus und öffnen dann erst das Druckventil der Pumpe. Es muß aber umgekehrt verfahren werden. Erst etwas Wasser vorlassen, d.h. das Druckventil etwas öffnen, dann die Entlüftungspumpe ausschalten und das Druckventil ganz öffnen. Wenn dies nicht beachtet wird, reißt, besonders bei großen Saughöhen, die Wassersäule ab.

Die oben im Pumpengehäuse befindliche angesammelte Luft muß erst entweichen können. Das Wasser verdrängt beim langsamen Öffnen des Druckstutzens die restliche Luft.

70. Was hat der Maschinist, wenn die Entlüftungseinrichtung versagt, Motor und Pumpe aber funktionsfähig sind, zu veranlassen?

Er hat so schnell wie möglich Pumpe und Saugschlauch mit Wasser aufzufüllen. Das Wasser verdrängt die Luft. Dies ist die einfachste Art der Entlüftung.

71. Welche Voraussetzung muß dafür am Saugkorb vorhanden sein?

Ein Rückschlagventil, da sonst das eingefüllte Wasser aus dem Saugkorb wieder entweicht.

72. Wie füllt der Maschinist das Wasser in Pumpe und Saugschlauch ein?

An der Flüssigkeitsringentlüftungspumpe ist dafür ein kleiner Trichter angegossen, in dem sich eine Öffnung befindet, die durch einen Stopfen verschlossen ist.

Die anderen Pumpen füllt man über den Druckstutzen auf, wobei das Ventil ganz geöffnet sein muß. Es gibt auch Füllstutzen mit C-

bzw. B-Kupplungsanschluß in verschiedenen Ausführungen, die man an einen Druckstutzen ankuppeln kann. Mit einem Eimer füllt man dann das Wasser bequem ein.

Schneller geht es allerdings, wenn man erst die bereits ausgelegten und mit Halteleinen gesicherten Saugschläuche vollgießt, dann ankuppelt und den restlichen Teil mittels Fülltrichter auffüllt. Dann Druckstutzen schließen und Pumpe einschalten.

Bei Löschfahrzeugen mit Wasserbehälter ist das Auffüllen der Pumpe zusammen mit den angekuppelten Saugschläuchen und dem Saugkorb bei geschlossenem Rückschlagventil aus dem gefüllten Tank möglich. Dabei muß an der Kreiselpumpe der Luftaustritt ermöglicht werden (durch Öffnen des Druckausganges).

73. Worauf hat der Maschinist noch zu achten?

Daß das Sieb im Saugstutzen der Kreiselpumpe immer unbeschädigt, vorhanden und nicht zugesetzt ist.

Die Siebmaschenweite beträgt bei

FP 2/5	4 mm	FP 8/8	10 mm
FP 4/5	7 mm	FP 16/8	10 mm

Tragkraftspritzen

74. Was sind Tragkraftspritzen (TS)?

Tragkraftspritzen sind für die Brandbekämpfung bzw. für den Lenzeinsatz gestaltete, durch Verbrennungskraftmaschinen angetriebene Feuerlösch- bzw. Lenz-Kreiselpumpen (FP bzw. LP), die zur Verwendungsstelle getragen werden können.

Die Kreiselpumpe und die Verbrennungskraftmaschine einschließlich eines Kraftstoffbehälters sind dazu auf einem Tragegestell gelagert.

75. Welche Typen von Tragkraftspritzen gibt es nach DIN 14 410?

TS 2/5	(mit einer FP 2/5	mit einem C-Druckschlauchanschluß)
TS 4/5	(mit einer FP 4/5	mit einem B-Druckschlauchanschluß)
TS 8/8	(mit einer FP 8/8	mit einem B-Druckschlauchanschluß)
TS 24/3	(mit einer LP 24/3	mit zwei B-Druckschlauchanschlüssen)

76. Welcher Sondertyp von TS befindet sich im Einsatz?

Feuerwehrfahrzeuge, die für Einheiten des Brandschutzdienstes im „Erweiterten Katastrophenschutz" beschafft werden, sind an Stelle der normmäßig vorgesehenen TS 8/8 mit einer TS 16/8 ausgerüstet. Die Leistungsdaten der darin eingebauten Feuerlöschkreiselpumpe entsprechen im wesentlichen denen einer FP 16/8.

77. Was bedeuten die Zahlen hinter „TS"?

Die Zahlungen geben die Leistung der eingebauten Kreiselpumpe an. Die erste Zahl gibt den Nennförderstrom in 100 l/min, die zweite Zahl den Nennförderdruck in bar an:

z.B. 4/5 ≙ 400 l/min bei 5 bar.

78. Was dürfen TS „betriebsfertig", d.h. bei gefülltem Kraftstoffbehälter, höchstens wiegen?

TS 2/5	max. 40 kg
TS 4/5	max. 75 kg
TS 8/8	max. 190 kg (einschl. elektrischer Lichtanlage)
TS 24/3	max. 190 kg (einschl. elektrischer Lichtanlage)

79. Welche Verbrennungskraftmaschinen haben die TS?

Zum Antrieb der Kreiselpumpen sind Ein-, Zwei- oder Vierzylinder-Verbrennungskraftmaschinen, die im Zwei- oder Viertaktverfahren arbeiten, im Gebrauch. Nachdem der VW-Industriemotor 122 nicht mehr hergestellt wird, verwenden alle Tragkraftspritzen-Hersteller Motoren unterschiedlicher Bauart, deren Leistung an den Leistungsbedarf einer FP 8/8 im Nennzustand angepaßt sind.

Die TS 8/8 und die TS 24/3 haben zwischen Antriebsmaschine und Pumpe eine während des Betriebs ein- und ausrückbare Kupplung. Dies ermöglicht eine längerdauernde Unterbrechung der Wasserförderung bei weiterlaufender Antriebsmaschine und erleichtert das Starten des Motors. Beide TS sind mit einem Betriebsstundenzähler ausgerüstet.

Bild 30: TS 8/8 (Metz)

Bild 31: TS 8/8 (Ziegler). Kann auch als Lenzpumpe eingesetzt werden, da Förderung von 2000 l/min.

80. Welches Fassungsvermögen muß der Kraftstoffbehälter haben?

Der Inhalt muß bei den Typen TS 2/5 und TS 4/5 für einen mindestens einstündigen Betrieb und bei den Typen TS 8/8 und TS 24/3 für einen mindestens zweistündigen Betrieb bei Nennleistung ausreichen.

81. Welcher Kraftstoff wird für Tragkraftspritzen benötigt?

Ein Zweitakt-Ottomotor benötigt entsprechend der Herstellerangabe eine Mischung aus Öl und Benzin.

Ein Viertakt-Ottomotor: Benzin

Für die bekanntesten Tragkraftspritzen gilt folgendes:

Der VW-Industriemotor benötigt verbleiten Superkraftstoff. Die Tragkraftspritze mit Nissan-Motor (Fabrikat GFT und Metz) läuft mit Normalbenzin bleifrei. Die Tragkraftspritze der Firma IVECO mit dem Motor FIRE 1000 benötigt Superkraftstoff bleifrei. Die Tragkraftspritze „FOX" der Firma Rosenbauer mit BMW-Motor läuft mit Normalbenzin bleifrei.

82. Wie lange darf der Kraftstoff für Zweitakt-Ottomotoren im Kraftstoffbehälter bleiben?

Längstens sechs Monate. Nach dieser Zeit ist die Schmierfähigkeit des Öles nicht mehr einwandfrei. Neue Mischung ist einzufüllen!

83. Welchen Zweck hat ein Niederdrucksatz?

Die Leit- und Laufräder der zweistufigen Normalausführung der TS 8/8 lassen sich ohne Mühe gegen einen einstufigen Niederdrucksatz austauschen. Dadurch entsteht eine Niederdruck-Tragkraftspritze mit großem Förderstrom. Diese Tragkraftspritze kann zum Auspumpen überfluteter Räume eingesetzt werden. Man kann damit eine TS 8/8 zu einer Lenzpumpe umrüsten und spart sich die Vorhaltung einer gesonderten Lenzpumpe.

H

Feuerwehrfahrzeuge

1. Was sind Feuerwehrfahrzeuge?

Für den Einsatz der Feuerwehr besonders gestaltete Kraftfahrzeuge oder Anhängefahrzeuge, die, entsprechend dem vorgesehenen Verwendungszweck, eingerichtet sind zur Aufnahme der Besatzung, der feuerwehrtechnischen Beladung sowie der Lösch- und sonstigen Einsatzmittel.

2. Welche Feuerwehrfahrzeuge sieht DIN 14 502 vor?

1. Einsatzleitwagen,
2. Löschfahrzeuge,
3. Hubrettungsfahrzeuge,
4. Rüst- und Gerätewagen,
5. Schlauchwagen,
6. Sonderlöschmittelfahrzeuge,
7. Rettungsfahrzeuge,
8. Feuerwehranhänger,
9. Sonstige Fahrzeuge der Feuerwehr.

Hinweis: DIN 14 502 wird z. Zt. überarbeitet.

Einsatzleitwagen

3. Was ist ein Einsatzleitwagen?

Ein Feuerwehrfahrzeug, ausgestattet mit Kommunikationsmitteln und anderer Ausrüstung zur Führung taktischer Einheiten.

Bild 1: Einsatzleitwagen ELW 2 (Ziegler auf Mercedes)

4. Welche Einsatzleitwagen sieht DIN 14 507 vor?

Typ	Genormtes Fahrzeug nach DIN 14 507 Teil …	Antriebsart	Zulässiges Gesamtgewicht kg max.
ELW 1	2	Str oder All	3500
ELW 2	3	Str	7500
		All	9500
KdoW	5	Str oder All	2500 (2800)

Nach Norm sind folgende Fahrzeuge vorgesehen:

DIN 14507-1:
Einsatzleitfahrzeuge – Teil 1: Allgemeine Anforderungen

DIN 14 507-2:
Einsatzleitfahrzeuge – Teil 2: Einsatzleitwagen ELW 1

DIN 14 507-3:
Einsatzleitfahrzeuge – Teil 3: Einsatzleitwagen ELW 2

DIN 14 507-5:
Einsatzleitfahrzeuge – Teil 5: Kommandowagen KdoW

Einsatzleitwagen Typ ELW 1 nach Norm dienen vorwiegend

a) der Einsatzleitung zur Anfahrt sowie Erkundung von Einsatzstellen,
b) der Einsatzleitung als Hilfsmittel zur Führung von taktischen Einheiten,
c) der Einsatzleitung als Hilfsmittel zum Führen von Verbänden mit Führungsgehilfen, jdedoch ohne stabsmäßige Führung.

Einsatzleitwagen ELW 2 nach dieser Norm dienen vorwiegend

a) der Einsatzleitung als Hilfsmittel zum Führen von Verbänden mit Führungsgehilfen und stabsmäßiger Führung,
b) der Technischen Einsatzleitung im Katastrophenfall als Führungsmittel.

Einsatzwagen Typ ELW-K (Kommandofahrzeug) nach Norm dienen der Einsatzleitung zur Anfahrt sowie Erkundung von Einsatzstellen.

Löschfahrzeuge

5. Was ist ein Löschfahrzeug?

Ein Feuerwehrfahrzeug, das vornehmlich zur Brandbekämpfung und zur Förderung von Wasser sowie zur Durchführung einfacher technischer Hilfeleistungen eingesetzt wird.

6. Welche Löschfahrzeuge sieht DIN 14 530 vor?

1. Löschgruppenfahrzeuge,
2. Tanklöschfahrzeuge,
3. Trockenlöschfahrzeuge,
4. Trocken-Tanklöschfahrzeuge,
5. Tragkraftspritzenfahrzeuge,
6. sonstige Löschfahrzeuge.

Hinweis: DIN 14 530 wird z.Zt. überarbeitet.

Löschgruppenfahrzeuge (LF)

7. Was sind Löschgruppenfahrzeuge?

Löschgruppenfahrzeuge sind Fahrzeuge für eine Löschgruppe, bestehend aus einem Führer und 8 Mann (1 + 8), mit einer vom Fahrzeugmotor angetriebenen Feuerlösch-Kreiselpumpe und einer feuerwehrtechnischen Beladung. Löschmittelbehälter können fest eingebaut sein.

8. Welche Löschgruppenfahrzeuge sind derzeit üblich?

1. LF 8/6 nach DIN 14 530 Teil 5
2. LF 16/12 nach DIN 14 530 Teil 11
3. LF 16 TS nach DIN 14 530 Teil 8 (für Katastrophenschutz)
4. LF 24 nach DIN 14 530 Teil 10 (Norm ist zurückgezogen)

Bild 2: LF 8/6 Straße (Metz auf MAN)

9. Was gibt die erste Zahl hinter LF an?

Die erste Zahl hinter dem Kennzeichen gibt den Nennförderstrom der Feuerlösch-Kreiselpumpe in 100 l/min (nach DIN 14 420) an.

10. Löschgruppenfahrzeug LF 8/6 (nach DIN 14 530 Teil 5)

Das LF 8/6 ist ein Löschfahrzeug mit einer vom Fahrzeugmotor angetriebenen Feuerlösch-Kreiselpumpe, einer Schnellanfgriffseinrichtung, einem Löschwasserbehälter (600 l Inhalt) und einer feuerwehrtechnischen Beladung. Die Besatzung besteht aus einer Gruppe (1/8).

Das zulässige Gesamtgewicht beträgt 7500 kg bei Straßenantrieb und 9500 kg bei Allradantrieb.

Neben der Standardbeladung kann eine örtliche Beladung für Technische Hilfeleistung *oder* eine Tragskraftspritze mitgeführt werden.

Bild 3: LF 8/6 Allrad (Iveco Magirus)

11. Löschgruppenfahrzeug LF 16/12 (nach DIN 14 530 Teil 11)

Das LF 16/12 ist ein Feuerwehrfahrzeug für die Brandbekämpfung und die Technische Hilfeleistung. Es ist mit einer vom Fahrzeugmotor angetriebenen Feuerlösch-Kreiselpumpe, einer Schnellangriffseinrichtung, einer feuerwehrtechnischen Beladung und einem fest eingebauten Löschwasserbehälter (1200 oder 1600 l) ausgestattet. Die Besatzung besteht aus einer Gruppe (1/8). Es hat Allradantrieb.

Das zulässige Gesamtgewicht soll 12 000 kg und darf maximal 13 500 kg betragen.

Wegen seiner Beladung ist das LF 16/12 das derzeit universellste genormte Fahrzeug für die Brandbekämpfung und die Technische Hilfeleistung.

Bild 4: LF 16/12 (Iveco Magirus)

12. LF 16 – TS (Nach DIN 14 530 Teil 8)

Die neu geltende Norm beschreibt nur noch das LF 16-TS für Kat.-Schutz und 9,5 Tonnen zulässiges Gesamtgewicht.

Löschgruppenfahrzeug zur Aufnahme einer Löschgruppe (1 + 8) und der feuerwehrtechnischen Beladung mit vom Fahrzeugmotor angetriebener Feuerlösch-Kreiselpumpe 16/8 nach DIN 14 420 als Frontpumpe, einer in das Heck eingeschobenen Tragkraftspritze TS 8/8 nach DIN 14 410 und Gerät für Hilfeleistungen kleineren Umfangs.

Der METZ-AS
leue Technik – Neues Design – Neue Dimensionen
ei dem neuen Aluminium-Stahl-Aufbaukonzept des METZ-AS
erbinden sich zukunftsweisende Technik mit einem ausdruck-
tarken, dynamischen Design. Mit mehr Platz, größerer
lexibilität im Innenausbau und vielen neuen technischen
etaillösungen setzt der METZ-AS Aufbau einen neuen Maßstab für
noderne Löschfahrzeugtechnik. Der neue METZ-AS – Das AS unter den
öschfahrzeugen.
etaillierte Informationen liegen für Sie bereit.
112
FEUERWEHR
Metz
etz Feuerwehrtechnik GmbH & Co.KG
ostfach 21 09 54, D-76159 Karlsruhe
lefon: ++49 - (0) 721 - 59 65 - 0
lefax: ++49 - (0) 721 - 59 65 - 119
mail: vertrieb@metz-online.de
ternet: http://www.metz-online.de
FGL Metz
FGL Metz Feuerwehrgeräte GmbH
Postfach 65, D-14932 Luckenwalde
Telefon: ++49 - (0) 3371 - 69 05 - 0
Telefax: ++49 - (0) 3371 - 62 04 - 07
Unternehmen der
Rosenbauer-Gruppe

Bild 5: LF 16 TS (Ziegler auf Mercedes)

13. LF 24[1] (nach DIN 14 530 Teil 10)

Löschgruppenfahrzeug zur Aufnahme einer Löschgruppe (1 + 8), der feuerwehrtechnischen Beladung, mit fest eingebauter Feuerlösch-Kreiselpumpe FP 24/8 nach DIN 14 420 als Heckpumpe, Löschwasserbehälter für mindestens 1600 l nutzbaren Inhalts, sowie einer Schnellangriffseinrichtung, bestehend aus einer Schlauchhaspel für 30 m Druckschlauch S 28 oder für ca. 50 m formstabilen Druckschlauch DN 25, sowie einem Mehrzweckstrahlrohr CM, einem Schaummittelbehälter für 200 l (oder wahlweise 6 Schaummittelbehälter à 20 l), einer maschinell angetriebenen Zugvorrichtung mit

[1] Für spezielle Einsatzbereiche von Großstadtfeuerwehren zur Brandbekämpfung, Wasserförderung und technischen Hilfeleistungen.

Bild 6: LF 24 (Ziegler auf MAN)

einer Nennzugkraft von 50 kN, einem Stromerzeuger, einem Lichtmast, sowie Gerät für Hilfeleistungen kleineren Umfangs.

Das Gesamtgewicht des Fahrzeugs darf 16 000 kg nicht überschreiten.

Hinweis: In manchen Bundesländern gibt es besondere Vorgaben für LF 24, da Norm zurückgezogen.

Tanklöschfahrzeuge (TLF)

14. Was sind Tanklöschfahrzeuge?

Tanklöschfahrzeuge sind Fahrzeuge zur Aufnahme von
1 Löschstaffel (1 + 5) oder
1 Löschtrupp (1 + 2) und einer feuerwehrtechnischen Beladung, mit

einer vom Fahrzeugmotor angetriebenen Feuerlösch-Kreiselpumpe, einem Löschwasserbehälter und einer Schnellangriffseinrichtung.

15. Wozu eignen sich Tanklöschfahrzeuge besonders?

Tanklöschfahrzeuge sind geeignet:

a) zur Einleitung und Durchführung eines Schnellangriffs mit ihrem Wasservorrat,

b) zur Förderung von Löschwasser aus Löschwasserentnahmestellen,

c) zur Wasserförderung über lange Strecken, wobei der Löschwasserbehälter als Ausgleichsbehälter benutzt werden kann,

d) zur Versorgung einer Brandstelle mit Löschwasser im Pendelverkehr,

e) zur Bekämpfung von Flächenbränden vom fahrenden Fahrzeug aus (Sonderausrüstung erforderlich),

f) zur Brandbekämpfung auf Straßen außerhalb der Ortschaften und in Außenbereichen ohne ausreichende Löschwasserversorgung.

16. Welche Tanklöschfahrzeuge sind derzeit genormt?

1. TLF 16/24 Tr   2. TLF 16/25   3. TLF 24/48

17. Was gibt die zweite Zahlenfolge hinter TLF an?

Sie gibt den nutzbaren Inhalt des Löschwasserbehälters in 100 l an, z.B. 2500 Liter Inhalt beim TLF 16/25.

18. Tanklöschfahrzeug TLF 16/24 Tr (DIN 14 530 Teil 22)

Das TLF 16/24 Tr ist ein Löschfahrzeug mit einer vom Fahrzeugmotor angetriebenen Feuerlösch-Kreiselpumpe, einer Schnellangriffseinrichtung, einem Löschwasserbehälter (2400 l) und einer feuerwehrtechnischen Bildung. Die Besatzung besteht aus einem Trupp (1/2). Es hat Allradantrieb. Das zulässige Gesamtgewicht beträgt 9500 kg.

Bild 7: TLF 16/24 Tr (Ziegler auf MAN)

Einsatzhinweis

Bei diesem Fahrzeug handelt es sich um den „Nachfolger“ des bisherigen TLF 8/18 nach DIN 14 530 Teil 18.

19. TLF 16/25 (nach DIN 14 530 Teil 20)

Tanklöschfahrzeug zur Aufnahme einer Löschstaffel (1 + 5) und der feuerwehrtechnischen Beladung, mit vom Fahrzeugmotor angetriebener Feuerlösch-Kreiselpumpe FP 16/8 nach DIN 14 420 als Heckpumpe, einem Löschwasserbehälter von mindestens 2500 l nutzbarem Inhalt und einer Schnellangriffseinrichtung.

Das Gesamtgewicht des Fahrzeugs darf 12 000 kg nicht überschreiten.

Bild 8: TLF 16/25 (Metz auf Mercedes)

20. TLF 24/48 (nach DIN 14 530 Teil 21)

Tanklöschfahrzeug zur Aufnahme eines Löschtrupps (1 + 2) und der feuerwehrtechnischen Beladung mit vom Fahrzeugmotor angetriebener Feuerlösch-Kreiselpumpe 24/8 nach DIN 14 420 als Heckpumpe, einem Löschwasserbehälter für mindestens 4800 l, einem Schaummittelbehälter für 500 l nutzbaren Inhalt, einem fest eingebauten Schaum-Wasserwerfer für manuelle Betätigung und einer Schnellangriffseinrichtung. Das Gesamtgewicht des Fahrzeugs darf 17 000 kg nicht überschreiten.

Bild 9: TLF 24/48 (Metz auf Mercedes)

Trockenlöschfahrzeuge (TroLF) und Trocken-Tanklöschfahrzeuge (TroTLF)

Einsatzhinweis

Die Normen für Trockenlöschfahrzeuge und Trocken-Tanklöschfahrzeuge wurden mangels Bedarf zurückgezogen.

Bei Beschaffungsbedarf entscheidet deshalb der Beschaffer über die Art und Ausstattung solcher Fahrzeuge.

Tragkraftspritzen-Fahrzeuge (TSF)

21. Tragkraftspritzen-Fahrzeug (nach DIN 14 530 Teil 16)

Ein Fahrzeug als serienmäßiger Kastenwagen oder mit Kofferaufbau zur Aufnahme einer Löschstaffel (1 + 5) und der feuerwehrtechnischen Beladung für eine Gruppe (1 + 8) sowie einer eingeschobenen Tragkraftspritze TS 8/8 nach DIN 14 410.

Das Gesamtgewicht des Fahrzeugs darf 3500 kg nicht überschreiten.

Bild 10: TSF mit Kofferaufbau (Metz auf Mercedes)

FEUERWEHR
SZ 243

22. Tragkraftspritzenfahrzeug TSF-W (nach DIN 14 530 Teil 17)

Das TSF-W ist ein Löschfahrzeug mit feuerwehrtechnischer Beladung für eine Gruppe (1/8) einschl. einer Tragkraftspritze. Die Besatzung besteht aus einer Staffel (1/5). Es hat einen fest eingebauten Löschwasserbehälter mit 500 l nutzbarer Wassermenge und eine Schnellangriffseinrichtung. Es hat Straßenantrieb.

Das zulässige Gesamtgewicht beträgt 5500 kg.

Bild 11: TSF-W (Iveco Magirus)

23. Übersicht der Löschfahrzeuge (Typenreduzierung)

Typ	nach DIN 14 530	Besat-zung	Pumpe		Lösch-wasser	Schnell-angriffs-ein-richtung	andere Lösch mittel	Druck-schläuche		Leitern		Antriebs-art	zul. Gesamt-gewicht	Führer-schein-klasse
			einge-baut	ein-gesch.	(l)			B	C	Steck-leiter-teile	Schieb-leiter	(kg)		
TSF	Teil 16	1/5	–	TS 8/8	–	–	–	8	12	2	–	Str.	3500	3
TSF-W	Teil 17	1/5	–	TS 8/8	500	ja	–	8	8	4	–	Str.	5 500	3
LF 8/6	Teil 5	1/8	FP 8/8 (Heck)	TS* 8/8	600	ja	–	12	10	4	–	Str. Allr.	7 500 9 500	3 2
LF 16/12	Teil 11	1/8	FP 16/8 (Heck)	–	1200 (1600)	ja	–	12	10	4	1	Allr.	12 000 (13 500)	2
TLF 16/24 Tr	Teil 22	1/2	FP 16/8 (Heck)	–	2400	ja	–	4	6	4	–	Allr.	9 500	2
TLF 24/48	Teil 21	1/2	FP 24/8 (Heck)	–	4800	ja	500 l Schaum-mittel	6	3	–	–	Allr.	17 000	

* wahlweise, oder Geräte für Techn. Hilfeleistung

Sonstige Löschfahrzeuge

24. Was versteht man unter sonstigen Löschfahrzeugen?

Fahrzeuge für besondere Einsätze zur Brandbekämpfung; weitere technische und taktische Festlegungen sind in DIN 14 502 Teil 1 nicht getroffen.

Beispiele:
Sonderlöschmittelfahrzeug, Schaummittelfahrzeug, Waldbrandlöschfahrzeug, Sonderfahrzeuge in Industriebetrieben oder Flughäfen.

Hubrettungsfahrzeuge

25. Was sind Hubrettungsfahrzeuge nach DIN 14 701 Teil 1?

Es sind Fahrzeuge, die vorrangig zur Rettung von Menschen aus Notlagen, ferner zur Durchführung technischer Hilfeleistung und zur Brandbekämpfung verwendet werden. Sie haben einen maschinell angetriebenen, beweglichen Hubrettungssatz mit oder ohne Korb.

26. Welche Ausführungsarten von Hubrettungsfahrzeugen gibt es?

1. Drehleitern (DL),
2. Drehleitern mit Korb (DLK),
3. Gelenkmast (GM),
4. Teleskopmast (TM).

Gelenk- und Teleskopmastfahrzeuge kommen nur für große Feuerwehren in Frage, bei denen bereits Drehleitern vorhanden sind.

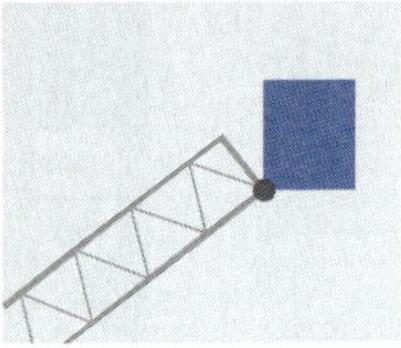

Bild 12:
Drehleitern mit Korb (DLK)

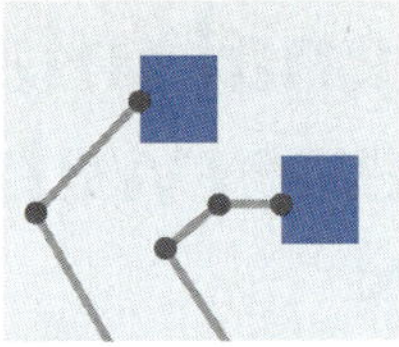

Bild 13:
Gelenkmast (GM)

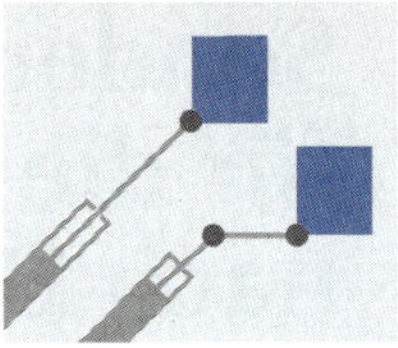

Bild 14:
Teleskopmast (TM)

27. Was sind Hubrettungsfahrzeuge nach DIN 14 701 Teil 2?

Hubrettungsfahrzeuge sind Feuerwehrkraftfahrzeuge zur Aufnahme eines Trupps (1 + 2) mit einer feuerwehrtechnischen Beladung sowie einem Hubrettungssatz aus Leitergetriebe mit aufricht-, ausfahr- und drehbarem Leitersatz mit oder ohne Rettungskorb.

Typen:	DL 12-9	DLK 18-12
	DLK 12-9	DL 23-12
	DL 18-12	DLK 23-12

28. Was bedeutet die Bezeichnung DL 23–12?

Die Drehleiter muß innerhalb des Freistandsfelds eine Nennrettungshöhe von 23 m bei einer Nennausladung von 12 m erbringen.

Diese Werte sind bedingt durch die Hochhausgrenze von 22 m. Bei größeren Höhen berücksichtigen die Landesbauordnungen, daß Rettungsmaßnahmen nicht mehr über die Leitern der Feuerwehren durchgeführt werden können.

29. Was sind Nennrettungshöhe, Nennausladung, Freistandsfeld und Freistandsgrenze?

Die Nennrettungshöhe ist die lotrechte Höhe bei Nennausladung von waagrechter Standfläche bis Korbboden.

Die Nennausladung ist die Ausladung bei der Nennrettungshöhe gemessen von Fahrzeugaußenkante bis zum Lot der Außenkante des

Korbbodens. Sofern die Abstützung außerhalb der größten Fahrzeugbreite liegt, gilt für die Ausladung das Maß von Außenkante der belasteten Abstützung bis zum Lot.

Das Freistandsfeld ist der Bereich innerhalb des Benutzungsfelds, in dem der Hubrettungssatz im Freistand mit der zulässigen Nutzlast belastet und bewegt werden kann, ohne die Standsicherheit zu gefährden.

Die Freistandsgrenze ist die Grenze im Benutzungsfeld, bis zu der der Hubrettungssatz im Freistand mit der zulässigen Nutzlast belastet und maschinell bewegt werden kann.

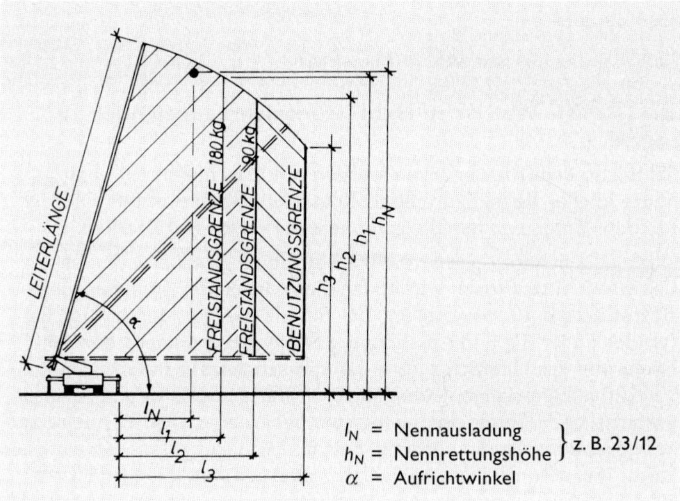

Bild 15: Bezeichnungen nach DIN 14 701 Teil 2

30. Welche Nennrettungshöhen und Nennausladungen erreichen Hubrettungsfahrzeuge?

Typ	Nennrettungshöhe m	Nennausladung m
DL 12-9* DLK 12-9*	12	9
DL 18-12 DLK 18-12	18	12
DL 23-12 DLK 23-12	23	12
Gelenkmaste Teleskopmaste	nach Normentwurf (pr EN)	

*bisher als DL 16-4 bzw. DLK 16-4 bezeichnet

31. Was ist zu Hubrettungsfahrzeugen noch zu sagen?

Sämtliche Leiterbewegungen werden mit Maschinenkraft getätigt, heute in aller Regel hydraulisch. Diese Antriebsart mittels Öldruck hat den Vorteil der feinfühligen und stufenlosen Regelbarkeit.

Um einen sicheren und schnellen Betrieb zu gewährleisten, ist die Leiter mit automatisch wirkenden Sicherheitseinrichtungen ausgestattet, so z.B. zur Herstellung der Standsicherheit durch Ausschalten der Federung und Abstützung des Fahrzeugrahmens; zur Verhinderung des Überschreitens der statisch zulässigen Grenzen im Verhältnis Leiterlänge, – Neigung und -Belastung; End- und Anstoßvorrichtungen; Seiteneinstellung zum Senkrechtstellen des Leitersatzes gegenüber der Standfläche, Festhaltesicherung der Leiter in allen Lagen (Sprossengleichheit), Fahrgetriebe und Antrieb des Hubrettungssatzes müssen sich gegenseitig sperren.

Diese vielseitigen Sicherheitseinrichtungen entlasten nicht von der Verpflichtung, den Maschinisten sorgfältig auszubilden, um dieses besonders aufwendige Gerät sicher und zweckmäßig einsetzen zu können.

Bild 16: DLK 18-12 (Iveco Magirus)

Bild 17: DLK 23-12 mit Stülpkorb (Metz auf Mercedes)

Bild 18: DLK 23-12 niedere Bauart (Iveco Magirus)

Als zusätzliche Einrichtungen für die Leiter sind möglich: Halterung für Wendestrahlrohr, Scheinwerfer am Kopf der Unterleiter zur Arbeitsfeldausleuchtung, Sprechverbindung zwischen Leiterkopf und Bedienungsstand, maschinelle Hebeeinrichtung, Rettungskorb, Krankentragenhalterung, Stromanschluß im Korb zum Betreiben von Elektrowerkzeugen oder Anschluß von Scheinwerfern.

32. Woraus werden die Leitern gefertigt?

Der Leitersatz ist aus Metall herzustellen.

Für Holme, Schrägen und Sprossen werden verschiedene Hohlprofile und offene Profile verwendet.

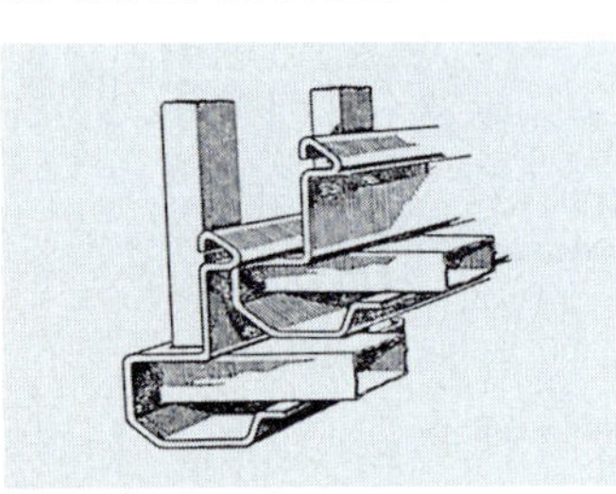

Bild 19: Leitersatz, Spezial-Sonderwalzprofil in Stahlleichtbauweise (Iveco Magirus)

33. Welche Rettungskorbarten gibt es?

Es gibt den hängenden Rettungskorb (Bild 20), den stehenden Rettungskorb (Bild 21) und neuerdings den Stülpkorb.

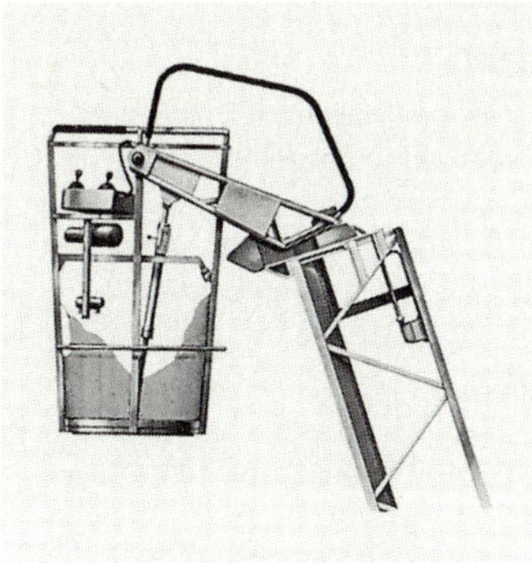

Bild 20: Hängender Rettungskorb (Iveco Magirus)

Bild 21: Stehender Rettungskorb (Metz)

34. Welche kleinere Drehleiter ist noch in der Norm vorgesehen?

Die DL 12–9 oder DLK 12–9 nach DIN 14 702. Sie hat eine Nennrettungshöhe von 12 m bei einer Nennausladung von 9 m.

Rüstwagen (RW) und Gerätewagen (GW)

35. Was ist ein Rüstwagen?

Rüstwagen ist ein Feuerwehrfahrzeug mit Allradantrieb, das zur technischen Hilfeleistung eingesetzt wird. Eine Zugeinrichtung ist fest eingebaut und wird vom Fahrzeugmotor angetrieben. Der Rüstwagen hat eine feuerwehrtechnische Beladung und kann einen eingebauten oder angebauten Lichtmast und einen eingebauten Generator haben.

Die Besatzung besteht aus einem Trupp.

36. Welche Rüstwagen-Typen sieht DIN 14 555 vor?

RW 1: Besatzung 1 Trupp (1 + 2)
Zulässiges Gesamtgewicht: 9000 kg
Nennzugkraft der Zugvorrichtung: 50 kN (5 t)
Nennleistung des Generators: 10–12,5 kVA
Allradantrieb

Bild 22: RW 1 (Schlingmann auf Mercedes)

Bild 23: RW 2 (Ziegler auf Mercedes)

RW 2: Besatzung 1 Trupp (1 + 2)
Zulässiges Gesamtgewicht: 12 000 kg, bei Automatikgetriebe 12 500 kg
Nennzugkraft der Zugvorrichtung: 50 kN (5 t)
Nennleistung des Generators: 15–20 kVA
Allradantrieb

37. Was ist ein Vorausrüstwagen?

Vorausrüstwagen ist ein Feuerwehrfahrzeug mit Allradantrieb für den Ersteinsatz bei technischen Hilfeleistungen. Er hat einen fest eingebauten Generator und eine feuerwehrtechnische Beladung. Die Besatzung besteht aus einem Trupp (1 + 2).

Bild 24: Vorausrüstwagen VRW (Ziegler auf Mercedes)

38. Was ist ein Gerätewagen (GW)?

Gerätewagen ist ein Feuerwehrfahrzeug, das zum Bereitstellen von Geräten für technische Hilfeleistungen eingesetzt wird. Die Besatzung besteht aus einem Trupp (1 + 2) oder aus einem Führer und einem Mann (1 + 1).

39. Welche Gerätewagen sieht DIN 14 555 vor?

Gerätewagen nach DIN 14 555 Teil 10 } nicht mehr genormt
Gerätewagen-Öl nach DIN 14 555 Teil 11 }
Gerätewagen-Gefahrgut nach DIN 14 555 Teil 12, 13 und 14.

40. Was sind sonstige Gerätewagen?

Gerätewagen, die nur für spezielle Aufgaben ausgerüstet sind, z.B. GW-Atemschutz, GW-Strahlenschutz, GW-Wasserrettung, GW-Licht, GW-Dekontamination.

Bild 25: GW-Atemschutz (Schmitz auf Mercedes)

41. Gerätewagen-Gefahrgut GW-G1 (nach DIN 14 555 Teil 14)

Der Gerätewagen-Gefahrgut GW-G1 ist vorgesehen zum Einsatz bei Schadensfällen mit gefährlichen Stoffen und Gütern. Der GW-G1 dient dem Umweltschutz und stellt die Geräte bereit, die zum Durchführen von Sofortmaßnahmen kleineren Umfangs bei der Bekämpfung von Unfällen mit gefährlichen Stoffen sowie von Mineralöl-Unfällen erforderlich sind.

Der GW-G1 wird in der Regel mindestens zusammen mit einem wasserführenden Löschfahrzeug eingesetzt.

Das zulässige Gesamtgewicht beträgt 3500 kg

42. Gerätewagen-Gefahrgut GW-G2 (nach DIN 14 555 Teil 13)

Der Gerätewagen-Gefahrgut GW-G2 ist vorgesehen zum Einsatz bei Schadensfällen mit gefährlichen Stoffen und Gütern. Der GW-G2 dient dem Umweltschutz und stellt die Geräte bereit, die Durchführen von Sofortmaßnahmen bei der Bekämpfung von Unfällen mit gefährlichen Stoffen sowie von Mineralöl-Unfällen erforderlich sind.

Der GW-G2 wird in der Regel mindestens zusammen mit einem wasserführenden Löschfahrzeug und einem Rüstwagen eingesetzt. Das zulässige Gesamtgewicht beträgt 7500 kg.

43. Gerätewagen-Gefahrgut GW-G3 (nach DIN 14 555 Teil 12)

Der Gerätewagen-Gefahrgut GW-G3 ist vorgesehen zum Einsatz bei Schadensfällen mit gefährlichen Stoffen und Gütern. Der GW-G3 dient dem Umweltschutz und stellt die Geräte bereit, die zum Durchführen von umfangreichen Sofortmaßnahmen bei der Bekämpfung von Unfällen mit gefährlichen Stoffen sowie von Mineralöl-Unfällen erforderlich sind.

Bild 26: GW-Gefahrgut GW-G3 (Schmitz auf Iveco)

Der GW-G3 wird in der Regel mindestens zusammen mit einem wasserführenden Löschgruppenfahrzeug und einem Rüstwagen eingesetzt.

Das zulässige Gesamtgewicht beträgt 11 000 kg.

Schlauchwagen (SW)

44. Was ist ein Schlauchwagen?

Schlauchwagen ist ein Feuerwehrfahrzeug, das zum schnellen Verlegen von Druckschläuchen eingesetzt wird. Es führt neben Druckschläuchen auch Armaturen und eine Tragkraftspritze TS 8/8 mit. Die Besatzung besteht aus einem Trupp (1 + 2).

45. Welchen Schlauchwagen sieht die derzeit geltende Norm DIN 15 565 vor?

Nur noch den Schlauchwagen SW 2000-Tr. Er dient zum Verlegen von maximal 2000 m B-Druckschlauch und zum Nachschub von Druckschläuchen. Das Fahrzeug hat eine feuerwehrtechnische Beladung einschließlich Tragkraftspritze; die Besatzung besteht aus einem Trupp (1/2). Es hat Allradantrieb; das zulässige Gesamtgewicht beträgt 9000 kg.

Einsatzhinweis

Die Norm sieht vor, daß das Fahrzeug auch einen Pritschenaufbau haben kann und deshalb insgesamt als Nachschub- oder Transportfahrzeug verwendet werden kann. Damit ist eine Mehrfachnutzung des Fahrzeuges gegenüber den bisherigen Schlauchwagen möglich.

Bild 27: SW 2000 Tr mit Pritschenaufbau (Lentner auf Mercedes)

Rettungsfahrzeuge

46. Was sind Rettungsfahrzeuge?

Rettungsfahrzeuge sind Kraftfahrzeuge mit bestimmter medizinischer und technischer Ausstattung, in denen Notfallpatienten und Nicht-Notfallpatienten versorgt werden können. Ihre Besatzung besteht aus dem Personal im Rettungsdienst und ggfs. einem Notarzt.

47. Welche Rettungsfahrzeuge sieht DIN 14 502 Teil 1 vor?

- Krankentransportwagen KTW nach DIN 75 080 Teil 3
- Rettungswagen RTW nach DIN 75 080 Teil 2
- Notarztwagen NAW
- Notarzteinsatzfahrzeug NEF nach DIN 75 079
- Großraum-Krankentransportwagen

Sonstige Feuerwehrfahrzeuge

48. Was sind sonstige Fahrzeuge der Feuerwehr?

- Vorausrüstwagen VRW
- Vorausgerätewagen VGW
- Feuerwehrkrane FwK
- Lichtmastfahrzeuge
- Feuerwehr-Wechselladerfahrzeuge WLF nach DIN 14 505
- Mannschaftstransportfahrzeuge MTF
- Speziallastkraftwagen
- Feuerwehrboote

49. Was sind Wechselladerfahrzeuge?

Es sind Fahrzeuge nach DIN 14 505 mit festmontierter Wechsel-Ladereinrichtung zur Aufnahme und zum Transport von Abrollbehältern mit feuerwehrspezifischer Beladung (z.B. Rüsthölzer, Sandsäcke, Ölbinder, Auffangbehälter, Ölsperren, Schaummittel, Sonderlöschgeräte, Atemschutz, Gefahrgut usw.)

Das zulässige Gesamtgewicht beträgt 18 000 kg.

Bild 28: Wechselladerfahrzeug (WLF) mit Abrollbehälter (Iveco Magirus/Meiller)

50. Was sind Mannschaftstransportfahrzeuge?

Es sind Fahrzeuge in Form von Kleinbussen oder mit Mannschaftskabine und Ladepritsche. Sie dienen vornehmlich dem Transport von Mannschaft und Kleingerät von und zu Einsatzstellen. Sie werden als Mannschaftstransportfahrzeuge (MTF), Mehrzweckfahrzeuge (MZF) oder Mannschaftstransportwagen (MTW) bezeichnet. Gewichte meist bis 3500 kg.

51. Was ist ein Feuerwehrboot?

Ein Wasserfahrzeug der Feuerwehr. Es dient zu Rettungseinsätzen, zur Brandbekämpfung und zu technischen Hilfeleistungen auf oder an Gewässern.

Beispiele nach DIN 14 502 Teil 1:

- Rettungsboot RTB 1 } siehe DIN 14 961
- Rettungsboot RTB 2 } siehe DIN 14 961
- Mehrzweckboot MZB } siehe DIN 14 961
- Ambulanzboot
- Löschboot
- Löschkreuzer

52. Was ist ein Feuerwehranhänger?

Ein für den Feuerwehreinsatz gestalteter Anhänger mit spezieller Beladung, z.B.

- Tragkraftspritzenanhänger nach DIN 14 520
- Anhängeleiter nach DIN 14 703
- FwA für Schaummittel, Licht, Öl, Ölsperre, Pulver, Rettungsboot, Schlauch
- Schaumwasserwerfer nach DIN 14 521

Bild 29: FwA-Ölabscheider (BP Stromeyer)

Bild 30: FwA-Ölsperre (BP Stromeyer)

53. Was sind Tragkraftspritzenanhänger TSA?

Tragkraftspritzen-Anhänger sind für die Brandbekämpfung besonders gestaltete und zur Aufnahme einer Tragkraftspritze nach DIN 14 410 und der feuerwehrtechnischen Beladung eingerichtete Einachsanhänger. Sie können an ein Fahrzeug angehängt oder von der Mannschaft gezogen werden. Das zulässige Gesamtgewicht beträgt 1000 kg.

Die Beladung ist auf eine Gruppe (1/8) abgestimmt.

Bild 31: TSA nach DIN 14 520 (Ziegler)

54. Was sind Anhängeleitern (AL)?

Auf einem Einachs-Fahrgestell ruhende, ausziehbare Leitern mit handbetätigtem Leiterantrieb.

Sie können an ein Fahrzeug angehängt werden. Genormt ist nach DIN 14 703 die AL 16–4. Die Zahlen geben die Nennrettungshöhe bei Nennausladung an.

55. Woraus bestehen Anhängeleitern?

Aus dem Fahrgestell mit 2 luftbereiften Rädern mit Handfeststellbremse, 2 Abstützspindeln, Lenkrolle und Stahlrohrdeichsel, der Aufricht- und Auszugsvorrichtung mit 2 Kurbelgetrieben je mit einer Sicherheitshandkurbel und Selbsthemmbremse, dem Leitersatz aus Stahlprofilen, Stahlsprossen mit Gleitschutz, Sicherheitsbügel und Rollenführung, automatischen Fallhaken und selbsttätiger Festhaltevorrichtung gegen ungewolltes Ausfahren der Leiter in Fahrstellung.

56. Welche Sicherheitseinrichtungen hat die Anhängeleiter?

Fahrzeugabstützungen; Endbegrenzungen für Aufrichten, Neigen, Ein- und Ausfahren; akustisches Signal für beendeten Leiterauszug; Geländeausgleichseinrichtung; Festhalteeinrichtung für jede Stellung des benutzungsbereiten oder belasteten Leitersatzes; Federabstellvorrichtung für die Achsfedern.

57. Welche Betriebsüberwachungseinrichtungen sind vorhanden?

Anzeige für Leiterlänge; Anzeige für Längs- und Querneigung des Fahrzeugs; Gradmesser für positiven Aufrichtwinkel und Seitenneigung, für zulässige Leiterlänge und Belastung an der Freistandsgrenze; Freistandsfeldschild für zulässige Aufrichtwinkel, Ausladung und Rettungshöhe an der Freistandsgrenze.

58. Wie ist die Anhängeleiter zu prüfen?

Mindestens einmal jährlich ist eine Sicht-, Funktions- und Belastungsprüfung von einem Sachkundigen nach den Vorgaben der Geräteprüfordnung (GUV 67.13) durchzuführen.

Nach Betriebsstörungen, Beschädigungen und deren Behebung sind ebenfalls Prüfungen vorzunehmen.

Rettungsgeräte

1. Was sind Rettungsgeräte?

Rettungsgeräte sind Geräte, die geeignet sind, Menschen und Tiere aus einem Gefahrenbereich herauszuführen oder aus einer lebensbedrohlichen Zwangslage zu befreien.

2. Welche genormten Rettungsgeräte gibt es?

- tragbare Leitern (siehe **I**)
- Drehleitern (siehe **H**)
- Anhängeleitern (siehe **H**)
- Sprungtuch (**I**)
- Sprungpolster (**I**)
- Luftheber (siehe **O**)
- Hydraulikheber (siehe **O**)
- Spreizer (siehe **O**)
- Hydraulikschneidgerät (siehe **O**)
- Feuerwehrleinen (siehe **E**)

3. Welche Rettungsgeräte werden bei den Feuerwehren neben den unter Frage 2 genannten Geräten häufig noch verwendet?

Ab- und Aufseilgeräte finden bei den Feuerwehren Anwendung.

Bei Arbeiten in abstutzgefährdeten Bereichen, bei denen ein freier Fall nicht auszuschließen ist, werden Geräte zum Auffangen verwendet. Diese sind: Auffanggurt, Kernmantel-Dynamikseil, Bandschlingen, Halbmastwurfsicherung (HMS)-Karabinerhaken.

Tragbare Leitern

4. Wozu werden Leitern im Feuerwehrdienst verwendet?

Leitern dienen vorrangig zur Rettung von Menschen aus Höhen und Tiefen (Sicherstellung des *Rettungsweges*).

Sie dienen den Einsatzkräften zur Überwindung von Höhendifferenzen und anderen Hindernissen im Brand- und Hilfeleistungseinsatz (Herstellen eines *Angriffsweges*).

Sie dienen als *Hilfsgerät* bei verschiedensten Anwendungsbereichen.

5. Was sind tragbaren Leitern?

Als „Tragbare Leitern" werden alle auf Feuerwehrfahrzeugen mitgeführten Leitern bezeichnet, die von der Mannschaft vom Fahrzeug genommen und an die vorgesehene Stelle getragen werden.

6. Welche tragbare Leitern gibt es?

Genormte tragbare Leitern sind:

a) Hakenleiter nach DIN 14 710
b) Steckleiter nach DIN 14 711 (aus Holz oder Leichtmetall)
c) Klappleiter nach DIN 14 713

d) Dreiteilige Schiebleiter nach DIN 14 715 (aus Holz oder Leichtmetall)

Nicht genormte tragbare Leitern sind:

a) Zweiteilige Schiebleiter (soweit noch vorhanden)
b) Strickleiter
c) Steckstrickleiter

Hakenleiter nach DIN 14 710

7. Wozu dient die Hakenleiter?

Die Hakenleiter dient als Steig- und Rettungsgerät insbesondere dort, wo andere Leitern aufgrund der Einsatzhöhe, der baulichen Gegebenheiten oder des Fehlens einer geeigneten Aufstellfläche nicht in Stellung gebracht werden können. Als Übungsgerät fördert die Hakenleiter die Sicherheit und Gewandtheit im Steigen.

Die Hakenleiter wird am Haken an einer geeigneten Brüstung eingehängt und frei hängend bestiegen. Sie darf nicht als Anstelleiter benutzt werden.

8. Wie lang ist eine genormte Hakenleiter?

Nach DIN 14 710 ist sie 4,40 m lang.

9. Woraus besteht die Hakenleiter?

Sie besteht aus:
- 2 Holmen,
- 10 Steigsprossen,
- 3 Hakensprossen,
- 1 Decksprosse und
- dem Haken.

10. Was wiegt eine genormte Hakenleiter?

Die Hakenleiter aus Holz mit abklappbarem Haken darf nach DIN 14 710 max. 12 kg wiegen.

11. Wie ist eine Hakenleiter aufgebaut?

Sprossen:
Eschenholz

Holme:
Kiefern-, Fichten-, Lärchenholz oder Oregon Pine, astfrei

Sprossenanker:
An der 1. und 6. Steigsprosse (vom Fußende gerechnet), an der 1. und 3. Hakensprosse und an der Decksprosse müssen Sprossenanker (Stahl St 37-2) vorhanden sein, deren Enden an den Außenseiten der Holme mit versenkt angeordneten Rundmuttern verschraubt sind.

Sicherungsdraht:
Verzinkter Strahldraht, der in die Innenseite der Holme eingelassen ist und an den Holmenden mit Flachrundschrauben befestigt ist.

Haken:
Der Haken besteht aus elektrisch geschweißtem Präzisionsstahlrohr. Er muß im ab- und aufgeklapptem Zustand durch einen Federriegel festgelegt werden können. An der Unterseite sind 11 geschränkte Zähne aus Winkelstahl aufgeschweißt. Zusammen mit einem 140 mm langen Endzahn verhindern sie ein Abrutschen der Leiter.

Bild 1: Hakenleiter

12. Wie wird die Hakenleiter geprüft?

Die Leiter ist vor jeder Übung und nach jeder Benutzung einer Sichtprüfung zu unterziehen (siehe UVV „Feuerwehren").

Mindestens einmal jährlich ist eine Sicht- und Belastungsprüfung gemäß Geräteprüfordnung (GUV 67.13) durchzuführen.

Lagerung: In einem trockenen luftigen Raum, möglichst senkrecht hängend. Bei waagrechter Lagerung muß sie an mehreren Stellen unterstützt werden, um ein Durchbiegen und bleibende Verformungen zu vermeiden.

Einsatzhinweise

- Hakenleiter nur mit einer Person belasten.
- Hakenleiter nicht als Anstelleiter benutzen.
- Beim Tragen, Haken abklappen oder bei feststehendem Haken Leiterkopf voraus und Haken nach innen gerichtet halten.

Steckleiter nach DIN 14 711

13. Wozu dient die Steckleiter?

Die Steckleiter dient als Angriffs- und Rettungsgerät bei Steighöhen bis zum 2. OG (8 m über Geländeoberfläche). Sie dient auf verschiedenste Weise als Hilfsgerät. Die Leiter wird aus mehreren Leiterteilen (höchstens vier) an der Einsatzstelle zusammengesteckt.

14. Welche Arten von Steckleitern gibt es?

Es gibt die Steckleiter aus Holz (H) und die Steckleiter aus Leichtmetall (LM).

Leiterteil und Leiter (bestehend aus vier Leiterteilen) werden demnach wie folgt bezeichnet:

Holz (H): Leiterteil DIN 14 711-H
Steckleiter DIN 14 711-4-H

Leichtmetall (LM): Leiterteil DIN 14 711-LM
Steckleiter DIN 14 711-4-LM

15. Welche Leiterteile gibt es?

Die heute gültige Ausgabe der DIN 14 711 sieht nur noch eine Art des Leiterteils, das sogenannte „B-Teil" vor. (Dieses Leiterteil besteht aus 2 Holmen und 7 Sprossen.) Die Reduzierung auf nur eine Ausführung des Leiterteils ermöglicht es, daß alle Leiterteile einer vierteiligen Steckleiter in beliebiger Reihenfolge zusammengesteckt werden können. Nachteilig ist dabei jedoch, daß am Leiterfuß zwei Sprossen fehlen, was beim Abstieg von der Leiter zu unfallträchtigen Situationen führen kann.

Bild 2: Steckleiter aus Holz
links: A-Teil
rechts: B-Teil

Viele Feuerwehren haben daher entgegen der Norm eines der vier B-Leiterteile durch ein „A-Teil" ersetzt. Dieses „A-Teil", das früher in der Norm grundsätzlich vorgesehen war, besitzt 9 Sprossen. Die zwei zusätzlichen Sprossen erlauben ein sicheres Steigen auch im Bereich des Leiterfußes.

Mit dem Erscheinen des Teils 3 der DIN 14 711 „Steckleiter – Steckkastensprossen und Einsteckteile" hat man dieses unfallträchtige Manko der fehlenden zwei unteren Sprossen auch normmäßig behoben. Die Norm sieht zwei Möglichkeiten vor, den unerwünschten großen Abstand zwischen Abstellfläche und unterster Sprosse zu vermeiden:

a) Zwischen die beiden innenliegenden unteren Steckkästen wird eine sogenannte *Steckkastensprossen* aus Stahl oder Leichtmetall eingefügt. Dadurch verringert sich der Abstand auf *eine* fehlende Sprosse.
b) In das Fußende des untersten Leiterteils wird ein *„Einsteckteil"* eingeschoben. Das Einsteckteil ist im Prinzip ein auf zwei Sprossen verkürztes Steckleiterteil aus Holz oder Leichtmetall. Dadurch werden beide fehlenden Sprossen nachträglich „eingefügt".

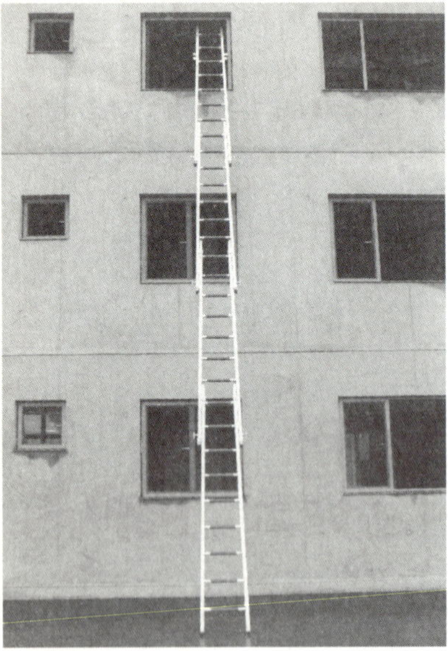

Bild 3: Vierteilige Steckleiter am 2. Obergeschoß angeleitert

16. Wie sieht ein Leiterteil aus?

Ein Leiterteil besteht aus 2 Holmen und 7 Sprossen. Bei der Holzleiter sind die Holme zum Schutz mit Stahlblechbeschlägen versehen.

Bei der Steckleiter aus Holz sind die Sprossen in den Holmen verleimt. Im Leiterteil sind in Höhe der 1., 4. und 7. Sprosse 6 mm starke Rundeisenstäbe eingezogen, die der Leiter ein festes Gefüge geben. Die oberste Sprosse ist durch 2 mm starken Flachstahl besonders geschützt.

Bei der Steckleiter aus Leichtmetall sind die Sprossen mit wärmeisolierendem, gleithemmendem und gleichzeitig griffigem Schutz versehen. Die Fußenden sind mit gleithemmenden und austauschbaren Schutzkappen versehen.

17. Wodurch wird das Zusammenstecken der Leiterteile ermöglicht?

Um das Zusammenstecken der Leiter zu ermöglichen, sind an jedem Holm oben nach außen und unten nach innen gerichtete Steckkästen angebracht, in welche die Leiterenden hineingeschoben werden.

18. Wie werden die Leiterteile gesichert?

Am Fußende jedes Holmes befindet sich ein mit einem Griff versehener Sperrbolzen in einem Schnappschloß, der in eine entsprechende Vertiefung im Holm des eingeschobenen Leiterteils einrastet und damit die Leiterteile zusammenhält.

19. Können Holz- und Leichtmetallteile zusammen verwendet werden?

Holz- und Leichtmetallteile können zusammengesteckt werden.

20. Welche Länge und welche Rettungshöhe hat eine vierteilige Steckleiter? (Siehe Bild 4)

Leiterteile:	1	2	3	4
Länge:	2,70	4,60	6,50	8,40 m
Rettungshöhe:	~2,10	~3,70	~5,00	~7,20 m

Transportlänge (2teilig): 4,60 m

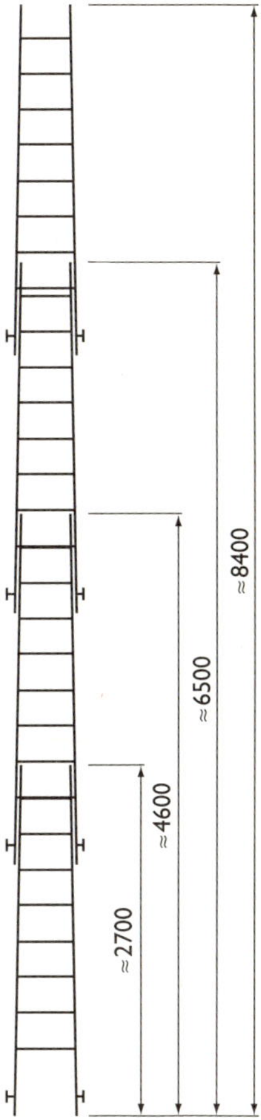

Bild 4: Leiterlängen: vierteilige Steckleiter

21. Wieviel wiegt ein Leiterteil?

Holzsteckleiter:	max. 12,5 kg
Leichtmetallsteckleiter:	max. 10 kg

22. Können auch mehr als vier Leiterteile zusammengesteckt werden?

Es dürfen nicht mehr als vier Teile aneinandergefügt werden.

23. Was kann man aus den einzelnen Leiterteilen noch herstellen?

Außer Steigleitern können auch Blockleitern mit gleichen oder ungleichen Schenkeln hergestellt werden.

In Bild 5 sehen wir eine Bockleiter aus zwei Steckleiterteilen.

Der eine Leiterteil ist mit dem Kopfende und der andere mit dem Fußende nach oben aufgerichtet und ineinandergelegt. Genauso gut kann man auch für jede Seite ein Leiterteil verwenden oder bei ungleichem Gelände die Leiter ungleichschenklig erstellen. Um ein Auseinandergleiten der Bockleiter zu verhindern, muß eine Leine

Bild 5: Steckleiter als Bockleiter

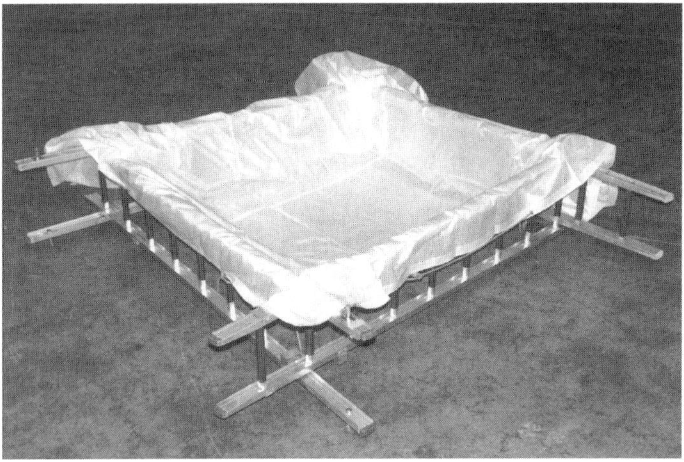

Bild 6/7: Provisorischer Auffangbehälter aus Steckleiterteilen

dazwischen gespannt oder durch Feuerwehrmänner die beiden Leiterteile festgehalten werden.

In Bild 6/7 ist aus Steckleiterteilen ein provisorischer *Auffangbehälter* gebaut worden. Jeweils eines oder zwei Leiterteile bilden eine „Seitenwand" eines rechteckigen Behälters, der mit Folien ausgeschlagen ist. An den Ecken sind Fuß- und Kopfteile rechtwinklig zusammengefügt. Die Konstruktion wird mit Arbeitsleinen oder Bindestricken zusammengebunden.

24. Wie wird eine Steckleiter geprüft?

Die Leiter ist vor jeder Übung und nach jeder Benutzung einer Sichtprüfung zu unterziehen (siehe UVV „Feuerwehren").

Mindestens einmal jährlich ist eine Sicht- und Belastungsprüfung gemäß Geräteprüfordnung (GUV 67.13) durchzuführen.

Einsatzhinweis

Steckleitern dürfen, unabhängig von der Rettungshöhe, mit höchstens zwei Personen belastet werden.

Klappleiter

25. Wozu dient die Klappleiter?

Sie dient hauptsächlich zur Überwindung kleiner Höhenunterschiede.

Sie läßt sich zusammenklappen, indem die beiden Holme gegeneinander gedrückt werden, wobei die Sprossen sich in Aussparungen zwischen die Holme legen. Hierbei erhält die Leiter die Form eines Vierkantholzes mit abgerundeten Ecken. Zusammengeklappt ist die Klappleiter leicht durch winklige Räume, schmale Luken usw. zu befördern.

Auf dem Fahrzeug nimmt sie wenig Platz ein, da sie zusammengeklappt verladen wird.

Bild 8: Klappleiter

26. Wie lang ist die Leiter?

Zusammengeklappt = 3,26 m, aufgeklappt = 3,00 m.

27. Wieviel wiegt eine Klappleiter?

Max. 10 kg.

28. Wie wird die Leiter gestrichen?

Alle Holzteile müssen bearbeitet und farblos lackiert sein. Alle Metallteile müssen verzinkt oder schwarz lackiert sein.

29. Wie wird die Klappleiter geprüft?

Die Leiter ist vor jeder Übung und nach jeder Benutzung einer Sichtprüfung zu unterziehen (siehe UVV „Feuerwehren").

Mindestens einmal jährlich ist eine Sichtprüfung gemäß Geräteprüfordnung (GUV 67.13) durchzuführen:

Die Leiter ist in ausgeklapptem Zustand eingehend zu untersuchen. Die Leiter ist betriebssicher, wenn die Holzteile keine Riß- oder Splitterbildung aufweisen, die Befestigung der Sprossen einwandfrei ist (fester Sitz der Schrauben) und die Beschläge fest sitzen. Ein Prüfnachweis ist zu führen.

Einsatzhinweise

- Klappleiter nie als Hebel benutzen
- Klappleitern dürfen nur von einer Person bestiegen werden.

Schiebleiter

30. Welche Arten von Schiebleitern gibt es?

Es gibt zwei- und dreiteilige Schiebleitern.

31. Warum ist die zweiteilige Schiebleiter nicht mehr genormt?

Die Norm über die zweiteilige Schiebleiter ist zurückgezogen. Der Grund dafür liegt in der erreichbaren Rettungshöhe, die nur unwesentlich höher als bei der vierteiligen Steckleiter ist. Das bedeutet, daß die Leiter von den Feuerwehren nicht mehr beschafft wird. In den Beladeplänen der Fahrzeuge ist nur noch die dreiteilige Schiebleiter vorgesehen. Da jedoch noch zahlreiche zweiteilige Schiebleitern im Gebrauch sind, wird sie nachfolgend besprochen.

32. Woraus besteht die zweiteilige Schiebleiter?

Die zweiteilige Schiebleiter besteht aus zwei übereinanderlaufenden Leiterteilen.

Bild 9: Einsatz einer dreiteiligen Schiebleiter

33. Welche Länge bzw. welche Höhe hat die zweiteilige Schiebleiter?

Transportlänge:	5,44 m
Einsatzlänge:	9,86 m
Rettungshöhe:	ca. 8,20 m

34. Wodurch ist die Leiter gegen Weggleiten gesichert?

Die Fußenden der Holme sind mit Stahlblechschuhen versehen, in die ein Stahldorn eingeschweißt ist.

35. Wo ist die Gleitrolle für das Zugseil angebracht?

Zwischen dem oberen Rundstahlanker und der obersten Leitersprosse ist ein Lager für die Gleitrolle angebracht.

36. Wozu dient das Zugseil und wie ist es geführt?

Mit dem Zugseil aus Hanf wird die Oberleiter hochgezogen. Wie das Seil geführt ist, zeigt Bild 10.

37. Wie stark ist das Zugseil?

12 mm.

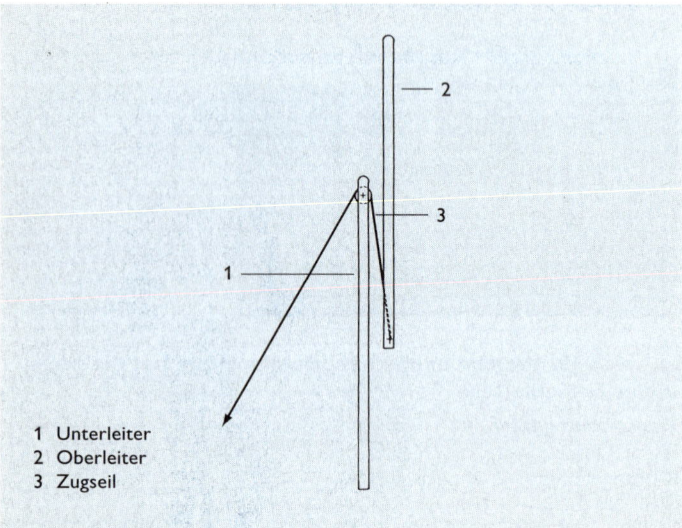

Bild 10: Zugseilführung

38. Wie viele Sprossen hat der untere bzw. der obere Leiterteil?

Unterer Leiterteil: 17 Sprossen
Oberer Leiterteil: 16 Sprossen

39. Wie ist die Leiter gesichert?

Die obere Leiter ist mit der unteren schiebbar verbunden und durch Führungsbügel gesichert.

Ferner sind Fallhaken angebracht, die auf der Sprosse aufsitzen und ein Zurückgleiten der Leiter verhindern.

40. Was wiegt die zweiteilige Schiebleiter?

Etwa 56 kg.

41. Wie prüft man eine zweiteilige Schiebleiter?

Die Leiter ist vor jeder Übung und nach jeder Benutzung einer Sichtprüfung zu unterziehen (siehe UVV „Feuerwehren").

Mindestens einmal jährlich ist eine Sicht- und Belastungsprüfung gemäß Geräteprüfordnung (GUV 67.13) durchzuführen.

42. Welche Arten von dreiteiligen Schiebleitern gibt es?

Nach Norm DIN 14 715 T1 + T2 gibt es Schiebleitern aus Holz und aus Leichtmetall.

43. Woraus besteht die dreiteilige Schiebleiter?

Aus drei aufeinanderlaufenden Leiterteilen.

44. Wie wird die dreiteilige Schiebleiter ausgezogen und gesichert?

Die Leiter hat zwei getrennte Seilzüge (Bild 11):

Ein *Zugseil* aus Polyester von 14 mm Durchmesser, das am Kopfende der Unterleiter befestigt ist, über eine feste Rolle am Fußende der Mittelleiter zurück zum Kopfteil der Unterleiter verläuft und über die dort befestigte Rolle in Richtung Leiterfuß als loses Seilende geführt wird.

Ein *Drahtseil* von 5 mm Durchmesser, das am Kopfende der Unterleiter befestigt ist und über eine feste Rolle am Kopfende des Mittelteils zum Fußende der Oberleiter geführt wird.

Durch Ziehen am losen Ende des Zugseils wird die Mittelleiter ausgezogen. Dies bewirkt gleichzeitig infolge der Seilführung des Drahtseils ein Ausziehen der Oberleiter.

Fallhakensicherungen am Fußende der Mittel- und Oberleiter halten die ausgezogenen Schiebleiterteile fest. Das Zugseil wird mittels Mastwurf an Leitersprossen der Unterleiter befestigt.

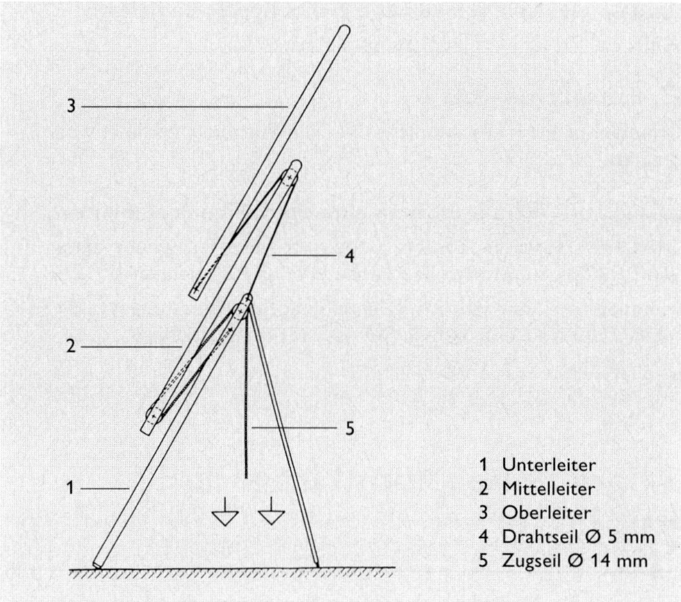

Bild 11: Zugseilführung

Am Kopfteil der Unterleiter sind mittels Drehgelenken zwei Stützstangen befestigt. Beim Besteigen wird die Leiter durch je eine Einsatzkraft an diesen Stangen gesichert. Im Freistand darf die Leiter nicht über den Stützstand hinaus bestiegen werden.

45. Welche Länge bzw. welche Höhe hat die dreiteilige Schiebleiter?

Transportlänge:	5,60 m
Einsatzlänge:	14,00 m
Rettungshöhe:	ca. 12,00 m

46. Wie schwer sind dreiteilige Schiebleitern?

Holz: ca. 100 kg Leichtmetall: max. 75 kg

Einsatzhinweis

Schiebleiter im Freistand nicht über die Stützstangen hinaus besteigen.

47. Wie prüft man eine dreiteilige Schiebleiter?

Die Leiter ist vor jeder Übung und nach jeder Benutzung einer Sichtprüfung zu unterziehen (siehe UVV „Feuerwehren").

Mindestens einmal jährlich ist eine Sicht- und Belastungsprüfung gemäß Geräteprüfordnung (GUV 67.13) durchzuführen.

Allgemeines zum Umgang mit Leitern

48. Welche Leiterlänge/Rettungshöhe haben die tragbaren Leitern?

Tragbare Leitern (im Einsatz angelegte Leitern)

Leiterlänge/Rettungshöhe bei Anstellwinkel von 65° bis 75°

49. Wie werden die Leitern aufbewahrt?

Leitern sind in einem luftigen, trockenen Raum aufzubewahren. Bei waagerechter Lagerung müssen sie an mehreren Stellen unterstützt werden, damit sie sich nicht durchbiegen und keine bleibenden Formveränderungen bekommen.

Eisenteile sind nach der Reinigung mit einem öligen Lappen abzureiben, damit sie mit einem dünnen Ölhauch überzogen sind.

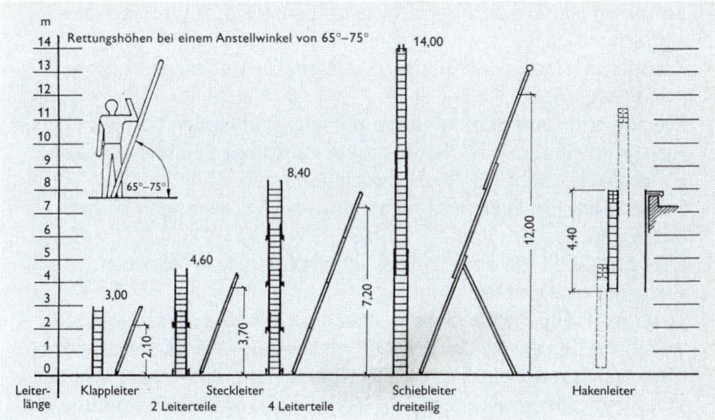

Bild 12: Leiterlängen und Rettungshöhen tragbarer Leitern

50. Warum dürfen Leitern nicht mit Farbe gestrichen werden?

Damit Risse und Brüche sofort erkennbar sind.

51. Welche Leitern werden außer den bereits genannten bei der Feuerwehr noch verwendet?

Zur Normbestückung der Rüstwagen gehören:

a) die Strickleiter aus Hanf oder Polyester, Länge 6–10 m, Gewicht 4–7 kg.
b) die Steckstrickleiter, Länge 6 m, Gewicht 4,4 kg.

Einsatzhinweise

- Leiterfüße nicht auf ungeeignete Unterlagen, wie Kisten, Steinstapel, Tische oder ähnlichem sowie nicht auf weichen oder glatten Untergrund aufsetzen. Erforderlichenfalls gegen Wegrutschen sichern.
- Anstellwinkel der Leiter muß 65° bis 75° betragen.

- Leiter an sichere Auflagepunkte anlegen und beim Besteigen sichern.
- Klappleitern und Hakenleitern dürfen nur mit einer Person belastet werden.
- Steckleitern und Schiebleitern dürfen, unabhängig von der Rettungshöhe, mit höchstens zwei Personen belastet werden.
- Hakenleiter nicht als Anstelleiter benutzen.
- Schiebleiter im Freistand nicht über die Stützstangen hinaus besteigen.
- Eine am Gebäude angestellte, unbesetzte Leiter darf nicht ohne weiteres entfernt werden!
- Ein Strahlrohr darf von der Leiter aus nur eingesetzt werden, wenn die Leiter am Leiterkopf befestigt ist und der Strahlrohrführer sich mit dem Sicherheitsgurt sichert. Auf Einhaltung der Strahlrohrabstände nach DIN VDE 0132 „Brandbekämpfung im Bereich elektrischer Anlagen“ ist zu achten.
- Das Strahlrohr darf nur jeweils bis zu einem Winkel von 15° zu den Seiten hin zur Wasserabgabe eingesetzt werden.
- Schlauchleitungen dürfen nicht auf der Leiter verlegt oder an ihr befestigt werden. Eine Ausnahme ist der Strahlrohreinsatz direkt von der Leiter aus, wobei sofort nach Beendigung des Löscheinsatzes dieser Angriffs- und Rettungsweg freizumachen ist.
- Schadhafte Leitern sind der Benutzung sofort zu entziehen.
- Beim Aufrichten von Leitern beachten, daß elektrische Freileitungen nicht berührt werden dürfen und daß zwischen Leitern beziehungsweise Personen auf Leitern und unter Spannung stehenden Teilen ein Sicherheitsabstand eingehalten wird. Als ausreichender Sicherheitsabstand ist anzusehen:

Spannung in Volt	Mindestabstand in Meter
bis 1000	1
über 1000 bis 110000	3
über 110000 bis 220000	4
über 220000 bis 380000	5

Sprungrettungsgeräte

52. Was sind Sprungrettungsgeräte?

Sprungrettungsgeräte sind Geräte zum möglichst schonenden Auffangen frei fallender Personen. Sie werden eingeteilt in:

mechanische Sprungrettungsgeräte (Sprungtuch), die nur eingesetzt werden können, wenn eine Haltemannschaft verfügbar ist.

pneumatische Sprungrettungsgeräte (Sprungpolster), für die zum Herstellen und Wiederherstellen der Einsatzbereitschaft zwar eine Bedienmannschaft gebraucht wird, beim Sprung selbst jedoch keine Haltemannschaft notwendig ist.

53. Wann werden Sprungrettungsgeräte eingesetzt?

Sprungrettungsgeräte werden nur eingesetzt, wenn andere Rettungsgeräte (z.B. Leitern) nicht verfügbar sind oder z.B. wegen starker Flammeneinwirkung nicht eingesetzt werden können.

Außerdem sollte die Rettungshöhe (Höhe, aus der Personen gerettet werden müssen) die für die Sprungrettungsgeräte vorgesehene Einsatzhöhe nicht überschreiten.

Bei einer Menschenrettung mit Sprungrettungsgeräten muß mit Verletzungen bei den zu rettenden Personen gerechnet werden. Dies gilt insbesondere, wenn die vorgesehene Rettungshöhe merklich überschritten wird. Beim Sprungtucheinsatz ist auch die Haltemannschaft gefährdet.

54. Was ist bei Übungen mit Sprungrettungsgeräten zu beachten?

Zu Übungszwecken, Demonstrationen und Vorführungen darf nicht gesprungen werden.

Zur Schulung der Bedien- bzw. Haltemannschaften sind Fallkörper zu verwenden. Die Sprungrettungsgeräte sind dabei so zu handhaben und die Fallkörper und -höhen so zu wählen, daß die Haltemannschaft nicht gefährdet wird. Hierzu ist folgendes zu beachten:

- die Haltemannschaft muß einen sicheren Stand haben und aus mindestens 16 aktiven Feuerwehrangehörigen bestehen.
- Wegen der Verletzungsgefahr der Haltemannschaft (Muskelzerrung, Muskelriß) sollten Sprungtuchübungen nicht bei kalter Witterung durchgeführt werden. Die Haltemannschaft sollte insbesondere ihre Hand- und Armmuskulatur ausreichend aufgewärmt haben. Mehr als zwei Abwürfe sollten in einer Übung nicht durchgeführt werden. Zum Üben des gleichmäßigen Anziehens am Sprungtuch genügen auch Fallkörper mit einer Masse von 1 kg.
- Der Fallkörper muß lotrecht über der Mitte des Sprungrettungsgerätes abgeworfen werden können.
- Beim Sprungtuch darf der Fallkörper (z. B. Sandsack) eine Masse von höchstens 50 kg haben und aus einer Höhe von maximal 6 m abgeworfen werden.
- Beim Sprungpolster darf der Fallkörper eine Masse von höchstens 50 kg haben und aus einer Höhe von maximal 12 m abgeworfen werden.

55. Wie sind Sprungrettungsgeräte zu prüfen?

Das Sprungrettungsgerät ist nach jedem Gebrauch, mindestens jedoch einmal jährlich, einer Sichtprüfung zu unterziehen. Dabei sind alle Teile des Sprungrettungsgerätes hinsichtlich ihrer ordnungsgemäßen Beschaffenheit zu beurteilen. Die Ergebnisse der wiederkehrenden Prüfungen sind in einem Prüfnachweis festzuhalten.

56. Wie sind Sprungrettungsgeräte aufzubewahren?

Sprungrettungsgeräte dürfen nur in sauberem, trockenem Zustand und in trockenen Räumen gelagert werden.

Einsatzhinweis

Sprungrettungsgeräte dürfen nur verwendet werden, wenn andere Rettungsgeräte nicht einsetzbar sind.

Sprungtuch

57. Wie wird das Sprungtuch nach DIN 14 151 Teil 2 genau bezeichnet?

Die Bezeichnung des Sprungtuchs (ST), verwendbar für etwa 8 m Rettungshöhe (8), aus Gewebe aus Markenpolyesterfasern lautet: Sprungtuch DIN 14 151 – ST 8-PES

Ist das Gewebe aus Segeltuch (S), so lautet die Bezeichnung: Sprungtuch DIN 14 151 – ST 8-S

58. Wie ist ein Sprungtuch aufgebaut?

Das Sprungtuch besteht aus einem quadratischen Gewebe (mit abgeschrägten Ecken) aus Markenpolyesterfasern oder aus Segeltuch als Auffangfläche.

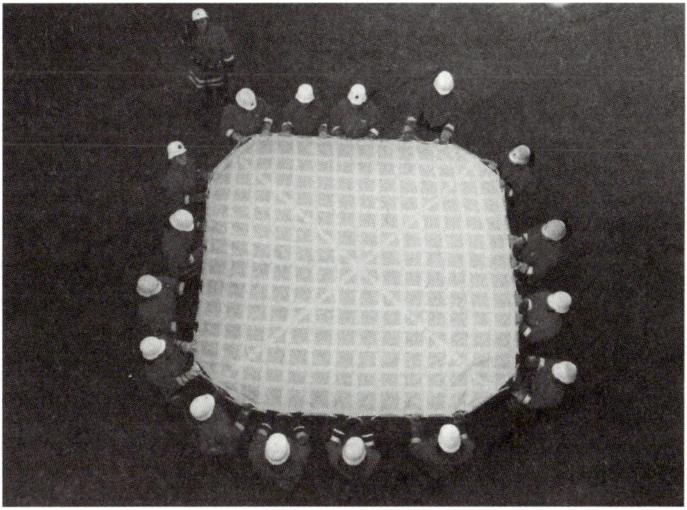

Bild 13: Sprungtucheinsatz

Dieses Gewebe ist unterseitig mit einer Untergurtung aus 60 mm breiten Gurten (Gurtabstand 250 mm) aus hochfestem Markenpolyestergarn oder Leinenwerggarn verstärkt.

An allen vier Seiten ist ein 20 mm starkes Seil – jeweils in Höhe der Gurtung – mit Schlaufen befestigt.

59. Wie groß ist die Auffangfläche beim Sprungtuch?

Die Auffangfläche muß 3500 mm x 3500 mm betragen. Durch ein an zwei Seiten parallel zum äußeren Halteseil geführtes zweites Halteseil muß sich die Auffangfläche auf 3000 mm x 3000 mm verkleinern lassen.

60. Wie wirkt das Sprungtuch?

Das Sprungtuch wirkt mechanisch. Das heißt, die Kraft, die der Springende auf das Sprungtuch aufbringt, wird über die Untergurte auf die Haltemannschaft abgeleitet und von dieser nach dem mechanischen Prinzip „Kraft = Gegenkraft" aufgenommen.

Einsatzhinweis

Das Sprungtuch ist im äußersten Notfall und bis zu einer Rettungshöhe von maximal 8 m einsetzbar.

Sprungpolster

61. Wie wird das Sprungpolster nach DIN 14 151 Teil 3 genau bezeichnet?

Die Bezeichnung des Sprungpolsters (SP), verwendbar für etwa 16 mm Rettungshöhe (16) lautet:
Sprungpolster DIN 14 151 – SP 16

62. Welche Anforderungen muß ein Sprungpolster erfüllen?

Das Sprungpolster muß ohne Haltemannschaft die Auftreffkraft einer Person, die aus 16 m Höhe springt, durch pneumatische Wirkung (Luftpolster) sicher abtragen können.

Das Sprungpolster muß eine Auffangfläche von mindestens 3 m Durchmesser haben. Es darf nicht schwererer als 50 kg sein. Die Rüstzeit aus dem Transportzustand darf höchsten 30 Sekunden betragen. Die Rüstzeit zwischen zwei Sprüngen darf höchstens 20 Sekunden betragen.

Die Konstruktion und das Material sind in der Norm nicht festgelegt. Festgelegt sind nur die Anforderungen und die Typprüfung, die ein genormtes Sprungpolster erfüllen muß.

63. Wie funktioniert ein Sprungpolster?

Das auf dem Markt befindliche Sprungpolster (System Lorsbach) besteht aus einem mittels Atemluftflasche aufblasbaren Grundgerüst. Beim Aufblasen des Grundgerüstes werden gleichzeitig die Auffangfläche und die das Luftpolster bildenden Außenflächen aufgespannt (Bild 14).

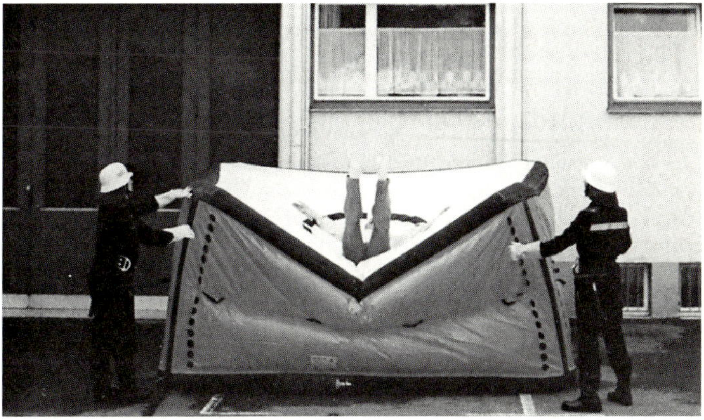

Bild 14: Sprungpolster (System Lorsbach) gemäß DIN 14 151 Teil 3 im Einsatz (Ziegler)

64. Worin liegt der Vorteil des Sprungpolsters gegenüber dem Sprungtuch?

Vorteile sind:
- Das Sprungpolster kann mit zwei Mann eingesetzt werden. Für den Sprungtucheinsatz werden 16 Mann benötigt.
- Beim Sprungpolster gefährde ich keinen Feuerwehrangehörigen, da eine Haltemannschaft nicht benötigt wird.
- Beim Sprungpolster liegt die vertretbare Rettungshöhe mit 16 m doppelt so hoch als beim Sprungtuch.

Einsatzhinweis

Das Sprungpolster ist nur im äußersten Notfall und bis zu einer Rettungshöhe von maximal 16 m einsetzbar.

Ab- und Aufseilgeräte

65. Was sind Ab- und Aufseilgeräte?

Ab- und Aufseilgeräte dienen zur Rettung von Personen aus Höhen und Tiefen und zum Ab- bzw. Aufseilen von Geräten. Ab- und Aufseilgeräte sind i.d.R. metallene Seilstoppgeräte, die in Seile eingeschlagen werden und an denen sich die Person anleint. Das Seilstoppgerät gewährleistet bei Loslassen ein automatisches Stoppen der Abseilbewegung.

66. Was versteht man unter dem Begriff „Rollgliss"?

„Rollgliss" ist die Firmenbezeichnung für ein bei der Feuerwehr weitverbreitetes Ab- und Aufseilgerät.

67. Wozu dient das „Rollgliss“?

Das „Rollgliss“ dient zur Rettung von Menschen aus Höhen und Tiefen sowie als Arbeitsgerät bzw. Sicherungsgerät bei Arbeiten mit Absturzgefahr.

Das Gerät zeichnet sich im wesentlichen dadurch aus, daß eine Bedienung oder Sicherung zu rettender oder arbeitender Personen von einer Person von unten, von oben oder von der zu sichernden Person selbst ohne Kraftaufwand durchgeführt werden kann.

68. Was gehört alles zum „Rollgliss“?

- Universal-Gerät
- Sicherheits-Seil (60 m)
- Rettungs-Sitzgurt
- Umlenkrolle
- Seilstoppgerät
- Sicherungsgurt

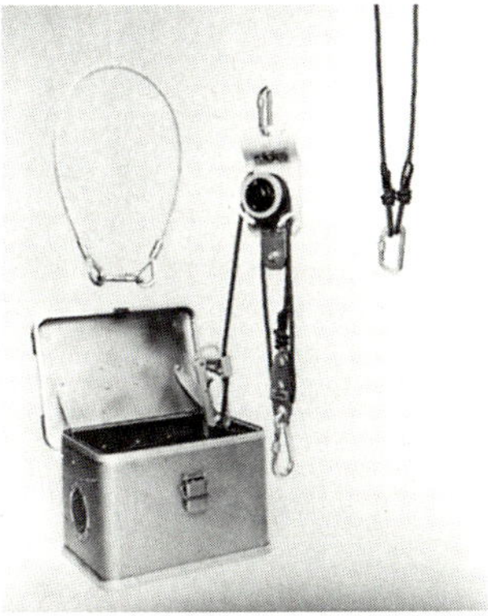

Bild 15: Abseilgerät „Rollgliss“ (Protecta Rollgliss)

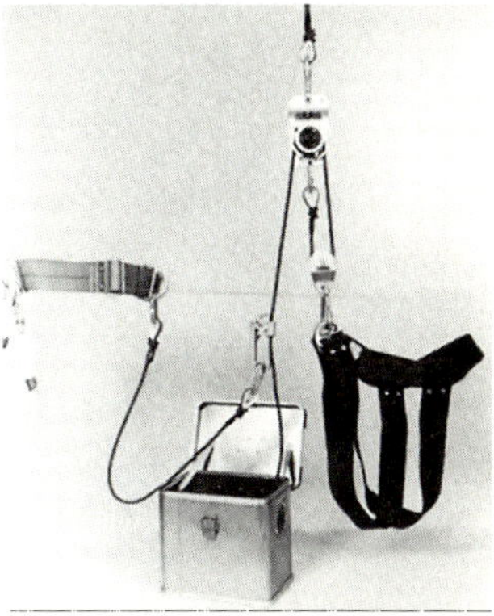

Bild 16: „Rollgliss“ in Arbeitsstellung mit Zubehör

Einsatzhinweise

- Ab- und Aufseilgeräte niemals überlasten.
- Immer sicheren Anschlagpunkt wählen.
- Zugseil nach Möglichkeit z.B. mit Feuerwehr-Sicherheitsgurt sichern.
- Bedienungsperson vor Absturz sichern.
- Zugseil nicht über scharfe Kanten ziehen (ggf. Kantenschutz z.B. durch Decken oder Druckschläuche).
- Karabinerhaken immer verschrauben.
- Klinkenbelastung von Karabinerhaken vermeiden.
- Bedienungsanleitung beachten.
- Bei Übungen Kernmantel-Dynamikseil und Auffanggurt zur Sicherung einsetzen.

K

Armaturen und Schläuche

Armaturen

1. Was sind wasserführende Armaturen?

Wasserführende Armaturen sind Geräte, die von Wasser durchflossen werden und die Aufgabe haben, in Verbindung mit Schläuchen und Pumpen, eine schnell aufzubauende und einsatzaufgabenbezogene Wasserversorgung (meist zu Löschzwecken) herzustellen.

2. In welche Gruppen werden wasserführende Armaturen nach ihrem Verwendungszweck eingeteilt und welche Armaturen sind den Gruppen zugeordnet?

Armaturen zur Wasserentnahme

– Standrohr	DIN 14 375
– Saugkorb	DIN 14 362
– Wasserstrahlpumpe	DIN 14 422 (siehe **G 33ff.**)

Armaturen zur Wasserfortleitung

– Sammelstück	DIN 14 355
– Verteiler	DIN 14 345
– Übergangsstück	DIN 14 341 bis DIN 14 343
– Druckbegrenzungsventil	DIN 14 380
– Schaummittel-Zumischer	DIN 14 384
– Schlauchabsperrung	
– Kupplungen	
a) Saugkupplungen	DIN 14 321 bis DIN 14 322
b) Druckkupplungen	DIN 14 302, DIN 14 303, DIN 14 330, DIN 14 332
c) Druck-Saugkupplungen	DIN 14 301, DIN 14 323
d) Festkupplungen	DIN 14 306 bis DIN 14 309, DIN 14 317 bis DIN 14 319
e) Blindkupplungen	DIN 14 310 bis DIN 14 313

Armaturen zur Wasserabgabe

– Mehrzweckstrahlrohre	DIN 14 365
– Schaumstrahlrohre	DIN 14 366
– Stützkrümmer	DIN 14 368
– Wendestrahlrohre	
– sonstige Sprühstrahlrohre und Düsen	
– Löschlanzen	

3. Woraus werden wasserführende Armaturen hergestellt?

Wasserführende Armaturen werden vorwiegend aus Aluminium-, Knet- oder Gußlegierungen hergestellt. Handschutz, Küken und Düsen werden aus Kunststoff gefertigt.

4. Welche allgemeinen Anforderungen werden an Armaturen gestellt?

Armaturen müssen

- schnell, leicht und sicher zu handhaben sein,
- eine hohe mechanische Festigkeit bei geringem Gewicht besitzen,
- korrosionsbeständig auch gegen Meerwasser sein,
- beständig gegen chemische Einflüsse sein,
- möglichst geringe Strömungsverluste aufweisen.

Standrohr nach DIN 14 375

5. Wozu dient das Standrohr?

Es dient zur Entnahme von Wasser aus dem Rohrnetz. Es wird durch Rechtsdrehen in Unterflurhydranten eingesetzt.

6. Wie wird das Standrohr nach DIN 14 375 bezeichnet?

Standrohr DIN 14 375 – 2 B

Die Zusatzbezeichnung „2 B“ bedeutet, daß das Standrohr an den beiden Abgängen mit B-Festkupplungen versehen ist.

7. Aus welchen Teilen besteht ein Standrohr?

Aus einem Standrohroberteil und einem Standrohrunterteil.

8. Woraus besteht das Standrohroberteil?

Aus dem Aufsatzstück mit den beiden Abgängen (Festkupplungen B), den Absperrorganen (Niederschraubventile), der Stopfbuchsbrille und der Stopfbuchse.

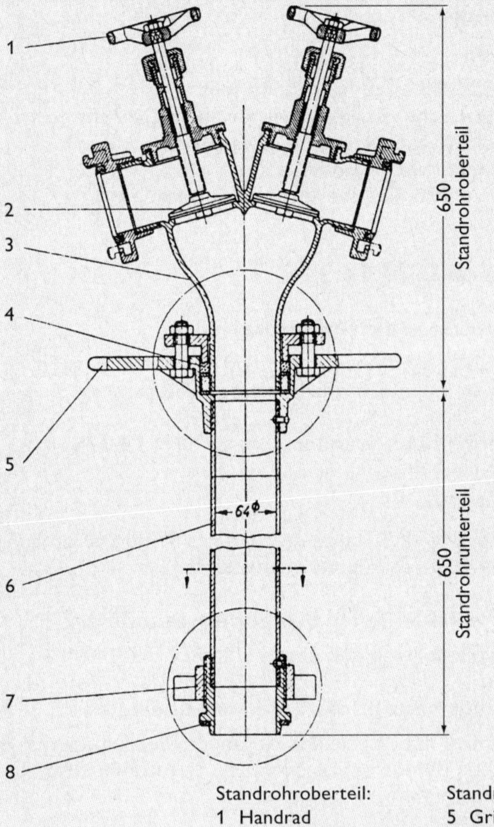

Standrohroberteil:
1 Handrad
2 Ventilteller
3 Aufsatzstück
4 Stopfbuchse

Standrohrunterteil:
5 Griffstück
6 Rohr
7 Klauenmutter
8 Dichtring

Bild 1: Standrohr DIN 14 375 – 2 B; max. Gewicht: 7200 g

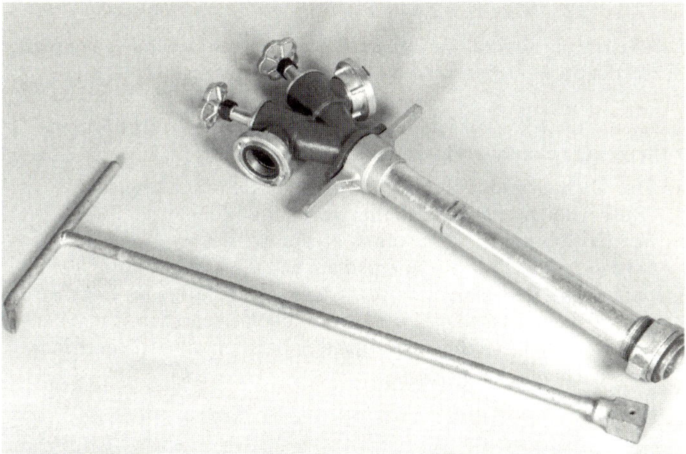

Bild 2: Standrohr mit Hydranten-Steckschlüssel

9. Woraus besteht ein Niederschraubventil?

Aus dem Ventilkopfstück, der Ventilspindel mit Handrad und dem Ventilteller.

10. Woraus besteht ein Standrohrunterteil?

Aus dem Griffstück, dem Rohr, der Klauenmutter, dem Fuß und dem Dichtring.

11. Welchen Zweck hat die Klauenmutter?

Sie dient zum Festspannen des Standrohres in der Klaue des Unterflurhydranten.

12. Welchen Zweck erfüllt die Stopfbuchse?

Das Standrohroberteil ist im Standrohrunterteil drehbar eingesetzt; durch die Stopfbuchse wird die Abdichtung hergestellt.

13. Worauf ist beim Instellungbringen des Standrohres zu achten und wie wird es getragen?

a) Der Dichtring im Fuß muß in einwandfreiem Zustand sein. (Reservedichtung sollte immer vorhanden sein.)
b) Vor Einsetzen des Standrohres Hydrantensitz von Sand- und Schmutzteilen säubern und prüfen, daß die Klauenmutter ganz nach unten gedreht ist, da sonst keine Abdichtung erreicht wird.
c) Standrohr nach Benutzung sofort wieder einsatzbereit machen und Klauenmutter bis zum Anschlag nach unten zurückschrauben. Dichtring nachsehen.

Bild 3: Hydranten-Steckschlüssel (DIN 3223)

d) Das Standrohr wird über der Schulter getragen. Die Hand greift dabei in den Fuß des Standrohres ein, um das Verlieren des Dichtrings zu vermeiden.

14. Was gehört noch zum Standrohr?

Zum Standrohr gehört der Hydranten-Steckschlüssel nach DIN 3223. Er dient zum Öffnen des Ventils am Unterflurhydranten. Der Griff des Hydranten-Steckschlüssels ist an der einen Seite abgeflacht und dient als Hammer zum lockern von festgesetzten Hydrantendeckeln (Straßenkappe). Die andere Seite des Griffes ist zu einer abgebogenen Zunge flachgeschmiedet und dient zum Ausheben der Hydrantendeckel.

Einsatzhinweise

- Standrohr über der Schulter tragen und mit Hand in Fuß des Standrohres greifen.
- Prüfen, ob Klauenmutter ganz nach unten gedreht ist und Dichtring vorhanden ist.
- Vor dem Anschließen von Druckschläuchen Hydrant öffnen und Standrohr durch Öffnen mindestens eines B-Abgangs kurzzeitig spülen.

Saugkorb nach DIN 14 362

15. Wozu dient der Saugkorb?

Saugkörbe werden bei der Wasserentnahme aus offenen Gewässern an das wasserseitige Ende der Saugleitung angekuppelt.

Saugkörbe verhindern den Eintritt von groben Verunreinigungen in den Förderstrom und durch das eingebaute Rückschlagorgan ein Abreißen der Flüssigkeitssäule in der Saugleitung bei Unterbrechung des Saug- bzw. Fördervorgangs. Das Rückschlagorgan ermöglicht das Auffüllen der Saugleitung von Hand bei fehlender oder nicht funktionsfähiger Entlüftungseinrichtung.

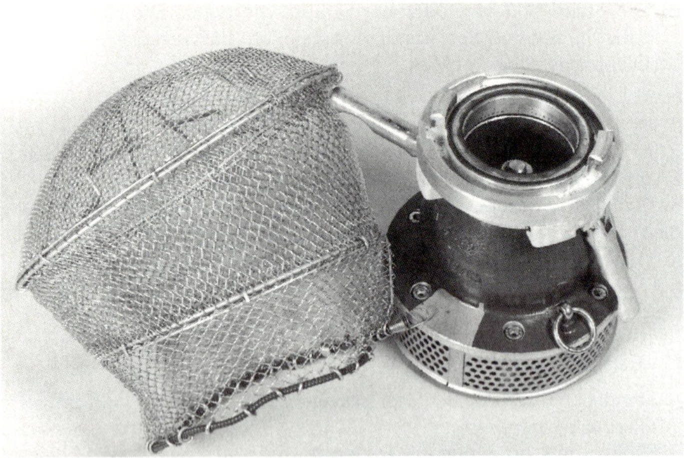

Bild 4: A-Saugkorb

Wird die Saugleitung zurückgenommen, so wird über die Ventilleine, die an einem Hebel befestigt ist, das Rückschlagorgan angehoben, so daß das Wasser abfließen kann und man nur die leeren Schläuche zurückzunehmen braucht.

16. Wie werden die Saugkörbe nach DIN 14 362 bezeichnet und welches sind die wesentlichen Unterscheidungsmerkmale?

Es gibt A-, B- und C-Saugkörbe.

Saugkorb-Bezeichnung	zugehörige Festkupplung	Förder strom l/min	Gewicht max. in kg	Mindest-eintauch-tiefe in cm
DIN 14 362-C	DIN 14 307-C	200	2,0	55
DIN 14 362-B	DIN 14 307-B	400	3,5	80
DIN 14 362-A	DIN 14 307-A	800	6,0	80

17. Woraus besteht ein Saugkorb?

a) Aus dem Gehäuse mit dem darin befindlichen Rückschlagorgan.
b) Aus einer Schutzvorrichtung (Sieb, dessen Öffnungen 6 mm im Durchmesser oder in der Diagonale nicht überschreiten dürfen), die den Saugkorb unten abschließt und den Zweck hat, grobe Fremdkörper zurückzuhalten.
c) Aus einer Festkupplung zum Anschluß des Saugkorbes an die Saugleitung.

18. Welchen Saugkorb gibt es noch?

Es gibt noch den Kellersaugkorb. Dieser Saugkorb hat als Anschluß anstelle der Festkupplung eine Saugkupplung. Der Kellersaugkorb hat seitlich keine Eintrittsöffnungen, so daß Wasser bis auf 15 mm Höhe abgesaugt werden kann.

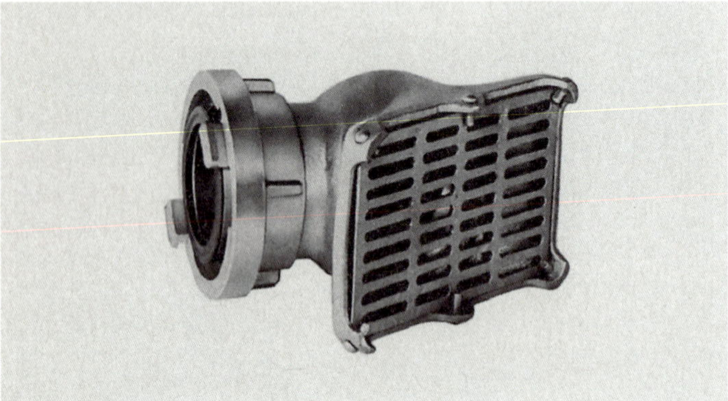

Bild 5: Kellersaugkorb

Sammelstück nach DIN 14 355

19. Wozu dient das Sammelstück?

Das Sammelstück dient dazu, die Löschmittelströme zweier Zuleitungen zusammenzufassen.

Es wird am Saugeingang der Feuerlöschkreiselpumpe angeschlossen.

20. Wie wird das Sammelstück nach DIN 14 355 bezeichnet?

Sammelstück DIN 14 355 – A – 2B

Bild 6: Sammelstück DIN 14 355 – A – 2B Gewicht: max. 3,6 kg

Die Bezeichnung sagt aus, daß das Sammelstück mit einem Knaggenteil einer A-Druck-Saugkupplung (A) und zwei B-Festkupplungen (2B) versehen ist.

21. Aus welchen Teilen besteht ein Sammelstück?

a) Aus dem Gehäuse
b) Am Gehäuse befinden sich zwei Zuflüsse mit B-Festkupplungen und ein Ausgang mit einem Knaggenteil einer A-Druck-Saugkupplung
c) Im Gehäuse befindet sich eine Rückschlagklappe, die von einem Führungsstift gehalten wird
d) Dichtringe

22. Welchen Zweck hat die Rückschlagklappe?

Die Rückschlagklappe wird durch den Wasserdruck selbst bedient und schließt beim Anschluß nur *einer* Zuleitung automatisch den zweiten Zugang.

Wird an beiden Zuflüssen eine Leitung angeschlossen, so wird die Klappe bei gleichem Wasserdruck in der Mitte gehalten und das Wasser kann links und rechts vorbeifließen.

Einsatzhinweis

Aus Gründen der Wasserhygiene dürfen an ein Sammelstück niemals eine Leitung mit Wasser aus dem Trinkwassersatz und eine Leitung mit Schmutzwasser (z.B. Wasserentnahme aus offenem Gewässer) gleichzeitig angeschlossen werden.

Verteiler nach DIN 14 345

23. Wozu dient der Verteiler?

Der Verteiler dient dazu, das Löschmittel einer Zuleitung auf mehrere (höchstens drei) Schlauchleitungen zu verteilen oder es in Sonderfällen in umgekehrter Richtung zu sammeln.

Bild 7: Verteiler DIN 14 345 – BV; Gewicht: max. 6,6 kg
(beim C-Verteiler max. 3,0 kg)

24. Welche Arten von Verteilern gibt es und wie werden sie nach DIN 14 345 bezeichnet?

Es gibt einen B-Verteiler (B-CBC) und einen C-Verteiler (C-DCD). Beide Arten gibt es mit Ventilabsperrung (V) [Niederschraubventil] oder mit Kugelhahnabsperrung (K).

Demnach wird z.B. ein B-Verteiler (B) mit Ventilabsperrung (V) bezeichnet: Verteiler DIN 14 345 – BV

25. Aus welchen Teilen besteht ein Verteiler?

Aus einem Gehäuse mit einem Zugang und drei Abgängen (links, Mitte, rechts). Der Eingang und die Abgänge sind je nach Art des Verteilers wie folgt mit Kupplungen versehen:

Verteiler	Eingang	Abgänge Mitte	 links + rechts
B-Verteiler (B-CBC)	B-Festkupplung	B-Festkupplung B-C-Übergangs-stück	C-Festkupplung
C-Verteiler (C-DCD)	C-Festkupplung	C-Festkupplung	D-Festkupplung

Werden Kugelhähne verwendet, muß bei geöffnetem Kugelküken der Schalthebel in Richtung des Abgangs stehen. Ein schlagartiges Bedienen der Kugelhähne ist zu vermeiden, um Druckstöße zu verhindern.

Einsatzhinweise

- Jeder Feuerwehrangehörige muß wissen, daß die Abgänge des Verteilers vor dem Verlasten auf das Fahrzeug geschlossen sein müssen.
- Beim Setzen des Verteilers nochmals prüfen, daß Abhänge geschlossen sind.

Kupplungen

26. Wozu braucht man Kupplungen?

Die Kupplungen verbinden Schläuche untereinander, Schläuche mit Armaturen, Schläuche mit Pumpen oder sie schließen Armaturen und Schläuche ab.

27. Welche Arten von Kupplungen gibt es?

Es gibt Saugkupplungen, Druckkupplungen (Druck-Saugkupplungen), Festkupplungen und Blindkupplungen.

Saug- und Druckkupplungen

28. Welche Arten von Saugkupplungen gibt es?

a) A-Druck-Saugkupplung DIN 14 323
b) B-Saugkupplung DIN 14 322
c) C-Saugkupplung DIN 14 321
d) D-Druck-Saugkupplung DIN 14 301

Die Bezeichnung „Druck-Saugkupplung" bedeutet, daß es sich um eine Kupplung handelt, die sowohl als Druck- als auch als Saugkupplung verwendet wird. Die Anforderungen entsprechen denen der Saugkupplung.

29. Welche Arten von Druckkupplungen gibt es?

a) A-Druck-Saugkupplung DIN 14 323
b) B-Druckkupplung DIN 14 303

Bild 8: Saugkupplungen, links gekuppelt, rechts mit Schnellkupplungsgriff; DIN 14 323-A; A = 110 mm; Gewicht max. 1,8 kg

c) C-Druckkupplung DIN 14 302
d) D-Druck-Saugkupplung DIN 14 301
e) C-Druckkupplung für Druckschläuche S (S28 und S32) DIN 14 300
f) C-Druckkupplung für Druckschläuche C42 DIN 14 322

30. Woraus besteht eine Druck- bzw. Saugkupplung?

Jede Kupplung besteht aus:
- Knaggenteil
- Einbindestutzen
- Sperring
- Dichtring

Bild 9: Druckkupplungen
Druckkupplung DIN 14 323-A; A = 110 mm; Gewicht max. 1,8 kg
Saugkupplung DIN 14 322-B; B = 75 mm; Gewicht max. 0,8 kg
Saugkupplung DIN 14 321-C; C = 52 mm; Gewicht max. 0,45 kg
Drucksaugkupplung DIN 14 301-D; D = 25 mm; Gewicht max. 0,1 kg

31. Worin besteht der wesentliche Unterschied zwischen einer Saug- und einer Druckkupplung?

Der wesentliche Unterschied liegt in der Länge des Einbindestutzens (längerer Einbindestutzen der Saugkupplung) aus den Bildern 8 und 9 ersichtlich und in der unterschiedlichen Ausbildung des Dichtrings (Bild 10).

32. Warum ist der Einbindestutzen bei der Saugkupplung länger?

Einen Druckschlauch können wir mit der Hand zusammendrücken und beim Einbinden das Knaggenteil über den Schlauch schieben. Nach erfolgtem Einband schieben wir das Knaggenteil über den Einbindestutzen zurück und sichern es durch den Sperring.

Bei einem Saugschlauch ist ein Zusammendrücken nicht möglich. Wegen der starken Wandung läßt sich das Knaggenteil nicht überstreifen. Folglich muß der Einband außerhalb des Knaggenteils erfolgen und der Einbindestutzen aus diesem Grunde länger sein.

Außerdem muß auf eine besonders große Dichtfläche zwischen Saugschlauch und Einbindestutzen Wert gelegt werden.

33. Wogegen muß die Saug- und wogegen die Druckkupplung dicht sein?

Die *Saugkupplung* muß luft- und wasserdicht, die *Druckkupplung* muß dagegen *nur* wasserdicht sein.

Durch den Saugschlauch fließt Wasser, deshalb wasserdicht. Beim Entlüften wird im Saugschlauch ein Unterdruck erzeugt. Von außen darf also keine Luft eindringen, deshalb auch luftdicht. Durch den Druckschlauch fließt nur Wasser, deshalb nur wasserdicht.

34. Wie wird das erreicht?

Durch die Ausbildung des Dichtrings.

Der Dichtring der Saugkupplung hat eine Drucklippe und eine Sauglippe. Der Dichtring der Druckkupplung hat dagegen nur eine Drucklippe (Bild 10).

Die Drucklippe liegt „innen“ die Sauglippe liegt „außen“. Im Zusammenwirken mit der/den Lippe(n) des Dichtrings der gegenüberliegenden Kupplung werden die Lippen durch den innenliegenden Wasserdruck (Druckbetrieb) oder durch den von außen wirkenden Luftdruck (Saugbetrieb) fest aneinandergedrückt. Es entsteht die Dichtwirkung.

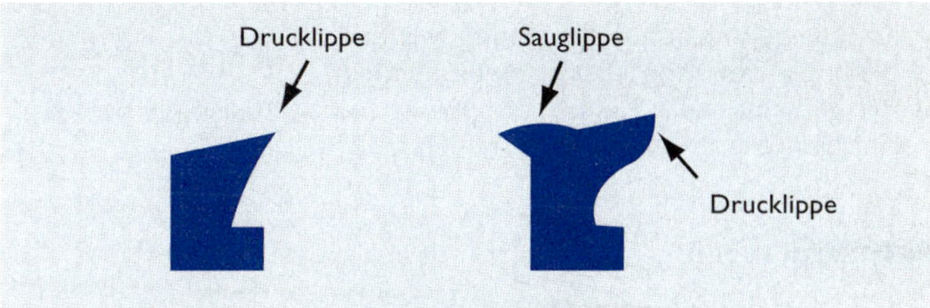

Bild 10: Links: Schnitt durch den Dichtring der Druckkupplung.
Rechts: Schnitt durch den Dichtring der Saugkupplung

35. Wieviel Haltepunkte haben die Saug- und Druckkupplungen?

Saug- und Druckkupplungen haben vier Haltepunkte. D.h. beim Kuppeln werden die Kupplungen um 90° gegeneinander verdreht.

Dies ist besonders bei den Saugkupplungen von Bedeutung. Die vier Haltepunkte verhindern, daß auch bei ungünstigster Lage durch das Gewicht des Schlauches die Kupplungen bzw. die Sauglippen auseinandergezogen werden. Es könnte dadurch Luft eintreten und die Wassersäule könnte abreißen bzw. das Ansaugen wäre unmöglich.

*Druck*kupplungen wurden früher mit nur zwei Haltepunkten hergestellt. Solche Kupplungen sind heute noch im Gebrauch.

36. Welche Druckbeanspruchung müssen Kupplungen erfüllen?

Alle Kupplungen dürfen bei einer Beanspruchung mit Wasser von 24 bar Überdruck während einer Zeit von zwei Minuten nicht undicht werden. Saugkupplungen dürfen zusätzlich auch bei −0,95 bar nicht undicht werden.

Einsatzhinweise

- Kupplungen vor grobkörnigen Verschmutzungen schützen bzw. säubern.
- Kupplungen nicht auf den Boden werfen.
- B-Kupplungen möglichst zu zweit kuppeln.
- Vor gemeinsamem Kuppeln, Kupplung so halten, daß die beiden Knaggenteile auf einer horizontalen Linie liegen.

Festkupplungen

37. Wo werden Festkupplungen verwendet?

Festkupplungen werden an den Zu- und Abgängen von Armaturen, Pumpen und auf Stutzen aufgeschraubt.

Wir unterscheiden zwei Arten.

a) Festkupplung mit Dichtring

b) Festkupplung mit metallischer Dichtfläche

Die Festkupplung ist im wesentlichen ein Knaggenteil, welches zum Einschrauben zusätzlich mit einem Rohrgewinde versehen ist.

38. Wo werden die beiden Arten von Festkupplungen verwendet?

Festkupplungen mit Dichtring werden dort verwendet, wo die Dichtringe nicht durch Witterungseinflüsse zerstört werden können. Dies trifft bei allen Feuerlöschgeräten zu.

Bei allen Anwendungen, bei denen ein Dichtring durch Witterungseinflüsse zerstört werden könnte, werden Festkupplungen mit metallischer Dichtfläche verwendet. Dies trifft bei allen ständig im Freien verlegten Leitungen, Brunnenständen, Überflurhydranten usw. zu.

39. Welche genormten Festkupplungen mit Dichtring gibt es?

Festkupplung DIN 14 309-A	(für Druck- und Saugbetrieb)
Festkupplung DIN 14 308-B	(für Druckbetrieb – Teil 1 der Norm)
Festkupplung DIN 14 308-B-S	(für Saugbetrieb – Teil 2 der Norm)
Festkupplung DIN 14 307-C	(für Druckbetrieb – Teil 1 der Norm)
Festkupplung DIN 14 307-C-S	(für Saugbetrieb – Teil 2 der Norm)
Festkupplung DIN 14 306-D	(für Druck- und Saugbetrieb)

Bild 11: Festkupplungen mit Dichtring

Bezeichnung	DIN 14 309	DIN 14 308	DIN 14 307	DIN 14 306
Größe	A = 110 mm	B = 75 mm	C = 52 mm	D = 25 mm
Rohrinnengewinde	G 4 1/2	G 2 1/2	G 2	G 1
Gewicht max.	1,2 kg	0,45 kg	0,3 kg	0,1 kg

40. Wie ist eine Festkupplung mit metallischer Dichtfläche aufgebaut?

Eine Festkupplung mit metallischer Dichtfläche (Bild 12) besteht aus einem Knaggenteil mit einem Außengewinde und einem Innengewinde. Mit einem Außengewinde wird die Festkupplung in die betreffende Armatur oder in den Stutzen eingeschraubt.

Das *Innengewinde* dient zum Einschrauben einer Deckkapsel, die die Festkupplung verschießt. Ein Gummiring in der Deckkapsel sorgt für die Abdichtung zwischen Festkupplung und Deckkapsel. An der

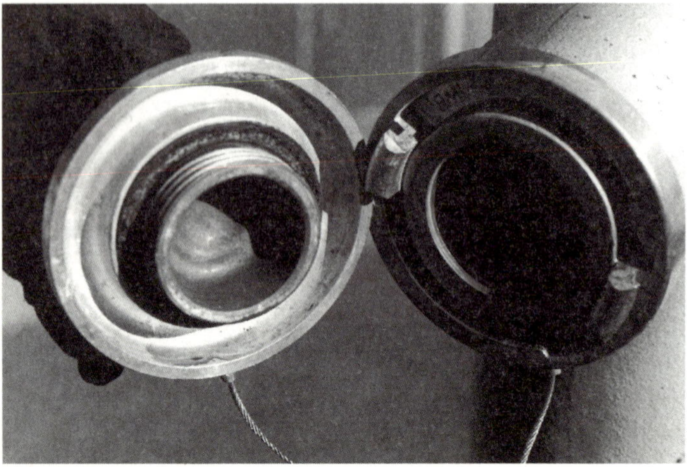

Bild 12: Festkupplung mit metallischer Dichtfläche.
Rechts: Knaggenteil. Links: Deckkapsel

Deckkapsel befindet sich außen ein Dreikant auf den der Überflurhydrantenschlüssel paßt.

Die *Deckkapsel* gehört grundsätzlich zu einer Festkupplung mit metallischer Dichtfläche.

Bild 13: Festkupplungen mit abgeschraubter Deckkapsel am B-Abgang und aufgeschraubter Deckkapsel am A-Abgang eines Überflurhydranten

41. Welche genormten Festkupplungen mit metallischer Dichtfläche gibt es?

Festkupplung DIN 14 319-A1
Festkupplung DIN 14 318-B1
Festkupplung DIN 14 317-C1

Die Ziffer 1 hinter der Größenbezeichnung A, B oder C bedeutet, daß es sich hierbei um die Festkupplung handelt. Die zugehörige Deckkapsel wird identisch bezeichnet, wobei die Ziffer 1 durch die Ziffer 2 ersetzt wird.

Blindkupplung

42. Wozu dient eine Blindkupplung?

Die Blindkupplung dient zum Abschluß von Geräten, Armaturen, Druck- und Saugschläuchen.

43. Wie sind die Blindkupplungen aufgebaut?

Sie gleichen in ihrem Aufbau den Saugkupplungen, nur haben sie anstatt eines Einbindestutzens einen Verschlußdeckel. Das Knaggenteil ist drehbar zum Verschlußdeckel angeordnet und wird durch einen Sperring gehalten. Auf dem Verschlußdeckel befindet sich außen ein Knopf zum Befestigen einer Kette, um die Blindkupplung unverlierbar am Gerät oder der Armatur anbringen zu können.

44. Welche genormten Blindkupplungen gibt es?

Blindkupplung DIN 14 313-A
Blindkupplung DIN 14 312-B
Blindkupplung DIN 14 311-C
Blindkupplung DIN 14 310-D

Bezeichnung	DIN 14 310-D	DIN 14 311-C	DIN 14 312-B	DIN 14 313-A
Gewicht	max. 0,12 kg	max. 0,4 kg	max. 0,6 kg	max. 1,4 kg

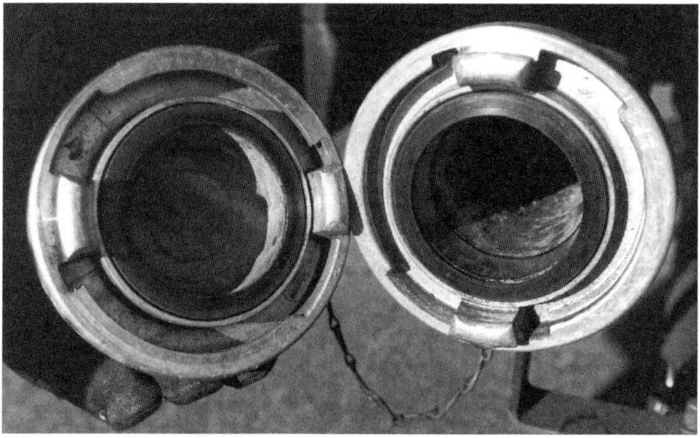

Bild 14: Blindkupplungen

Bild 15: Blindkupplungen an den B-Abgängen eines Löschfahrzeuges (an- und abgekuppelt)

Übergangsstück

45. Welchen Zweck haben Übergangsstücke?

Übergangsstücke dienen zur Verbindung von Schläuchen unterschiedlicher Größe und zum Anschluß an Armaturen und Pumpen.

46. Welche genormten Größen gibt es?

Übergangsstück DIN 14 343-A-B
Übergangsstück DIN 14 342-B-C
Übergangsstück DIN 14 341-C-D

Die Buchstaben geben an, welche Größen miteinander verbunden werden können.

Bild 16: Übergangsstücke

Bezeichnung	14 343-A-B	14 342-B-C	14 341-C-D
Übergang [mm]	von 110 auf 75	von 75 auf 52	von 52 auf 25
Gewicht max.	1,5 kg	0,7 kg	0,4 kg

47. Aus welchen Teilen besteht ein Übergangsstück?

Ein Übergangsstück besteht aus
- zwei Knaggenteilen unterschiedlicher Größe
- einem Mittelteil
- zwei Dichtringen
- einem Sperring.

Die zwei Knaggenteile sind mittels Gewinde miteinander verschraubt. Das Mittelteil ist in den Knaggenteilen drehbar angeordnet. In ihm ist auf jeder Seite ein Dichtring der entsprechenden Größe angebracht.

Druckbegrenzungsventil nach DIN 14 380

48. Welchen Zweck hat das Druckbegrenzungsventil?

Es soll den Betriebsdruck in der Schlauchleitung nach oben begrenzen. Hohe Drücke, die z.B. durch Schließen von Abgängen bei der Wasserförderung über lange Schlauchstrecken entstehen, werden abgebaut. Der Druckausgleich wird durch Abfluß eines Teils des Förderwassers ins Freie erzielt.

Das Druckbegrenzungsventil dient nicht dazu, wie früher oft angewendet, Druckstöße abzubauen, die beim plötzlichen, schnellen Schließen von Strahlrohren entstehen. Der Einbau des Druckbegrenzungsventils vor dem Verteiler ist daher unnötig.

Bild 17: Druckbegrenzungsventil, Gewicht max. 6 kg

49. Wie arbeitet das Druckbegrenzungsventil?

Über eine Ausgleichsleitung wird zwischen Förderstrom und einer Wasserausgleichskammer im Druckbegrenzungsventil gleicher Druck erzeugt. Wird der eingestellte Ansprechdruck überschritten, läßt ein Steuerventil mehr Wasser aus der Wasserkammer ins Freie fließen, als durch die enge Ausgleichsleitung in die Wasserkammer zufließen kann. Durch den dadurch entstehenden Druckunterschied wird über das zwischen Förderstrom und Wasserstrom befindliche, sich öffnende Hauptventil ein Teil des Förderwassers ins Freie abgeführt. Geht der Druck in der Leitung auf den eingeteilten Ansprechdruck zurück, schließt das Steuerventil, der Druck in der Wasserkammer steigt und das Hauptventil wird wieder geschlossen.

50. Wo wird das Druckbegrenzungsventil eingesetzt?

Das Druckbegrenzungsventil wird bei der Wasserförderung über lange Schlauchstrecken jeweils eine B-Länge vor der Förderpumpe eingebaut und auf 1,5 bar eingestellt. Sinnvoll ist es auch, das Druckbegrenzungsventil an unterster Stelle einer Schlauchstrecke einzubauen, bei der große Höhenunterschiede überwunden werden.

51. Weshalb ist am seitlichen Ausgang der Wasserkammer eine Kupplung angebracht?

Mit der Kupplung wird ermöglicht, einen Druckschlauch anzukuppeln, damit das austretende Löschwasser nicht direkt am Druckbegrenzungsventil austritt. Dies ist beispielsweise bei Frostgefahr sinnvoll, um eine Glatteisbildung auf Verkehrsflächen zu vermeiden.

Strahlrohre nach DIN 14 365

52. Wozu dienen Mehrzweckstrahlrohre?

Das Mehrzweckstrahlrohr (M-Strahlrohr) ist eine Armatur, mit der man das Löschmittel Wasser als Voll- und Sprühstrahl mit für die Brandbekämpfung zweckmäßiger Ausflußgeschwindigkeit und Form abgeben kann. Sofern das Strahlrohr mit Mannschutzbrause ausgestattet ist, dient es auch zum Schutz des Strahlrohrführers gegen Wärmeeinwirkung.

53. Welche genormten Mehrzweckstrahlrohre gibt es?

Strahlrohr DIN 14 365-BM
Strahlrohr DIN 14 365-CM
Strahlrohr DIN 14 365-CMM
Strahlrohr DIN 14 365-DM

Der erste Buchstabe nach dem Bindestrich gibt die Größe (B, C oder D) an; der zweite Buchstabe „M“ steht für Mehrzweckstrahlrohr; der dritte Buchstabe „M“ weist ggf. auf die Ausstattung mit Mannschutzbrause hin.

54. Aus welchen Teilen bestehen Mehrzweckstrahlrohre?

Mundstück, Oberteil, Handschutz, Schaltorgan, Festkupplung.

55. Welche Schaltstellungen gibt es bei den M-Strahlrohren?

Halt, Sprühstrahl, Vollstrahl.

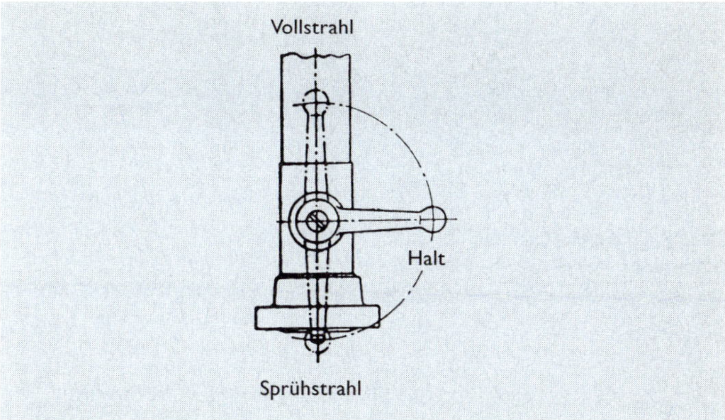

Bild 18: Schaltstellungen

56. Welche Wasserdurchflußmenge muß nach DIN 14 365 in Abhängigkeit vom Innendurchmesser des Mundstücks bzw. der Düse gewährleistet sein und welchen Faustwert benutzt die Feuerwehr?

M-Strahlrohre müssen so ausgebildet sein, daß die nachfolgend aufgeführten Grenzwerte für Voll- und Sprühstrahl bei einem Druck von 5 bar eingehalten werden:

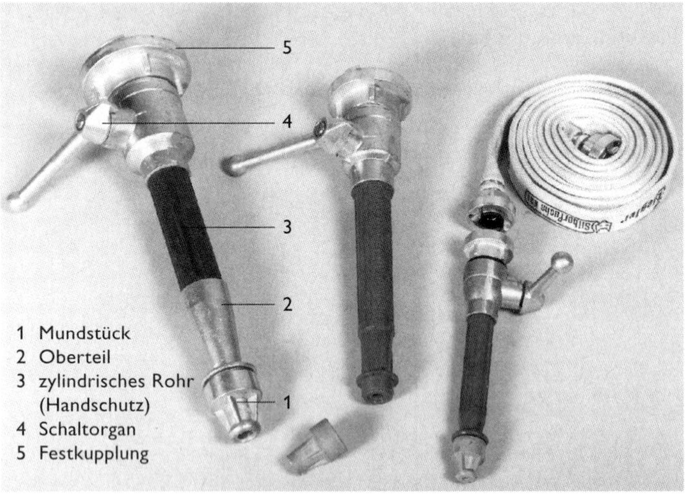

Bild 19: Strahlrohr DIN 14 365

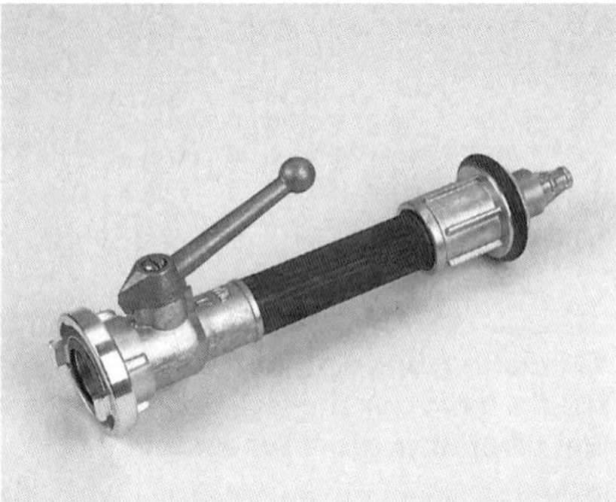

Bild 20:
Strahlrohr DIN 14 365-CMM
(mit Mannschutzbrause)
(Widenmann)

Strahlrohr	Gewicht max. in kg	Innendurchmesser für Mundst. mm	Düse mm	Wasserdurchfluß nach DIN 14 365 l/min min.	max.	Wasserdurchfluß als Faustwert l/min
DM	1,0	4	–	18	28	20
		–	6	40	65	40
CM und CMM	1,8	9	–	105	125	100
		–	12	170	230	200
BM	2,7	16	–	335	395	400
		–	22	565	775	800

Bei CMM-Strahlrohren erhöht sich der Wasserdurchfluß durch die voll geöffnete Mannschutzbrause um max. 160 l/min.

57. Wie wird der jeweils erforderliche Innendurchmesser erreicht?

Durch An- bzw. Abschrauben des Mundstücks.

58. Was ist ein Handschutz und was bezweckt er?

Der Handschutz, der das zylindrische Rohr umgibt, soll die Hand des Strahlrohrführers vor Kälte schützen. Er muß griffsicher, wasserbeständig und auswechselbar sein.

59. Welche Anforderungen werden an das Schaltorgan gestellt?

Das Schaltorgan muß mit den Schaltstellung „Halt“, „Vollstrahl“ und „Sprühstrahl“ ausgerüstet sein (Bild 18). Beim selbstschließenden Strahlrohr kann auf die Stellung „Halt“ verzichtet werden.

Schaltorgane müssen auch mit Handschuhen leicht und unfallsicher bedienbar sein und dicht schließen. Im abgekuppelten Zustand müssen Strahlrohre schnell entwässert werden können, um ein Einfrieren zu verhindern.

Strahlrohre BM, CM und CMM müssen auch bei Förderung von verunreinigtem Wasser betriebsfähig bleiben.

Verstopfungen im Schaltorgan müssen durch ggf. mehrmaliges Umschalten auf die andere Strahlart beseitigt werden können.

60. Was ist ein Sprühstrahl?

Unter Sprühstrahl wird ein Strahl verstanden, bei dem das Löschmittel in zweckdienlicher Form zerteilt wird.

Durch intensive Zerstäubung – die Aufspaltung eines Wasserstrahls in feinste Tropfen – wird die Oberfläche einer bestimmten Wassermenge erheblich vergrößert. Vorteile hierbei sind:

a) starke Kühlung bei geringer Wassermenge durch schlagartiges Verdampfen = geringer Wasserschaden
b) Niederschlagen giftiger Dämpfe und Gase
c) der vorgehende Feuerwehrangehörige kann sich durch den Wasserschleier gegen Wärme und Rauch schützen.

61. Mit welchen Strahlrohren kann ein Sprühstrahl erzeugt werden?

Alle Strahlrohre mit der Zusatzbezeichnung „M" (Mehrzweckstrahlrohre) können Sprühstrahl erzeugen. Für besondere Einsatzzwecke gibt es Spezial-Strahlrohre, die vom Vollstrahl bis hin zum feinen Wassernebel verstellt werden können oder die speziell als Zerstäuber-Strahlrohr in besonderen Fällen zum Einsatz kommen.

Pistolenstrahlrohre vereinigen mehrere Vorteile in sich. Neben der stufenlosen Regulierbarkeit des Wasserstrahls mittels Zughebel kann mit ihnen das Wasser auch stoßweise abgegeben werden. Daneben entlasten sie den Strahlrohrführer vom Rückstoß, so daß Einmannbedienung auch für längere Zeitdauer möglich ist. Für die Umstellung auf Sprühstrahl besitzen sie einen Stellring, der beliebige Strahlformen zuläßt, indem zusätzlich der Durchfluß (Hebeleinstellung) geregelt wird. Soll eine bestimmte Strahlstärke auf Dauer beibehalten werden, so kann der Bedienungshebel in beliebiger Stellung arretiert werden.

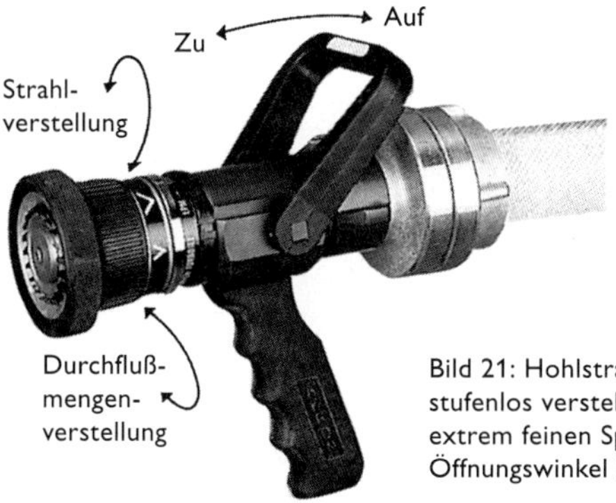

Bild 21: Hohlstrahlrohr TURBOJET – stufenlos verstellbar von Vollstrahl bis extrem feinen Sprühstrahl mit einem Öffnungswinkel bis 125° (Ziegler)

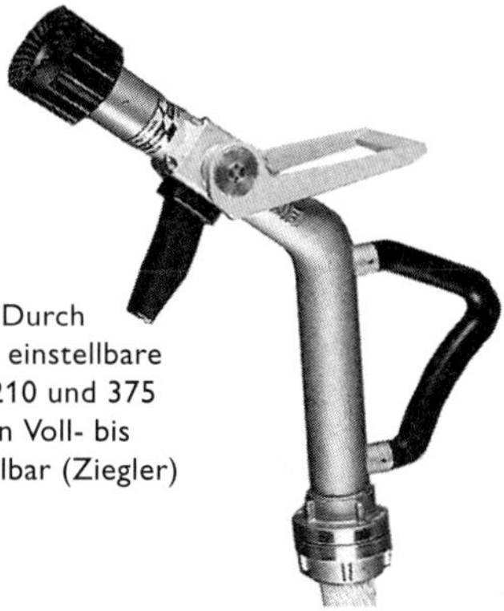

Bild 22: „Spritze 88 PN 16". Durch Rasterstellung am Griffbügel einstellbare Durchflußmengen von 115, 210 und 375 l/m. Der Wasserstrahl ist von Voll- bis Sprühstrahl stufenlos verstellbar (Ziegler)

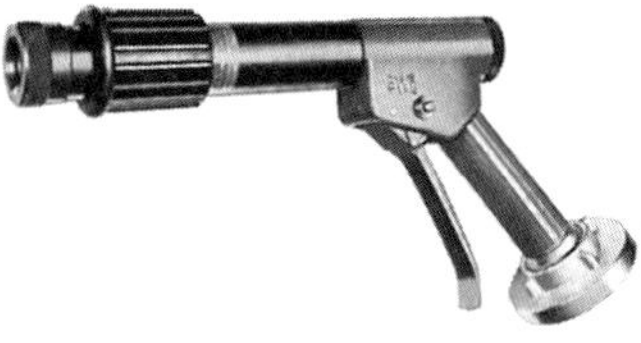

Bild 23: Pistolenstrahlrohr für die Schnellangriffseinrichtung von Tanklöschfahrzeugen (Widenmann)

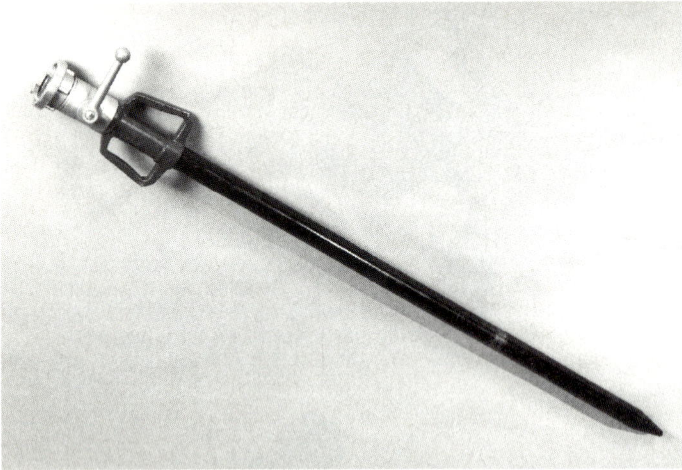

Bild 24: Löschlanze zur Bekämpfung von Bränden auf Müll- und Kohlenhalden, Heustapel, Getreidesilo und bei schwer zugänglichem Stapelgut (Widenmann)

Stützkrümmer nach DIN 14 368

62. Wozu dient der Stützkrümmer?

Der Stützkrümmer dient zum Ableiten der Rückkraft des Wasserstrahls von Strahlrohren BM über die Schlauchleitung zum Erdbogen. Er ermöglicht dadurch den Einsatz von Strahlrohren BM durch nur zwei Mann. Der Stützkrümmer kann auch verwendet werden, um Schlauchleitungen über scharfe Kanten zu führen.

63. Aus welchen Teilen besteht der Stützkrümmer?

Der Stützkrümmer besteht aus
- einem Gehäuse (1),
- einem Haltegriff mit Handschutz (2),

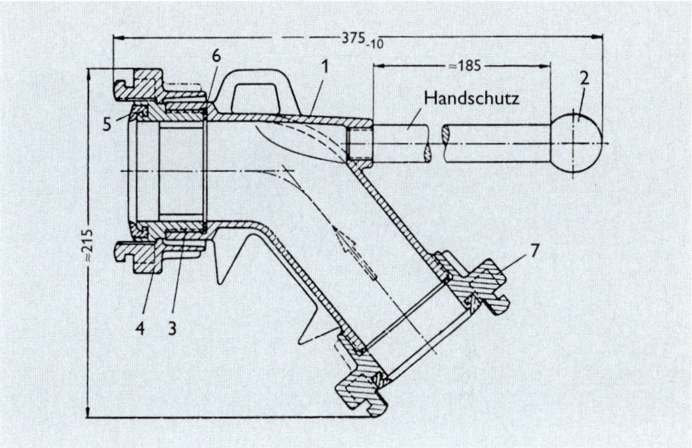

Bild 25: Stützkrümmer DIN 14 368-SK

- einem Gewindestutzen (3) mit Dichtring (5),
- einem drehbaren B-Knaggenteil (4),
- einem Flachdichtring (6),
- einer B-Festkupplung (7).

Die Ziffern in Klammern beziehen sich auf die Numerierung in Bild 25.

64. Wozu kann man den Stützkrümmer noch einsetzen?

Man kann mit Verteiler, Stützkrümmer, C-Druckschlauch und B-Strahlrohr einen provisorischen Wasserwerfer bauen.

Hierzu wird der Stützkrümmer in umgekehrter Richtung auf den B-Abgang eines B-Verteilers aufgeschraubt und auf der B-Festkupplung des Stützkrümmers des B-Strahlrohr angekuppelt. Zur Stabilisierung wird dann vom 1. zum 2. Rohr-Abgang des Verteilers im C-Druckschlauch die Ringleitung mittels eines C-Schlauches angeschlossen.

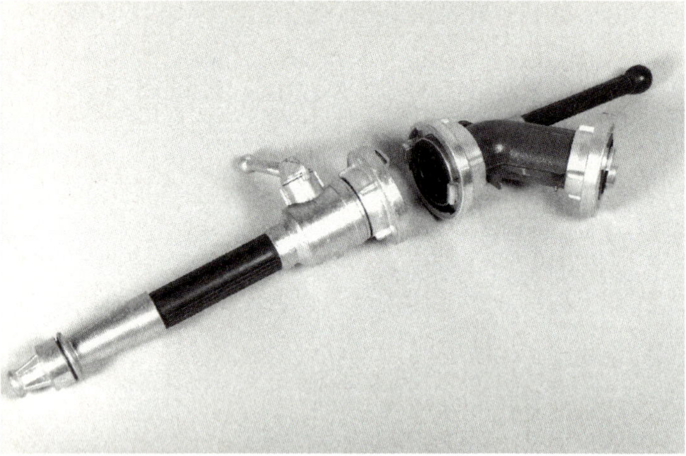

Bild 26: Stützkrümmer DIN 14 368-SK mit BM-Strahlrohr

Geräte zur Schaumerzeugung

65. Welche Geräte werden zur Herstellung von Luftschaum benötigt?

- Schaummittelbehälter,
- Ansaugschlauch,
- Zumischer,
- Schaumstrahlrohr.

66. Welches Fassungsvermögen haben Schaummittelbehälter?

a) Zum Mitführen auf den Löschfahrzeugen sind Behälter von 20 Liter Fassungsvermögen (DIN 14 452) im Gebrauch, die nach Bedarf aus den Transport- und Lagerfässern nachgefüllt werden.

Die Behälter sind nach jedem Entleeren gründlich auszuspülen, die Verschlußkappengewinde sind sorgfältig sauberzuhalten.

b) Nach Bedarf als Einbau- oder Aufbautanks, z.B. im TLF 24/50 mit 500 l Schaummittelinhalt.

67. Woraus besteht der Ansaugschlauch (DIN 14 819)?

Der Löschmittelansaugschlauch, das Verbindungsstück zwischen Schaummittelbehälter und Zumischer, ist ein transparenter Kunststoffschlauch mit Kunststoffspirale. Er ist 1,5 m lang und hat 19 mm lichte Werte. Er hat eine D-Kupplung. Am Ende ist er angeschrägt, um ein Festsaugen am Boden des Schaummittelbehälters zu verhindern.

Schaummittelzumischer nach DIN 14 384

68. Wozu dient der Zumischer?

Er mischt dem Wasser eine bestimmte Menge Schaummittel bei. Seine Dosierungseinrichtung hat einen Einstellbereich von 0 bis 5 Volumen %. Sie wird benötigt, um das richtige Verhältnis zwischen Schaummittel und Wasser herzustellen.

Zum Teil werden auch Zumischer mit fest eingestellter Zumischung verwendet.

69. Welche Zumischarten gibt es?

- Strahlpumpenzumischer
- Venturizumischer
- Zumischerpumpen.

Bei den Feuerwehren werden überwiegend Strahlpumpenzumischer verwendet.

70. Welche Größen von Strahlpumpenzumischern gibt es?

Type Z 2 für 200 l/min Durchflußmenge mit C-Kupplung
Type Z 4 für 400 l/min Durchflußmenge mit B-Kupplung
Type Z 8 für 800 l/min Durchflußmenge mit B-Kupplung

71. Was ist beim Einbau des Zumischers in die Schlauchleitung zu beachten?

Strahlpumpenzumischer müssen immer in Pfeilrichtung → in die Förderleitung eingekuppelt werden.

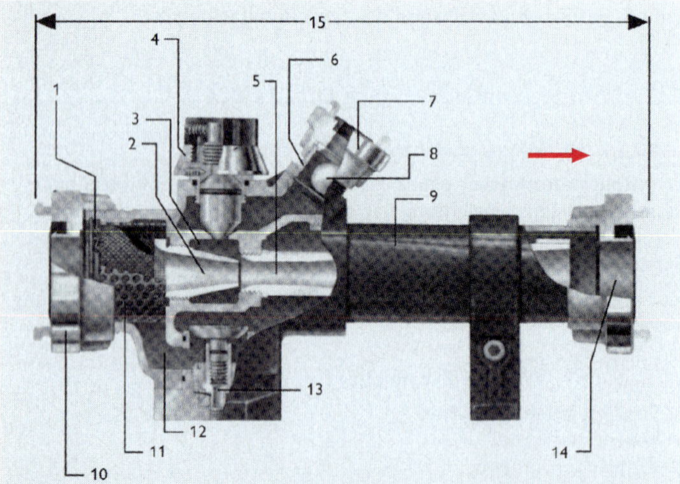

1 Sieb
2 Treibdüse
3 Saugraum
4 Zumischeinstellung
5 Fangdüse
6 Schaummittelanschluß
7 Festkupplung (Schaummitteleintritt)
8 Rückschlagventil
9 Mantelrohr
10 Festkupplung (Wassereintritt)
11 Schmutzfängersieb
12 Umgehungskanal
13 Regelventil
14 Festkupplung (Gemischaustritt)
15 Länge

Bild 27: Schnitt durch einen Zumischer (Minimax)

72. Wie arbeitet der Strahlpumpenzumischer?

Er arbeitet nach dem Prinzip der Strahlapparate (siehe auch Wasserstrahlpumpe **G 34**). Das aus der Treibdüse (Bild 28) mit hoher Geschwindigkeit austretende Wasser erzeugt in der Fangdüse einen Unterdruck, durch den das Schaummittel aus dem Saugraum mitgerissen wird. Das selbsttätige Regelventil bewirkt, daß auch bei wechselndem Wasserdurchfluß und Druckschwankungen stets der eingestellte Prozentsatz Schaummittel angesaugt und zugemischt wird.

73. Wo wird der Zumischer eingebaut?

Da der Druckverlust zwischen Zumischer und Schaumstrahlrohr 2 bar nicht überschreiten darf, wird der Zumischer zweckmäßig vor der letzten Schlauchlänge, 15 bis 20 m vor dem Schaumstrahlrohr eingekuppelt. Dort ist auch der Schaummittelbehälter aufzustellen.

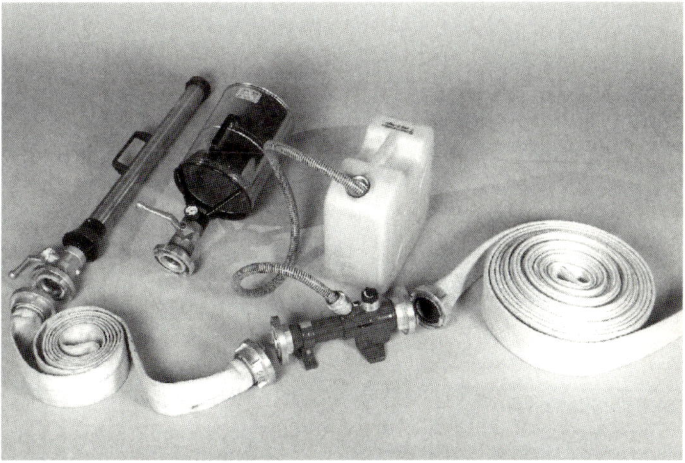

Bild 28: Armaturen und Schläuche zur Schaumerzeugung

Schaumstrahlrohre nach DIN 14 366

74. Welche Arten von Schaumstrahlrohren gibt es?

a) Schwerschaumrohre (Bild 29)
b) Mittelschaumrohre (Bild 30)

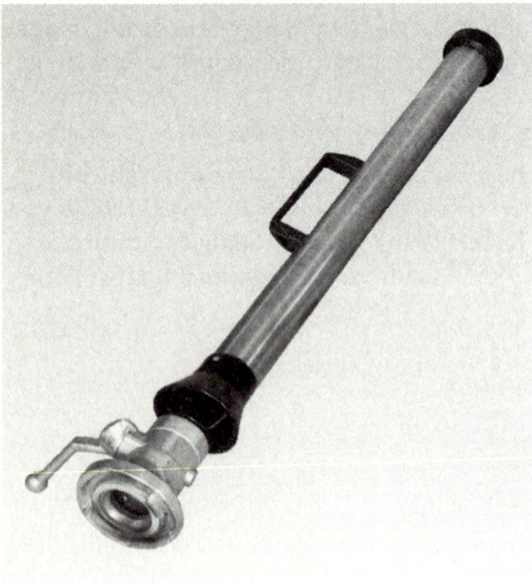

Bild 29: Schwerschaumrohr S 4–15 (Minimax)

75. Welche Größen von Schaumrohren gibt es?

	Größe	Durchflußmenge bei 5 bar	Gewicht max.
a) Schwerschaumrohre	S 2	200 l/min	3,8 kg
	S 4	400 l/min	5,5 kg
	S 8	800 l/min	8,5 kg
b) Mittelschaumrohre	M 2	200 l/min	6 kg
	M 4	400 l/min	7 kg
	M 8	800 l/min	22 kg

Bild 30: Mittelschaumrohr (Ziegler)

Die Mittelschaumrohre werden in ihrer Bauart im wesentlichen für Verschäumungszahlen 40fach, 75fach und 150fach ausgelegt. Am gebräuchlichsten sind solche mit 75facher Verschäumung.

76. Wie ist die Wirkungsweise des Schaumstrahlrohrs?

Das Wasser/Schaummittel-Gemisch tritt mit ca. 5 bar Druck und hoher Geschwindigkeit in den Düsenkörper ein. Bei seinem Austritt erfolgt eine vielfache Vergrößerung der Flüssigkeitsoberfläche durch Tropfenbildung. Die durch Injektorwirkung angesaugte Luft bildet im Schaumrohr durch Verwirbelung und Vermischung den Schaum.

Beim Mittelschaumrohr wird das Luft-Schaummittel-Gemisch auf das Verschäumungssieb gedrückt und dabei Blasen gebildet, die in ihrer Vielzahl den Mittelschaum ergeben.

77. Was ist ein Anhänger mit Schaum-Wasserwerfer?

Ein einachsiger Feuerwehranhänger mit abnehmbarem Schaum-Wasserwerfer, mit Schaummittelzumischer und mit Behältern für mindestens 220 l Schaummittel (Bild 31). Weiteres siehe DIN 14 521.

78. Was ist zum Leichtschaumgenerator zu sagen?

Die Leichtschaumgeneratoren werden für 100 und 200 l Wasserleistung je mit wahlweise 500- und 1000 facher Verschäumung und für 1000 l/min Wasserleistung mit 1000 facher Verschäumung gebaut. Die erzeugte Schaummenge beträgt 100, 200 und 1000 m^3/min. Der kleine Generator kann auf Fahrzeugen mitgeführt werden, der mittlere auf Anhänger aufgebaut oder wie der große ortsfest verwendet werden.

Bild 31: Schaum-Wasserwerfer (Albach)

Das Hauptseinsatzgebiet für Leichtschaum ist das Füllen oder Fluten von Räumlichkeiten. Der Leichtschaum wird über Lutten (1000 oder 1500 mm Ø) durch sein Gebläse zum Brandherd gedrückt.

Einsatzhinweise

- Nach dem Einsatz sollen die Geräte und Schläuche, die mit Schaummittel in Berührung kamen, gründlich mit Wasser abgespült werden, um eine Verklebung, insbesondere beim Zumischen, zu vermeiden.
- Dabei Vorsicht!
  Sicherstellen, daß das Wasser-Schaummittel-Gemisch nicht in Vorfluter oder in das Grundwasser gelangt. Nur in Abwassersysteme einleiten, die an eine Kläranlage angeschlossen sind.

Schlauchkunde

Druckschläuche

79. Was ist ein Druckschlauch?

DIN 14 811 Teil 1 sagt: Ein Druckschlauch ist ein Schlauch, der sich im ungefüllten Zustand flach falten und rollen läßt. Er dient zur Förderung von Löschmitteln (Wasser, Wasser mit Löschmittelzusätzen, Pulver usw.) und in Sonderfällen auch anderer Stoffe.

Ergänzend führt das Normblatt hierzu aus:
Für die Förderung von Pulver und für die Fortleitung von Mineralölprodukten o.ä. sind Druckschläuche nach dieser Norm nur dann zugelassen, wenn zusätzlich besondere Forderungen, z.B. hinsichtlich des Zerplatzdruckes, der Ableitung elektrostatischer Aufladung und der Beständigkeit gegen das Fördermedium erfüllt sind. Der Hersteller hat hierfür den Nachweis zu erbringen.

Die Farbe von Schläuchen dieser Art ist schwarz. Ebenso sind Kupplungen von Druckschläuchen rot zu färben, nachdem sie zur Fortleitung von Mineralölprodukten verwendet wurden.

80. Welche Bezeichnungen und Maße sieht DIN 14 811 Teil 1 vor?

(Auf farbrikneue Schläuche ohne Kupplungen bezogen.)

Kurzzeichen	Innendurchmesser mm	Nennweite NW	Schlauchlänge m + 1,5 % −0,5 %				zugehörige Druckkupplungen
D	25	25	5	15			DIN 14 301-D
C 52	42	42		15		30[1])	DIN 14 332-C 42
C 52	52	52		15			DIN 14 302-C
B	75	75	5		20	35[2])	DIN 14 303-B
A	110	110	5		20		DIN 14 300-A

[1]) z.B. für Schnellangriffseinrichtungen [2]) nur für Drehleitern

81. Wie werden Druckschläuche gemäß DIN 14 811 bezeichnet?

Bezeichnung eines C-Druckschlauches von 42 mm Innendurchmesser und 15 m Länge mit Kupplungen (K):
Druckschlauch DIN 14 811 – C 42 – 15 – K

Bezeichnung eines B-Druckschlauches von 20 m Länge ohne Kupplungen:
Druckschlauch DIN 14 811 – B – 20

82. Welche Druckwerte und Druckverluste gelten für Druckschläuche?

Kurzzeichen	Druckverlust für die in Tabelle 1 genannten Normlängen mit Kupplungen				Gebrauchsprüfdruck	Prüfdruck	Zerplatz druck
	bei Durchfluß l/min	bei Eintrittsdruck bar	Schlauchlänge m	Druckverlust bar max.	bar	bar	bar
D	140	6	15	2	8	12	25
C 42	600	6	15	2,5	12	24	50
C 52	1200	6	15	3	12	24	50
B	2400	4	20	2	12	24	50
A	6000	4	20	1,7	8	12	25

Druckverluste (hydraulische Verluste = Reibungs- und Strömungsverluste) in bar (0,1 bar = 1 m/WS) für je 100 mm Schlauchlänge abgerundet für den praktischen Gebrauch:

Förderstrom Q l/min	Druckverluste in bar bezogen auf 100 m Leitungslänge	
	Druckschlauch	
	B-gummiert	C 52-gummiert
100	–	0,15 bar
200	0,1 bar	0,5 bar
400	0,4 bar	–
600	0,8 bar	–
800	1,3 bar	–
1000	2,0 bar	–
1200	2,6 bar	–

Bei gleichem Förderstrom erhöht sich der Druckverlust einer C 52-Leitung gegenüber der B-Leitung auf das 5-bis 6fache.

83. Woraus werden die Druckschläuche gefertigt?

DIN 14 811 Teil 1 fordert, daß die Druckschläuche aus fäulnisbeständigen Werkstoffen hergestellt und gegen die Löschmittel Wasser, Schaum und Pulver beständig sein müssen.

Zur Herstellung werden heute in aller Regel Chemiefasern verwendet, die im Gegensatz zur Naturfaser keine Zellstruktur haben und deshalb kein Wasser aufnehmen.

84. Welche Farbe haben die Druckschläuche?

Die Farbe ist meist rohweiß oder rot, in Sonderfällen schwarz, siehe Frage **K 79**. Für Zwecke der Bundeswehr dürfen Druckschläuche olivfarben sein. Die Farbe darf keine werkstoffschädigenden Bestandteile enthalten.

85. Wie werden die Schläuche untereinander verbunden?

Durch genormte Kupplungen (siehe **K 26ff.**).

86. Wie sind Druckschläuche zu prüfen?

Bei jeder Schlauchwäsche ist eine Druckprüfung durchzuführen. Der Druckschlauch ist hierbei langsam und gleichmäßig bis zum Gebrauchsprüfdruck (siehe **K 82**) zu beaufschlagen. Der Druckschlauch ist betriebssicher, wenn während und nach der Prüfung keine Schäden oder Leckagen feststellbar sind und der Einband der Kupplungen fest sitzt. Schadhafte Schläuche sind instand zu setzen oder auszumustern.

Prüfnachweis ist zu führen.

87. Was ist ein Druckschlauch S und welche Arten gibt es?

Der Druckschlauch S ist ein formbeständiger Schlauch. Er kann Bestandteil von Schnellangriffs-Löscheinrichtungen sein. Seine Ausführung muß die Abgabe des Löschmittels auch bei nur teilweise ausgelegtem Schlauch ermöglichen.

Es gibt zwei Arten: S 28 und S 32.

Druckschlauch S 28 für die Schnellangriffseinrichtung der Tanklöschfahrzeuge. Druckschlauch S 32 für Trockenlöschfahrzeuge und Schaumlöschfahrzeuge vorgesehen.

Nennweite DN	Innendurchmesser d ± 0,5	Mindestdicke der äußeren Gummischicht (ohne Textileinlage)	Schlauchlänge m zul. Abw. ± 1 %	Gewicht kg/m (ohne Kupplung) max.	Betriebsdruck bar max.	Prüfdruck bar	Zerplatzdruck bar min.	Druckverlust bei 30 m Länge bar max.
28	28	1,25	30	1,2	20	30	60	2,8
31,5	32	1,5		1,3	20	30	60	1,6

88. Welcher Werkstoff wird für Druckschläuche S verwendet?

Als Werkstoff wird Gummi mit Textileinlagen verwendet.

Abmessungen, Gewichte, Längen und Drücke sind aus nebenstehender Tabelle ersichtlich.

89. Wie ist der Druckschlauch S gekennzeichnet?

Ein Schlauch, der den in der Norm vorgeschriebenen Bedingungen entspricht, erhält in Abständen von 10 m einen einvulkanisierten Prägestempel.

Der Stempel muß enthalten: das Verbandszeichen DIN nach DIN 31, das bei der Prüfstelle hinterlegte Hersteller- und Prüfzeichen, das Herstellungsjahr.

90. Wie sind Druckschläuche S zu prüfen?

Mindestens einmal jährlich ist eine Sicht- und Druckprüfung durchzuführen.

Der Druckschlauch ist hierzu vollständig abzurollen und mit einem Druck zwischen 14 und 16 bar (entsprechend dem Schließdruck der Feuerlöschkreiselpumpe) zu beaufschlagen. Der Schlauch ist betriebssicher, wenn während und nach der Prüfung keine Schäden feststellbar sind und der Einband der Kupplung fest sitzt. Undichte Stellen sind nach dem Trocknen durch Einbinden von Hülsen zu beseitigen.

Prüfnachweis ist zu führen.

91. Was sind Druckschläuche W (DIN 14 818)?

Druckschläuche W sind formbeständige Schläuche für Wandhydranten.

Der Druckschlauch WA ist ein Schlauch aus Gummi mit Textileinlage.

Bezeichnung eines Druckschlauches WA von 20 m Länge: Druckschlauch DIN 14 818-WA-20.

Der Druckschlauch WB ist ein Schlauch aus Kunstfasergewebe mit Innenauskleidung und Stützwendel.

Bezeichnung eines Druckschlauches WB von 20 m Länge: Druckschlauch DIN 14 818-WB-20.

Schlauchpflege

92. Wie sollen Schläuche gelagert werden?

In trockenem Zustand.

Das Schlauchlager muß trocken, gut zu belüften sowie frostfrei sein. Temperatur möglichst gleichbleibend (+5 bis +23°C nicht überschreiten), kein Sonnenlicht.

Schläuche in Regalen senkrecht so lagern, daß Luft überall durchstreichen kann.

Die Schläuche sollen mindestens zweimal im Jahr ausgerollt und unter Wasserdruck gesetzt werden.

93. Welche Nachweise müssen für jeden Schlauch geführt werden?

Für jeden Schlauch muß eine Karteikarte angelegt oder (bei geringem Schlauchbestand) ein Schlauchbuch geführt werden. Aus dem Schlauchbuch oder aus der Karteikarte muß ersichtlich sein:

- Hersteller,
- Anschaffungsjahr,
- die Nummer, unter welcher der Schlauch geführt wird,
- Prüfdruck,
- Art,
- Einsätze,
- Reparaturen,
- Ausmusterungstag.

Die Schlauchnummer kann in die Kupplung (Knappenteil) eingeschlagen werden oder ca. 2 m vom Schlauchende mit Farbe aufgebraucht werden. Die Karteikarte gibt uns jederzeit Auskunft über die bisherige Verwendung des Schlauches. Jede Reparatur und jeder Einsatz wird vermerkt. Die Karteikarte weist bei der Ausmusterung genau nach, ob sich der Schlauch bewährt hat oder nicht.

94. Wie sollen die Schläuche auf Fahrzeugen gelagert werden?

Entweder als Rollschläuche doppelt gerollt oder auf Haspeln. In Schlauchwagen können sie auch in Buchten gelagert sein.

Die Kupplungen sind festzulegen, um Scheuerstellen zu vermeiden. Die Schutzhüllen der Schlauchhaspeln sind wegen der besseren Durchlüftung während der Unterstellung in Garagen zu entfernen. Auf Feuchtigkeit und Schmutz ist zu achten.

Verschmutzte Schläuche einfach gerollt oder in Buchten gelegt transportieren.

Undichte, gebrauchte Schläuche beim Rücktransport ins Feuerwehrhaus als undicht kennzeichnen, indem man einen Knoten in den Schlauch macht.

- Schlauch nicht schleifen und nicht um scharfe Kanten ziehen, auch nicht über Mauern
- Ohne Knick und Drall verlegen
- Von der Haspel nach unten abrollen
- Vor herabfallendem Bauschutt, Glassplittern, Säuren, Öl und Brandgut schützen
- Beim Vornehmen in höhere Stockwerke und über Leitern mit Schlauchhaltern sichern
- Bei Vibration an der Pumpe Scheuerstellen durch Unterlagen vermeiden
- Überfahren unbedingt verhindern
- Sichern durch Schlauchbrücken oder Schlauchüberführungen.

95. Wie sind Schläuche bei tiefen Temperaturen zu behandeln?

Bei „Wasser halt" sofort sämtliche Kupplungen öffnen, Wasser heraus. Dabei beachten, daß das Wasser zur Vermeidung einer Glatteisbildung nicht auf Verkehrsflächen läuft; auslaufendes Wasser in Vorgärten oder in Randeinläufe laufen lassen. Können die Kupplungen nach dem „Wasser halt" nicht sofort geöffnet werden, dann Wasser langsam laufen lassen und Schläuche vom Strahlrohr aus abbauen. Können die nassen Schläuche bei starkem Frost nicht mehr gerollt werden, dann knicken. Aber *nicht in gefrorenem Zustand*, da sie sofort brechen würden. Mit warmem Wasser die Knickstellen erst auftauen. Schläuche vorsichtig abtransportieren. Vor dem Waschen auftauen.

96. Was geschieht in der Schlauchwaschanlage?

Zunächst werden hier die Schläuche vom gröbsten Schmutz befreit, sodann mit Wasser und weichen Handwaschbürsten oder mit einer Schlauchwaschmaschine gereinigt.

97. Was muß vorher noch beachtet werden?

Die Schläuche müssen auf ihre Dichtigkeit geprüft werden.

Bild 32: Schlauchwaschmaschine (Barth)

98. Wie geht das vor sich?

Der Schlauch wird, nachdem er mit Wasser gefüllt ist, mit der Druckseite einer Schlauchprüfpumpe verbunden und mit dem Gebrauchsprüfdruck (siehe **K 82**) abgedrückt, Spritzstellen werden gekennzeichnet. Die Reparatur erfolgt, sobald der Schlauch trocken ist.

99. Wie soll der Schlauch getrocknet werden?

Möglichst im Trockenturm, wo er in ganzer Länge aufgehängt wird. Der Trockenturm muß gut zu belüften und möglichst beheizbar sein. Ist er nicht hoch genug, können die Schläuche auch doppelt hängen. Beide Kupplungen zeigen nach unten, so daß das Wasser auslaufen kann. Es ist darauf zu achten, daß die Auflagestellen der Schläuche von Zeit zu Zeit verändert werden. Die Schläuche würden sonst an der Auflagestelle feucht bleiben.

Ist kein Trockenturm vorhanden, können Schläuche auch in Trockenschränken oder in horizontalen Trockenkanälen getrocknet werden. Aus Energiespargünden sollte darauf möglichst verzichtet werden.

100. Was ist zum Schutz der Dichtringe der Kupplungen erforderlich?

Die Dichtflächen der Dichtringe sollen mit Graphit oder Talkum eingerieben werden. Wenn Kupplungen lange zusammengekuppelt sind, kleben die Dichtringe mit der Zeit zusammen. Beim Auseinanderkuppeln wird dann oft der Dichtring beschädigt. Graphit oder Talkum bilden zwischen den Dichtringen eine Trennschicht, verhindern das Zusammenkleben und gestatten ein leichtes Kuppeln. Es gibt für diesen Zweck Graphitstifte im Handel. Nach dem Befeuchten des Ringes wird der Graphitstift darauf verrieben.

Schlauchzubehör

101. Was gehört zum Schlauchzubehör?

- Schlauchbinden,
- Schlauchbrücken,
- Kupplungsschlüssel,
- Rohr-Schlauchüberführungen,
- Schlauchtragekörbe.

102. Wie werden an der Brandstelle Spritzstellen bei Schläuchen abgedichtet?

Durch Umlegen von Metallschlauchbinden oder elastischen Schlauchbinden (Bild 33).

103. Wozu dienen Schlauchbrücken?

Schlauchbrücken überbrücken Schlauchleitungen Größe B und kleiner auf Verkehrswegen und verhindern somit eine Beschädigung der Schläuche.

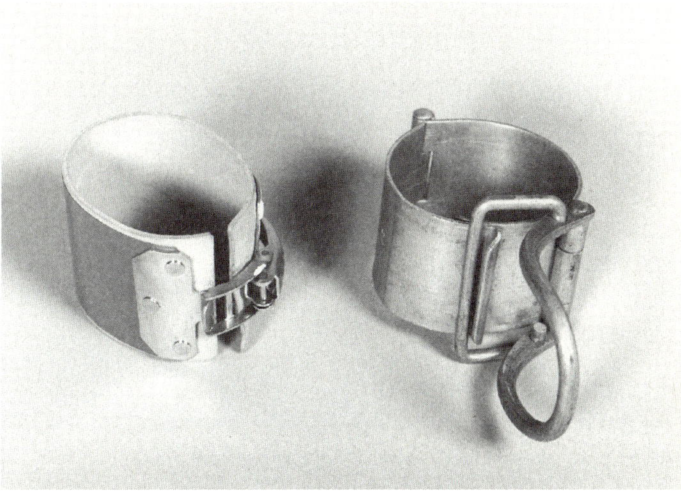

Bild 33: Elastische Schlauchbinde „Perfekt“ aus Federstahlband mit Moosgummieinlage und Exzenterverschluß; Metallschlauchbinden (Hebelschlauchbinden)

Holz-Schlauchbrücke DIN 14 820 Blatt 1, aus Kanthölzern mit rotweißem Anstrich, für 2 B-Schläuche. Untergurtung aus Perlongewebe. Spurbreite 70 cm. Zusammenlegbar. Gewicht 11,5 kg.

Aluminium-Schlauchbrücke DIN 14 820 Blatt 2, bestehend aus zwei Auffahrprofilen, rutschgesichert durch vier Profilgummistücke, eingehängt in ein Mittelprofil. Witterungsbeständig und leicht zu reinigen, paßt sich unebenem Gelände an. Tragkraft 6 t, für 2 B- und 2 C-Schläuche. Spurbreite 60 cm. 66 cm lang, 9 cm hoch. Gewicht 17 kg.

104. Wie können Wege mit Schläuchen noch überbrückt werden?

Mit der „Rohr-Schlauchüberführung 2 B“ nach DIN 14 821 (Bild 36) können zwei B-Schlauchleitungen in einer Höhe von 4,2 m über Wege geführt werden. Die Schlauchüberführung ist zusammenlegbar,

Bild 34: Holzschlauchbrücke, für zwei B-Schläuche geeignet

Bild 35: Aluminium-Schlauchbrücke, für zwei B- und zwei C-Schläuche geeignet

Bild 36: Rohr-Schlauchüberführung DIN 14 821 (Ziegler)

besteht aus zwei abgewinkelten B-Rohrbögen auf vier abnehmbaren Stützfüßen. Lichte Durchfahrtshöhe 4 m, obere Breite ca. 3,3 m, untere Breite 5,5 m.

105. Was sind Schlauchtragekörbe?

Schlauchtragekörbe sind Behältnisse, die der Feuerwehr zur einsatzbereiten Lagerung, zum Transport und zum Verlegen von Druckschläuchen B oder C dienen. Die Schläuche sind im Schlauchtragekorb in Buchten gelegt und werden beim Vortragen des Schlauchtragekorbes durch den Angriffstrupp automatisch aus dem Korb herausgezogen und verdrillungsfrei verlegt.

106. Wie wird der Schlauchtragekorb für C-Schläuche bezeichnet und welche Maße hat er?

Der Schlauchtragekorb für C-Schläuche wird nach DIN 14 827 als STK-C bezeichnet. Er wiegt leer ca. 3,0 kg und hat Außenmaße von 870/520/115 (B/H/T) mm. Der Schlauchtragekorb für B-Schläuche wiegt max. 3,5 kg und hat die Außenmaße von 870/520/145 (B/H/T) mm.

107. Warum sind die Tragegriffe an den Schlauchtragekörben außermittig angebracht?

Die Tragegriffe sind außermittig so angebracht, daß der Schlauchtragekorb beim Verlegen der Schlauchleitung vorne hoch und hinten abkippt. Dies verhindert ein Anschlagen an flachen Hindernissen, z.B. Bordsteinkanten und erleichtert das Vorgehen über Treppen.

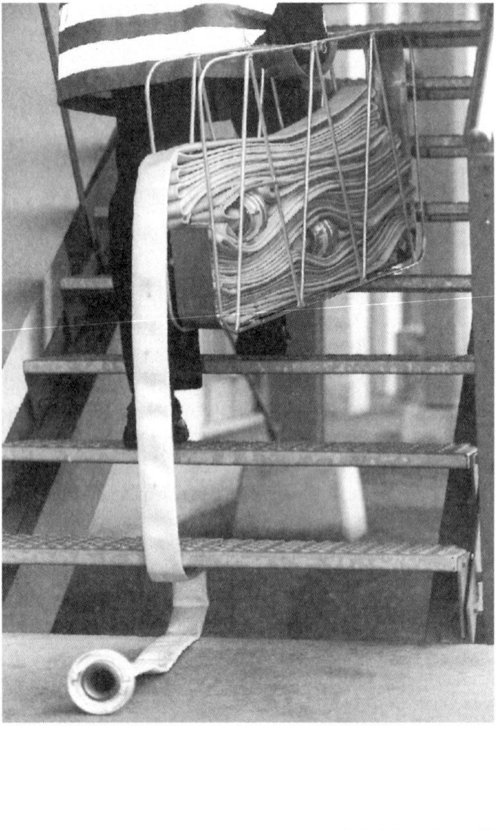

Bild 37:
Aussehen und Anwendung eines Schlauchtragekorbes

Saugschläuche nach DIN 14 810

108. Was sind Saugschläuche?

Schläuche, die ihre röhrenförmige Form immer behalten.

109. Wo verwendet man Saugschläuche?

Zur Entnahme von Wasser durch Feuerwehrpumpen aus offenen Gewässern oder aus Löschwasserbehältern.

110. Welchen Zweck haben die innere und die äußere Drahtspirale?

Die *innere Spirale* gibt dem Schlauch seine Röhrenform und verhindert beim Erzeugen des Unterdrucks das Zusammenklappen des Schlauches.

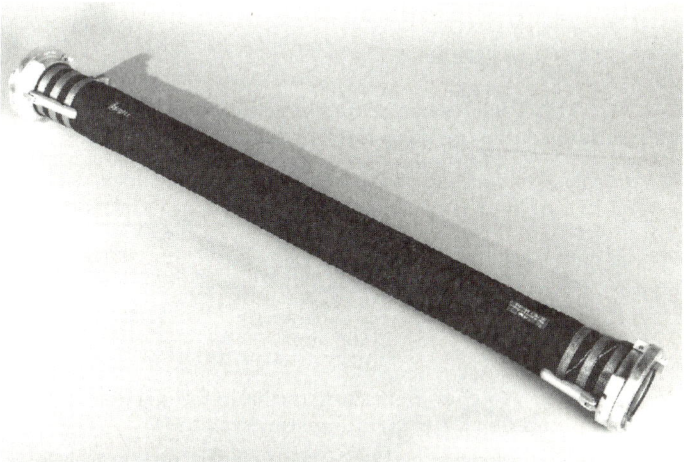

Bild 38: Saugschlauch C 1,5 m lang von einer Person zu tragen

Die *äußere Spirale* soll den Schlauch vor Beschädigungen schützen.

Die Spiralen gehen jedoch nicht bis zum Ende des Schlauches.

111. Warum gehen die Spiralen nicht bis zum Ende des Schlauches?

An jedem Ende läßt man Muffen stehen, um die Kupplungen einbinden zu können. Gingen die Spiralen durch, wäre ein Einbinden der Kupplungen nicht möglich.

112. Wie muß ein Saugschlauch beschaffen sein?

Er muß fest und dabei biegsam sein.

113. Was für Arten von Saugschläuchen gibt es?

A-, B-, C-Saugschläuche.

A = 110 mm lichte Weite
B = 75 mm lichte Weite
C = 52 mm lichte Weite

114. Welche Länge und welches max. Gewicht haben Saugschläuche nach DIN 14810?

Kurzzeichen	Schlauchlänge (eingebunden)	max. Gewicht mit Kupplung
A	2500 mm 1600 mm	20,3 kg 14,0 kg
B	1585 mm	7,6 kg
C	1580 mm	4,6 kg

115. Welcher Belastung muß ein Saugschlauch bei der Saug- und der Druckprüfung standhalten?

Bei der Druckprüfung ist der Saugschlauch innerhalb von 1 bis 2 Minuten gleichmäßig bis zum Druck von 6 bar zu beaufschlagen. Der Prüfdruck ist mindestens 5 Minuten zu halten.

Bei der Saugprüfung muß der Saugschlauch einen Druck von –0,8 bar mindestens 1 Minute lang unverändert halten. Wenn man am unteren Ende des Saugschlauchs bei Beginn des Saugvorgangs eine durchsichtige Plexiglasscheibe aufsetzt und mit einem Handscheinwerfer hineinleuchtet, kann man erkennen, ob sich während des Saugvorgangs Blasen an der Schlauchseele bilden oder ob sich die Seele gelöst hat.

116. Wann wird eine Druck- und Saugprüfung durchgeführt?

Saugschläuche müssen nach jedem Einsatz, mindestens jedoch einmal jährlich einer Saug- und Druckprüfung einschl. Sichtprüfung unterzogen werden.

Der Saugschlauch ist betriebssicher, wenn keine Schäden und Leckagen feststellbar sind, der Einband der Kupplungen fest sitzt, die Kupplungen leichtgängig sind und der Druck von –0,8 bar mindestens eine Minute lang bestehen bleibt.

Prüfnachweis ist zu führen.

Bild 39: Unterdruckmesser mit Grundplatte, zum Prüfen von A-, B- und C-Saugschläuchen auf Vakuum (Ziegler)

117. Wie wird die Saugprüfung praktisch durchgeführt?

Mit der sogenannten Trockensaugprobe.

Bei der Trockensaugprobe wird jeder einzelne Saugschlauch auf seine Dichtigkeit überprüft.

Der Unterdruckmesser muß bei der Trockensaugprobe mindestens –0,8 bar anzeigen. Dieser Unterdruck muß bei stillstehender Pumpe und geschlossenen Absperrschiebern *mindestens 1 Minute* lang stehenbleiben. Erst nach dieser Zeit darf der Zeiger des Unterdruckmessers langsam auf 0 zurückgehen.

118. Wie ist der Saugschlauch zu behandeln?

Der Saugschlauch darf nicht geschleift und nicht über scharfe Kanten gezogen werden.

Scheuerstellen, die durch Vibration der Pumpe hervorgerufen werden können, sind besonders zu vermeiden, indem man weiche Unterlagen zwischen Auflagestelle und Saugschlauch legt.

Fernzuhalten sind Säuren und ölige Flüssigkeiten. Gefrorene Saugschläuche sind besonders vorsichtig zu transportieren, aufzutauen und dann zu reinigen. Nach Gebrauch ist der Saugschlauch sorgfältig zu reinigen und zu trocknen. Vor Sonnenbestrahlung ist er zu schützen. Zum Trocknen senkrecht aufhängen.

119. Welche Prüfungen sind im Saugschlauch vorzunehmen?

Wie schon oben beschrieben, muß eine Druck- und Saugprüfung durchgeführt werden.

Ferner können alle Saugschläuche zusammengekuppelt und damit am Wasser eine Naßprobe durchgeführt werden.

Bei der Sichtprüfung überzeugt man sich von dem Zustand der äußeren Gewebeschicht und der inneren Gummischicht. Ferner von dem Zustand der äußeren Drahtwicklung, der Dichtringe und des Einbands.

120. Welche Reparaturen können am Saugschlauch durchgeführt werden?

Ein schadhafter Saugschlauch läßt sich nicht reparieren. Sobald der Schlauch beschädigt ist, muß er ausgewechselt werden.

121. Muß vor dem Zu-Wasser-Bringen der B-Saugleitung eine Arbeitsleine als Halteleine angebracht werden?

Die Feuerwehr-Dienstvorschrift 1/1 schreibt die Halteleine nicht zwingend vor. Um das Herausnehmen der Saugleitung aus dem Wasser zu erleichtern, ist es aber sinnvoll, bei mehr als zwei Saugschläuchen immer eine Halteleine anzubringen.

L

Kleinlöschgeräte

1. Was sind Kleinlöschgeräte?

Kleinlöschgeräte werden zur Bekämpfung von Entstehungsbränden eingesetzt. Es sind tragbare Geräte, die im einsatzbereiten Zustand ein Gewicht von 20 kg nicht überschreiten.

2. Welche Kleinlöschgeräte werden von der Feuerwehr eingesetzt?

Die Feuerwehr verwendet Feuerlöscher und Kübelspritzen.

Genormt, aber kaum mehr im Einsatz, sind Einstellspritzen.

3. Was ist eine Einstellspritze?

Einstellspritzen sind handbetätigte, doppelt wirkende Kolbenpumpen, die zur Entnahme von Löschwasser in einen Eimer oder einen anderen geeigneten Behälter gestellt werden.

Einstellspritzen sind in DIN 14 407 genormt.

Feuerlöscher

4. Was sind tragbare Feuerlöscher?

Tragbare Feuerlöscher sind betriebsfertige Löschgeräte, die von Hand durch eine Person getragen werden können und deren Gesamtgewicht (Masse) 20 kg nicht überschreitet.

Der Feuerlöscher besteht aus einem Behälter, der ein Löschmittel enthält, das durch Innendruck ausgestoßen und auf einen Brandherd gerichtet werden kann.

Die Feuerlöscher werden nach Art ihres Löschmittels benannt, das sie enthalten. Derzeit werden in Europa unterschieden:

- Wasserlöscher
- Schaumlöscher
- Pulverlöscher
- Kohlendioxidlöscher

Die tragbaren Feuerlöscher sind europaweit nach EN 3 genormt.

5. Welchem Zweck dienen die Feuerlöscher?

Feuerlöscher sollen die wirksame Bekämpfung von Entstehungsbränden gewährleisten, auch wenn sie von Personen ohne besondere Ausbildung bedient werden.

6. Wie ist der Aufstellungsort von Feuerlöschern zu wählen?

Sie sind an leicht zugänglichen Stellen und gut sichtbar anzubringen.

7. Wie funktionieren Feuerlöscher?

Das Löschmittel wird durch einen im Behälter vorhandenen Innendruck ausgestoßen.

Bild 1: Dauerdruck-Pulverlöscher (Total)

1 Prüfstutzen
2 Betätigungshebel
3 Betätigungsventil
4 Tragegriff
5 Sicherungssteg
6 Löschmittel-Treibgasbehälter
7 Steigrohr
8 Schlauch
9 Spritzdüse

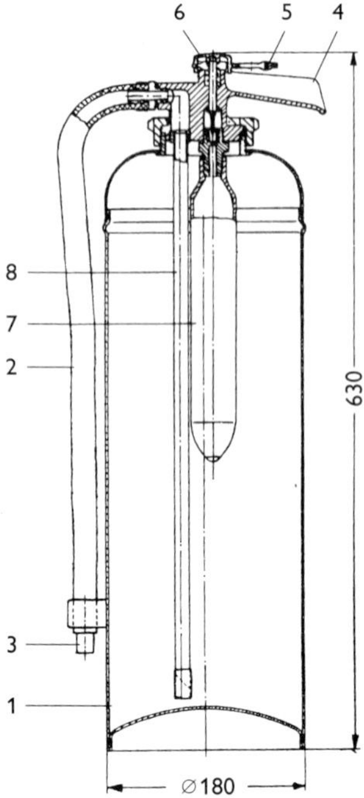

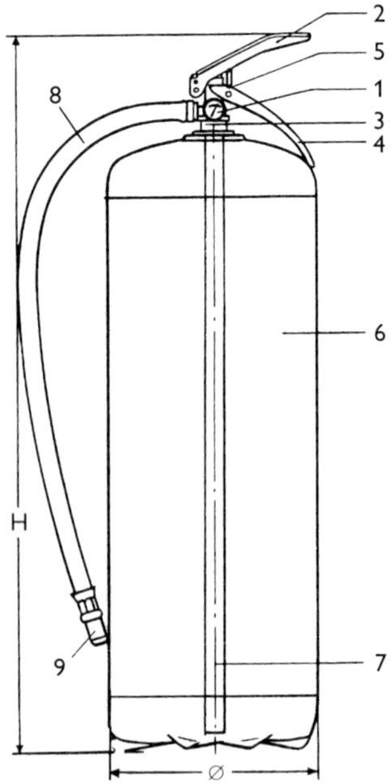

Bild 2: Auflade-Wasserlöscher (Vulkan) mit innenliegendem Treibgasbehälter

1 Löschmittelbehälter
2 Schlauch
3 Spritzdüse
4 Trage- und Betätigungsgriff
5 Sicherungsstift
6 Schlagknopf
7 Druckgasflasche (Treibgasbehälter)
8 Steigrohr

Der Innendruck kann

- im Löschmittelbehälter gespeicherter Druck *(Dauerdrucklöscher)* sein, – Bild 1
- er kann durch das Freigeben eines in einem gesonderten Behälter (im oder am Löscher angebracht) mitgeführten Treibgases sein *(Aufladelöscher)* – Bilder 2 und 3, oder

Bild 3: Aufladelöscher mit außenliegendem Treibgasbehälter (Gloria)

Bild 4: Kohlendioxidlöscher CD 2 (Minimax)

– er wird durch eine chemische Reaktion im Löschmittelbehälter erzeugt *(Löscher mit chemischer Druckerzeugung)*.

In Deutschland wurde bisher ergänzend hierzu der Begriff „Gaslöscher" verwendet (Bild 4). Der Gaslöscher ist in der europäischen Normung unter dem Prinzip des Dauerdrucklöschers erfaßt.

8. Bei welchen Temperaturen müssen Feuerlöscher funktionssicher sein?

Feuerlöscher müssen bei Temperaturen zwischen –20 °C und +60 °C funktionssicher und stoßfest sein. Für Feuerlöscher mit wäßrigem Löschmittel kann die untere Temperatur differieren. Nach Angabe des Herstellers darf sie auch bei +5 °C, 0 °C, –15 °C, –20 °C, –25 °C oder –30 °C liegen.

9. Innerhalb welcher Zeit nach Inbetriebnahme müssen Feuerlöscher voll löschwirksam sein?

Der Ausstoß des Löschmittels muß spätestens 10 Sekunden nach Inbetriebnahme beginnen. Als Inbetriebnahme ist das Öffnen des Abstellventils zu verstehen.

10. Können Feuerlöscher nach Inbetriebnahme wieder abgestellt werden?

Durch ein Abstellventil muß der Ausstoß des Löschmittels jederzeit unterbrochen werden können. Das Ventil muß nach einer Unterbrechung des Löschmittelstrahls wieder schließen. D.h. der Löscher muß nach einer Unterbrechung des Löschmittelstrahls wieder schließen. Der Löscher muß dann nach 5 Minuten noch einsatzbereit sein. Die DIN EN 3 legt hierzu genau Prüfkriterien fest.

Beachte: Eingesetzte Löscher sind nach Inbetriebnahme immer neu füllen und warten zu lassen.

11. Müssen Feuerlöscher einen Schlauch zum Aufbringen des Löschmittels haben?

Alle Feuerlöscher mit einer Füllmenge des Löschmittels von mehr als 3 kg oder einem Löschmittelvolumen von mehr als 3 Liter müssen mit einem Schlauch mit Düse versehen sein. Der Schlauch muß biegsam und mindestens 40 cm lang sein.

12. Wie sind Feuerlöscher gegen unbeabsichtigtes Auslösen gesichert?

Bedienelemente des Feuerlöschers müssen gegen unbeabsichtigtes Auslösen gesichert sein. Das Entsichern muß getrennt sein vom Auslösen.

Anhand der Sicherung, die z.B. aus einem Metalldraht oder Metallstift und einer Bleiplombe besteht, muß erkennbar sein, ob der Feuerlöscher in Betrieb gesetzt wurde.

13. Welche Mindestfunktionsdauer haben Feuerlöscher?

Füllmenge kg oder Liter	Minimale Funktionsdauer Sekunden
bis 3	6
über 3 bis 6	9
über 6 bis 10	12
über 10	15

14. Welche Löschmittel haben wir in Deutschland in Feuerlöschern?

- Wasser und wäßrige Lösungen
- Schaum
- ABC-Pulver
- BC-Pulver
- D-Pulver
- Kohlenstoffdioxid CO_2

In anderen Ländern ist Halon derzeit noch zugelassen.

15. Welche Löschmittelfüllmengen sind in den Feuerlöschern zulässig?

Pulver ABC/BC kg	Pulver D kg	CO_2 kg	Wasser, wäßrige Lösung, Schaum kg
1	–	–	–
2*	–	2	–
3	–	–	–
4	–	–	–
–	–	5	–
6*	–	–	6
9*	9	–	9
12*	12	–	–

*Diese Löschergrößen sollten bei Löschpulver vorzugsweise verwendet werden.

16. Welche Treibmittel sind in Feuerlöschern erlaubt?

Es sind folgende Treibmittel erlaubt:
- Luft
- Argon
- Kohlenstoffdioxid
- Helium
- Stickstoff

17. Gibt es Vorschriften, die das Aussehen der Feuerlöscher regeln?

In DIN EN 3 Teil 5 ist vorgeschrieben, daß der Löschmittelbehälter von Feuerlöschern rot sein muß. Dies dient der guten und eindeutigen Erkennbarkeit.

Außerdem müssen alle Feuerlöscher eine Beschriftung nach einheitlicher Form und Inhalt besitzen. Damit soll eine schnelle Überprüfung auf Eignung und Bedienbarkeit ermöglicht werden.

18. Wie sind Feuerlöscher zu beschriften?

Die Beschriftung der Feuerlöscher erfolgt nach einheitlichem Beschriftungsbild. Die Beschriftung muß die Angaben der Schriftfelder 1 bis 5 gemäß Bild 5 enthalten.

Das Schriftfeld 1 enthält auf drei Zeilen untereinander
- das Wort „Feuerlöscher",
- den Typ des Feuerlöschers und seine Nennfüllmenge
- Die Angabe der gelöschten Prüfobjekte.

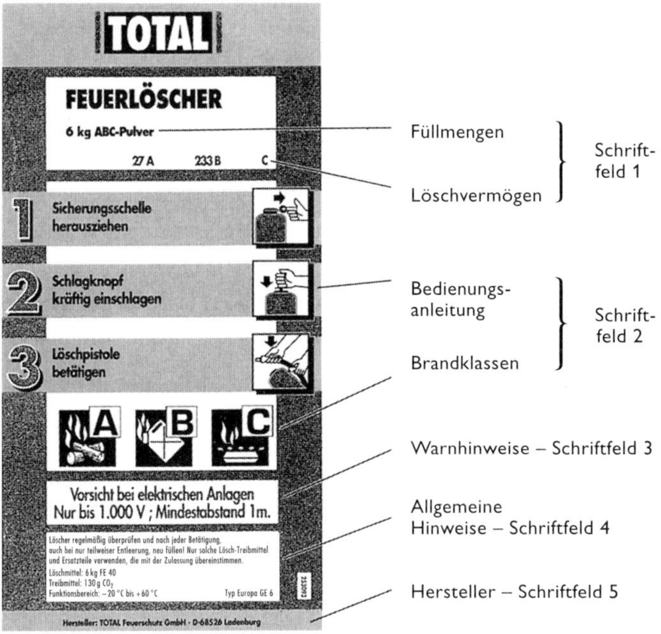

Bild 5: Beschriftung von Feuerlöschern

Das Schriftfeld 2 enthält die Bedienungsanleitung, die eine oder mehrere ausreichend erklärte bildliche Darstellungen (Piktogramme) enthalten muß.

Darunter sind mit Piktogrammen die Brandklassen anzugeben, für die der Feuerlöscher geeignet ist.

Das Schriftfeld 3 enthält Beschränkungen oder Gefahrenhinweise beim Gebrauch, insbesondere hinsichtlich Toxizität und elektrischen Gefahren.

Das Schriftfeld 4 muß enthalten:
- die Anweisung, daß der Feuerlöscher nach jeder Betätigung neu gefüllt werden muß,
- die Anweisung, daß in periodischen Abständen zu prüfen ist und daß bei Neubefüllung und Instandhaltung nur Produkte und Ersatzteile verwendet werden dürfen, die mit der Zulassung übereinstimmen,
- die Angabe des Löschmittels und insbesondere die Angabe und Prozentsätze von Zusätzen für wäßrige Löschmittel,
- falls vorhanden, die Angabe des Treibgases,
- die Nummer(n) oder Kennzeichnung(en) der Zulassung,
- die Hersteller-Typbezeichnung,
- die Grenztemperaturen,
- eine Warnung vor dem Risiko des Einfrierens (falls zutreffend).

Anmerkung: Die für das Schriftfeld 4 festgelegten Angaben sind als Mindestinhalt anzusehen.

Das Schriftfeld 5 muß enthalten:
- den Namen und die Anschrift des Herstellers und/oder Lieferanten.

Außerdem muß auf dem Feuerlöscher an beliebiger Stelle das Baujahr angegeben sein.

19. Wie erfolgt die Brandklassendarstellung?

Sie erfolgt mit Bildzeichen (Bild 6), die grundsätzlich auf jedem Löscher anzubringen sind.

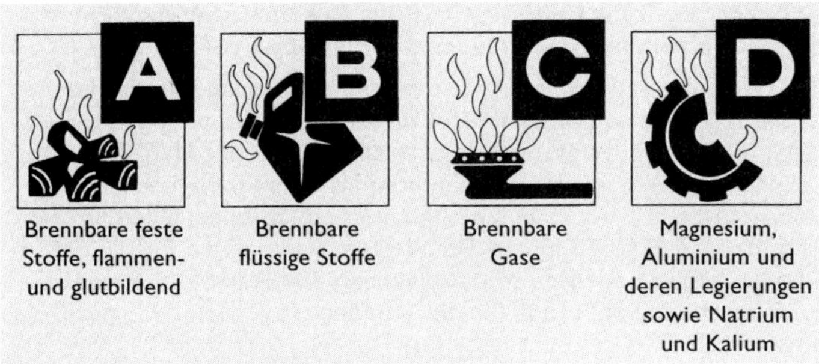

Bild 6: Bildzeichen der Brandklassen gemäß DIN EN 2

20. Welche Warnhinweise sind auf den Löschern anzubringen?

Um Gefahren bei der Anwendung der Löscher auszuschließen, sind bei der Bedienungsanleitung jeweils folgende Zusätze zu machen:

Bei Wasser- und Schaumlöschern:

„Vorsicht bei elektrischen Anlagen! Nur bis 1000 Volt, Mindestabstand 3 m."

Bei ABC-Pulver- und D-Pulverlöschern:

„Vorsicht bei elektrischen Anlagen! Nur bis 1000 Volt, Mindestabstand von 1 m einhalten!"

Bei BC-Pulverlöschern:

„Vorsicht bei elektrischen Anlagen! Bis 1000 Volt, Mindestabstand von 1 m einhalten.
Über 1000 Volt DIN VDE 0132 beachten."

Bei Kohlendioxidlöschern:

„Vorsicht bei Verwendung in engen, schlecht belüfteten Räumen (gesundheitsschädliche Gase). Vorsicht bei elektrischen Anlagen! Bis 1000 Volt, Mindestabstand von 1 m einhalten. Über 1000 Volt DIN VDE 0132 beachten."

21. Was bedeutet auf der Beschriftung im Schriftfeld 1 die Angabe der gelöschten Prüfobjekte?

Bei der Zulassung von Feuerlöschern müssen diese Löscher bestimmte Mindestanforderungen bzgl. des Löschvermögens erfüllen. D.h., mit den Feuerlöschern müssen die in der DIN EN 3 festgelegte „Normbrände“ gelöscht werden können. So muß ein Löscher für ABC-Pulver drei verschiedene Normbrände löschen; einen für die Brandklasse A, einen für die Brandklasse B und einen für die Brandklasse C. Dies bedeutet im Beispiel nach Bild 5, daß der 6 kg ABC-Löscher die Normbrände für die Brandklasse A, B und C gemäß den Prüfvorschriften gelöscht hat.

Die in Bild 5 vor den Brandklassenbezeichnungen A und B stehenden Zahlen 27 und 233 geben Auskunft über die Größe des gelöschten Normbrandes.

22. Was ist ein Normbrand und was bedeutet die verwendete Bezeichnung für das Prüfobjekt?

Es gibt für die Brandklassen A und B festgelegte Normbrände, d.h. Prüfobjekte, an denen die Löschwirkung geprüft wird.

Für die Brandklasse A handelt es sich um in 14 Lagen, im Abstand von 60 mm liegende, übereinander geschichtete Holzstäbe mit einem Querschnitt von 40 mm x 40 mm.

Die Tiefe des Holzstapels beträgt einheitlich 500 mm. Die Breite ist unterschiedlich. Sie verändert sich mit dem Prüfobjekt. Je höher das getestete Löschvermögen sein soll, um so breiter sind die Prüfobjekte.

Die Zahl im Kurzzeichen des Prüfobjektes gibt sowohl die Breite des Prüfobjektes in Dezimetern als auch die Zahl der Holzstäbe von 50 cm Länge an, die in jeder zweiten Schicht nebeneinander aufgereiht sind. So bedeutet die Prüfobjektbezeichnung – 27 A – in Bild 7, daß das Prüfobjekt 27 Dezimeter (= 270 cm) breit ist und hierzu in jeder zweiten Schicht 27 Holzstäbe mit 50 cm Länge nebeneinandergereiht sind. Die Zahl der Holzstäbe in den Zwischenschichten ist bei allen Prüfobjekten konstant und beträgt je Schicht 5 Stück. Die

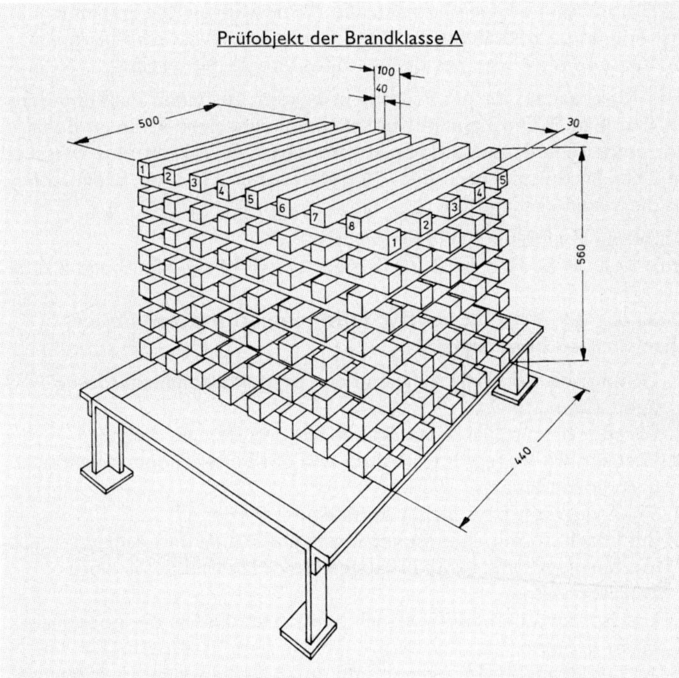

Bild 7: Prüfobjekt der Brandklasse A, hier Prüfobjekt 8 A nach DIN EN 3

Länge dieser Stäbe verändert sich entsprechend der Breite des Prüfobjektes.

Die DIN EN 3 sieht folgende Prüfobjekte vor: 3 A, 5 A, 8 A, 13 A, 21 A, 27 A, 34 A, 43 A und 55 A.

Prüfobjekte der Brandklasse B bestehen aus einem zylindrischen Behälter aus Stahlblech, in den der Brennstoff (brennbare Flüssigkeit) auf einem Wasserpolster gefüllt wird. Das Verhältnis Wasser zu Brennstoff beträgt 1/3 zu 2/3. Die Abmessungen der Stahlblechbehälter sind so zu wählen, daß sich daraus eine Wasserhöhe von 10 mm und die Höhe des Brennstoffes von 20 mm ergibt.

Das Kurzzeichen für das Prüfobjekt besteht aus einer Zahl und dem Buchstaben B. Die Zahl im Kurzzeichen kennzeichnet die im Behälter enthaltene Brennstoffmenge (brennbare Flüssigkeit plus Wasser) in Liter. Im Beispiel nach Bild 7 wurden somit 233 Liter Brennstoff in die Wanne geschüttet.

Folgende Prüfobjekte sind genormt:
8 B, 13 B, 21 B, 34 B, 55 B, 70 B, 89 B, 113 B, 144 B, 183 B und 233 B.

23. Was ist bei der Inbetriebnahme von Feuerlöschern zu beachten?

1. Eignung des Löschers aufgrund der Brandklassenbeschriftung überprüfen.
2. Löscher erst in Nähe des Brandherdes in Betrieb setzen.
3. Löscher am Tragegriff festhalten und am Boden stehend schräg nach vorne kippen.
4. Sicherungsstift bzw. Sicherungssteg herausziehen.
5. Bei Löschern mit chemischer Druckerzeugung und Aufladelöschern ggf. Schlagkopf betätigen bzw. Handrad des Treibgasbehälters öffnen.
6. Löscher anheben und Schlauch bzw. Spritzdüse in die noch freie Hand nehmen.
7. An den Brandherd vorgehen und durch Bedienen des Betätigungshebels Löschmittel ausstoßen.

Soweit möglich sollten mehrere Löscher gleichzeitig und nicht nacheinander eingesetzt werden.

24. Wie werden Pulverlöscher taktisch richtig eingesetzt?

Falsch Richtig

25. Bei welchen Bränden wird der Kohlendioxidlöscher bevorzugt eingesetzt?

Bei Objekten, in denen Löschmittelschaden unbedingt vermieden werden muß, z.B. in elektrischen Anlagen, Datenverarbeitungsanlagen (Temperaturschock beachten), in der Lebensmittelindustrie, Labors usw.

Beachte die hohe erforderliche Löschmittelkonzentration, die erst eintreten darf, nachdem alle Personen den Raum verlassen haben.

Vorgehende Einsatztrupps, die mehrere CO_2-Löscher gleichzeitig einsetzen, müssen umluftunabhängiges Atemschutzgerät anlegen.

26. Für welche Brände ist der Kohlendioxidlöscher nicht geeignet?

Glutbrände, Metallbrände, Brände im Freien, da hier die Löschkonzentration von mindestens 30 Vol.-% kaum zu erreichen ist.

27. Bei welchen Bränden kann der Einsatz eines Wasserlöschers eine Gefährdung für den Bedienenden darstellen?

Bei brennbaren Flüssigkeiten, Metallbränden, Bränden in elektrischen Anlagen, Stoffen, die bei der Berührung mit Wasser brennbare Gase entwickeln.

28. Für welche Metalle eignet sich Metallbrandpulver?

Für Aluminium und Magnesium einschließlich ihrer Legierungen sowie Natrium und Kalium. Die Eignung für andere Metalle ist gesondert nachzuweisen.

Bild 8: Aufbringen von Metallbrandpulver

29. Welche Brandbekämpfungstechnik ist erforderlich?

Das Metallbrandpulver muß drucklos auf das brennende Metall aufgebracht werden. Durch die Brandtemperatur sintert und schmilzt das Pulver und verhindert den Zutritt von Sauerstoff. Das drucklose Aufbringen wird über eine Pulverbrause (Applikator) erreicht.

Kübelspritze

30. Was ist eine Kübelspritze und wozu dient sie?

Die Kübelspritze, ein tragbares Feuerlöschgerät mit einer von Hand betriebenen, doppelt wirkenden Kolbenpumpe, dient zum Löschen von Kleinbränden und wird häufig bei Nachlöscharbeiten eingesetzt. Das Löschmittel (Wasser) wird mittels eines Schlauches mit Strahlrohr oder Mundstück verspritzt.

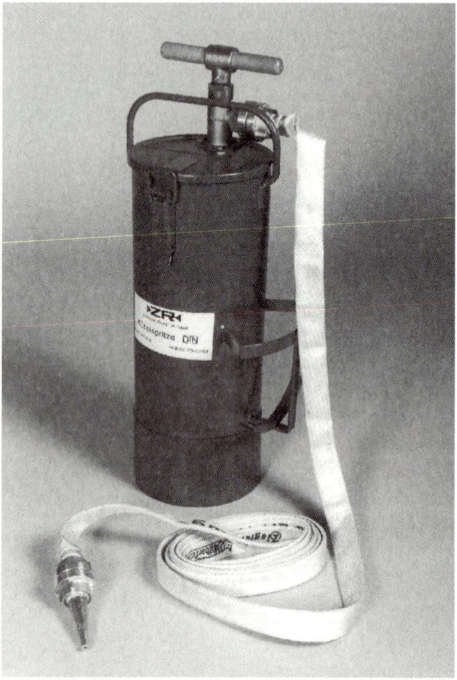

Bild 9: Kübelspritze A

31. Woraus besteht die Kübelspritze?

Die Kübelspritze besteht aus einem zylindrischen Stahlblechbehälter mit festem oder klappbarem Tragbügel, einem Pumpwerk, einem Unterteil mit Einstellöffnung zum Einsetzen des Fußes und einem Schlauch mit Strahlrohr oder Mundstück.

Der Stahlblechbehälter, der gegen Wasser korrosionsbeständig sein muß, hat an der Oberseite einen halbkreisförmigen Deckel, der sich bis zur Begrenzung durch den Tragbügel öffnen lassen soll. Im geschlossenen Zustand ist er durch einen Hebelverschluß gesichert. Im festen Deckelteil ist das Pumpwerk eingesteckt.

32. Welchen Löschwasserinhalt haben Kübelspritzen?

Kübelspritzen werden mit 10 l und mit 15 l Löschwasserinhalt hergestellt. Bei gleichbleibender Gesamthöhe der Kübelspritze von 663 mm und des Löschmittelbehälters von 420 mm ändert sich lediglich der Behälterdurchmesser von 196 mm auf 231 mm. Das Gewicht darf im gefüllten und betriebsfertigen Zustand höchstens 20 kg bei der 10-l-Kübelspritze und 25 kg bei der 15-l-Kübelspritze betragen.

33. Welche Ausführungsformen der Kübelspritze gibt es nach DIN 14 405?

Die DIN 14 405 unterscheidet zwischen der Ausführung A (Bild 9) und der Ausführung B.

Bei der *Ausführung A* wird als Schlauch ein D-Druckschlauch von 5 m Länge verwendet, an den ein Strahlrohr DK angekuppelt ist. Der D-Druckschlauch ist am Pumpwerk an eine D-Festkupplung angekuppelt. Die Kübelspritze A ist zum Mitführen auf Feuerwehrfahrzeugen bestimmt.

Bei der *Ausführung B* findet ein handelsüblicher Wasserschlauch von 12,7 mm (1⁄2 inch) lichter Weite und 1 m Länge mit Mundstück Verwendung. Der Schlauch ist am Pumpwerk mittels Schlauchtülle mit Schelle bzw. Knebelüberwurfmutter befestigt. Die Kübelspritze B ist zur ortsgebundenen Aufstellung in Gebäuden bestimmt.

34. Wie groß muß die Pumpleistung einer Kübelspritze sein?

Mit dem Pumpwerk müssen 10 l Wasser in 55 Sekunden verspritzt werden können. Hierbei muß bei waagrechtem Austritt des Löschstrahles in 1 m Höhe eine Wurfweite von 7 bis 10 m erreicht werden.

35. Woraus besteht das Pumpwerk?

a) aus einem zylindrischen Mantelrohr mit Saugventil und dem Anschluß für den Schlauch,
b) aus einem hohlen Kolbenrohr mit Druckventil und dem Handgriff.

36. Wie arbeitet das Pumpwerk?

Beim Hochziehen des Kolbenrohres entsteht im Mantelrohr ein Unterdruck. Das Saugventil (Kugel) öffnet sich und Wasser fließt in das Mantelrohr (Bild 10 – Phase 1).

Beim Niederdrücken des Kolbenrohres schließt sich das Saugventil, das zusammengepreßte Wasser strömt durch das sich öffnende Druckventil in das Kolbenrohr und durch schlitzförmige Öffnungen in das Mantelrohr bzw. in den Schlauch (Bild 10 – Phase 2).

Beim abermaligen Hochziehen schließt sich das Druckventil. Das Saugventil öffnet sich wieder und Wasser fließt in das Mantelrohr. Gleichzeitig wird das oberhalb des Kolbens befindliche Wasser mit hochgedrückt und fließt in den Schlauch (Bild 10 – Phase 3).

Die im oberen Teil des Kolbenrohres befindliche Luft wirkt dabei als Windkessel, wodurch ein gleichmäßiges Fließen des Wassers erreicht wird.

Der Windkessel kann aber nur wirksam werden, wenn der Schlauch gefüllt ist und am Schlauchende ein Strahlrohr oder ein Mundstück angebracht ist, wodurch überhaupt erst ein Druck erzeugt wird.

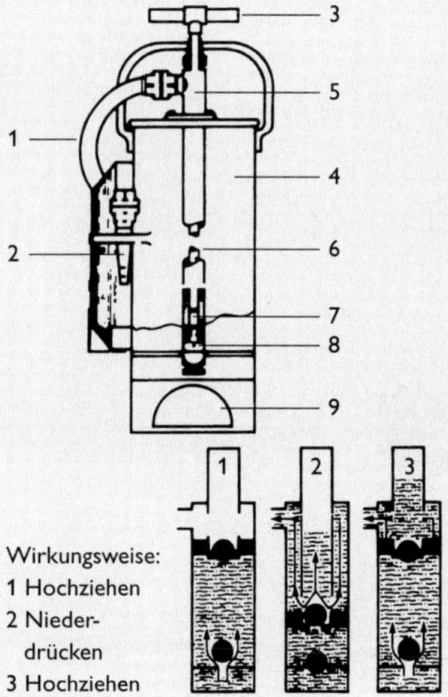

1 D-Druckschlauch 5 m
2 Stahlrohr DK
3 Griff
4 Pumpengehäuse
5 Mantelrohr
6 Kolbenrohr
7 Druckventil
8 Saugventil
9 Einstellöffnung

Bild 10: Arbeitsweise der Kübelspritze (DIN 14 405) Ausführung A

M

Beleuchtungs- und Warngeräte

1. Welche Arten von Beleuchtungsgeräten werden bei der Feuerwehr eingesetzt?

- Handscheinwerfer
- Arbeitsstellenscheinwerfer
- Flutlicht-Halogen-Scheinwerfer auf Stativ oder Lichtmast

2. Welche Arten von Handscheinwerfer werden bei der Feuerwehr verwendet?

- explosionsgeschützte Handscheinwerfer
- nicht explosionsgeschützte Handscheinwerfer
- Hand-Kopfscheinwerfer
- Stablampen

Hand-Kopfscheinwerfer werden nur sehr selten verwendet, es wird daher hier nicht näher darauf eingegangen.

Sollen Stablampen verwendet werden, ist auf eine entsprechend hochwertige Ausführung zu achten. Sie sind nicht genormt.

3. Wie können Handscheinwerfer verwendet werden?

- als Handleuchte
- als Standleuchte zur Arbeitsstellenbeleuchtung.

4. Wo werden Arbeitsstellenscheinwerfer mitgeführt?

Sehr viele Feuerwehrfahrzeuge sind mit Arbeitsstellenscheinwerfern ausgerüstet. Sie werden entweder auf Aufsteckzapfen oder in einem der Geräteräume mitgeführt.

5. Mit welcher Spannung werden Arbeitsstellenscheinwerfer betrieben und wie groß ist ihre Leistung?

- 12 oder 24 Volt
- 55 bis 100 Watt, meist Halogenbirnen.

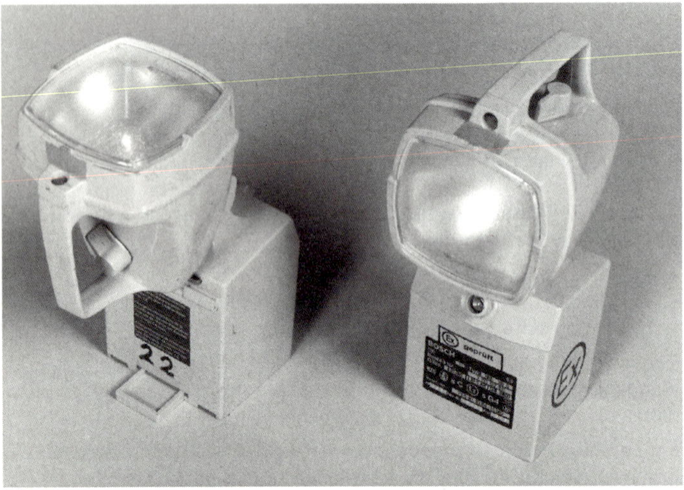

Bild 1: Einsatzmöglichkeit von Handscheinwerfern (Bosch)

6. Wie werden Arbeitsstellenscheinwerfer betrieben?

Arbeitsstellenscheinwerfer werden üblicherweise über eine Fahrzeugkupplung betrieben. Entweder auf dem Fahrzeug mit Aufsteckzapfen oder auf einem Stativ.

7. Wie sieht der Lichtstrahl eines Arbeitsstellenscheinwerfers aus?

Arbeitsstellenscheinwerfer erzeugen einen spitzwinkligen Lichtstrahl, der in erster Linie ein punktuelles Ausleuchten erlaubt.

8. Welche Scheinwerfer werden zum Ausleuchten von Einsatzstellen verwendet?

- Flutlichtscheinwerfer auf Stativ
- Lichtmaste
- neue Entwicklungen wie Leuchtballons werden bisher nur in wenigen Einzelfällen eingesetzt.

Bild 2:
Flutlichtscheinwerfer auf Stativ

9. Mit welcher Spannung werden Flutlichtscheinwerfer betrieben und wie groß ist ihre Leistung?

- 230 Volt
- 1000 bis 2000 Watt, Halogenbirnen.

10. Wie werden Flutlichtscheinwerfer betrieben?

Flutlichtscheinwerfer werden mit der Kabeltrommel meist von dem tragbaren Stromerzeuger oder dem Generator eines RW betrieben.

11. Wie sieht der Lichtstrahl eines Flutlichtscheinwerfer aus?

Flutlichtscheinwerfer erzeugen einen breitwinkligen Lichtstrahl, der ein flächiges Ausleuchten erlaubt. Mit zwei Scheinwerfern auf einem

Bild 3: Geräte zum Ausleuchten der Einsatzstelle

Stativ oder mit einem Lichtmast ist es möglich, auch größere Flächen auszuleuchten.

12. Was ist bei der Verwendung des Stativs zu beachten?

Bei voll ausgefahrenem Stativ ist die Kippgefahr zu beachten und das Stativ eventuell zu verspannen. Vor allem bei Wind (Bild 2).

13. Welche Warngeräte werden zum Absichern der Einsatzstelle verwendet?

- Warndreieck
- Winkerkelle
- Warnflagge
- Verkehrsleitkegel

Bild 4 und 5: Geräte zum Absichern der Einsatzstelle

- Warnschilder (z.B. Explosionsgefahr, giftige Stoffe, radioaktive Stoffe)
- Blinkleuchten
- Blitzleuchten mit doppelseitigem Lichtaustritt
- Dreifach-Blitzleuchten
- Warnkleidung (Warnweste oder entsprechend ausgelegte Einsatzjacke)
- blaue Rundumkennleuchten.

14. Welche Anforderungen müssen Rundumkennleuchten (RKL) erfüllen?

Sie müssen von allen Seiten (360°) sowie von oben wahrgenommen werden.

15. Sind andere blaue Kennleuchten zulässig?

Blaue Blitzleuchten sind als sogenannte „Straßenräumer“ mit Lichtaustritt nach vorne zulässig.

Bild 6: Warnwesten

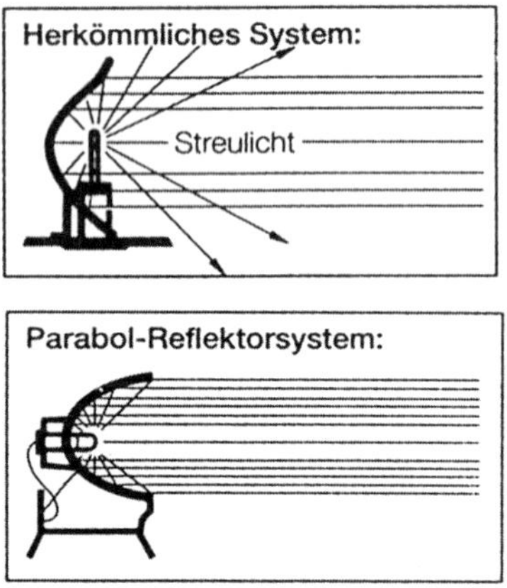

Bild 7: Funktion der Rundumkennleuchte

16. In welchen Normen sind Beleuchtungs- und Warngeräte beschrieben?

– Handscheinwerfer	DIN 14 642 und DIN 14 646
– Arbeitsstellenscheinwerfer	DIN 14 644
– Warndreieck	DIN 57 716
– Verkehrsleitkegel	DIN 57 702 und DIN 57 703
– Warnkleidung	DIN EN 471
– Warnschilder	DIN 4844
– Rundumkennleuchte	DIN 14 620.

N

Fernmeldemittel der Feuerwehr

1. Welche Bedeutung haben Fernmeldemittel für die Feuerwehr?

Der Gebrauch von Fernmeldemitteln macht den Einsatz der Feuerwehr erst möglich. Mit Fernmeldemitteln wird die Feuerwehr alarmiert und informiert. Fernmeldemittel erlauben das zielgerichtete Zusammenarbeiten auf der Einsatzstelle und geben die Möglichkeit der schnellen Nachforderung von zusätzlichen Einsatzkräften und zusätzlicher Ausrüstung. Überwachungseinrichtungen in Gebäuden besonderer Art und Nutzung mit selbsttätig wirkenden Sensoren ermöglichen durch ihre direkte Verbindung mit Fernmeldeeinrichtungen den schnellen Einsatz der Feuerwehr durch die dadurch mögliche selbsttätige Alarmierung.

2. Welche Fernmeldemittel werden für die unterschiedlichen Einsatzzwecke eingesetzt?

Es gibt Fernmeldemittel
- für die Alarmierung: öffentliches Telefonnetz, Leitstelle, Alarmierungsgeräte (für 5-Tonfolgealarmierung im 4-m-Band oder digitale Alarmierung im 2-m-Band mit den entsprechenden Alarmgebern, Alarmumsetzern und Meldeempfängern)
- für den Einsatz: Sprechfunkgeräte für Fahrzeuge und als tragbare Geräte (4-m- + 2-m-Bereiche)
- für die Überwachung: Brandmeldeanlagen, öffentliche und private.

3. Wie wird die Feuerwehr alarmiert?

In der Bundesrepublik ist für die Feuerwehr der Kurzruf 112 im Rahmen des Notrufsystems 73 eingerichtet. Beim Wählen der Telefonnummer erreicht man immer eine ständig besetzte Stelle (Leitstelle), die das Hilfeersuchen aufnimmt und die zuständige Feuerwehr über Funk oder Telefon alarmiert. Die Leitstelle übermittelt die für den Einsatz notwendigen Informationen und steht für weitere Unterstützungsmaßnahmen während des Einsatzes zur Verfügung.

Nach einer Festlegung der EU-Kommission ist die Kurzrufnummer 112 europaweit als Rufnummer für Hilfeanforderungen aller Art einzurichten.

4. Welche Fernmeldegeräte werden im Einsatz gebraucht?

Es gibt Sprechfunkgeräte als Feststationen, in Fahrzeugen und als tragbare Geräte. Für Feststationen und in Fahrzeugen werden Geräte im 4-m-Bereich – FuG 8b und FuG 8b-1 – eingesetzt. Als tragbare Geräte werden Geräte im 2-m-Bereich – FuG 10 oder FuG 11b – eingesetzt. Geräte im 2-m-Bereich, die als Feststationen oder in Einsatzleitwagen (ELW) eingesetzt werden, heißen FuG 9b.

5. Was versteht man unter Notrufsystem 73?

Das Notrufsystem 73 beschreibt die technischen Voraussetzungen, die es ermöglichen, den Polizeiruf 110 und den Feuerwehrruf 112

nutzen zu können. Diese Merkmale sehen z.B. vor, daß Notrufleitungen aus Ortsnetzen zu einer Leitstelle geführt werden um dort abgefragt zu werden. Sie sehen den münzfreien Notruf und die Standortanzeige einer betätigten Notrufeinrichtung vor. Mit dem Notrufsystem wurde für den Bürger die Alarmierbarkeit von Polizei und Feuerwehr erheblich ausgeweitet, verbessert und beschleunigt. Zum Notrufsystem gehören auch Notfallmelder und das Notruftelefon.

6. Was veranlaßt die Leitstelle nach der Abfrage eines Notrufes?

Die Leitstelle alarmiert die zuständige Feuerwehr mittels stiller oder lauter Alarmierung. Sie übermittelt darüber hinaus erste aus der Notrufabfrage gewonnene Informationen für den Einsatz an die Einsatzkräfte.

7. Was bedeutet stille oder laute Alarmierung?

Unter stiller Alarmierung versteht man die flächendeckende Alarmierung von Feuerwehrangehörigen durch Meldeempfänger. Diese werden von den Feuerwehrleuten mitgeführt und ermöglichen deren Alarmierung an jedem Ort im Ausleuchtungsgebiet. Bei den derzeit üblichen Geräten wird durch optische und akustische Anzeige oder auch durch Vibration der Alarmierungsruf dem Träger angezeigt. Bei lauter Alarmierung werden Sirenen durch Funk eingeschaltet und so die Feuerwehrangehörigen in das Feuerwehrhaus gerufen, um von dort aus zum Einsatz zu fahren.

8. Welche Geräte werden für die stille Alarmierung benötigt?

Für diese Art der Alarmierung braucht man bei der 5-Tonfolge-Alarmierung eine Feststation, einen Alarmgeber und Meldeempfänger. Durch den Alarmgeber wird eine Fünftonfolge erzeugt und über die Feststation ausgesendet und damit die entsprechend kodierten Meldeempfänger eingeschaltet. Bei der digitalen Alarmierung besteht ein eigenständiges Netz aus mehreren digitalen Alarmumsetzern, die durch digitale Alarmgeber ausgelöst werden. Sie tauschen dann die

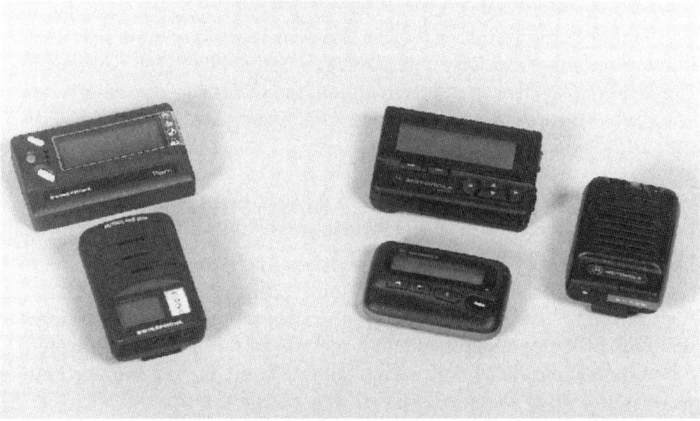

Bild 1: Tragbare Meldeempfänger, 2-m (Swissphone, Motorola)

Bild 2: Tragbare Meldeempfänger, 4-m (AEG, Bosch, jetzt Motorola)

ausgelösten Alarmadressen untereinander aus und geben sie dadurch von Standort zu Standort weiter. Bei Alarmierung macht sich der Meldeempfänger optisch und akustisch bemerkbar. Der Feuerwehrangehörige begibt sich auf dem schnellsten Wege in das Feuerwehrhaus, wo weitere Informationen zur Verfügung stehen, um den Einsatz zu beginnen.

9. Welche technischen Anforderungen werden an Fernmeldemittel der Feuerwehr gestellt?

Fernmeldemittel der Feuerwehr müssen auch unter extremen Einsatzbedingungen funktionstüchtig sein. Daher wurden Technische Richtlinien für Behörden und Organisationen mit Sicherheitsaufgaben (TR BOS) geschaffen, die alle technischen Merkmale festlegen. Nur Geräte, die diese Anforderungen erfüllen, dürfen bei der Feuerwehr verwendet werden. Die Prüfung, ob die Geräte der TR BOS entsprechen, wird für alle Bundesländer durch die Prüfstelle an der Landesfeuerwehrschule Baden-Württemberg durchgeführt.

10. Welche Richtlinie regelt die Errichtung von Funkstellen der Feuerwehr?

Die Einrichtung und das Betreiben von Funkstellen für alle BOS – dazu gehören neben der Feuerwehr auch Polizei, Rettungsdienst sowie der Katastrophenschutz – wird durch die Richtlinie für den nichtöffentlichen beweglichen Landfunkdienst BOS, Kurztitel „Meterwellenrichtlinie BOS" – geregelt. Sie ist aufgrund der gesetzlichen Zuständigkeiten von der Bundespost erlassen worden.

11. Nach welcher Vorschrift ist der Sprechfunkdienst abzuwickeln?

Die Dienstvorschrift PDV/DV 810 „Funkmeldebetriebsdienst" ist die Grundlage für den Sprechfunkdienst aller am BOS Funkbetrieb teilnehmenden Stellen. Sie ist von den Innenministern in den Bundesländern eingeführt (in manchen Bundesländern ab Fw DV 810) und daher verbindlich.

12. Was ist bei der Abwicklung des Sprechfunkverkehrs zu beachten?

Die Belegung des Kanals soll so kurz wie möglich sein. Daher wird der Informationsaustausch nach einem festgelegten Schema durchgeführt. Die Information soll kurz und genau und für den Adressaten verständlich sein.

13. In welche Bereiche gliedert sich der Funkverkehr der Feuerwehren?

Der Funkverkehr wird in den 4-m- und den 2-m-Bereich aufgeteilt. Der Funkbetrieb im 4-m-Bereich wird als sog. rückwärtiger Funkverkehr (Einsatzstelle zur Leitstelle) und für die flächendeckende Alarmierung eingesetzt. Der Funkverkehr im 2-m-Bereich wird als Einsatzstellenfunk bezeichnet. Zur Trennung von Alarmierung und rückwärtigem Funkverkehr wird zum Teil die Alarmierung auf besonderen Kanälen im 2-m-Bereich durchgeführt (digitale Alarmierung).

14. Welche Funkgeräte werden im 4-m-Bereich eingesetzt?

Als Funkgeräte im 4-m-Bereich werden Fug 7b und Fug 8b-1 eingesetzt, und zwar als Feststation und als Fahrzeuggeräte. Das FuG 8b-1 kann auch Kanäle unterhalb des Kanals 400 schalten. Das FuG 8b-1 ist das Nachfolgegerät des auch heute noch im Einsatz befindlichen FuG 7b, welches aber nicht mehr hergestellt wird. FuG 7b sollten wegen ihrer inzwischen erreichten technischen Unsicherheit für den tagtäglichen Einsatz nicht mehr benutzt werden. Außerdem können diese Geräte nicht alle im 4-m-Bereich verfügbaren Kanäle schalten (nicht unter Kanal 400).

15. Welche Leistungsdaten haben Funkgeräte im 4-m-Bereich?

Die genannten Funkgeräte sind Vielkanalgeräte (bis zu 164 Kanäle schaltbar) mit einer Sendeleistung von 10 Watt.

Bild 3: Sprechfunkgerät FuG 8c-1 mit integriertem FMS-Bedienteil (Bosch, jetzt Motorola)

Bild 4: Handhörer mit integriertem FMS-Bedienteil (RDN)

Bild 5: Handhörer mit getrenntem Bedienteil (AEG)

16. Welche Geräte werden für den Einsatzstellenfunk eingesetzt?

Im Einsatzstellenfunk werden tragbare Geräte, sog. Handsprechfunkgeräte (HFug), eingesetzt. Sie arbeiten im 2-m-Bereich. Man unterscheidet Wenigkanal- und Vielkanalgeräte. Das Handsprechfunkgerät FuG 10 ist ein mit 10 Kanälen bequarzbares Gerät, während das FuG 10a ein Vielkanalgerät ist. Die Handsprechfunkgeräte haben in der Regel eine Sendeleistung von einem Watt. Die a-Versionen können auch mit höherer Sendeleistung geliefert werden. Das FuG 11b ist ein Vielkanalhandsprechfunkgerät neuer Technologie.

Bild 6: Handsprechfunkgerät FuG 10 (AEG, Motorola)

Bild 7: Handsprechfunkgerät FuG 11b (AEG, Ascom, Motorola)

17. Wie können Handsprechfunkgeräte des 4-m- und des 2-m-Bereiches äußerlich unterschieden werden?

An der Antennenlänge und dem Kanalwahlschalter. Die Länge der Antenne muß auf die Wellenlänge abgestimmt sein. Von der Empfangsqualität her ist immer eine bestimmte Teillänge (gerader Bruch der Wellenlänge) vorteilhaft, z.B. Wellenlänge geteilt durch 2, 4, 8). Daher ist die Antennenlänge im 2-m-Bereich kürzer. Auf dem Kanalwahlschalter kann man die Zugehörigkeit zum Wellenbereich erkennen. Im 2-m-Bereich ist die Anzeige zweistellig und im
4-m-Bereich dreistellig.

18. Aus welchen Bestandteilen besteht eine Funkanlage?

Aus Funkgerät, Besprechungseinrichtung, Antennenanlage und Stromversorgung.

19. Welche Geräte braucht man für die Funkalarmierung?

Eine Funkanlage mit Alarmgeber und Meldeempfänger bei den Feuerwehrangehörigen. Um die flächendeckende Alarmierung zu ermöglichen, müssen in der Regel Relaisstellen zur Reichweitenvergrößerung und Verbesserung der Funkausleuchtung eingesetzt werden. Bei der digitalen Alarmierung im 2-m-Bereich sind Alarmgeber (ausschließlich in der Leitstelle) mehrere Alarmumsetzer zur Verbesserung der Funkausleuchtung und die benötigte Anzahl von Meldeempfängern erforderlich.

20. Wozu werden Relaisstellen im Funkverkehr benötigt?

Relaisstellen werden benötigt zur Weiterleitung von Funkmeldungen über größere Entfernungen, zur Verbesserung der Ausleuchtung in einem topographisch schwierigen Gelände und zur Verbindung von Funkverkehrskreisen mit gleichem oder unterschiedlichem Kanal.

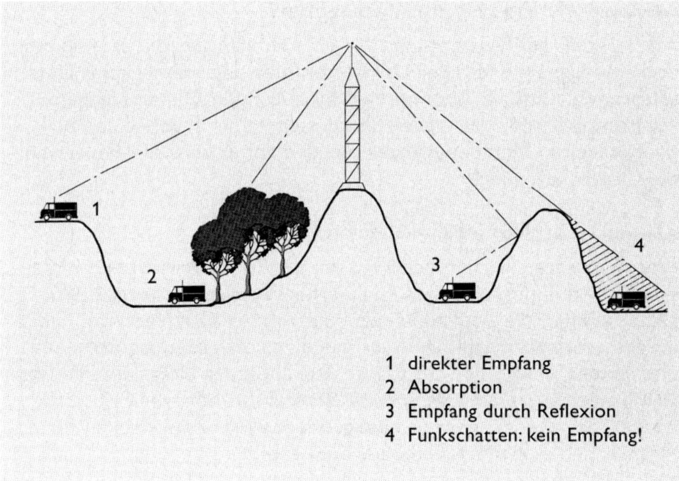

Bild 8: Wellenausbreitung

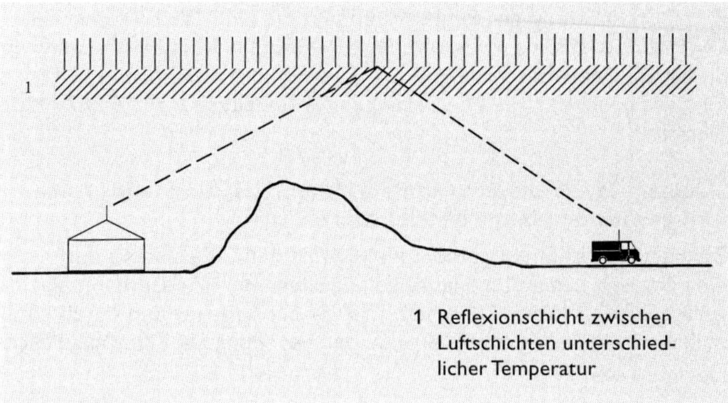

Bild 9: Entstehung von Überreichweiten

21. Was ist ein Alarmgeber?

Alarmgeber sind Zusatzgeräte für eine Funkanlage, die es erlauben, kodierte Signale entweder als Fünftonfolge oder als digitales Datentelegramm (Digitale Alarmierung) auszusenden. Die empfangene Fünftonfolge oder das digitale Datentelegramm schaltet den betriebsbereiten Meldeempfänger ein, und somit wird der Feuerwehrangehörige alarmiert.

22. Was ist ein Alarmumsetzer?

Alarmumsetzer werden benötigt, um die Erreichbarkeit von Meldeempfängern innerhalb eines Funkverkehrskreises zu verbessern. Dazu nehmen die Alarmumsetzer die von der alarmierenden Stelle ausgesendete Fünftonfolge oder das digitale Datentelegramm auf und senden diese über die angeschlossene oder integrierte Funkanlage erneut aus. Damit wird der Alarmruf mit höherer Feldstärke wieder ausgesendet, womit eine größere Wahrscheinlichkeit für das Ansprechen eines Meldeempfängers besteht.

23. Welche Feuerwehrdienstvorschrift regelt die Durchführung des Funkverkehrs der BOS?

Zur Durchführung des Funkverkehrs ist die einheitliche Vorschrift DV/FwDV 810 für die gesamte BOS geschaffen worden. DV steht für die polizeiliche Vorschrift und den Rettungsdienst, während FwDV für die Feuerwehr gilt. Die Festlegung ist inhaltlich für alle BOS verbindlich.

24. Wie kann man erkennen, daß ein Handsprechfunkgerät noch lange betriebsbereit ist?

Bei Handsprechfunkgeräten FuG 10 wird der Ladezustand durch eine analoge Ladekontrollanzeige angezeigt. Bei Handsprechfunkgeräten FuG 11b wird in einem Display der Ladezustand durch eine Balkenanzeige oder durch Angabe der Spannung als Ziffer angezeigt.

25. Was versteht man unter einer Brandmeldeanlage?

Eine Brandmeldeanlage ist eine Meldeanlage für die Feuerwehr zur Anzeige von Bränden. Sie ist geeignet, Räume hinsichtlich der Entstehung eines Brandes zu überwachen. Normgerecht wird sie als Übertragungsanlage für Brandmeldungen bezeichnet. Hierbei unterscheidet man öffentliche und private Anlagen. Die öffentlichen Brandmeldeanlagen haben wegen der großen Anzahl privater Fernsprechanschlüsse und der Möglichkeit des münzfreien Notrufes bzw. des Feuerwehrrufes 112 nur noch geringe Bedeutung.

26. Welche Aufgabe erfüllen private Brandmeldeanlagen?

Solche Anlagen werden bei der Baugenehmigung gefordert, um eine Überwachungsfunktion auszuüben. Damit soll erreicht werden, daß die wegen der besonderen Art des Gebäudes von vornherein schwierige Brandbekämpfung früher aufgenommen werden kann, um im Falle eines Schadensfeuers bereits den Entstehungsbrand bekämpfen zu können. Private Brandmeldungeanlagen findet man besonders in Objekten, die ein besonderes Risiko beinhalten, z.B. Kaufhäuser, Versammlungsstätten, Industrieanlagen.

27. Welche technischen Anforderungen müssen private Brandmeldeanlagen erfüllen?

Sie sollen Entstehungsbrände der Feuerwehr melden und dabei vom öffentlichen Fernmeldenetz unabhängig arbeiten. Daher sind sie mit besonders überwachten Leitungen an die Endeinrichtung bei der Feuerwehr angeschlossen. Alarme werden entweder durch manuelle oder durch automatische Melder (Brandmelder) ausgelöst.

28. Welche automatischen Brandmelder gibt es?

Nach Norm EN 54 Teil 1 werden folgende Bauarten automatischer Brandmelder unterschieden: Wärmemelder, Flammenmelder, Rauchmelder und Gasmelder.

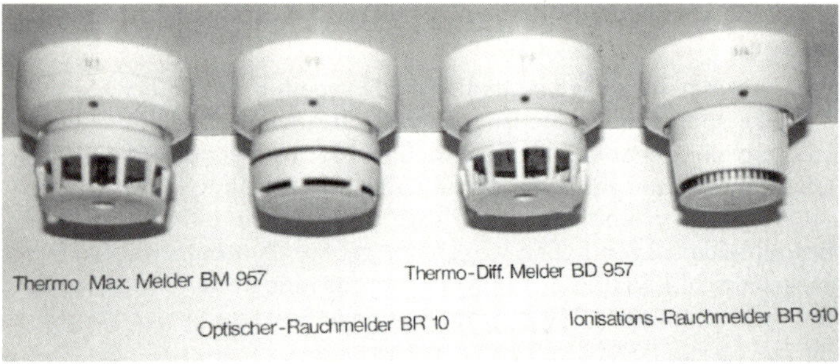

Bild 10: Automatische Brandmelder, 1 Wärmemelder (Siemens), 2 Rauchmelder (Siemens), 3 Ionisationsmelder (Siemens), 4 Flammenmelder

29. Mit welchen physikalischen Wirkungsmechanismen werden bei automatischen Brandmeldern die Alarme ausgelöst?

Es werden Sensoren eingesetzt, die auf Temperatur, auf Rauch und auf Flammen reagieren. Bei Meldern, die auf Wärme ansprechen, unterscheidet man zwischen Wärme-Maximal- und Wärmedifferentialmeldern. Bei Meldern, die auf Rauch reagieren, unterscheidet man optische und Ionisationsrauchmelder. Bei Meldern, die auf Flammen reagieren, unterscheidet man Infrarot- und Ultraviolett-Flammenmelder. Die Melder werden in der Regel von einem Strom durchflossen. Kommt es zur Auslösung, so wird eine Stromänderung bewirkt, die als Meldung verstärkt und in einer Brandmeldezentrale ausgewertet und zur Anzeige gebracht wird. Bei modernen Meldern erfolgt die Meldung durch differenzierte Signale, so daß auch Störungen angezeigt und erkannt werden können (Bustechnik, Pulsmeldetechnik).

30. Wozu dient das Feuerwehr-Bedienfeld einer Brandmeldeanlage

Das Feuerwehr-Bedienfeld ermöglicht es der Feuerwehr, unabhängig vom Hersteller der Brandmeldeanlage jeweils die wichtigsten Bedienvorgänge und Anzeigen zu erkennen bzw. Schaltvorgänge durchzuführen, weil das Bedienfeld entsprechend einer genormten Vorgabe immer gleich aufgebaut ist.

31. Welche Aufgaben hat eine Leitstelle der Feuerwehr?

Die Leitstelle soll zunächst die Alarmierung der angeschlossenen Feuerwehren durchführen, weil sie ständig über den Feuerwehrruf erreichbar ist und eine 24-Stunden-Abfrage sicherstellt. Da die Alarmierung über Funk keine direkte Rückmeldung beinhaltet, muß eine Alarmierung von der betroffenen Feuerwehr möglichst rasch bestätigt werden. Die Leitstellen sollen die Entsatzleitung vor Ort bera-

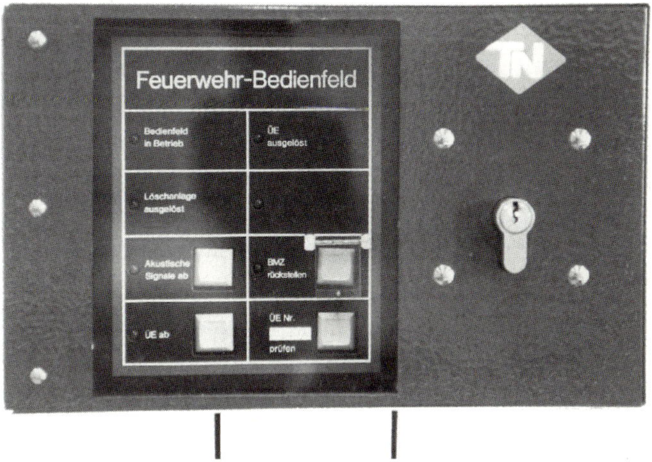

Bild 11: Brandmeldezentrale BMS 16 (Siemens)

Bild 12: Brandmeldezentrale
Bedienfeld

ten und unterstützen. Daher sind sie darauf angewiesen, daß die Einsatzleitung über Lagemeldungen die Leitstelle über das Geschehen auf der Einsatzstelle informiert. Leitstellen sollen auch am Beginn von großen Einsätzen möglichst schnell die vermutlich notwendig werdenden Kräfte festlegen, alarmieren und in Bereitstellungsräume führen.

32. Was versteht man unter digitaler Alarmierung?

Nachdem die flächendeckende Alarmierung der Feuerwehren im 4-m-Bereich eingeführt wurde, hat sich gezeigt, daß gerade zu Beginn eines Einsatzes die Bedürfnisse der Alarmierten Feuerwehr nach Information und die Alarmierung weiterer Kräfte in einem Interessenskonflikt standen. Darum entstand die Forderung, Alarmierung und Informationsfunk zu trennen. Das digitale Alarmierungs-

Bild 13: Leitstellenbedientisch (Bosch)

system ist eine Weiterentwicklung des Systems der Alarmierung mittels Funksignalen. Während das bisher verwendete System einen relativ großen Zeitaufwand für die Alarmierung benötigte und leicht störbar war, arbeitet das digitale Meldesystem mit digitalisierten Kurztelegrammen. Daher ist auch keine Durchsage mehr notwendig, sondern mit diesen digitalen Kurztelegrammen können auch Informationen übertragen und beim Meldeempfänger als Schrift oder Codes angezeigt werden.

Da Datentelegramme eine erheblich höhere Anforderung an die Übermittlungsgenauigkeit stellen, muß für das digitale Alarmierungssystem eine wesentlich aufwendigere Funkinfrastruktur bereitgestellt werden, die auch getrennt vom bisherigen überörtlichen Funk betrieben werden muß. Daher arbeitet das digitale System im 2-m-Bereich auf besonderen festgelegten Kanälen. Das neue digitale System ermöglicht eine Funktionskontrolle des Alarmweges. Das neue System ist erst möglich geworden durch die Weiterentwicklung der Fernmeldetechnik. Das digitale Alarmierungssystem fordert aber für den Betrieb ein eigenes BOS Funknetz, weil nur dadurch alle Anforderungen an Sicherheit und Verfügbarkeit gewährleistet werden können.

33. Warum soll die Eintreffmeldung immer erst dann abgegeben werden, wenn das Einsatzfahrzeug seinen endgültigen Standort erreicht hat?

Es ist dadurch sichergestellt, daß eine Funkverbindung zur Leitstelle besteht und das Fahrzeug nicht im Funkschatten steht.

34. Wie erkennt man, daß man sich im Empfangsbereich einer Relaisfunkstelle befindet?

Bei FuG 8b	Eine rote Empfangsanzeige leuchtet. Rückhören am Handapparat ist möglich.
Bei FuG 7b	Rückhören am Handapparat beim Drücken der Sendetaste (evtl. vorher Drücken eines Tonrufes erforderlich).

35. Was versteht man unter „Kripo-Schaltung“?

Handsprechfunkgeräte verfügen oftmals am Lautstärkeregler über eine Schalterstellung, bei der Lautsprecher abgeschaltet ist und dadurch auch nur Senden möglich ist.

Diese Schalterstellung kann leicht mit der Schalterstellung „Aus“ verwechselt werden.

36. Was ist bei der Nutzung von Taschenmeldeempfängern ME 0, ME I, DME I und II zu beachten?

Sie müssen immer am Körper getragen werden, da sie so konzipiert sind, daß der Körper den Empfang der Signale durch Antennenwirkung unterstützt. Sonst werden sie in der Ladehalterung mit Antenne zur Alarmierung eingesetzt.

37. Was versteht man unter BOS?

BOS ist die Kurzbeschreibung für Behörden und Organisationen mit Sicherheitsaufgaben. Dazu gehören die Polizeien der Länder und des Bundes, der Hilfsorganisationen im Rettungsdienst, die Feuerwehr und selbständige Einheiten des Katastrophenschutzes, z.B. THW.

38. Welche Voraussetzungen müssen erfüllt sein, damit die Angehörigen der in Frage 37 genannten Organisationen am Sprechfunkverkehr der BOS teilnehmen dürfen?

- Erfolgreich abgeschlossene Sprechfunkausbildungen
- Verfügbarkeit von Geräten, die nach der TR BOS zugelassen sind,
- Genehmigung des Funkbetriebes durch das zuständige Innenministerium/Innensenator oder von diesen beauftragte Stelle.

39. Warum ist es wichtig, daß Funkgespräche so kurz als möglich abgewickelt werden?

In jedem Funkverkehrshinweis steht zur gleichen Zeit nur ein Übertragungsweg für alle Teilnehmer zur Verfügung.

40. Welche Information kann man den Meldegruppenplänen einer Brandmeldeanlage entnehmen?

- Zugang/Zugänge zum überwachten Bereich,
- Standort der einzelnen Melder,
- besondere Gefahrenschwerpunkte.

41. Welche Aufgabe hat ein Feuerwehrschlüsseldepot?

Sichere Verwahrung aller für die Feuerwehr notwendigen Schlüssel eines Objektes. Dadurch soll erreicht werden, daß nur die zuständige Feuerwehr mit Hilfe dieses Depots Zugang zum Objekt hat und zunächst ohne Abhängigkeiten von Dritten den Einsatz durchführen kann.

42. Welche Arten von Fehlalarmen unterscheidet man?

Böswillige Alarme: Jemand hat bewußt einen Alarm ausgelöst, obwohl kein Schadensereignis vorliegt.

Falscher Alarm: wird durch einen technischen Befehl einer Brandmeldeanlage ohne Mitwirkung einer Person ausgelöst.

Täuschungsalarm: Die Sensoren einer Brandmeldeanlage werden z.B. durch Autoabgase oder Schweißdämpfe getäuscht und lösen aus. Der Brandmeldeanlage hat an sich bestimmungsgemäß reagiert.

43. Wer hat die Betriebsaufsicht über einen Funkkanal und was ergibt sich daraus?

Die Betriebsaufsicht hat die zuständige Leitstelle. Sie ist für einen störungsfreien Funkverkehr verantwortlich. Sie muß Störungen untersuchen und unterbinden. Den Anordnungen der Leitstelle zur Sicherung des störungsfreien Funkbetriebs ist Folge zu leisten.

44. Welche Nachrichten dürfen auf Funkkanälen der BOS übermittelt werden?

Es sind nur dienstliche Nachrichten zugelassen.

45. Wie können in einem fremden Funkverkehrskreis des 4-m-Bereichs Notrufmeldungen abgesetzt werden?

Der Kanal 444 ist der sog. Notrufkanal. Er wird in der Regel von der Polizei abgefragt.

46. Was müssen Sie beim Wechsel des Handapparates an Ihrem Funkgerät beachten?

Das Funkgerät muß ausgeschaltet sein.

47. Was beinhaltet der Begriff Funk-Melde-System (FMS)?

Das Funkmeldesystem erlaubt Routinemeldungen, die aber für die Einsatzabwicklung von Bedeutung sind, in Form von standardisierten Datentelegrammen zur Leitstelle, aber auch von dort zum Einsatzfahrzeug, zu übermitteln.

Beispiel: „Auf der Einsatzstelle eingetroffen", „Einsatzbereit im Feuerwehrhaus", ...

48. Welche standardisierten Datentelegramme sind für die Feuerwehr vorgesehen?

Es gibt 10 festgelegte Statusmeldungen. Sie ergeben sich aus der folgenden Übersicht „Statusfestlegungen":

Meldetaste	Festlegung Polizei
Ø	Notruf
1	verfügbar, Stufe 1 (auf Streife)
2	verfügbar, Stufe 2 (auf Wache)
3	verfügbar, Stufe 3 (Einsatzauftrag übernommen, auf dem Weg zum Einsatzort)
4	verfügbar, Stufe 4 (am Einsatzort eingetroffen, eingeschränkte Verfügbarkeit; auch in sonstigen Fällen, wie z.B. eigener Einsatz)
5	Sprechwunsch *) (auf den laufenden Einsatz bezogen)
6	nicht im Dienst (nicht einsetzbar)
7	frei (z.Z. nicht belegt)
8	frei (z.Z. nicht belegt)
9	Handquittung/Fremdanmeldung *)

*) Der einsatzbezogene Sprechwunsch (Status 5) und die Handquittung/Fremdanmeldung (Status 9) bleiben auf der Statusübersicht des Einsatzleitrechners unberücksichtigt; sie werden jedoch auf dem Bearbeitungsbildschirm angezeigt.

Meldetaste	Festlegung Feuerwehr und Sanitätsorganisationen
Ø	Notruf
1	einsatzbereit über Funk
2	einsatzbereit auf Wache
3	Einsatzauftrag übernommen/auf dem Weg zum Einsatzort
4	am Einsatzort eingetroffen/eingeschränkte Verfügbarkeit; auch in sonstigen Fällen (z.B. eigener Einsatz)
5	einsatzbezogener Sprechwunsch
6	nicht einsatzbereit
7	} **
8	
9	Handquittung/Fremdanmeldung

**) Status 7+8 sind für die Feuerwehr nicht bundeseinheitlich festgelegt. Sie können landesspezifisch festgelegt werden. In Baden-Württemberg z. B. Status 7: bedingt einsatzbereit; Status 8: keine Zuordnung

Technische Hilfeleistung (Befreien aus Zwangs-lagen)

1. Welche rechtliche Grundlage hat die Feuerwehr für ihre Tätigkeiten bei technischen Hilfeleistungen (TH)?

In den Feuerwehrgesetzen (Brand- und Hilfeleistungsgesetze) der Länder hat die Feuerwehr bei Schadenfeuern, bei Notständen und Notlagen, die nicht durch Selbsthilfe beseitigt werden können, Hilfe zu leisten. Sie hat vor allem immer dann tätig zu werden, wenn akute Gefahr besteht, die schnelles Eingreifen und entsprechende Kenntnisse und technische Einrichtungen erforderlich machen. Dabei beschränkt sich die Aufgabe der Feuerwehr nicht nur auf das Abwenden von Gefahren für Leben und Gesundheit von Unfallopfern. Sie muß solange tätig bleiben, bis der Notstand keine Beeinträchtigung der öffentlichen Sicherheit und Ordnung mehr darstellt (z.B. Wiederherstellung der Nutzung öffentlicher Verkehrswege). Eine Konkurrenz zu bestehendem Gewerbe (z.B. Abschlepp- oder Bergungsfirma) darf nicht entstehen.

In einigen Ländern erhält die Feuerwehr ihren Auftrag zur Durchführung der technischen Hilfe bei Verkehrsunfällen auch aus dem jeweiligen Rettungsdienstgesetz.

2. In welchen Bereichen werden Maßnahmen der technischen Hilfeleistung erforderlich?

- Privater Bereich: Brände, Explosionen, u.a.
- Arbeitswelt: Bau-, Maschinenunfälle, u.a.
- Verkehr: Pkw-, Lkw-, Zug-, Busunfälle, u.a.
- Umwelt: Hochwasser, Sturm, Erdrutsch, u.a.

3. Welche Ausbildung müssen Feuerwehrangehörige für diese Einsätze erhalten?

Die im Rahmen der technischen Hilfeleistungen zu bewältigenden Tätigkeiten sind wegen der Vielfalt der Einsatzaufgaben sehr weit gespannt. Feuerwehrangehörige müssen die in ihren Standorten vorhandene Ausrüstung schnell, zweckmäßig und unfallfrei einsetzen können. Sie müssen vor- und Nachteile der einzusetzenden Geräte kennen, um bei entsprechender Lage das richtige Gerät/die richtigen Geräte zum Einsatz zu bringen.

Der Feuerwehrangehörige muß über einfache Gesetze der Mechanik (z.B. Hebelgesetz, Prinzip des Flaschenzugs, Spannungen in Werkstoffen) unterrichtet sein, um sie bei entsprechender Lage anwenden zu können. Auch kommt der Belehrung über mögliche Unfallgefahren bei der Ausbildung besondere Bedeutung zu.

4. Welche Tätigkeitsbereiche umfaßt die technische Hilfeleistung?

1. Erzeugung und Energie (elektrisch, hydraulisch, pneumatisch) und deren Verteilung
2. Beleuchtung des Arbeitsplatzes und der gesamten Einsatzstelle
3. Befreien aus lebensbedrohlichen Zwangslagen (Retten)
4. Bergen von Personen und Sachwerten
5. Trennen von Werkstoffen aller Art
6. Ziehen, Drücken und Heben von Lasten

7. Stützen, Verankern und Herstellen von Behelfskonstruktionen zur Sicherung der Standfestigkeit von Gebäuden und baulichen Anlagen
8. Räumen und Freimachen von Verkehrswegen und Gebäudeteilen
9. Bekämpfung von Unfällen mit Gefahrgütern aller Art (fest, flüssig, gasförmig)
10. Absichern von Einsatz- und Gefahrenstellen

5. Welche Ausrüstung steht für diese Aufgaben zur Verfügung? (s. Bild 1 und 2)

Um die oben erwähnten Aufgaben zu bewältigen, nutzt die Feuerwehr die Zusatzbeladung von Löschfahrzeugen und die Beladung von Rüstwagen, Gerätewagen, Gerätewagen-Öl und Gerätewagen-Gefahrgut sowie weiterer spezieller Gerätewagen für Sonderfunktionen.

Für den schnellen Einsatz bei Verkehrsunfällen ist der Vorausrüst- bzw. Vorausgerätewagen geschaffen worden.

6. Wie unterscheiden sich Rüst- und Gerätewagen?

Rüstwagen sind Feuerwehrfahrzeuge, die mit ihrer Beladung und ihren technischen Einrichtungen für den Einsatz bei der TH besonders geeignet sind.

Ihre eingebauten Aggregate und ihre Beladung sind in der Norm DIN 14 555 Teil 2 und 3 festgelegt.

Gerätewagen nach Norm haben eine Beladung, um bei Hilfeleistungen tätig sein zu können, aber keine besonderen fest eingebauten Einrichtungen.

Für Gerätewagen mit Sonderfunktionen, z.B. Gerätewagen „Wasser" gibt es Baurichtlinien von den Innenministern/Innensenatoren der Länder.

Bild 1: Rüstwagen RW 2 (Magirus)

Bild 2: Vorausrüstwagen (Barth)

7. Welche besonderen Einrichtungen haben Rüstwagen?

Rüstwagen haben außer der Beladung mit Geräten für eine umfangreiche technische Hilfeleistung noch fest eingebaute, vom Fahrzeugmotor angetriebene zusätzliche Aggregate. Dazu zählen die Seilwinde, ein eingebauter Generator für Dreh- und Wechselstrom sowie ein Lichtmast. Diese Ausstattung ermöglicht es, u.a. schwere Lasten zu ziehen oder zu heben. Durch den fest eingebauten Stromerzeuger wird der Einsatz elektrisch angetriebener Maschinen und Geräte ermöglicht. Die Einsatzstellenbeleuchtung kann mittels Lichtmast und/oder Stativen mit Flutlichtstrahlern eigenständig aufgebaut werden.

8. Welche Geräte dienen der Energieversorgung?

Zur Energieversorgung in Form von Elektrizität, hydraulischer und pneumatischer Energie, führt die Feuerwehr auf den Fahrzeugen für die technische Hilfeleistung entsprechende Aggregate mit.

9. Welches ist der gebräuchlichste Stromerzeuger?

Der tragbare Stromerzeuger 5 kVA DIN 14 685

– Nennspannung:	400/230 V (Dreh-/Wechselstrom)
– Frequenz:	50 Hz
– Leistungsfaktor:	cos φ = 0,8
– Schutzart:	IP 44
– Funkstörgrad:	„N"
– Schaltkasten mit	• Lastanzeige • Instrumentenbeleuchtung • Schutzleiter-Prüfeinrichtung • Steckdose für Drehstrom • 3 Steckdosen für Wechselstrom

– Kraftstoff für mind. 1 ½ Stunden
– Zubehör

Es gibt auch Stromerzeuger mit einer Leistung von 8 kVA bei gleicher technischer Ausstattung.

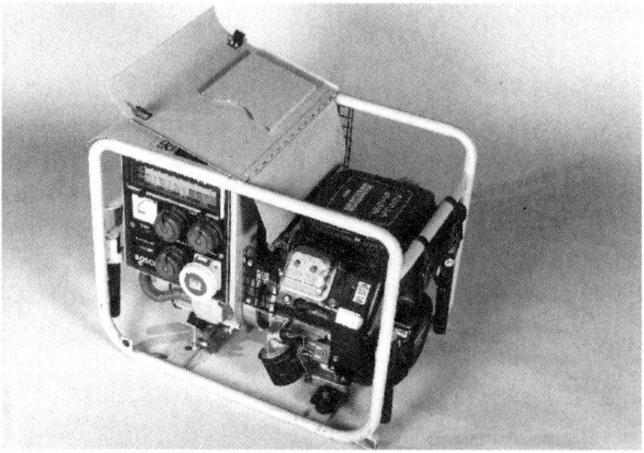

Bild 3: Stromerzeuger (Bosch)

Bild 4: Prüfung elektrischer Betriebsmittel im Rahmen der Geräteprüfordnung GUV 22.1 (4/93) (ELTHA)

10. Was ist bei der Nutzung von ortsveränderlichen elektrischen Betriebsmitteln zu beachten?

Viele Unfälle durch elektrischen Strom geschehen durch nicht ausreichende Isolationswerte oder fehlerhafte Schutzleiterfunktion. Daher schreibt die Geräteprüfordnung vor, daß alle ortsveränderlichen Betriebsmittel in regelmäßigen Abständen auf Einhaltung der vorgeschriebenen Schutzwerte geprüft werden. Hierfür wurden Überwachungsgeräte entwickelt, die eine eindeutige und schnelle Aussage (gut – schlecht) hinsichtlich der Einhaltung der vorgeschriebenen Werte gestatten.

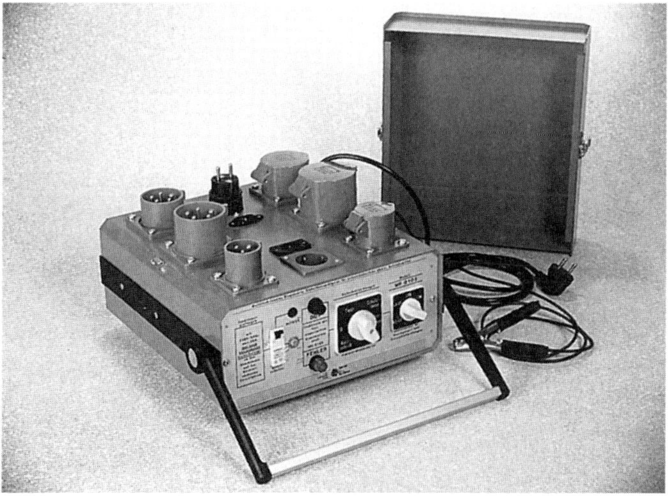

Bild 5: Prüfgerät zur Prüfung elektrischer Betriebsmittel (ELTHA)

11. Welche Geräte dienen zur Beleuchtung der Einsatzstelle?

Zur Beleuchtung wird besonderes Gerät eingesetzt. Näheres hierzu siehe **M**. Als besondere Fahrzeuge für die Beleuchtung gibt es Lichtmastanhänger und Lichtmasten auf selbstfahrenden Fahrgestellen. Diese sind in der Lage, auch große Einsatzstellen voll auszuleuchten zu können (Beleuchtungsstärke bis 300 000 Lumen).

Sie verfügen in der Regel über einen 25 kVA-Generator, der sowohl den Strom für die Beleuchtung, aber auch Strom für andere Geräte zur Verfügung stellt. Es gibt auch Lichtmasten mit einer Arbeitsbühne, die 1–2 Personen senkrecht auf ca. 9 m Höhe über Aufstellfläche anheben können.

Bild 6: Lichtmastanhänger (Polyma)

12. Wozu werden trag- oder fahrbare Lüftungsgeräte eingesetzt?

Durch Be- oder Entlüften werden Schäden durch Rauchgase gemindert und die Explosionsgefahr herabgesetzt. Es wird die Sicht verbessert und es wird atembare Luft geschaffen. Soll explosionsfähige Atmosphäre verhindert werden, so muß darauf geachtet werden, um welche explosiblen Gase es sich handelt, da durch Zufuhr von frischer Luft bei bestimmten Gasen die Explosionsgefahr gesteigert werden kann. Daher muß der Einsatzleiter entscheiden, ob be- oder entlüftet wird. Eine Identifizierung der beteiligten Gase ist erforderlich.

13. Welche Be- und/oder Entlüftungsgeräte werden von der Feuerwehr eingesetzt?

Nachdem in früheren Jahren die Radiallüfter von den Axiallüftern (Bild 7) abgelöst wurden, werden heute sogenannte Drucklüfter (Bild 8 und 9) vermehrt eingesetzt. Drucklüfter werden je nach Fabrikat mit Verbrennungsmotor (2-Takt-/4-Takt-Motor) oder mit Wasserturbine angetrieben, auch gibt es Drucklüfter mit elektrischem Antrieb. Mit den Drucklüftern wird das Innere von Gebäuden auf geringen Überdruck gebracht, der bewirkt, daß die „schädliche Atmosphäre“ in Richtung einer vorhandenen oder zu schaffenden Öffnung ausströmt.

14. Wozu werden Trenngeräte verwendet?

Trenngeräte haben die Aufgabe, bei einem Einsatz durch Trennen von Metall, Stein, Holz und Kunststoff die Befreiung von Personen oder Tieren aus Zwangslagen zu ermöglichen und damit deren Rettung zu sichern.

Be- und Entlüftungsgerät (Bilder 7 – 9)

- Ex-geschützter Drehstrommotor 400 V, ca. 2 bis 2,5 kW
- Leistung: ca. 10 000 m^3/h
- Anschlußleitung 10 m
- anklemmbare Saug- und Drucklutte, Ø ca. 450 mm
- Gewicht ca. 60 kg
- z.T. mit Zusatzausrüstung zur Schaumerzeugung (ca. 50 m^3/min)

Bild 7: Be- und Entlüftungsgerät,
ein Zusatzgerät macht auch die Erzeugung von Leichtschaum möglich

Drucklüfter (Verbrennungsmotor)

- 2-Takt- oder 4-Takt-Motor, ca. 4 kW
- Leistung: je nach Typ ca. 13 000 m^3/h bis 18 000 m^3/h
- Saug- und Drucklutten nicht erforderlich
- Gewicht: ca. 35 kg.

Bild 8

Drucklüfter (Wasserturbine)
- Wasserturbine (z.B. Förderstrom ca. 800 l/min und Förderdruck ca. 8 bar)
- Leistung: ca. 30 000 m^3/h
- Saug- und Drucklutten nicht erforderlich
- Wassernebel kann dem Luftstrom zugegeben werden
- Gewicht ca. 35 kg.

Bild 9

15. Welche Geräte werden zum Trennen von Metallen eingesetzt?

- Trennschleifmaschine, elektrisch oder mit Verbrennungsmotor angetrieben
- Brennschneidgerät DIN 14 800 Teil 7
- hydraulisches Schneidgerät DIN 14 751 Teil 2.

16. Was leistet eine Trennschleifmaschine?

Trennschleifmaschine

- Antrieb mit Verbrennungsmotor (ca. 2,5 kW) oder Elektromotor (1800 Watt)
- Trennscheibendurchmesser 300 mm bzw. 230 mm
- Schnittiefe bis max. 6 cm
- Trennscheiben für „Stein" und „Metall"
- Motortrennschleifer mit Rutschkupplung ausgerüstet

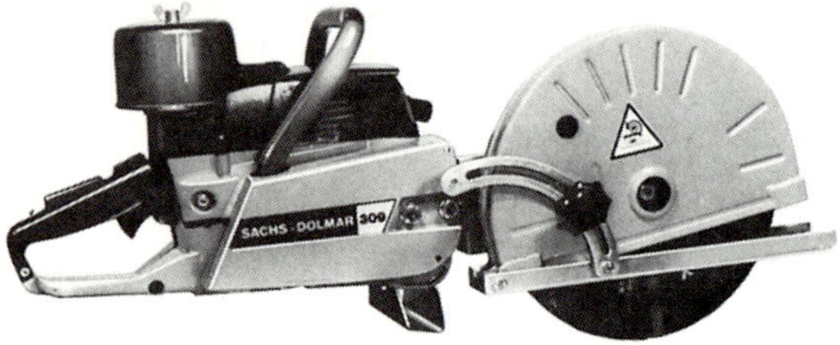

Bild 10: Trennschleifmaschine mit Antrieb durch Verbrennungsmotor (Sachs-Dolmar)

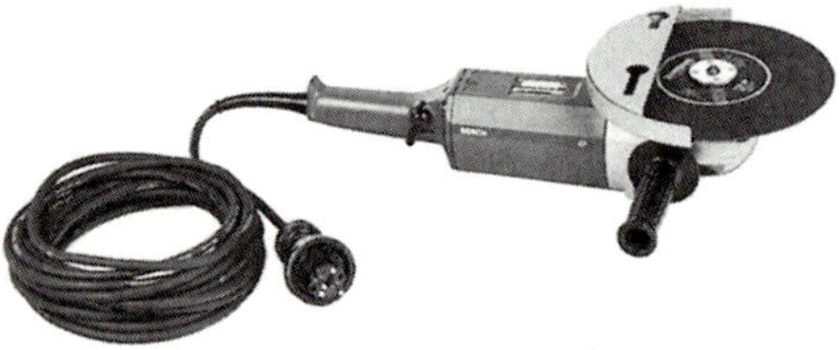

Bild 11: Trennschleifmaschine mit Antrieb durch Elektromotor (Bosch)

Einsatzhinweise

Es gelten folgende Einsatzhinweise für Trennschleifmaschinen:

- Trennscheiben nicht verkanten
- Druck- und Zugspannungen beachten
- Schutzkleidung anlegen (siehe Motorsäge)
- Brandschutz sicherstellen.

17. Können Trennschleifmaschinen auch für das Trennen von Stein eingesetzt werden?

Trennschleifmaschinen mit Verbrennungsmotorantrieb oder elektrischem Antrieb können je nach Art der Trennscheibe sowohl für Stein als auch für Metall verwendet werden.

18. Woraus besteht ein Brennschneidgerät und was ist beim Einsatz zu beachten?

Brennschneidgerät DIN 14 800 Teil 7

- Tragegestell mit Trag- und Stützriemen
- Sauerstoff- und Acetylenflasche, je 5 Liter Inhalt
- Schneidbrenner mit verschiedenen Düsen je nach Materialstärke
- Satz Schläuche, Länge 5 m oder 10 m
- Zubehör: Schlüssel, Schutzbrille, Gasanzünder

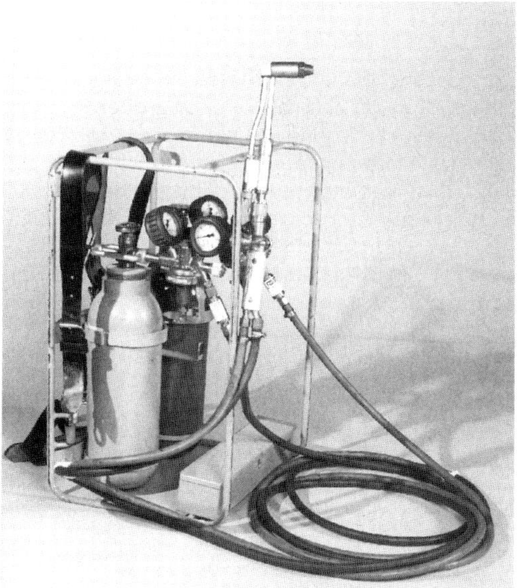

Bild 12:
Brennschneidgerät

Einsatzhinweise

Es gelten folgende Einsatzhinweise für Brennschneidgeräte:

- Arbeitsdruck – Acetylen ca. 0,5 bar
  – Sauerstoff ca. 5 bar
- Flaschen sicher aufstellen (Flaschenventil muß bei Entnahme von Acetylen „oben" sein)
- kein Fett oder Öl an Flaschenventile
- Brandschutz sicherstellen
- Zug- und Druckspannungen beachten.

19. Wozu dient das hydraulische Schneidgerät?

Zur Rettung von eingeschlossenen oder eingeklemmten Unfallopfern ist es oft erforderlich, mit großer Präzision und ohne zusätzliche Beeinträchtigung des Umfeldes schneiden zu können. Hierzu wird das hydraulische Schneidgerät S 90 oder S 150 oder neuerdings auch Kombigeräte (Bild 25) bei der Feuerwehr eingesetzt. Die technischen Anforderungen sind in DIN 14 751 T2 beschrieben.

20. Was ist beim hydraulischen Schneidgerät zu beachten?

Hydraulisches Schneidgerät DIN 14 751 T2

- Antrieb:
  - Hand- oder Fußpumpe
  - Elektromotorpumpe
  - Verbrennungsmotorpumpe
- Maulweite 90 mm oder 150 mm (S 90 oder 150)
- Steuerungsbetätigung durch Bedienungsmann (Totmannschaltung muß vorhanden sein)
- Schlauchverbindungen unverwechselbar
- Steckkupplungen beim Öffnen selbstschließend
- max. Arbeitsdruck 630 bar
- Öffnen und Schließen der Schneidmesser muß hydraulisch erfolgen
- beim Wiederanfahren unter Last darf keine gegenläufige Bewegung auftreten.

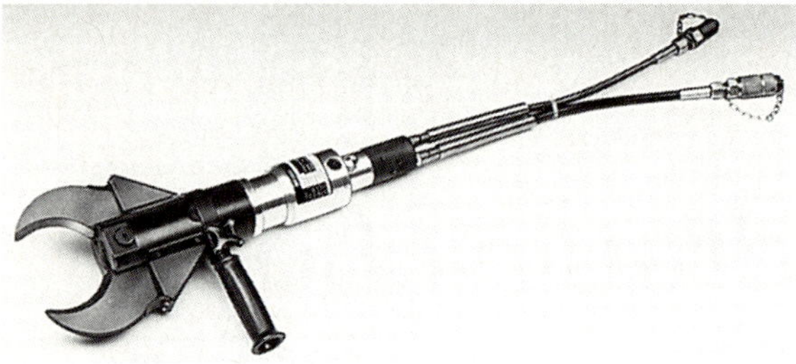

Bild 13: Hydraulisches Schneidgerät (Weber)

Einsatzhinweise

Es gelten folgende Einsatzhinweise für hydraulische Schneidgeräte:

- nach jeder Benutzung Sichtprüfung
- mind. jährliche Prüfung der Messer auf Rißbildung
- Schneidgerät nach den Richtlinien des GUV (Geräteprüfordnung) regelmäßig überprüfen lassen
- Hydraulikschläuche sind spätestens nach 10 Jahren auszutauschen
- es dürfen keine Lenksäulen, Achsen und gehärtete Maschinenteile getrennt werden
- beim Trennen von Teilen mit freiem Ende ist der Verletzungsgefahr vorzubeugen
- Druck- und Zugspannungen sind zu beachten.

21. Welches Gerät setzt die Feuerwehr zum Trennen von Holz ein?

Zum Trennen von Holz werden Motorsägen mit Verbrennungsmotor oder Elektromotor eingesetzt. Es handelt sich dabei überwiegend um Kettensägen mit Ein-Mann-Bedienung. Wegen der Sicherheit der Einsatzkräfte sollten keine Kettensägen verwendet werden, deren Schwertlänge über 45 cm hinausgeht.

22. Welche Leistungsdaten hat eine Motorsäge?

Die *Motorsäge* mit

- Antrieb durch Verbrennungs- oder Elektromotor
- Leistung von 1–4 kW
- Schwertlänge von 20 bis 45 cm
- Membran-Vergaser
- Sicherheitstechnische Einrichtungen:
  - Gashebelsperre
  - Sicherheitsketten-bremse
  - Antivibrationsgriff
  - elektr. Griffheizung
  - Kettenfänger u.a.
- elektronische Zündeinrichtung
- verschiedene Schneidgarnituren (Führungsschienen [Schwert], Sägeketten).
- z.T. mit Katalysator

Bild 14: Motorkettensägen
Motorkettensäge, Antrieb mit Verbrennungsmotor (Stihl)
Motorkettensäge, Antrieb mit Elektromotor (220 V) (Stihl)

Einsatzhinweise

Es gelten folgende Einsatzhinweise für Motorsägen:

- Kettenspannung prüfen
- Funktion der Ölschmierung prüfen
- Schnittfolge unter Beachtung von Zug- und Druckzonen überlegen
- richtige Schutzkleidung (Kopf-, Hand-, Gesichtsschutz, festes Schuhwerk, Schnittschutzkleidung)
- Rückweg freihalten, sicherer Standplatz
- Motor nicht aus der Hand heraus anwerfen.

23. Welche Möglichkeiten gibt es, Zugänge in Gebäude bzw. die Herstellung von Brandschneisen zu gewährleisten?

Der Einsatz von Wasserstrahlschneidgeräten bietet die Möglichkeit, diese Einsatzziele zu erreichen. Mit diesen Geräten können alle Werkstoffe ohne Brandgefahr getrennt werden.

24. Welche Aufgaben haben Zug-, Druck- und Hebegeräte?

Diese Geräte haben die Aufgabe, Zugkräfte und Druckkräfte bis 150 kN lageunabhängig zu erzeugen und das Anheben von Lasten bis zu einem Gewicht von 150 kN zu gewährleisten.

25. Welche Zugeinrichtungen mit maschinellem Antrieb werden bei der Feuerwehr eingesetzt?

- Seilwinden fest in Fahrzeuge eingebaut und vom Motor über Nebenantrieb und Hydraulikpumpe angetrieben. Es gibt Zugeinrichtungen mit 150 kN im RW 3 und 50 kN im RW 2 und RW 1.
- Motorzugwinden, tragbar. Antrieb erfolgt mittels Kettensägemotor. Diese Zugeinrichtungen sind geeignet für Zugkräfte im einsträngigen Zug bis ca. 17 kN. Sie werden an Feuerwehrfahrzeugen, Bäumen und sonstigen Festpunkten angeschlagen.
- Zugeinrichtungen gibt es als Spills, als Trommelwinden und als Treibscheibenwinden.

26. Was ist eine Zugeinrichtung mit maschinellem Antrieb?

Darunter versteht man eine *hydraulische Zugvorrichtung nach DIN 14 584.*

Merkmale:
- Mechanischer, elektrischer oder hydraulischer Antrieb (Regel: hydraulisch)
- Trommel-Seilwinden mit Planeten- oder Schneckengetriebe bzw. Durchlaufspill mit Speichertrommel
- Zugkraft: 50 kN oder 150 kN
- Nutzbare Drahtseillänge mind. 50 m
- Überlastsicherung bei 120 % der Nennzugkraft
- Drahtseile müssen in drehungs- und spannungsarmer Machart hergestellt sein, eine Stahleinlage haben und verzinkt sein
- Schrägzug (einfacher Zug) muß bis zum Winkel von 25° nach rechts und links mit und ohne Last bei einwandfreier Seilaufspulung möglich sein.

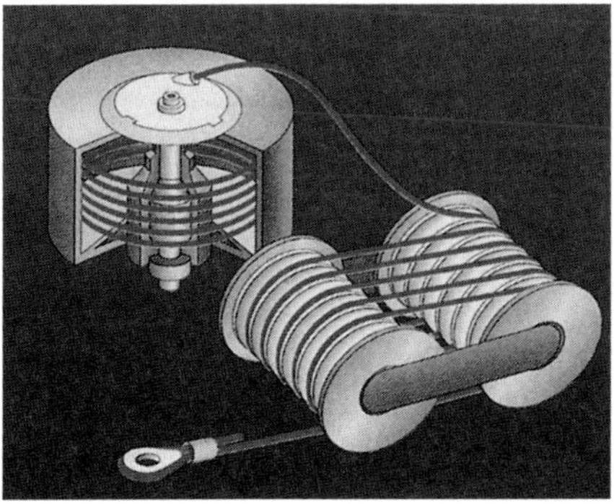

Bild 15: Windesystem „Treibmatic" mit automatischer Seilaufnahme und konstantem Zug (Rotzler)

27. Welche Einsatzbereiche und Leistungen haben Motorzugwinden?

Motorzugwinden sind universell einsetzbar. Sie können bei Verkehrsunfällen, bei Windwurfarbeiten und bei sonstigen technischen Hilfeleistungen zum Ziehen, Sichern und Bewegen von Lasten verwendet werden.

Tragbare Seilwinde (Spill-Prinzip) (Bild 16)

- Zugkraft 17 kN
- Seilgeschwindigkeit, je nach Einstellung 12,5 m/min oder 47 m/min (abhängig von Motordrehzahl)
- Seillänge (Standard) 60 m, automatischer Seilspeicher
- Seildurchmesser 7,2 mm

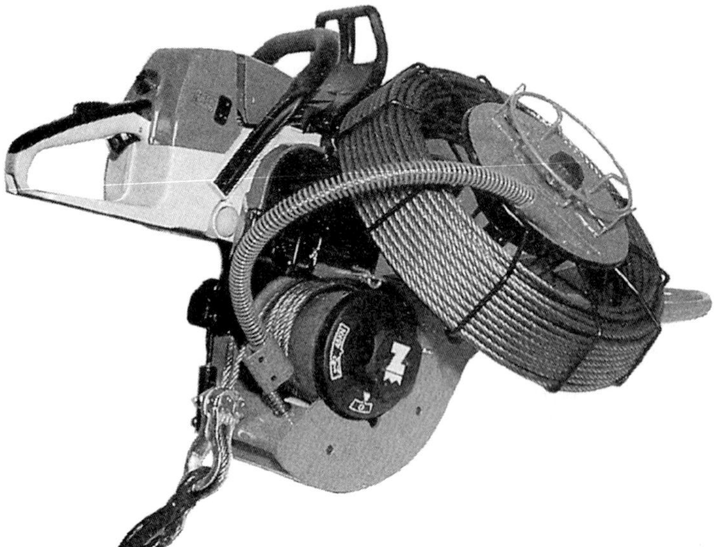

Bild 16: Tragbare Seilwinde (Spill-Prinzip) (Zollern)

- Bruchkraft des Zugseils mind. 51 kN
- Bowdenzug-Fernbetätigung für Drehzahlverstellung des Motors
- Gewicht inkl. Motor 40 kg

Tragbare Seilwinde (Treibrad-Prinzip) (Bild 17)

- Zugkraft/Hubkraft 16 kN
- Seilgeschwindigkeit ca. 10 m/min (abhängig von Motordrehzahl)
- Seillänge beim Heben und Ziehen, technisch unbegrenzt, Standardlänge (Feuerwehr) 30 m
- Seillänge beim Senken max. 35 m bei Vollast
- Seildurchmesser 11,2 mm
- Bruchlast des Drahtseils ca. 84 kN
- Gewicht inkl. Motor 38 kg.

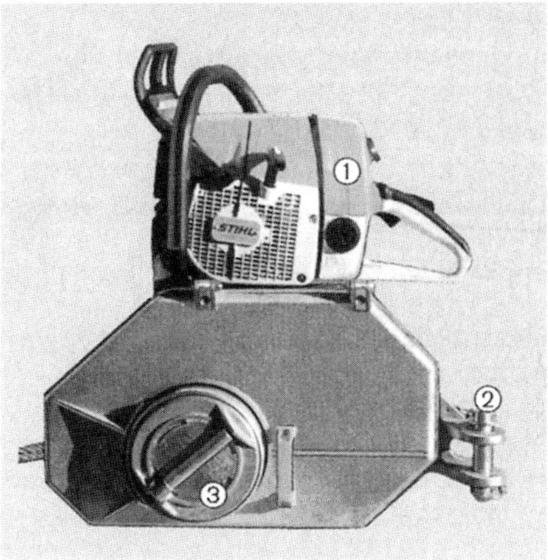

1 Stihl-Antriebsmotor
2 Verankerungsbolzen
3 Halte- und Senkbremse mit Handkurbel

Bild 17: Tragbare Seilwinde (Treibrand-Prinzip; Stihl)

Einsatzhinweise

Es gelten folgende Einsatzhinweise für Seilwinden:

- Zugseil vor Schmutz und scharfen Kanten schützen
- Last nicht mit Zugseil anschlagen
- Anschlagseile müssen der Zugkraft entsprechen, bei Bedarf sind „Kantenschützer" zu benutzen
- Beim Ziehen von Lasten ist der Spreizwinkel des oder der Anschlagseile zu beachten
- Während des Ziehvorgangs dürfen sich keine Personen im Gefahrenbereich aufhalten
- Bei Gefahr des „Kippens" von Lasten ist eine Gegensicherung anzubringen
- Beim Einsetzen einer Umlenkrolle sind die Anschlagseile zu verdoppeln.

28. Welche Zugeinrichtungen werden neben den maschinell betriebenen bei der Feuerwehr noch eingesetzt?

Der Mehrzweckzug nach DIN 14 800 T5:

- Zugkraft 16 kN oder 32 kN
- Drahtseil, Regel 30 m Länge, Durchmesser 16 mm, (nur Original-Drahtseile verwenden)
- Einsatzhinweise sinngemäß wie bei Seilwinden.

29. Welches hydraulische Gerät wird zum Erzeugen von Hebekräften eingesetzt?

Bei der Feuerwehr wird der sog. „große Hebesatz" (H 1) mit einem Hebevermögen von 150 kN und der kleine Hebesatz (H 2) mit gleichem Hebevermögen verwendet. Beide Hebesätze sind in DIN 14 800 Teil 6 beschrieben. Der Hebsatz H2 hat weniger Einzelgeräte.

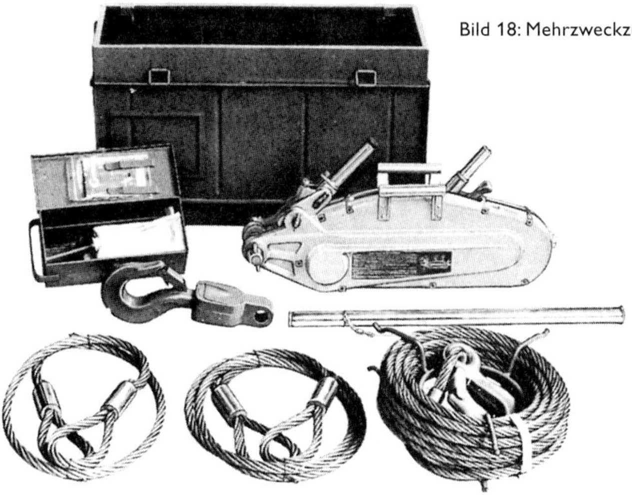

Bild 18: Mehrzweckzug

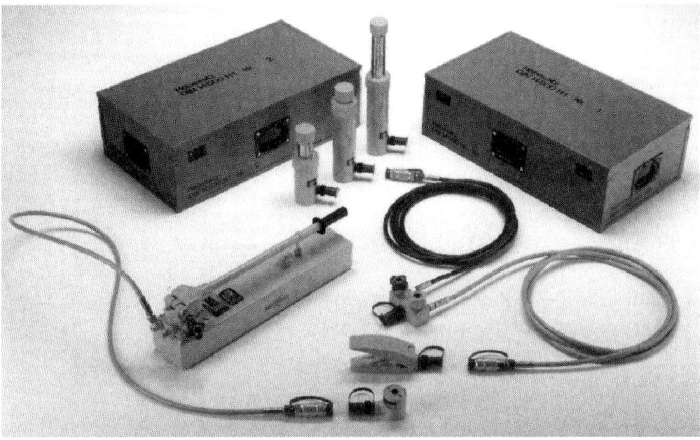

Bild 19: Hebesatz H1 (Weber)

30. Welche Merkmale weisen die Hebesätze auf?

- Antrieb mit handbetätigter Hydraulikpumpe mit Schnellstoppkupplung oder auch mit Motorpumpenaggregat
- Hydraulikzylinder, einfachwirkend, mit Rückholfeder, verschiedene Hubhöhen
- Zweiwegeverteiler mit Regulierventil und Druckschläuchen
- verschiedene Druckplatten und Verlängerungen
- Anhebeklaue und Keilstück für 150 kN Hubkraft
- Spreizschnabel mit 5 kN Spreizkraft an der Spitze
- Unterbringung im Kasten nach DIN 14 800
- gleichzeitiger Betrieb von zwei Hydraulikzylindern muß möglich sein
- max. Nenndruck 630 bar.

Einsatzhinweise

Es gelten folgende Einsatzhinweise für Hebesätze:

- Die Lasten sind gegen Abrutschen zu sichern (Holzunterlage u.a.): Lasten sind mit Kanthölzern und Bohlen zu unterbauen, so daß beim Nachgeben kein Herabfallen passieren kann.
- Widerlager müssen ausreichend druckfest sein.

31. Was wird neben dem hydraulischen Hebesatz noch an Druckgeräten eingesetzt?

Neben dem Hebesatz werden hydraulische Winden eingesetzt. Diese haben folgende technische Daten:

- Hubkraft 100 kN (50 kN)
- Hubhöhe 350 mm (280 mm)
- Bauhöhe max. 850 mm
- Hydraulische Winde mit verstellbarer Klaue und Fußlagerplatte vertikal und horizontal einsetzbar
- Einsatzhinweise sinngemäß wie bei hydraulischem Zylinder.

Sofort
einsatzbereit.
Weltweit!
NEU!
VARIO SPS 330 A
Die neue Generation der mann-mobil Rettungsgeräte, ohne Rüstzeit sofort einsatzbereit: weit ab von der Straße, im Tunnel und in Gebäuden.
WEBER-HYDRAULIK
WEBER-HYDRAULIK einer der weltweit führenden Hersteller von hydraulischen Rettungsgeräten: 25 Jahre Erfahrung, komplettes Programm, modernste Technik.
Rufen Sie uns an, wir senden Ihnen gerne weiteres Informationsmaterial zu.
WEBER-HYDRAULIK GMBH, 74363 Güglingen, Heilbronner Straße 30,
Telefon 07135-710, Fax 07135-71301, Internet: http://www.weber.de · e-mail: info@weber.de

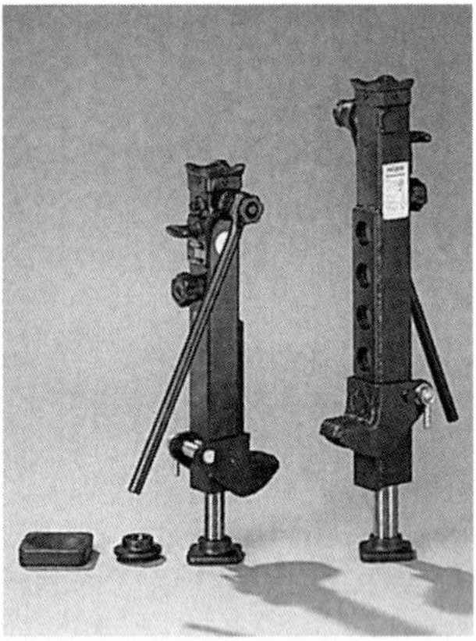

Bild 20: Hydraulikwinden „Büffel“ (Weber)

32. Welches Gerät ist für die Befreiung von Unfallopfern im Straßenverkehr besonders geeignet?

Für diesen Einsatzfall ist der hydraulische Spreizer geschaffen worden. Seine Anforderungen sind in DIN 14 751 Teil 1 beschrieben.

Er wird zur Rettung von eingeschlossenen oder eingeklemmten Unfallopfern und sonstigen technischen Hilfeleistungen eingesetzt.

33. Welche Leistung muß ein hydraulischer Spreizer aufweisen?

Hydraulischer Spreizer DIN 14 751 T 1:

- Antrieb mit Verbrennungsmotorpumpe oder Elektromotorpumpe
- Spreizer
  SP 45 ≙ Spreizkraft > 45 kN, Öffnungsweg mind. 800 mm
  SP 30 ≙ Spreizkraft < 30 kN, Öffnungsweg mind. 600 mm
- einsetzbar als Zug- und Druckgerät
- Spreizerspitzen müssen auswechselbar und gesichert sein.

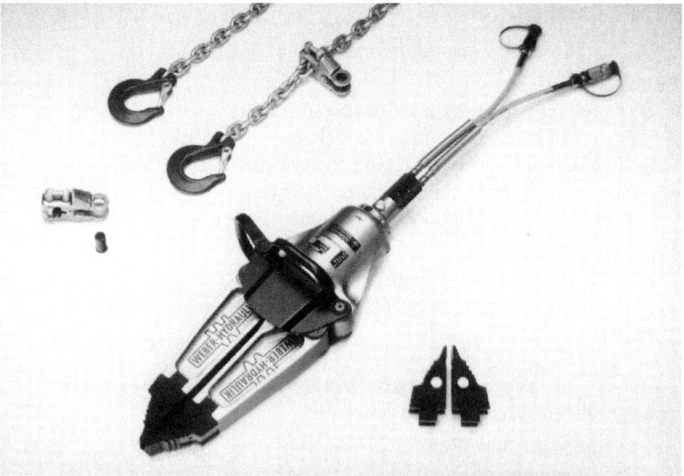

Bild 21: Hydraulischer Spreizer (Weber)

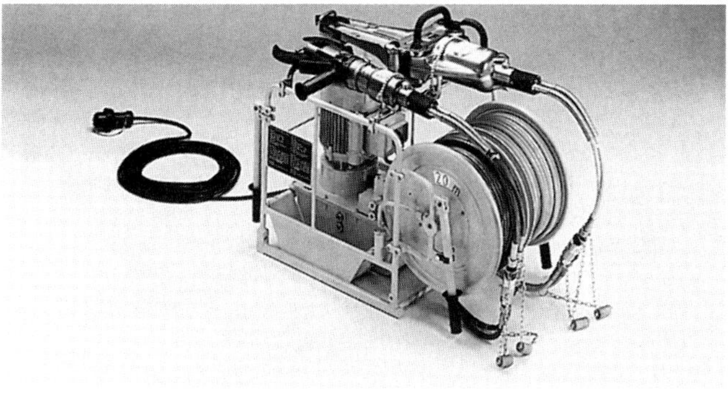

Bild 22: Hydraulischer Spreizer und Schneidgerät mit Pumpenaggregat und angebauter Schnellangriffshaspel (Weber)

Einsatzhinweise

Es gelten folgende Einsatzhinweise beim Spreizereinsatz:

Beim Einsatz:
- beim Drücken auf feste Widerlager achten
- Zug- und Druckspannungen beachten
- beim Heben von Lasten Kippmöglichkeiten beachten
- Lasten sind beim Anheben zu unterbauen
- Schutzkleidung anlegen (Handschuhe, Gesichtsschutz u.a.)

Nach dem Einsatz:
- nach jeder Benutzung Sichtprüfung
- sonstige Prüfungen nach den Richtlinien der Feuerwehr-Geräteprüfordnung

34. Welche Geräte werden zusätzlich bei technischen Hilfeleistungen eingesetzt?

Bei Verkehrsunfällen (Pkw/Lkw) werden – nachdem mit dem Spreizer Rettungswege geöffnet sind – immer öfter Rettungszylinder (DIN 14751 T3) verwendet. Sie werden mit dem gleichen Pumpen-Aggregat wie für Spreizer angetrieben. Sie sind leichter, handlicher

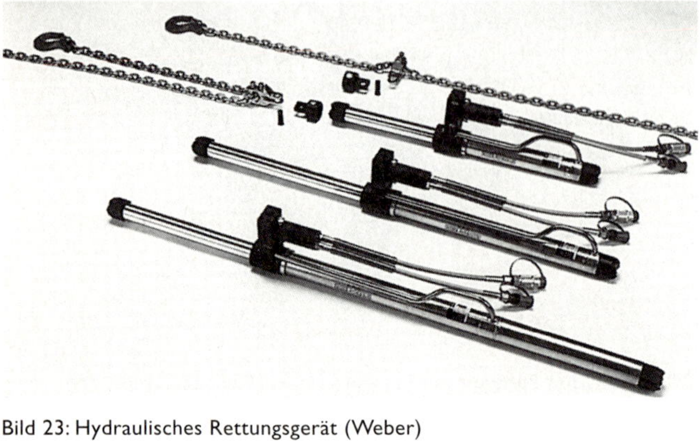

Bild 23: Hydraulisches Rettungsgerät (Weber)

und kleiner als Spreizer (Bild 23) und eignen sich sehr gut zum Hochdrücken von Lenksäulen, Fahrzeugdächern oder sonstigen Hindernissen. Rettungszylinder (in der Regel: 1 Satz besteht aus zwei oder drei Zylinder) müssen einen Spreizweg von 540 bis 1500 mm lückenlos abdecken. (Bei ihrem Einsatz sind die Einsatzhinweise für Spreizereinsatz sinngemäß zu beachten).

35. Können mit den hydraulischen Rettungszylindern auch Zugkräfte erzeugt werden?

Rettungszylinder müssen sich hydraulisch aus- und einfahren lassen. In Verbindung mit Kettensatz und Adapter können deshalb – sofern der Hersteller Ziehen gestattet – Rettungszylinder als Zugwerkzeuge eingesetzt werden. Zu beachten ist jedoch, daß keine Biegespannung auf die Rettungszylinder einwirkt.

36. Welches technische Rettungsgerät kann u.a. als Zusatzbeladung im Löschgruppenfahrzeug LF 8/6 mitgeführt werden?

Für Rettungseinsätze kleineren Umgangs eignen sich besonders sog. Kombi-Rettungsgeräte (Bild 24). Mit ihnen kann man spreizen, schneiden und ziehen. Der Antrieb erfolgt überwiegend über eine elektrisch angetriebene Hydraulikpumpe. Die erreichbaren Spreiz- und Schneidkräfte reichen je nach Spreizwinkel bis zu 30 kN. Es gelten die gleichen Einsatzhinweise wie bei **O 33**.

Bild 24: Kombi-Spreiz- und Schneidgerät kann auch mit dem Kettensatz nach DIN 14751 T 1 eingesetzt werden (Lukas)

37. Ist die Entwicklung von hydraulischen Rettungsgeräten für Feuerwehreinsätze abgeschlossen?

Diese Frage ist mit Nein zu beantworten. Ein neues Schneidgerät (Bild 25) ist z.Z. auf dem Markt. Dieses kleine, leichte und trotzdem leistungsstarke Gerät kann zum Abschneiden und Brems- und Kupplungspedal, Lenkrädern (nicht Lenksäulen), Gitterstäben oder Türabsperrketten verwendet werden. Fortlaufendes Schneiden ist möglich, und bei freistehendem Schnittgut gibt es kein Wegspringen.

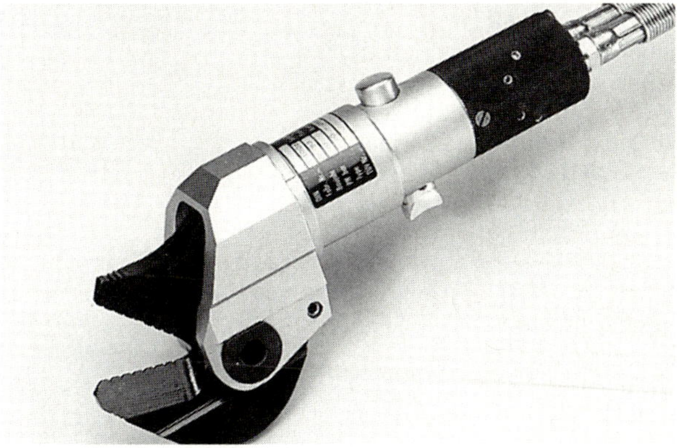

Bild 25: Hydraulisches Schneidgerät (Weber)

38. Welche pneumatischen Geräte gibt es in der Feuerwehr?

Für den Feuerwehr-Einsatz sind Luftheber in DIN 14 152 Teil 1 genormt. Luftheber sind pneumatische Hebegeräte, mit denen eingeklemmte Personen befreit, Rettungs- und Angriffswege geschaffen werden können. Ferner kann es als Arbeitsgerät zum Heben oder Bewegen von Lasten eingesetzt werden.

39. Welchen Umfang hat ein Luftheberersatz nach Norm?

Die Grundausstattung umfaßt:
- Druckluftflasche
- Druckminderer mit Luftschlauch
- Steuerteil mit Anschlußstück für Luft- und Füllschlauch
- Füllschlauch
- Druckkissen
  - Nennkraft: 10 kN, 20 kN, 30 kN oder 50 kN
  - Nennhub: 40–60 cm
  - Einschubmaß: 4 cm
  - Luftheber:
    LH 10 S ≙ Luftheber mit Seitenwand
    LH 10 ≙ Luftheber ohne Seitenwand

jeweils Nennkraft 10 KN

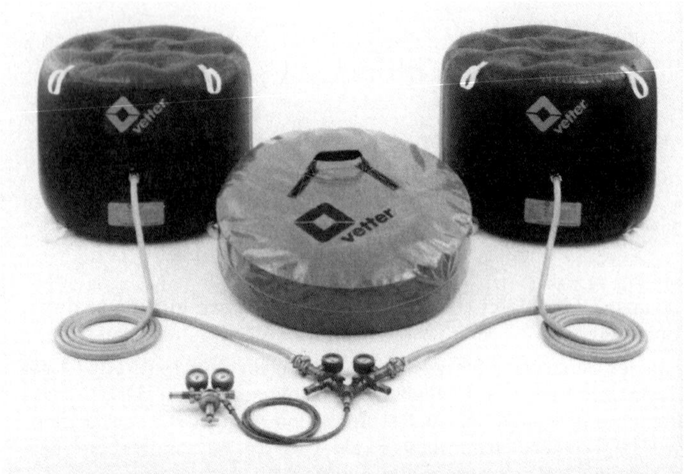

Bild 26: Luftkissensatz: Grundausstattung und Einzelelemente (Vetter)

Einsatzhinweise

Folgende Einsatzhinweise sind für den Lufthebeeinsatz zu beachten:

- Angehobene Lasten müssen mit Kanthölzern und Bohlen gesichert werden
- Druckkissen (Luftheber) nicht mit Bewegungskräften beaufschlagen (Federkraft)
- Vorsicht bei spitzen und scharfen Gegenständen
- keine Druckkissen übereinandergelegt einsetzen
- Prüfungen nach obiger Norm, nach Feuerwehr-Geräteprüfordnung, je nach Typ zusätzlich nach DruckbehV.

40. Wie wird vorgegangen, um ein Kraftfahrzeug aufzurichten oder aufzuheben?

Hier können zur Anwendung kommen:

Hebezeuge, Kranwagen, Luftheber.

Beim Aufrichten wird das mit einem oder zwei Luftkissen angehobene Fahrzeug durch ein weiteres Kissen, das näher am Drehpunkt angesetzt wird, über den Schwerpunkt hinausgedrückt und kippt allein sicher auf die Räder. Luftheber nicht übereinander legen (Gefahr der gegenseitigen Verlagerung und des Wegspringens unter Last). Luftheber unter Last wirken wie eine gespannte Feder.

Luftheber eignen sich ferner zum Heben von anderen Lasten. Ihr Einsatz bietet sich in all den Fällen an, bei denen man Hubleistung mit geringem Flächendruck verbinden will. Ihre große Auflagefläche ermöglicht den Einsatz ohne Untergrundbefestigung auf unebenem oder weichem Gelände. Die zum Füllen der Luftheber nötige Druckluft kann einer Preßluftflasche mit Druckminderer, der Reifenfüllanlage eines Lkw oder einem Kompressor entnommen werden.

Bild 27: Hebekissen, Aufrichten eines Fahrzeuges (Vetter)

41. Wozu dienen die auf dem Rüstwagen mitgeführten Stützen?

Diese Stützen (verstellbare Länge von 1,7 m bis 3 m mit einer Steifenkraft von 20 kN) dienen zur Aufnahme von Lasten (Gebäudeteile – Decken, Stützen, u.a.) nach vorangegangenen Schäden durch Brand, Explosion oder Unterspülungen. Grabenstützen (verstellbare Länge von 0,6 m bis 1 m) werden zu Sicherungsarbeiten nach Unglücken im Tief- und Leitungsgrabenbau von der Feuerwehr eingesetzt. Ferner können sie beim Bau von Stegen und Sperren eingesetzt werden.

P

Gefahrstoffeinsätze

1. Welches ist der Unterschied zwischen einem Gefahrstoff- und einem Gefahrguteinsatz?

Gefahrstoffeinsätze und alle Einsätze der Feuerwehr, wo ein Gefahrstoff entsprechend der Definition beteiligt ist. Gefahrstoffe können erzeugt, gelagert oder bearbeitet werden.

Als Gefahrgüter werden alle Gefahrstoffe bezeichnet wenn sie transportiert werden.

2. Was sind wassergefährdende Stoffe?

Wassergefährdende Stoffe sind feste, flüssige und gasförmige Stoffe, die geeignet sind, die physikalische, chemische oder biologische Beschaffenheit des Wassers nachhaltig zu verändern.

3. Wie sind wassergefährdende Stoffe eingeteilt?

Wassergefährdende Stoffe sind in 4 Wassergefährdungsklassen (WGK) eingeteilt:
- WGK 3: stark wassergefährdende Stoffe
- WGK 2: wassergefährdende Stoffe
- WGK 1: schwach wassergefährdende Stoffe
- WGK 0: im allgemeinen nicht wassergefährdende Stoffe.

4. Welche Stellen sind vom Einsatzleiter der Feuerwehr beim Freiwerden von wassergefährdenden Stoffen zu benachrichtigen?

Je nach Einsatzlage sind die jeweils zuständigen Stellen zu benachrichtigen. Dieses können sein:
- Untere Wasserbehörde (z.B. Landratsamt in Baden-Württemberg)
- Ortspolizeibehörde bei Gefahr in Verzug
- Wasserwirtschaftsamt/Umweltbehörde
- Kläranlagenbetreiber.

5. Wer ist bei Unfällen mit Gefahrgut je nach Einsatzlage zunächst zu benachrichtigen?

Entsprechend der Einsatzlage sind aus den nachstehend aufgeführten Personen/Stellen die jeweils benötigten zu benachrichtigen
- Kreisbrandmeister
- Gefahrgutzug
- Fachberater Feuerwehr (Strahlenschutz, Chemie, Medizin usw.)
- Polizei
- Rettungsdienst
- Bürgermeisteramt (Umweltbehörde)
- Untere Wasserbehörde (Wasserwirtschaftsamt)
- Kläranlagenbetreiber
- Gewerbeaufsichtsamt
- Straßen- oder Autobahnmeisterei
- Forstamt
- Wasser- und Schiffahrtsamt.

6. Welche Maßnahmen sind von Feuerwehren zu treffen, die nicht speziell für den Gefahrguteinsatz ausgebildet und ausgerüstet sind?

Folgende Maßnahmen sind zu treffen:
- Art des Schadstoffes feststellen (orangefarbene Warntafel in Verbindung mit Literatur)
- Absperren der Einsatzstelle (50 m)
- Menschenrettung einleiten
- Warnung der Bevölkerung

- Gefahrgutzug anfordern und zuständige Stellen benachrichtigen
- Rettungsdienst anfordern
- Brandschutz sicherstellen
- Ausbreitung verhindern, wenn dieses ohne Gefahr für eigene Kräfte möglich
- Nachgeforderte Kräfte einweisen und über aktuelle Lage informieren.

Der Gefahrgutzug wird folgende Maßnahmen einleiten:
- Schadstoffe auffangen
- Auffangen von austretendem Gefahrgut
- Verhindern des Eindringens von Gefahrstoffen in Gewässer oder Böden
- Abdichten von Leckagen
- Umpumpen von Schadstoffen
- Messungen hinsichtlich Gefährdung (Bevölkerung, Umwelt) durchführen
- Ausbringen von Streu- und Bindemitteln
- Auffangen der auf Gewässer gelangten Schadstoffen (Sperren).

7. Was bedeutet die Abkürzung TUIS?

Die Abkürzung TUIS steht für:
Transport-Unfall-Hilfeleistungs- und Informations-System.

Hierbei bietet die chemische Industrie drei Hilfeleistungsstufen an:
Stufe 1: Information durch Beratung mittels Telefon oder Telefax.
Stufe 2: Beratung am Unfallort durch einen Experten.
Stufe 3: Beratung und Durchführung von Einsatzmaßnahmen am Unfallort mit Mannschaft und Gerät.

8. Durch welche Maßnahmen können an Einsatzstellen Explosionen durch brennbare Gase, Dämpfe, Nebel oder Stäube verhindert werden?

Je nach Einsatzlage lassen sich Explosionen verhindern, wenn:
- die für die Explosion notwendige Sauerstoffkonzentration z.B. durch Inertisieren mit Kohlenstoffdioxid oder Stickstoff abgesenkt wird

– die für eine Explosion notwendige Konzentration von brennbaren Gasen, Dämpfen, Nebeln oder Stäuben z.B. durch Lüftungsmaßnahmen (Öffnen von Fenster und Türen, Einsatz von Lüftern) unter die untere Explosionsgrenze abgemagert wird
– Zündquellen (z.B. heiße Funken, offenes Licht, heiße Flächen) sicher verhindert werden.

9. Durch welche baulichen Maßnahmen können sich die Auswirkungen von Explosionen abmildern lassen?

Dies kann erreicht werden durch
– explosionsfeste Bauweise
– Explosionsdruckentlastung (Explosionsklappen, Berstscheiben)
– Explosionsunterdrückung (eine anlaufende Explosion wird durch Flammen- oder Drucksensoren sofort detektiert und durch schnelles Einblasen von Löschmitteln gestoppt)
– explosionstechnische Entkoppelung (durch Schnellschlußventile oder konstruktive Maßnahmen können Explosionen auf kleine Bereiche begrenzt werden).

10. In welche Gruppen werden Düngemittel eingeteilt?

Düngemittel werden eingeteilt in:

Gruppe A:	explosionsfähig
Gruppe B:	zu selbstunterhaltener fortschreitender thermischer Zersetzung fähig
Gruppe C:	nicht zu selbstunterhaltener fortschreitender thermischer Zersetzung fähig
Gruppe D:	Ammoniumnitrat-Harnstoff-Lösung NPK-Düngerlösungen

Einsätze mit strahlenden Stoffen

11. Welche Strahlenarten können durch radioaktive Stoffe ausgesendet werden?

Radioaktive Stoffe können
α-Strahlen, Reichweite im cm-Bereich
β-Strahlen, Reichweite im m-Bereich und
γ-Strahlen, Reichweite im km-Bereich
aussenden.

12. Welchen Gefahren sind die Feuerwehreinsatzkräfte im Strahlenschutzeinsatz ausgesetzt?

Für Einsatzkräfte können folgende Gefahren auftreten:
- Bestrahlung von außen (vor allem β, γ-Strahlen)
- Verunreinigungen von Körperoberfläche und von Kleidung (Kontamination)
- Aufnahme in den Körper (Inkorporation).

13. Welche Erstmaßnahmen können von allen Einsatzkräften getroffen werden?

Es sind folgende Einsatzmaßnahmen zu treffen:
- Absperren der Einsatzstelle (25 m)
- Menschenrettung einleiten
- Rettungsdienst anfordern
- Strahlenschutzgruppe und zuständige Behörden nachfordern
- Brandschutz sicherstellen
- Nachgeforderte Kräfte einweisen und über aktuelle Lage informieren.

14. Wie werden strahlengefährdete Bereiche eingeteilt?

Strahlengefährdete Bereiche werden je nach Gesamtaktivität in die Gefahrengruppe I (GGI), Gefahrengruppe II (GGII) und Gefahrengruppe III (GGIII) eingeteilt.

Bei der Gefahrengruppe I können Einsatzkräfte ohne Sonderausrüstung vorgehen. Die Gefahrengruppe II erfordert Sonderausrüstung und Strahlenschutzüberwachung. Bei der Gefahrengruppe III wird analog der Gefahrengruppe II verfahren, allerdings ist eine im Strahlenschutz besonders ausgebildete Person (Sachverständiger nach §37 Nr. 3 Strahlenschutzverordnung) zwingend notwendig.

Bei Transportunfällen sind immer die Anforderungen der Gefahrengruppe II zu erfüllen.

15. Für welche Gefahrengruppen müssen Einsatzpläne erstellt werden?

Für die Bereiche der Gefahrengruppe III sind Einsatzpläne zu erstellen. Dies gilt auch für Bereiche der Gefahrengruppe II, wenn es für erforderlich gehalten wird. Der Einsatzplan ist im Benehmen mit dem Genehmigungsinhaber aufzustellen.

16. Welcher Unterteilung unterliegen Versandstücke mit radioaktiven Stoffen?

Versandstücke werden in folgende vier Versandstückarten eingeteilt

1. freigestellte Versandstücke
   (enthalten so geringe Mengen radioaktiver Stoffe, daß sie so von den meisten Auslegungs- und Verwendungsvorschriften freigestellt werden können; z.B. Feuermelder).
2. Industrieversandstücke
   (enthalten Stoffe mit geringer spezifischer Radioaktivität oder oberflächenkontaminierte Gegenstände; z.B. Schulpräparate).
3. Typ A-Versandstücke
   (enthalten kleinere Mengen radioaktiver Stoffe, die bei „normalen

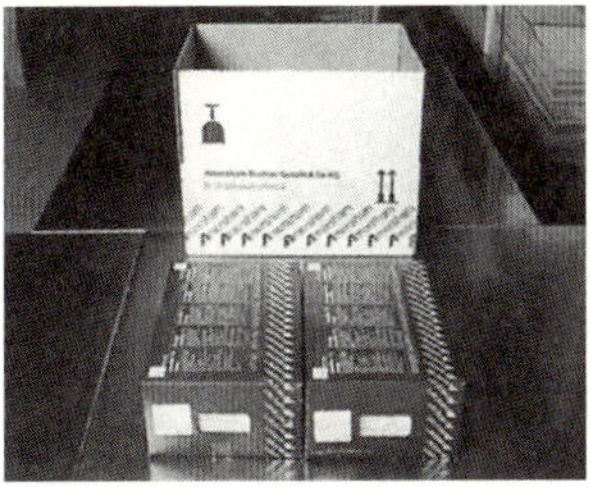

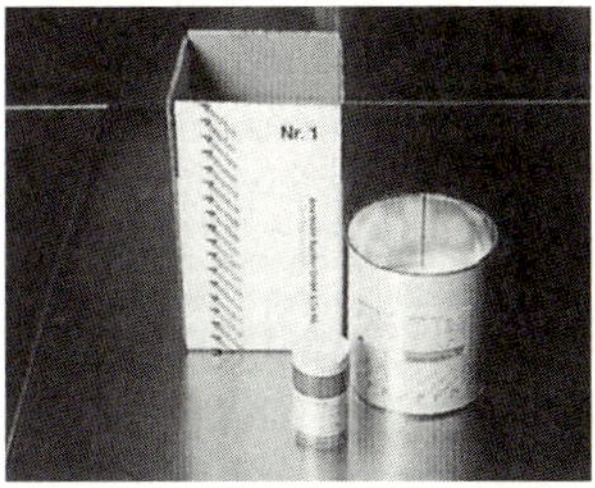

Bild 1 und 2: Versandstücke für radioaktive Stoffe

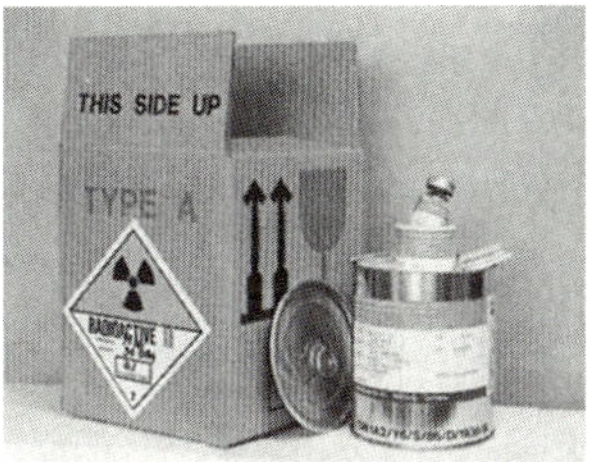

Typ A

Typ B

Bild 3 und 4: Versandstücke für radioaktive Stoffe

Zwischenfällen während der Beförderung nicht freigesetzt werden"; z.B. radiopharmazeutische Produkte).

4. Typ B-Versandstücke
(enthalten größere Mengen radioaktiven Materials, das auch bei schwersten Unfällen nicht freigesetzt werden darf; z.B. abgebrannte Brennelemente von Kernreaktoren).

17. Welche Geräte gehören im Strahlenschutzeinsatz zur Sonderausrüstung?

Die Sonderausrüstung wird unterteilt in die persönliche und sonstige Sonderausrüstung.

Zur persönlichen Sonderausrüstung gehören:
- Preßluftatmer
- Kontaminationsschutzkleidung
- Personendosimeter (Strahlenschutzüberwachung)
- Dosiswarngerät.

Die sonstige Sonderausrüstung umfaßt:
- Dosisleistungsmeßgeräte
- Dosisleistungswarngeräte
- Kontaminationsnachweisgeräte
- Absperr- und Bergungsgeräte

Kennzeichnung

18. Wann sind Gefahrguttransporte nach der Gefahrgutverordnung Straße (GGVS) kennzeichnungspflichtig?

Eine Kennzeichnungspflicht liegt vor, wenn:
- bestimmte Höchstmengen überschritten sind
- es sich um erlaubnispflichtige Güter
- um gefährliche Güter in Tanks oder um ungereinigte Tanks mit Restmengen an Dämpfen/Gasen handelt
- wenn radioaktive Stoffe bestimmter Aktivität transportiert werden.

19. Wie sind Gefahrguttransporte nach GGVS zu kennzeichnen?

Gefahrguttransporte können folgendermaßen gekennzeichnet sein:
- orangefarbene Warntafel (30 x 40 cm)
  - ohne Kennzeichnungsnummern: Warntafel vorne und hinten am Fahrzeug
  - mit Kennzeichnungsnummern: Warntafel vorne und hinten am Fahrzeug, bei einheitlicher Ladung im Transportraum

- bei Mehrkammer-Tankfahrzeugen mit verschiedenen Gütern, Tafeln an jeder Tankkammer mit Gefahrnummer und UN-Nummer und zusätzlich vorne und hinten orangefarbene Warntafeln ohne Nummern

– Gefahrzettel
  - Einkammer-Fahrzeuge: Gefahrzettel links, rechts und hinten am Fahrzeug
  - Mehrkammer-Fahrzeuge: Gefahrzettel links und rechts an jeder Tankkammer, an der hinteren Tankkammer werden die Gefahrzettel aller transportierten Gefahrgüter angebracht.
    Diese Aussage bezüglich der Gefahrzettel bezieht sich auf die bisherige Verfahrensweise.

Bild 5–7: Anbringeorte von Warntafeln

Gefahrzettel nach GGVS

Bild 8: Gefahrzettel (Änderungen 1995: Einführung der Gefahrzettel 1.6 und 6.2; Wegfall des Gefahrzettel 6.1A. Quelle: GGVS Anhang A.9; 5. GGVS Änderungsverordung)

20. Wo finden Einsatzkräfte zusätzliche Hinweise bei einem Gefahrguttransport?

Jeder Gefahrguttransport muß im Fahrerhaus die Unfallmerkblätter mitführen. Sie enthalten Hinweise für Maßnahmen bei einem Unfall (Bild 9):

Einsatzhinweis

Zukünftig werden die Unfallmerkblätter keine Informationen mehr für Einsatzkräfte, sondern nur noch für die Fahrer der Transportfahrzeuge enthalten. Daher wird das ERI-Card-System eingeführt, damit Einsatzkräfte bezogen auf die Hauptgefährdungen des jeweiligen Gefahrgutes Einsatzhinweise erhalten können.

21. Was bedeutet ERI-Card-System?

Im Rahmen der Überarbeitung der ADR durch die „Working Party 15" (WP15) wurde festgelegt, daß die Unfallmerkblätter künftig nur noch Handlungsmaßnahmen bei Schadensfällen enthalten sollen, die der Fahrer des Fahrzeugs umsetzen soll.

Daher mußte für die Einsatzkräfte ein neues Informationssystem geschaffen werden: ERI-Cards. Es bedeutet Emergency Response Intervention-Cards. In ihm sind Maßnahmen aufgelistet, die entsprechend ausgebildete und ausgerüstete Einsatzkräfte ergreifen sollen, um die Auswirkungen des Freiwerdens von bestimmten Gefahrgütern mit gleichen oder ähnlichen Schadensfolgen erfolgreich einzugrenzen und zu bekämpfen.

22. Welche Vorschläge für Einsatzmaßnahmen können aus dem ERI-Card-System entnommen werden?

Jede ERI-Card enthält Aussagen über die Stoffeigenschaften, die Gefahren, die erforderliche Schutzausrüstung, Hinweise für Einsatzmaßnahmen, Maßnahmen für erste Hilfe, besondere Maßnahmen für die Bergung, sowie Maßnahmen zur Vermeidung von Kontamination außerhalb der Einsatzstelle.

– Unfallmerkblatt im Führerhaus

Wird in dieser Form zunehmend durch ERI-Card-System ersetzt.

LFS

UNFALLMERKBLATT FÜR DEN STRASSENTRANSPORT

April 1974

Klasse 3 ADR
Ziff. 5

UN-Nr. 1230 **Methanol**

(Methylalkohol)

Eigenschaften des Ladegutes:	Meist farblose Flüssigkeit mit wahrnehmbarem Geruch vollständig mit Wasser mischbar
Gefahren:	Leicht entzündbar (Flammpunkt unter 21 °C) Leicht flüchtig Dämpfe sind unsichtbar, schwerer als Luft und breiten sich am Boden aus Bildet mit Luft explosionsfähige Gemische, auch in leeren, ungereinigten Behältern Erhitzen führt zu Drucksteigerung - Berst- und Explosionsgefahr Schwere, evtl. tödliche Vergiftung durch Verschlucken, Vergiftungssymptome können auch erst nach vielen Stunden auftreten Flüssigkeit verursacht starke Reizung der Augen
Schutzausrüstung:	Dichtschließende Schutzbrille Kunststoff- oder Gummihandschuhe Augenspülflasche mit reinem Wasser

NOTMASSNAHMEN **Sofort Feuerwehr und Polizei benachrichtigen**

- Motor abstellen
- Zündquellen fernhalten (z.B. kein offenes Feuer), Rauchverbot
- Straße sichern und andere Straßenbenutzer warnen
- Unbefugte fernhalten
- Explosionsgeschützte Leuchten und Elektrogeräte benutzen
- Auf windzugewandter Seite bleiben

Leck

- Wenn möglich, Undichtheiten beseitigen
- Mit viel Wasser verdünnen
- Kanalisation abdecken und Keller evakuieren lassen
- Bevölkerung warnen - Explosionsgefahr. Falls notwendig, evakuieren
- Falls Produkt in Gewässer oder Kanalisation gelangt ist oder Erdboden und Pflanzen verunreinigt hat, Feuerwehr oder Polizei darauf hinweisen

Feuer

- Bei Feuereinwirkung Behälter mit Wassersprühstrahl kühlen
- Löschen mit Wassersprühstrahl, Löschpulver oder alkoholbeständigem Schaum

Erste Hilfe

- Falls Produkt in Augen gelangt, unverzüglich mit viel Wasser mehrere Minuten spülen
- Durchtränkte Kleidungsstücke unverzüglich entfernen
- Ärztliche Hilfe erforderlich bei Symptomen, die offensichtlich auf Verschlucken oder Einwirkung auf die Augen zurückzuführen sind
- Personen, die das Produkt verschluckt haben, zeigen nicht unbedingt sofort Symptome. Sie zum Arzt bringen und dieses Merkblatt vorzeigen. Ärztliche Überwachung ist während mindestens 48 Stunden notwendig

direkt: (07251) 933 - 751

Telefonische Rückfrage:

Landesfeuerwehrschule: **direkt: (07251) 933 - 751**
LFS 76646 Bruchsal oder über **Zentrale: (07251) 933 - 0**, Nebenstelle **751** verlangen

Dieses in Zusammenarbeit mit dem CEFIC (Conseil des Federations de l'Industrie Chimique) aufgestellte Merkblatt ist vom Beirat für die Beförderung gefährlicher Güter beim Bundesverkehrsministerium im Einvernehmen mit dem Arbeitskreis "Lagerung und Transport wassergefährdender Stoffe" des Bundesministers des Innern am 4. Dezember Dezember 1979 (Az.: A 13/26.20.70-12) gebilligt worden

LFS 0001 | Gilt nur während des Straßentransports | 3/93 | Deutsch03

Bild 9: Unfallmerkblatt

23. Was versteht man unter Gefahrstoffen der Klasse 1?

In der Klasse 1 sind alle explosiven Stoffe oder Gegenstände mit Explosionsstoffen enthalten. Ferner gehören dazu noch Stoffe, die feuergefährlich sind und rasant abbrennen, so daß es zur Gefährdung der unmittelbaren Umgebung kommen kann.

24. Welche Bedeutung haben die Kennzeichnungsnummern auf orangefarbenen Warntafeln?

In der oberen Hälfte der Warntafel steht die Gefahr-Nummer, die die Gefahren des transportierten Gefahrguts charakterisiert, in der unteren Hälfte der Warntafel die Nummer, die von der UNO dem jeweiligen Gefahrgut zugeteilt wurde.

X 4 2 3 Gefahren-Nummer

1 4 2 8 Stoff-Nummer

Bedeutung der Ziffern

2	Entweichen von Gas durch Druck oder durch chemische Reaktion
3	Entzündbarkeit flüssiger Stoffe (Dämpfe) und Gase oder selbsterhitzungsfähiger flüssiger Stoff
4	Entzündbarkeit fester Stoffe oder selbsterhitzungsfähiger Stoff
5	Oxydierende (brandfördernde) Wirkung
6	Giftigkeit
7	Radioaktivität
8	Ätzwirkung
9	Gefahr einer spontanen heftigen Reaktion

Besonderheiten

X Stoff reagiert in gefährlicher Weise mit Wasser

0 wird angefügt, wenn keine zusätzliche Gefahr besteht

Die Verdoppelung einer Ziffer weist auf die Zunahme der entsprechenden Gefahr hin.

Quelle: GGVS, Rn 250 000

Beispiele für besondere Kennzeichnungen

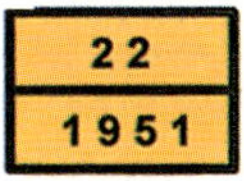

tiefgekühltes Gas

Beispiel:
Argon, tiefgekühlt, verflüssigt

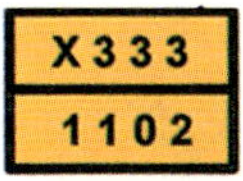

pyrophorer flüssiger Stoff, der mit Wasser gefährlich reagiert

Beispiel: Aluminiumtriethyl

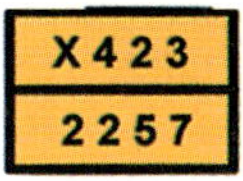

entzündbarer fester Stoff, der mit Wasser gefährlich reagiert, wobei brennbare Gase entweichen

Beispiel: Kalium

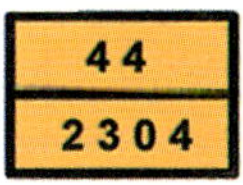

entzündbarer fester Stoff, der sich bei erhöhter Temperatur im geschmolzenem Zustand befindet

Beispiel: Schwefel im geschmolzenem Zustand

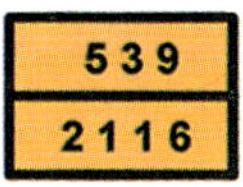

entzündbares, organisches Peroxid

Beispiel:
Cumolhydroperoxid

Bild 10: Kennzeichnung bei Gefahrgütern

25. Wie sind Versandstücke und Fahrzeuge, die radioaktive Stoffe transportieren, zu kennzeichnen?

Versandstücke, die bestimmte radioaktive Stoffe enthalten, müssen mit den Gefahrzetteln nach Muster 7 A, 7 B und 7 C versehen werden. Diese Zettel sind auf zwei gegenüberliegenden Seiten anzubringen. Die maximale Aktivität muß angegeben sein.

Nr. 7A Nr. 7B Nr. 7C

Bild 11: Gefahrzettel für radioaktive Stoffe

Bei Tankfahrzeugen sind die Gefahrzettel auf den Seiten und der Rückseite, bei Tankcontainern auf allen vier Seiten anzubringen.

Je nach Inhalt sind verschiedene Kombinationen von Gefahrzetteln möglich, z.B.

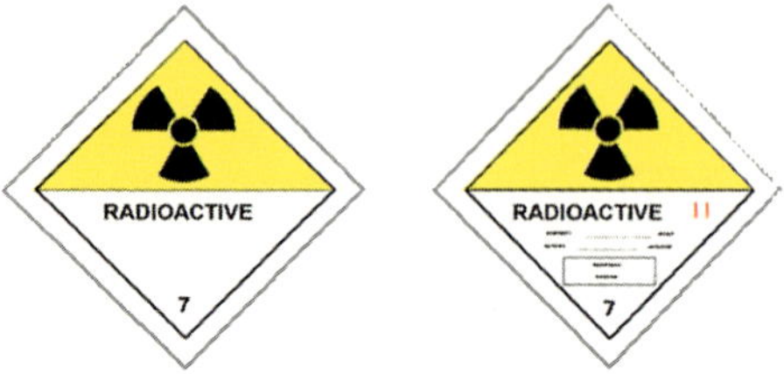

Bild 12: Beispiel für Kombination von Gefahrzetteln

Warntafeln sind mindestens vorne und hinten am Fahrzeug anzubringen.

Bei Stückguttransporten ist der Gefahrzettel 7 D auf den Seiten und der Rückseite des Fahrzeuges zu befestigen. Orangefarbene Warntafeln müssen vorne und hinten am Fahrzeug angebracht sein.

Bild 13: Gefahrzettel 7 D

26. Welche Bedeutung haben die Bezeichnungen „Radioaktive I", „Radioaktive II" und „Radioaktive III" auf den Gefahrzetteln nach Muster 7 A, 7 B und 7 C für Versandstücke radioaktiver Stoffe?

Die Bezeichnungen „Radioaktive I", „Radioaktive II" bzw. „Radioaktive III" begrenzen die höchstzulässigen Oberflächendosisleistungen an der Außenseite von Versandstücken bzw. die Dosisleistung in einem Meter Abstand.

27. Welcher besonderen Kennzeichnung unterliegen Gefahrgüter der Klasse 1 (Explosivstoffe und Gegenstände mit Explosivstoffen) im Eisenbahnverkehr?

Werden Gefahrgüter der Klasse 1 transportiert, so müssen die Eisenbahnwagen mit drei spitzenverknüpften roten Dreiecken (Nebenzettel Nr. 15) oder mit einem roten Dreieck (Nebenzettel Nr. 13) gekennzeichnet werden. Die Kennzeichnungspflicht durch die für die Klasse 1 vorgeschriebenen Gefahrzettel bleibt hiervon unberührt.

Bild 14: Kennzeichnung bei Gefahrguttransport der Klasse 1 im Eisenbahnverkehr. Abstoß- und Auflaufverbot.

28. Welche Bedeutung hat ein 300 mm breiter orangefarbener Streifen, der in Höhe der Behälterlängsachse bei Eisenbahnwagen allseitig um den Tank herumgeführt ist?

Durch den orangefarbenen Streifen werden im nationalen und internationalen Eisenbahnverkehr Tanks von Eisenbahn-Kesselwagen gekennzeichnet, die verflüssigte Gase transportieren.

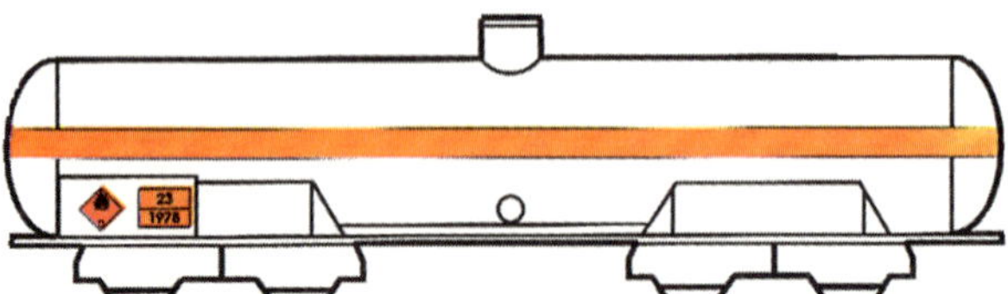

Bild 15: Eisenbahn-Kesselwagen-Kennzeichnung für Transport verflüssigter Gase

Persönliche Schutzausrüstung (PSA)

29. Welche Schutzkleidung bietet im Gefahrguteinsatz die höchste Schutzstufe?

Die höchste Schutzstufe bieten Chemikalienschutzanzüge (CSA), die eine Zulassung nach der VFDB-Richtlinie 0801 besitzen.

Zukünftig wird auch die DIN EN 943 T1 und T10 Anforderungen an CSA enthalten.

30. Was ist bei Gebrauch von Chemikalienschutzanzügen zu beachten?

1. Einsatz und Übung
   - Beständigkeit gegenüber dem Gefahrstoff anhand der Beständigkeitsliste überprüfen
   - Beschlagen der Sichtscheibe, z.B. durch Klarsichtmittel verhindern
   - Kurze Sichtprüfung (z.B. Sitz der Auslaßventile, Befestigung der Stiefel/Handschuhe, Reißverschluß)
   - Funkverbindung herstellen und überprüfen
   - Einsatzzeiten überwachen (maximale Einsatzzeit ca. 30 Minuten)
   - Vor dem Ablegen die Anzüge grob reinigen, dabei das Waschwasser auffangen
   - Verunreinigte Anzüge sicher in Foliensäcke verpacken.
2. Reinigung und Wartung
   - Verunreinigte Anzüge in geeigneten Anlagen reinigen
   - Waschflüssigkeiten zurückhalten und nach Feststellung des Grades der Verunreinigung fachgerecht entsorgen
   - Ventil-, Sicht- und Dichtprüfung am Anzug durchführen
   - Anzug sachgerecht (dunkel, kühl, ausgestreckt liegend) lagern
   - Entscheidung über Verwendung herbeiführen

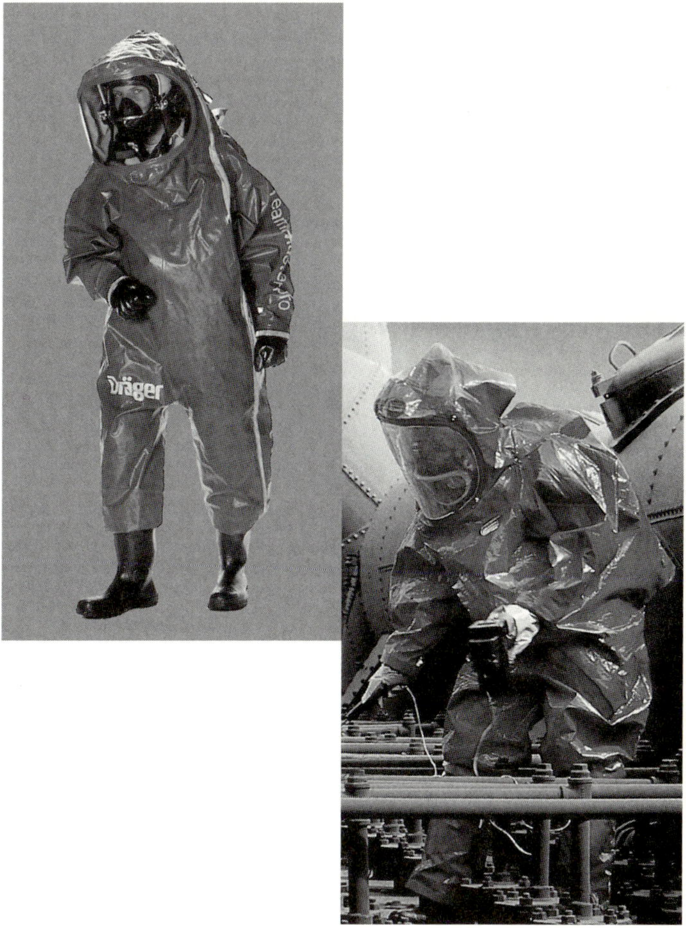

Bild 16: Chemikalienschutzanzüge (Dräger)

Geräte für den Gefahrguteinsatz

31. Was ist eine tragbare Gefahrgutumfüllpumpe (GUP)?

Eine GUP ist eine tragbare ex-geschützte Kreiselpumpe, die durch einen Elektromotor angetrieben wird.

Alle Pumpenteile einschließlich Armaturen bestehen aus Edelstahl, ebenso der Pumpenrahmen (s. G)

Bild 17: Gefahrgut-umfüllpumpe (Mast)

32. Was muß beim Einsatz der GUP beachtet werden?

Da die GUP eine Kreiselpumpe ist, muß diese vor dem Pumpenbeginn entlüftet werden. Dieses kann durch folgende Maßnahmen geschehen:

- Angebaute Entlüftungseinrichtung einsetzen
- Auffüllen der Pumpe mit Wasser, sofern das zu pumpende Medium nicht mit Wasser gefährlich reagiert
- Auffüllen der Pumpe mit dem zu pumpenden Medium
- Vorschalten einer Handmembranpumpe, Umschaltung mittels Dreiwegehahn.

Die Betriebsspannung der GUP betragt 380 V bei 50 Hz.

Der Nennförderstrom beträgt 300 l/min bei einem Nennförderdruck von 1,5 bar.

Das maximale Gewicht darf 70 kg betragen.

33. Welche Pumpen werden auch noch im Gefahrguteinsatz eingesetzt?

Neben der GUP finden folgende Pumpen Verwendung:
- Schlauchpumpe
- Faßpumpe
- Tauchpumpe
- Handmembranpumpe;

ebenso Industriesauger, hierbei auf Exgefahr achten.

1

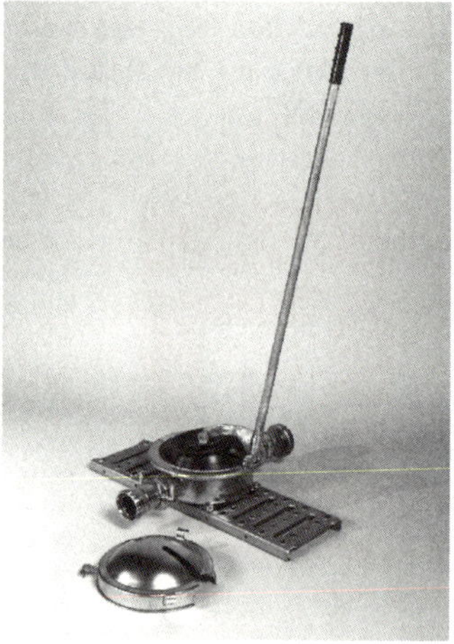

2

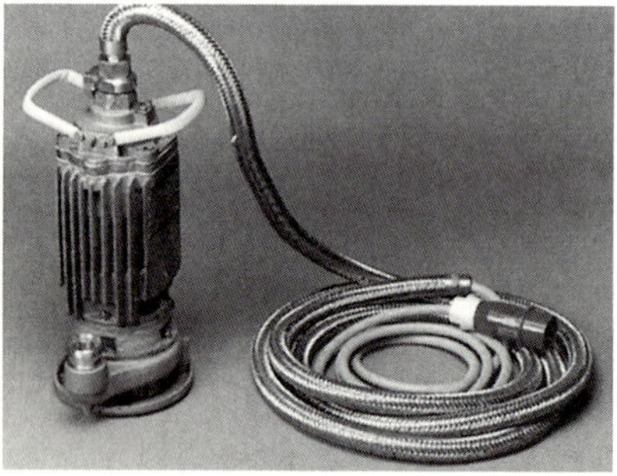

3

1 Schlauchpumpe mit Schwingungsdämpfer (DEPA/ELRO)

2 Handmembranpumpe mit Spritzschutz über der Membran

3 Tauchpumpe für Gefahrgut (Mast)

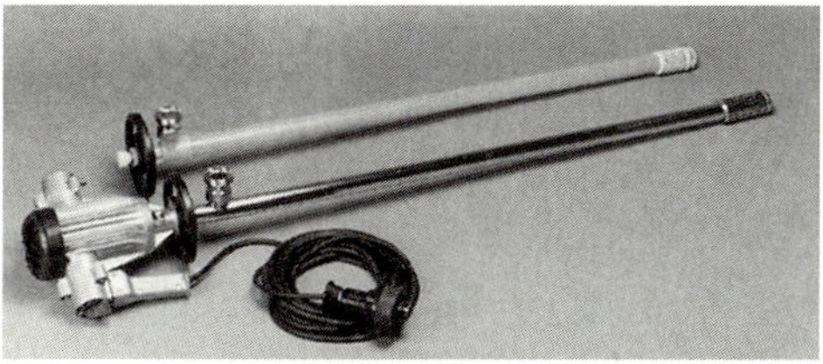

4 Faßpumpe mit 2 verschiedenen Pumpwerken aus Edelstahl und Propylen (Flexa)

5 Industriesauger (Vetter)

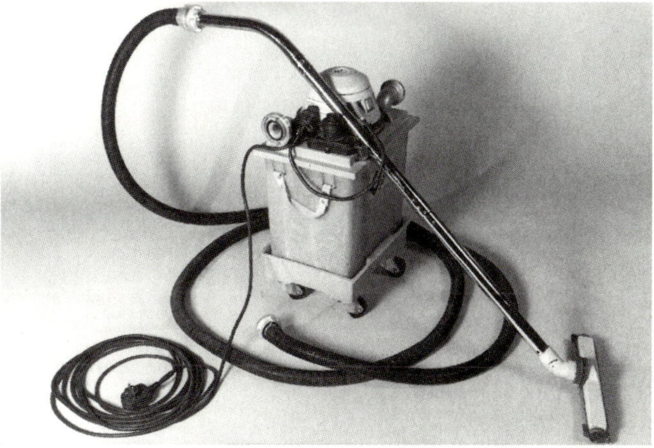

Bild 18: Pumpen/Sauger für den Gefahrguteinsatz

34. Wie kann das Einlaufen von Flüssigkeiten in die Kanalisation verhindert werden?

Das Einlaufen in die Kanalisation kann z.B. verhindert werden durch:
- Gullyabdichtungen (wassergefüllte Dichtkissen, Magnetplatten, Gully-Ei etc.)
- Kanaldichtkissen
- Aufschütten von Wällen aus Erde oder Bindemitteln
- Eingebaute mechanische Schließungen (auf Werkgeländen).

Bild 19: Satz Gully-Abdichtung mit Paßstücken für rechteckige und runde Gullys (WS-Umwelt Gerätebau)

35. Welche Arten von Auffangbehältern werden bei der Feuerwehr vorgehalten?

Es werden im allgemeinen folgende Auffangbehälter eingesetzt:
- offene Gerüstbehälter
- geschlossene Faltbehälter (Folienschläuche, etc.)
- Edelstahlbehälter
- offene Polyethylenwannen
- Europaletten mit geschlossenen PE-Behältern
- Kanister für Kleinmengen (Edelstahl, Kunststoff).

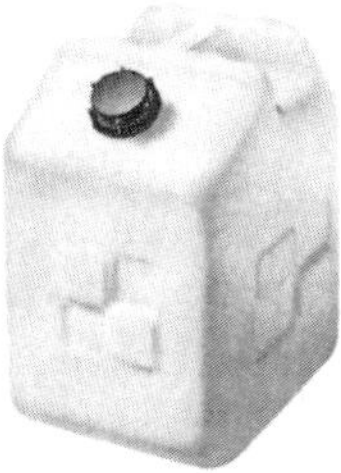

① PE-Kanister

② PE-Wannen

③ selbsttragender Faltbehälter aus Perburan

④ geschlossener Faltbehälter aus Perburan

Bild 20: Teile 1–6 Verschiedene Auffangbehälter

⑤ Europalette
mit PE-Behälter

⑥ Gerüstbehälter

36. Durch welche Maßnahmen können Leckagen abgedichtet werden?

Zum Abdichten von Leckagen können folgende Mittel angewendet werden:
- Keile oder Pfropfen (Holz oder Kunststoff)
- Bitumenbeschichtete Aluminiumfolie
- Bleiwolle (bei aggressiven Flüssigkeiten)
- Abdichtkissen
- Abdichtpasten
- Teflon-Schnüre

1

2
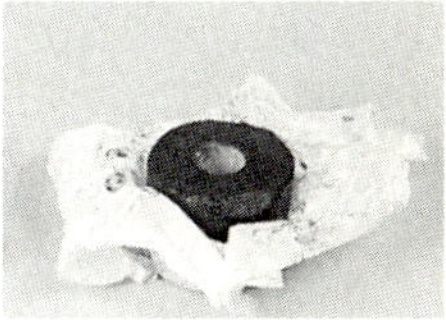

3

4

5
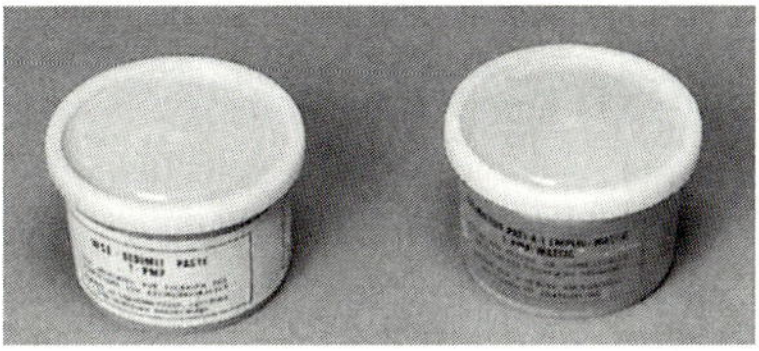

Bild 21: Teile 1–5 Geräte zum Abdichten

1 Abdichtpfropfen
2 Bitumenbeschichtete Aluminiumfolie
3 Bleiwolle
4 Abdichtkissen
5 Abdichtpaste

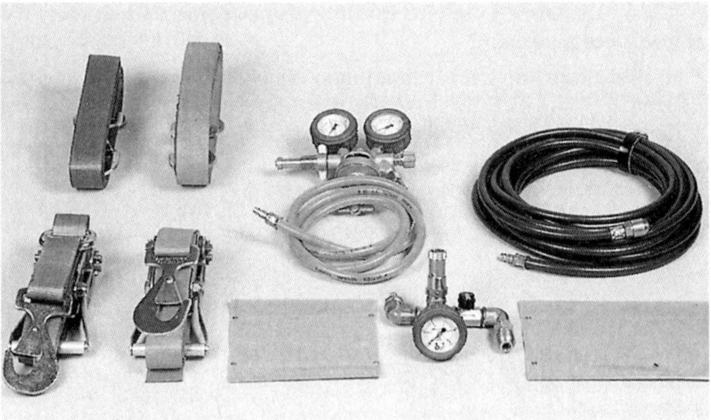

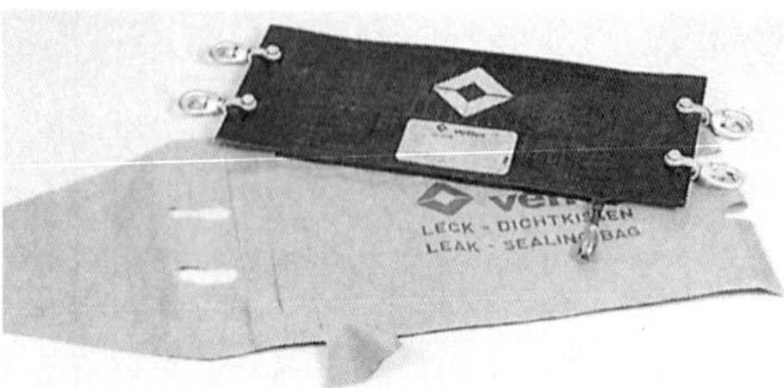

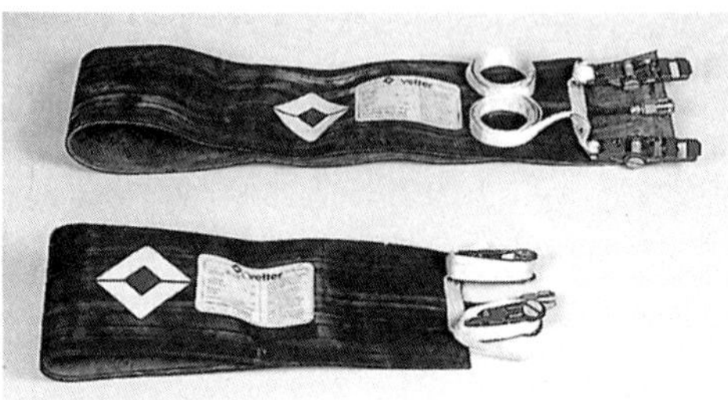

Bild 22:
Satz Abdichtkissen
mit Zubehör (Vetter)

Bild 23: Satz Kanaldichtkissen (Vetter); Abdichtmaterialien (Vetter)

Einsatzhinweise

Das Abdichten von beschädigten Behältern ist meist ein sehr schwieriges Unterfangen mit geringem Einsatzerfolg.

Daher ist es in der Regel erfolgreicher, austretenden Gefahrstoff aufzufangen (Plane, Wasser u.ä.) und ihn aus den provisorischen Auffangbehältern in entsprechende geeignete Behälter umzupumpen. Dieses Vorgehen ist in der Regel sicherer, schneller und grenzt die Ausbreitung von Gefahrstoffen besser ein.

37. Wie kann kontaminiertes Löschwasser zurückgehalten werden?

Das Löschwasser kann zurückgehalten werden z.B. durch:
- Flüssigkeitssperren bestehend aus Folienschläuchen
- stationäre Abdichtsysteme an Türen oder Toren
- Einbau von Schwellen z.B. in Lagerhallen oder
- Ausbildung von Tanktassen.

Einsätze mit Mineralöl

38. Was wird unter dem Begriff „Öl" verstanden?

Der Begriff „Öl" ist der gemeinsame Name für flüssige organische Verbindungen, die brennbar, leichter als Wasser und in Wasser unlöslich, aber in polaren Lösungsmitteln löslich sind. Im Sprachgebrauch der Feuerwehr wird unter „Öl" hauptsächlich Mineralöl, wie Benzin, Diesel, Heizöl etc. verstanden.

39. Welche Erstmaßnahmen müssen beim Auslaufen von Öl durchgeführt werden?

(Der Maßnahmenvorschlag bezieht sich auf den Einsatzfall, daß Öl nicht in/aufs Gewässer gelangt ist.)

Es müssen folgende Maßnahmen durchgeführt werden:

- Absperren
- Möglichst schnelle Information der Leitstelle
- Brandschutz sicherstellen
- Größere ausgelaufene Mengen an leicht entzündlichen Flüssigkeiten mit Mittelschaum abdecken
- Einlauf in Kanalisation verhindert
- Ex-Messungen durchführen
- Ausbreitung verhindern
- Auslaufende Flüssigkeiten auffangen (ggf. Leck abdichten)
- Zündquellen vermeiden
- Ausgelaufene Flüssigkeit aufnehmen und in intakte Behältnisse (z.B. Fässer, Tankwagen) umfüllen
- Reste der ausgelaufenen Flüssigkeit mit Bindemittel abstreuen
- Bei Tankfahrzeugen den „Not-Aus"-Knopf betätigen
- Bei Brand Schwerschaum oder Löschpulver (ABC, BC) einsetzen – bei Pulver Gefahr der Rückzündung –
- Einlauf in Gewässer möglichst vermeiden.

40. Wie sind die Zuständigkeiten bei Ölunfällen geregelt?

Die zum Schutz der Gewässer erforderlichen Anordnungen trifft grundsätzlich die Untere Wasserbehörde. Kann die zuständige Stelle nicht rechtzeitig tätig werden, trifft die Ortspolizeibehörde die erforderlichen Maßnahmen.

Die Feuerwehr wird mit Erstmaßnahmen tätig. Sie hat dabei mit der Unteren Wasserbehörde und den sonstigen Stellen unter Beachtung der Zuständigkeiten eng zusammenzuarbeiten.

Der Einsatz der Feuerwehr ist zu beenden, wenn die unmittelbaren Gefahren angewendet sind. Die weiteren Maßnahmen obliegen der Unteren Wasserbehörde.

Diese ist auch bei den Maßnahmen der Feuerwehr beratend tätig.

41. Was ist beim Umpumpen von brennbaren Flüssigkeiten zu beachten?

Der Brandschutz ist während des gesamten Pumpvorganges zu gewährleisten.

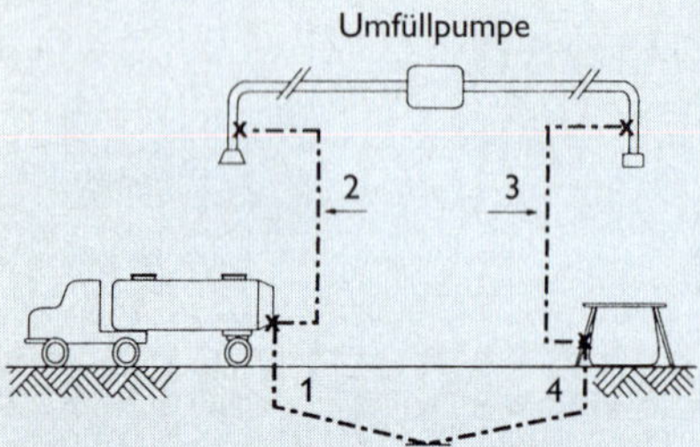

Ableitung elektrostatischer Aufladung bei Verwendung elektrisch leitender Schlauchanleitungen

1 Tankwagen ——— Erde
2 Saugrohr ——— Tankwagen
3 Auslaufrohr ——— Behälter
4 Behälter ——— Erde

Bild 24: Potentialausgleich

Grundsätzlich muß vor Beginn des Umpumpens ein Potentialausgleich durchgeführt werden. Dieser ist in Form eines Ringpotentialausgleichs durchzuführen.

42. Was sind Bindemittel und welche Arten gibt es?

Bindemittel dienen zum Aufnehmen von kleineren Mengen ausgelaufener Flüssigkeit. Sie werden unterteilt in Ölbindemittel, zur Aufnahme von Mineralölen, und in Chemikalienbindemittel, zur Aufnahme aller anderen Flüssigkeiten.

43. Welche Anforderungen werden an Ölbindemittel gestellt?

Ölbinder sind so beschaffen, daß ihre äußere und innere Oberflächenbeschaffenheit sowie ihre Bindekräfte es ermöglichen, Öle aufzunehmen und festzuhalten. Vielfach wird das Grundmaterial so aufbereitet, daß es gleichzeitig ölanziehend und wasserabweisend wirkt. Es werden vier Typen von Ölbinder unterschieden:

Typ I: Ölbinder mit besonderer Eignung für den Einsatz auf Gewässern.

Typ II: Ölbinder für den allgemeinen Einsatz auf dem Land und kleineren Gewässern.

Typ III: Ölbinder für besondere Bedarfsfälle, insbesondere in Gewerbe und Industrie. Diese Ölbinder müssen nicht wasserabweisend sein.

Typ IV: Ölbinder mit besonderer Eignung für den Einsatz auf Gewässern. Sie sind dadurch gekennzeichnet, daß ein Volumen von mindestens 25 l durch eine durchlässige Umhüllung gebunden ist.

Binder mit zusätzlichen Eigenschaften erhalten zur Typbezeichnung die Zusatzbezeichnung SF (z.B. Ölbinder Typ I-SF).

44. Was können Ölsperren und wie sind sie aufgebaut?

Ölsperren verhindern die Ausbreitung von Mineralöl auf der Oberfläche von stehenden oder fließenden Gewässern. Es werden bei der Feuerwehr Balken-, Segment-, Schlauch- und Tauchwandsperren verwendet. Die Längenmaße sind 2 m, 3 m, 4 m, 10 m, 20 m und 50 m. Tauchwandsperren sind mit „Schürzen" ausgestattet. Die Zugkraft in Längsrichtung wird bei „Kunststoff-Sperren" mittels Kette oder Drahtseil aufgenommen. Gegen „Umkippen" werden manche Sperren an der Schürze mit Gewichten belastet, oder sie haben ein zusätzliches Fußseil oder eine Kette (aus Stahl).

45. Was ist ein Ölabscheider, wie wird er eingesetzt?

Ölabscheider werden in Verbindung mit einer Schnecken-Exzenterpumpe und einem Öl-Absauggerät (Öl-Skimmer) zum Abpumpen von Ölschichten auf Gewässern eingesetzt. Die Schnecken-Exzenterpumpe ist erforderlich, um beim Pumpen die Bildung von Emulsion zu vermeiden. Diese wäre nach dem Schwerkraftprinzip nicht abscheidbar. Das Wasser-Öl-Gemisch wird über einen Einlauf in Mehrkammerbehälter gefördert. Dort schwimmt der leichtere Stoff, das Öl – aufgrund des geringeren spezifischen Gewichtes – auf und wird über einen Ölablauf zur Ölablaufleitung geführt (Schwerkraftprinzip). Das restliche Öl-Wasser-Gemisch fließt weiter über Filtereinrichtungen (Ölbindemittel) und soll dort soweit gebunden werden, daß das Wasser in die Kläranlage bzw. den Vorfluter abgegeben werden kann. Das Abscheideverhalten, d.h. der Restölgehalt ist u.a. von den nachfolgenden Betriebsbedingungen abhängig:
- Dicke der Ölschicht
- Größe des Förderstroms des Öl-/Wassergemisches
- Wasserförderstrom
- Verweildauer im Ölabscheider
- Umfang der Emulsionsbildung.

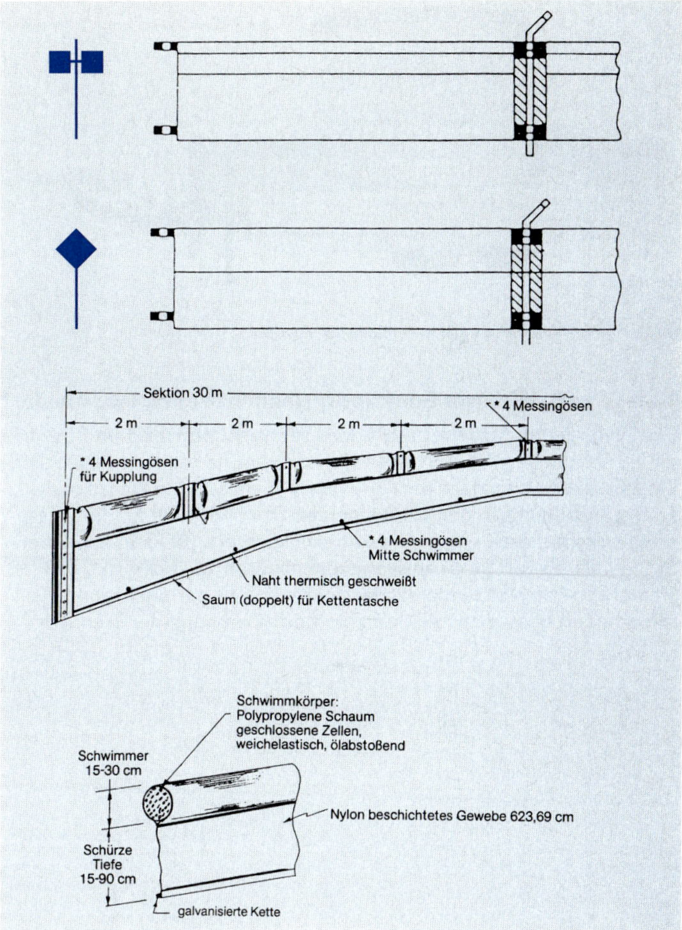

Bild 25: Ölsperren (Segmentbauweise, oben; Tauchwandsperre, Mitte und unten)

Bild 26: Ölabscheider (System Schmitz)

46. Welches Funktionsprinzip hat ein Ölabscheider?

Ein Ölabscheider arbeitet nach dem Schwerkraftprinzip und bewirkt so die Trennung von Öl-Wasser-Gemischen. Die reguläre Schnecken-Exzenterpumpe fördert das Öl-Wasser-Gemisch, möglichst ohne Emulsionsbildung, in den Ölabscheider. Dort wird die Strömungsgeschwindigkeit stark verringert und das leichtere Öl kann zur Oberfläche aufsteigen. Durch zusätzliche Einbauten wird bewirkt, daß kleine Öltropfen sich aneinanderlagern, so daß der Dichteunterschied noch besser zur Wirkung kommt (Erhöhung der Trennwirkung).

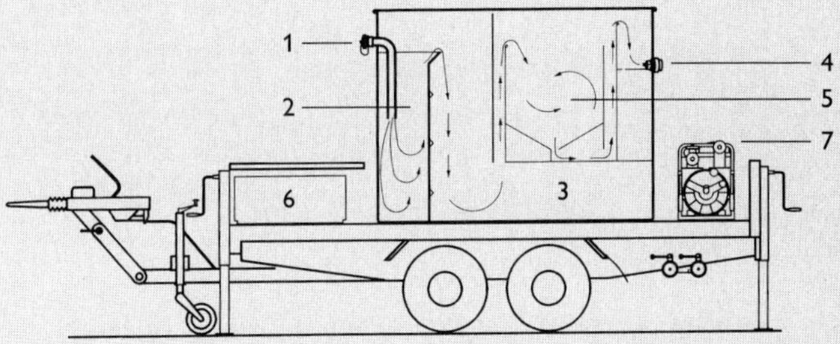

1 Zulauf
2 Mehrzweckraum
3 Abscheidekammer
4 Ablauf
5 Koaleszenz- bzw. Füllkörperraum
6 Ölskimmer
7 Schlauchpumpe

Bild 27: Aufbau eines Ölabscheiders (Schwerkraftprinzip, System Schmitz)

Q

Meßgeräte

1. Was ist zu beachten, wenn Gasgeruch im Freien festgestellt wird?

- Gefahrenbereich räumen und im Umkreis von 50 m absperren, dabei Windrichtung beachten
- nicht benötigtes Personal von der Einsatzstelle fernhalten
- Zündquellen beseitigen, d.h. Fahrzeugmotoren abstellen, elektrische Schaltvorgänge unterbinden, Rauchverbot beachten und Funkenbildung vermeiden
- nur ex-geschützte Geräte mit entsprechenden Temperaturklassen (T1 bis T6) verwenden
- angrenzende Gebäude, Schächte, Kanäle, Kabel- und Leitungsdurchführungen durch Ex-Messungen überprüfen
- Gasversorgungsunternehmen verständigen und weitere Maßnahmen absprechen.

2. Was ist zu beachten, wenn Gasgeruch in Gebäuden festgestellt wird?

- Gasabsperreinrichtungen im Gebäude schließen
- Zündquellen beseitigen, d.h. keine elektrischen Schalteinrichtungen betätigen, nicht telefonieren, Rauchverbot beachten und Gebäude durch Elektrizitätswerk stromlos schalten

- nicht benötigtes Personal von der Einsatzstelle fernhalten
- Türen und Fenster öffnen, Gebäude belüften
- Funkenbildung vermeiden
- nur ex-geschützte Geräte mit entsprechenden Temperaturklassen (T1 bis T6) verwenden
- Gebäude räumen
- Einsatzstelle sichern
- Ex-Messungen durchführen
- Nachbargebäude, Kanäle, Schächte usw. auf Gas überprüfen
- Gasversorgungsunternehmen verständigen.

3. Wie können Schadstoffe in der Luft nachgewiesen werden?

Schadstoffe können relativ einfach mit

- Explosionswarngeräten
- bei bekanntem Stoff mit Prüfröhrchen oder mit Sensormeßgeräten nachgewiesen werden.

4. Wozu dienen Explosionswarngeräte?

Mit Explosionswarngeräten können explosionsfähige Gemische, die sich aus brennbaren Gasen und Dämpfen zusammen mit der Umgebungsluft gebildet haben, festgestellt und kontinuierlich überwacht werden.

Die Anzeige erfolgt in Prozent UEG und nicht in Vol.-%.

5. Bei der Messung eines Methan-Luftgemisches (z.B. Erdgasausströmung zeigt das auf Methan kalibrierte Explosionswarngerät einen Ausschlag von 50 % UEG an. Welcher Methangaskonzentration in Vol.-% entspricht dieser Anzeigewert, wenn die untere Explosionsgrenze (UEG) von Methan 5 Vol.-% beträgt?

Ein Ausschlag von 100 % UEG entspricht einer Konzentration von 5 Vol.-% Methan. Demnach liegt bei einem Ausschlag von 50 % UEG eine Methangaskonzentration von 2,5 Vol.-% vor.

①

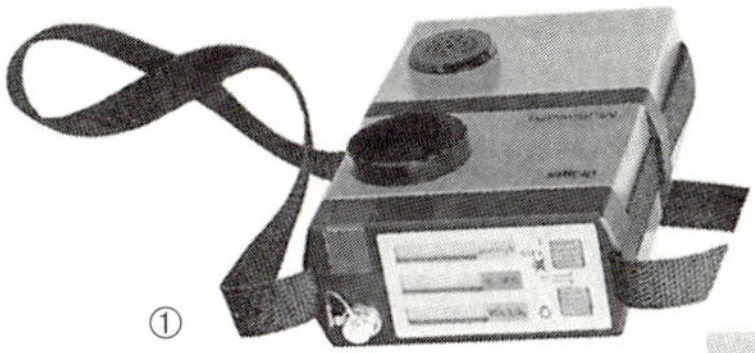

②

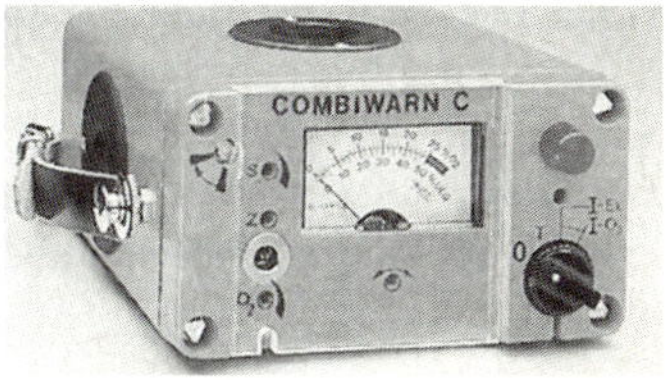

Bild 1: Explosionswarngerät; ① Multiwarn (Auer), ② Combiwarn (Dräger)

6. Was ist beim Einsatz von Explosionswarngeräten zu beachten?

Um ein einwandfreies Funktionieren der Meßgeräte zu gewährleisten, sind folgende Punkte zu beachten:

- Mechanische Erschütterungen vermeiden (Stoß, Schlag)
- mechanischer und elektrischer Nullpunkt müssen korrekt eingestellt sein
- Kalibrierung (z.B. mit Methan, Propan, Nonan). Die Alarmschwelle ist bei 10 % UEG einzustellen und wird optisch und akustisch angezeigt
- Batterietest durchführen
- Gerät außerhalb des Gefahrenbereiches einschalten, Betriebsbereitschaft abwarten, zum Messen langsam in den Gefahrenbereich eindringen (je nach Lage eventuell Sonde oder Schwimmer einsetzen)
- Gerät darf nur für Gemische brennbarer Gase und Dämpfe in Luft – nicht jedoch in sauerstoffangereicherter Luft – eingesetzt werden

- bei sehr niedriger Sauerstoffkonzentration bzw. sehr hohem Anteil brennbarer Gase und Dämpfe kommt es zur Verfälschung des Meßwertes
- Messzellen können durch Katalysatorgifte (z.B. Wasserdampf, Blei, Schwefelwasserstoff) geschädigt werden
- Geräte nach jedem Gebrauch (Einsatz und Übung) ausreichend mit schadstoffreier Luft spülen.

7. Was sind Sensormeßgeräte?

Ein Sensormeßgerät ist ein Handmeßgerät mit fest eingebauter oder auswechselbarer elektrochemischer Meßzelle.

Bild 2: Sensormeßgeräte

8. Wie kann Sauerstoffmangel nachgewiesen werden?

Sauerstoffmangel kann mittels Sauerstoffmeßgeräten mit elektrochemischer Meßzelle oder durch den Einsatz von Sauerstoff-Prüfröhrchen nachgewiesen werden.

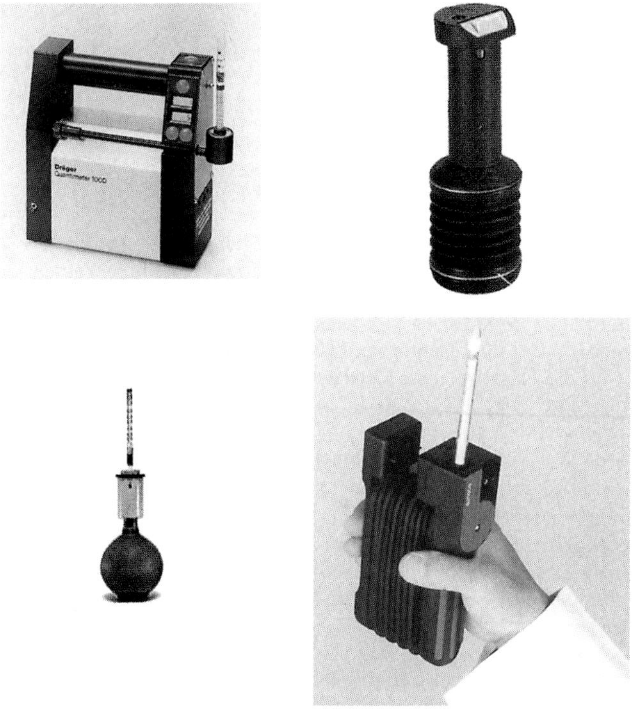

Bild 3: Prüfröhrchen und zugehörende Pumpen (Dräger)

9. Was ist beim Einsatz von Prüfröhrchen zu beachten?

Folgende Punkte sind beim Einsatz zu beachten:

- Prüfröhrchen und Pumpe müssen aufeinander abgestimmt sein
- Beipackzettel beachten (Meßbereich und Hubzahl, Querempfindlichkeit, Haltbarkeitsdatum)
- Funktionsfähigkeit der Pumpe überprüfen
- Prüfröhrchen durch Betätigen der Pumpe (Hubzahl beachten) mit dem Gasgemisch beaufschlagen
- Auswertung der Messung mit Muster über den Vergleich der Verfärbung der Anzeigeskala.

10. Was bedeutet der Begriff Querempfindlichkeit bei Prüfröhrchen?

Sind bei einer Messung mehrere Verunreinigungen gleichzeitig vorhanden, kann der Einfluß von Störkomponenten das Meßergebnis beeinflussen, da die Anzeigeschicht oftmals auf unterschiedliche Gase und Dämpfe unter Farbänderung reagiert. Damit eine Meßwertverfälschung ausgeschlossen bzw. mit berücksichtigt werden kann, sind die Angaben über Querempfindlichkeit auf dem Beipackzettel zu beachten.

11. Was versteht man unter dem pH-Wert?

Der pH-Wert gibt die Stärke einer Säure oder Lauge an. Die pH-Wert-Skala erstreckt sich von 0 bis 14 und ist der negative dekadische Logarithmus der Wasserstoff-Ionenkonzentration der Flüssigkeit. Saure Lösungen haben einen pH-Wert von 0 bis 6, basische Lösungen einen pH-Wert von 8 bis 14 und neutrale Lösungen einen pH-Wert von 7.

12. Wie kann der pH-Wert von unbekannten Flüssigkeiten bestimmt werden?

Der pH-Wert kann mit pH-Papieren, Indikatorlösungen oder mit pH-Wert-Meßgeräten bestimmt werden. Bei stark gefärbten und hochkonzentrierten Flüssigkeiten sind pH-Testpapiere und Indikatorlösungen nur begrenzt einsetzbar, da der Farbumschlag optisch beeinträchtigt bzw. durch Zerstörung des Farbstoffes behindert wird.

13. Wieviel Liter Wasser werden benötigt um 1 l einer Säure mit dem pH-Wert 0 zu neutralisieren?

Zur vollständigen Neutralisation (pH-Wert 7) werden 10^7 Liter Wasser (10 000 000 l) benötigt. Dieser Wert entspricht der Wassermenge zur Neutralisation einer Lauge mit dem pH-Wert von 14.

14. Womit können orientierende Messungen auf Wasserinhaltsstoffe durchgeführt werden?

Zur einfachen und schnellen Messung von Wasserinhaltsstoffen eignen sich diverse Wassertestpapiere. Für qualitative Messungen sind tragbare Photometer geeignet.

15. Was ist bei Messungen zu dokumentieren?

Da sich im Gefahrguteinsatz die Schadstoffkonzentrationen schnell örtlich und zeitlich verändern können, ist es notwendig, die Meßorte und die Zeit der Messungen und den Meßwert exakt festzuhalten.

16. Welche taktischen Regeln sind beim Durchführen von Messungen zu beachten?

- Planung eines Netzes von Meßpunkten unter Berücksichtigung bestimmter Randbedingungen, d.h. im Freien sollten die Meßstellen in Windrichtung sowie in Bereichen mit besonderer Gefährdung (z.B. Wohngebiete) liegen. In Gebäuden muß die geringere Konzentration des Gefahrstoffes beachtet werden, die sich aus der geringeren Eindringung, bedingt durch Ritzen an Fenster, Türen usw., ergibt
- Bestimmung des zu messenden Stoffes sowie der Meßmethode
- werden Prüfröhrchen verwendet, ist darauf zu achten, daß die vorhandene Menge ausreicht oder rechtzeitig Nachschub angefordert wird

R

Strahlenschutz

1. Welchen Gefahren sind die Einsatzkräfte bei Strahlenschutzeinsätzen ausgesetzt?

- Bestrahlung von außen, insbes. durch γ-Strahlung
- Verunreinigung der Körperoberfläche durch radioaktive Stoffe (Kontamination)
- Aufnahme von radioaktiven Stoffen in den Körper (Inkorporation).

2. Welche Gefahrengruppen sieht die Feuerwehr-Dienstvorschrift 9/1 (Strahlenschutz) vor?

Die Gefahrengruppen I, II, III und die Gefahrengruppe „Transporte".

3. Welche Bedingungen ergeben sich beim Einsatz der Feuerwehr bei den jeweiligen Gefahrengruppen?

Bei *Gefahrengruppe I* können die Einsatzkräfte ohne Sonderausrüstung tätig werden.

Bei *Gefahrengruppe II* dürfen die Einsatzkräfte nur mit Sonderausrüstung und unter Strahlenschutzüberwachung tätig werden.

Bei *Gefahrengruppe III* wie bei GG II; zusätzlich muß eine im Strahlenschutz besonders ausgebildete Person zur Verfügung stehen.

Bei *Gefahrengruppe „Transporte"* ist mindestens wie bei Einsätzen in Gefahrengruppe II zu verfahren.

4. Wie hat ein Strahlenschutzeinsatz grundsätzlich zu erfolgen?

Der Einsatz hat so zu erfolgen, daß

- äußere Bestrahlung und
- Kontamination auf ein Mindestmaß beschränkt bleiben,
- Kontaminationsverschleppung unbedingt vermieden und
- Inkorporation ausgeschlossen werden.

(vgl. FwDV 9/2, Abschn. 1.3 – Einsatzgrundsätze)

5. Welche Maßeinheiten werden im Strahlenschutz im Feuerwehrbereich verwendet?

a) für die *Aktivität*, d.h. für die Menge der pro Zeiteinheit zerfallenden Atome, das *„Becquerel"* (Bq). Dabei entspricht 1 Bq einer Zerfallsrate von 1 Zerfall pro Sekunde. Früher wurde als Maßeinheit das *„Curie"* verwendet, wobei 1 Curie = $3{,}7 \cdot 10^{10}$ Bq.

b) für die *Dosis* bzw. *Dosisleistung* ist im Feuerwehrbereich die Äquivalentdosis bzw. Äquivalentdosisleistung von Bedeutung. Die Äquivalentdosis berücksichtigt die unterschiedliche biologische Wirkung der verschiedenen Strahlenarten.
Die Maßeinheit dafür ist das „Sievert" (Sv), bzw. bei der Dosisleistung das „Sievert pro Stunde" (Sv/h). Früher wurde als Maßeinheit das „rem" verwendet.

Die Umrechnung ergibt sich aus folgender Tabelle:

		rem	mrem	Sv	mSv	µSv
1 rem	=	1	10^{3}	10^{-2}	10	10^{4}
1 mrem	=	10^{-3}	1	10^{-5}	10^{-2}	10
1 Sv	=	10^{2}	10^{5}	1	10^{3}	10^{6}
1 mSv	=	10^{-1}	10^{2}	10^{-3}	1	10^{3}
1 µSv	=	10^{-4}	10^{-1}	10^{-6}	10^{-3}	1

6. Welche Dosisrichtwerte ergeben sich für die Einsatzkräfte nach FwDV 9/1?

	DOSIS	
	neue Maßeinheit	alte Maßeinheit
bei der Ausbildung	5 mSv/a	0,5 rem/a
bei Einsätzen zur Rettung von Sachgütern	15 mSv/a	1,5 rem/a
bei Einsätzen zur Beseitigung einer Gefährdung von Personen oder zur Verhinderung einer Schadensausweitung	100 mSv/a	10 rem/a
bei Einsätzen zur Rettung von Menschenleben	250 mSv/a	25 rem/a

Im allgemeinen gilt darüber hinaus, daß in einem Jahr eine Ganzkörperdosis von 100 mSv (10 rem) und im Laufe des Lebens eine solche von 250 mSv (25 rem) nicht überschritten werden soll.

Über die Strahlenbelastung der einzelnen Feuerwehrangehörigen muß ein Nachweis geführt werden.

7. Wo wird bei einem Strahlenschutzeinsatz die Absperrgrenze festgelegt?

Bei einer gemessenen Dosisleistung von 25 µSv/h (≙ 2,5 mrem/h) oder spätestens 5 m vor dem Objekt.

8. Welche Kräfte halten sich im Absperrbereich auf?

Nur die unbedingt notwendigen Kräfte und nur mit Sonderausrüstung und auch nur so lange, wie der Einsatz dies unbedingt erfordert, bzw. die Dosisrichtwerte erreicht sind.

9. Welche Sonderausrüstung sieht die FwDV 9/1 für Strahlenschutzeinsätze vor?

– *Persönliche Sonderausrüstung,* z. B.
  Atemschutzgerät (unabhängig)
  Kontaminationsschutzkleidung (siehe auch Kapitel **E**)
  Personendosimeter
  Dosiswarngerät

– *Sonstige Sonderausrüstung,* z.B.
Dosisleistungsmeßgerät
Dosisleistungswarngerät
Kontaminationsnachweisgerät
Reservekleidung
Absperr- und Bergungsgerät

Bild 1: Feuerwehrmann mit persönlicher Sonderausrüstung (BF München)

10. Welche Geräte werden zur Feststellung bzw. Überwachung der Personendosis verwendet?

a) Filmdosimeter
b) Glasdosimeter
c) Dosiswarngerät (Alarmdosimeter)

Die Auswertung von Film- und Glasdosimetern erfolgt durch amtliche Stellen und gilt – weil nicht löschbar – als Dokument.

11. Wozu dient das Dosisleistungsmeßgerät?

Zum Feststellen der vor Ort vorhandenen Dosisleistung (Dosisleistung = Dosis pro Zeiteinheit).

Die Geräte sind tragbar, batteriegetrieben und haben mehrere Schalt- und Meßbereiche; sie werden i. d. R. in einer Umhängetasche am Körper getragen. Jeder vorgehende Einsatztrupp soll mind. ein Dosisleistungsmeßgerät mitführen.

Bild 2: Dosisleistungsmeßgerät (Automess)

12. Welche Dosisleistungsmeßgeräte werden noch verwendet?

Dosisleistungsmesser mit Teleskopsonde. Mittels einer auf ca. 4 m ausziehbaren Teleskopsonde kann ein größerer Abstand zur Strahlenquelle eingehalten werden, was zwangsläufig zu erheblich geringerer Strahlenbelastung führt.

Beispiel:
Die in 40 cm Abstand von einem punktförmigen Strahler vorhandene Dosisleistung verringert sich in einem Abstand von 4 m auf ein Hundertstel (Abstandsregel: Dosisleistung verringert sich „quadratisch“ zum Abstand, d.h. in diesem Fall 10facher Abstand entspricht 10 x 10 = 100fach geringere Dosisleistung).

Dosisleistungsmesser mit Teleskopsonde eignen sich besonders zum Aufspüren von Strahlern und erleichtern Messungen hinter Abschirmwänden und an schwer zugänglichen Stellen.

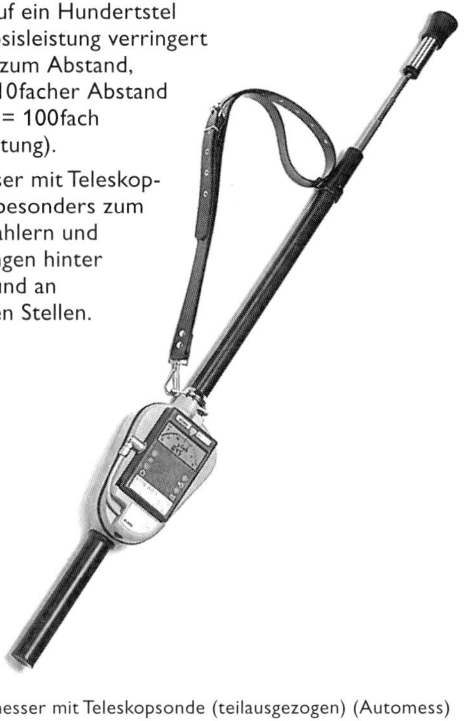

Bild 3: Dosisleistungsmesser mit Teleskopsonde (teilausgezogen) (Automess)

13. Wozu dient das Dosisleistungswarngerät?

Zur Warnung der Einsatzkräfte vor zu hohen Dosisleistungen. An den Geräten lassen sich mehrere Warnschwellen einstellen; wird dann im Einsatz eine solche Schweller überschritten, erfolgt eine Warnung (optisch und akustisch).

Durch Einstellen der für die Absperrgrenze nach FwDV 9/1 geltenden Dosisleistung kann sehr einfach der Absperrbereich festgelegt werden.

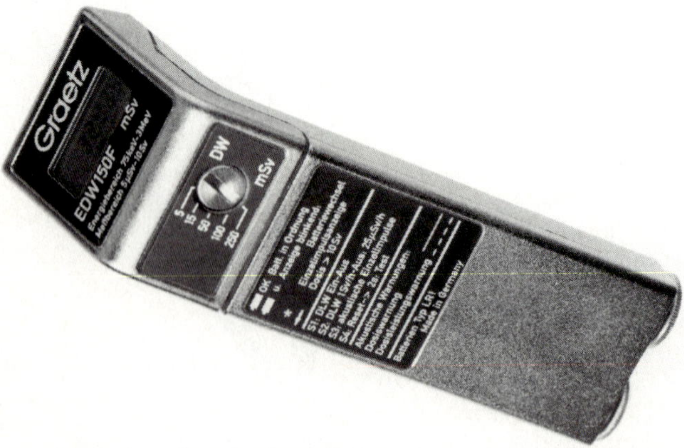

Bild 4: Dosisleistungswarngerät (Graetz)

14. Wie wird der Kontaminationsnachweis durchgeführt?

Vor Verlassen des Absperrbereiches werden die Einsatzkräfte und das eingesetzte Gerät am sog. Kontaminationsnachweisplatz auf evtl. Kontaminationen (Oberflächenbeaufschlagung mit radioaktiven Stoffen) überprüft. Durchgeführt wird die Überprüfung mit Kontaminationsnachweisgeräten. Dies sind tragbare, batteriebetriebene Meßgeräte, die eine evtl. Kontamination optisch und z.T. akustisch anzeigen. Je nach Art der Geräte erfolgt die Anzeige in „Impulse/Sekunde“ oder „Becquerel“. Eine Kontamination liegt nach FwDV dann vor, wenn der 2- bis 3fache Wert der „Nullrate“ überschritten ist. Die „Nullrate“ muß deshalb vor einem evtl. Kontaminationsnachweis festgestellt werden.

Kontaminierte Schutzkleidung oder Geräte müssen am Kontaminationsnachweisplatz abgelegt, gesondert verpackt und dann speziell gereinigt oder aber entsorgt werden.

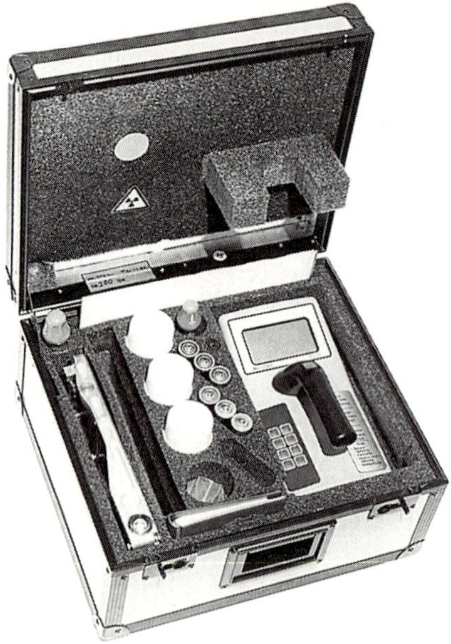

Bild 5: Kontaminationsnachweisgerät mit Zubehör im Tragkasten (Herfurth)

15. Welche Strahlenmeß- und Nachweisgeräte müssen im Feuerwehreinsatz verwendet werden?

Solche, die von einer anerkannten Prüfstelle geprüft und zugelassen wurden.

Als derzeit einzige Prüfstelle ist dies die Prüfstelle am Institut der Feuerwehr in Heyrothsberge (Sachsen-Anhalt).

S

Wasserförderung über lange Strecken

1. Warum Wasserförderung über lange Strecken?

Nicht immer liegt die Wasserentnahmestelle so nahe an der Brandstelle, daß *eine* Feuerlöschkreiselpumpe (FP) ausreicht, um die erforderliche Wassermenge bis an die Brandstelle zu fördern und den notwendigen Strahlrohrdruck zu erzeugen.

2. Was kann man dann tun?

Es müssen mehrere FP hintereinandergeschaltet werden. Eine FP drückt der nächsten das Wasser in einer sog. Schaltreihe (offen oder geschlossen) zu.

3. Was ist eine „offene“ und was eine „geschlossene“ Schaltreihe?

Bei der „offenen Schaltreihe“ läßt man das geförderte Löschwasser am Ende einer Verstärkerstrecke mit freiem Auslauf in einen Wasserbehälter einlaufen. Durch die nachfolgende FP muß es über Saugschläuche jeweils neu entnommen werden.

Bei der „geschlossenen Schaltreihe“ wird das geförderte Löschwasser über den Pumpeneingang direkt der nachfolgenden FP zugeführt.

Der Aufbau der „offenen Schaltreihe“ ist demnach zeit-, geräte- und personalintensiv. Der Vorteil, daß am freien Auslauf kein Druck mehr vorhanden zu sein braucht (siehe **S 5**), was im Vergleich zur „geschlossenen Schaltreihe“ zu einem größeren Pumpenabstand führt, ist in der Einsatzpraxis aufgrund der ausreichenden Verfügbarkeit von Löschfahrzeugen und FP heute ohne Bedeutung. In der Regel wird daher die „geschlossene Schaltreihe“ aufgebaut.

4. Wie bezeichnen wir die Strecke

a) zwischen zwei FP?

b) zwischen der letzten FP in einer Förderstrecke und den Strahlrohren?

a) Die Strecke zwischen FP innerhalb einer Förderstrecke bezeichnen wir als „Verstärkerstrecke“.

FP 1 —— Verstärkerstrecke ——▶ FP 2

b) Die Strecke von der letzten FP bis zu den Strahlrohren bezeichnen wir als Strahlrohrstrecke

FP —— Strahlrohrstrecke ——▶ Strahlrohr

5. Wie hoch sollen Ausgangsdruck (p_a) und Eingangsdruck (p_e) an der FP sein?

Die FP soll das Löschwasser immer mit dem Ausgangsdruck abgeben, bei dem sie den größten Förderstrom erbringt, nämlich mit 8 bar (p_a).

Der Eingangsdruck, das heißt der Druck, mit dem das Löschwasser in die nächste FP eintritt, soll 1,5 bar (p_e) nicht unterschreiten. Bei einer „offenen Schaltreihe“ braucht am freien Auslauf kein Druck mehr vorhanden zu sein.

6. Wie weit kann mit einer FP Wasser gefördert werden, d. h. wie lang ist die Verstärkerstrecke?

Das Wasser kann soweit gefördert werden, bis der verfügbare Druck in der Schlauchleitung aufgebraucht ist. Der verfügbare Druck (p_v) ist die Differenz zwischen Ausgangs- (p_a) und Eingangspunkt (p_e).

Der für die *Verstärkerstrecke* verfügbare Druck ergibt sich somit:

bei der „geschlossenen Schaltreihe"

$$p_v = p_a - p_e = 8{,}0 \text{ bar} - 1{,}5 \text{ bar} = 6{,}5 \text{ bar}$$

bei der „offenen Schaltreihe"

$$p_v = p_a - p_e = 8{,}0 \text{ bar} - 0{,}0 \text{ bar} = 8{,}0 \text{ bar}$$

Der für die *Strahlrohrstrecke* verfügbare Druck ergibt sich bei einem Strahlrohrdruck von 5 bar als

$$p_v = p_a - p_e = 8{,}0 \text{ bar} - 5{,}0 \text{ bar} = 3{,}0 \text{ bar}$$

7. Wodurch wird der verfügbare Druck aufgebraucht?

a) Durch Reibungsverluste innerhalb der Schlauchleitung
b) Durch Überwindung von Höhenunterschieden (Steigungen) zwischen den Standorten der FP in der Förderstrecke.

8. Wovon hängen die Reibungsverluste ab und wie hoch sind diese?

Die Reibungsverluste hängen von der zu fördernden Wassermenge, der Wandrauhigkeit in den Schläuchen und dem Schlauchdurchmesser ab. Die Höhe des Reibungsverlustes (Druckverlust) ist aus Frage K 82 ersichtlich.

Für die Berechnung einer Förderstrecke sind unter einsatztaktischen Gesichtspunkten folgende Werte relevant:

Förderstrom Q l/min	Druckverlust bezogen auf 100 m B-Leitungslänge
600	0,8 bar
800	1,3 bar
1000	2,0 bar

9. Wie errechnet sich der Pumpenabstand in ebenem Gelände?

$$\text{Abstand (m)} = \frac{\text{verfügbarer Druck (bar)}}{\text{Reibungsverlust (bar)}} \times 100 \text{ (m)}$$

Beispiel 1:
Gegeben ist die Fördermenge von 800 l/min und der Auftrag „Aufbau einer geschlossenen Schaltreihe".

Daraus ergibt sich:

Fördermenge: 800 l/min → Reibungsverlust von *1,3 bar* je 100 m B-Schlauchlänge (siehe **K 82**)

geschlossene Schaltreihe → verfügbarer Druck p_v = *6,5 bar* (siehe **S 6**)

Formel:

$$= \frac{6{,}5 \text{ bar}}{1{,}3 \text{ bar}} \times 100 \text{ m} = 500 \text{ m Pumpenabstand}$$

Beispiel 2:
Lautet der Auftrag „offene Schaltreihe", ändert sich gemäß **S 6** der verfügbare Druck. Dieser beträgt nun 8,0 bar. Alle anderen Werte bleiben gleich. Die Berechnung ergibt somit folgenden Pumpenabstand:

Formel:

$$= \frac{8{,}0 \text{ bar}}{1{,}3 \text{ bar}} \times 100 = \text{rund } 615 \text{ m Pumpenabstand}$$

Für die Länge der Strahlrohrstrecke ergibt sich für beide Beispiele folgender Abstand:

Formel:

$$= \frac{3{,}0\,\text{bar}}{1{,}3\,\text{bar}} \times 100\,\text{m} = \text{rund } 230\,\text{m Strahlrohrstrecke}$$

10. Welchen Einfluß hat der Höhenunterschied in der Förderstrecke?

Verläuft die Förderstrecke in unebenem Gelände, so muß der vorhandene Höhenunterschied berücksichtigt werden. Bei ansteigendem Gelände ist der der Höhendifferenz entsprechende Druck vom verfügbaren Druck p_v abzuziehen. Bei fallendem Gelände ist er hinzuzählen. 1 m Höhendifferenz entspricht hierbei 0,1 bar (1 bar ≙ 10 m Höhendifferenz).

11. Wie ermittelt man die Pumpenstandorte bei Höhenunterschieden im Gelände?

Bei Höhenunterschieden in der Förderstrecke werden die Pumpenabstände mittels graphischem oder tabellarisch-rechnerischem Verfahren ermittelt. Die Förderstrecke wird hierzu von der Wasserentnahmestelle aus abgegangen. Mit Hilfe eines Längenmessers und eines Höhenmessers werden die Entfernung und der Höhenunterschied ständig ermittelt und in ein Diagramm oder in eine Tabelle übertragen. Im Diagramm oder in der Tabelle werden dann graphisch bzw. rechnerisch die Pumpenstandorte ermittelt.

12. Wie können wir die erforderliche Anzahl von FP errechnen, wenn die Entfernung (Wasserentnahmestelle – Brandstelle) sowie der Höhenunterschied bekannt sind?

Beispiel 3:

Die Entfernung Wasserentnahmestelle zur Brandstelle beträgt	=	2800 m
der ansteigende Geländeunterschied beträgt	=	10 m

An der Brandstelle sollen eingesetzt werden:

3 C-Rohre (12-mm-Mundstück)

erforderliche Wassermenge = 3 x 200 l/min = 600 l/min

Zur Verfügung stehen B-Schläuche.

Wieviel FP werden gebraucht?

Bei 600 l/min werden durch Reibungsverlust bei 2800 m Entfernung verbraucht:

28 x 0,8 bar je 100 m	=	22,4 bar
zuzüglich Druckverbrauch durch Steigung	=	1,0 bar
am Strahlrohr erforderlicher Druck	=	5,0 bar
ergibt einen Gesamtdruckverbrauch von	=	28,4 bar
hiervon ist der durch die letzte FP erzeugte Druck abzuziehen	=	8,0 bar
somit verbleiben	=	20,4 bar

Diese 20,4 bar werden nun durch die zur Verfügung stehende (8,0 bar – 1,5 bar) = 6,5 bar geteilt.

Das ergibt: $\frac{20{,}4\ \text{bar}}{6{,}5\ \text{bar}} = 3{,}14$ FP rund

	=	3 Feuerlöschkreiselpumpen
zugezählt muß jetzt noch die FP werden, die dem Strahlrohr das Wasser zuführt	=	1 Feuerlöschkreiselpumpe
Insgesamt werden für die Strecke gebraucht	=	4 Feuerlöschkreiselpumpen

Beachte:
Ergibt sich bei einer Berechnung ein Wert bis zu 0,3 hinter dem Komma, so kann das durch erhöhten Ausgangsdruck der vorhergeschalteten FP ausgeglichen werden. Bei höheren Werten als 0,3 ist eine weitere FP notwendig.

13. Welche Möglichkeiten, den Pumpenabstand zu errechnen, gibt es noch?

Es werden Tabellen und Rechenschieber angeboten, mit denen man sich übungsmäßig vertraut machen muß. Alle Methoden ermöglichen aber keine Feststellung von Höhenunterschieden.

Für die vorbereitende Einsatzplanung bietet sich das graphische Berechnungsverfahren (siehe **S 11**) an, bei dem dann die Entfernung und die Höhendifferenz aus Karten abgegriffen werden.

14. Welche vorbereitenden Maßnahmen muß eine Führungskraft für Wasserförderung über lange Strecken treffen?

Jede Führungskraft muß sich mit der Wasserförderung über lange Strecken vertraut machen und seine Unterführer und Feuerwehrangehörige unterweisen, um vor unliebsamen Überraschungen im Einsatz geschützt zu sein. Die Feuerwehren, die in ihrem Bereich weit von Wasserentnahmestellen liegende Objekte haben, zu denen Löschwasser über lange Strecken herangeführt werden muß, sollten an diesen Objekten besonders üben.

Hier wäre wichtig zu wissen:

a) Wieviel Wasser ist zur Bekämpfung eines Großbrandes gegebenenfalls nötig?
b) Wie weit ist die Entfernung Wasserentnahmestelle – Brandstelle?
c) Welcher Höhenunterschied ist zu überwinden?
d) Wieviel FP sind zur Förderung des Wassers notwendig?
e) Reichen die in der eigenen Feuerwehr vorhandenen FP aus? Wenn nicht, wie viele und welche Feuerwehren müssen im Brandfalle zugezogen werden. Vorsorglich Verbindung aufnehmen; Alarm- und Einsatzpläne aufstellen!
f) Ist das zur Verfügung stehende Schlauchmaterial ausreichend? Muß Vorsorge getroffen werden, daß im Brandfalle Schlauchmaterial von anderen Feuerwehren bzw. der Kreisschlauchwerkstatt angefordert werden kann?

Anhand der Entfernung und der Geländeunterschiede die Aufstellplätze, d.h. den Abstand der einzelnen FP errechnen. Übungsmäßig, wenn erforderlich, unter Hinzuziehung weiterer Feuerwehren, die Leitungen über diese Strecke verlegen und Wasser fördern. Jetzt feststellen, ob die errechneten Abstände stimmen und ob sich der berechnete Standort auch für die praktische Aufstellung der FP eignet. Auf Aus- und Eingangsdrücke der FP achten. Erforderlich werdende Korrekturen vornehmen. Anfahrtswege und Aufstellplätze der FP festlegen bzw. markieren, so daß jeder, auch etwa zugezogene Feuerwehren, im Brandfalle ihren Abschnittsbereich genau kennen. Übung in Abständen wiederholen. Auch einmal bei Dunkelheit üben. Die Maschinisten genauestens unterweisen. Darauf achten, daß sie die Ventile an den Pumpenausgängen langsam öffnen und die Drucksteigerung langsam vornehmen, damit die Wassersäule nicht abreißt.

Handsprechfunkgeräte einsetzen.

15. Wie errechnet man die erforderliche Wassermenge?

Zugrunde legt man die Zahl der eingesetzten Rohre und ihre Mundstückweiten.

1 B-Rohr	22 mm Mundstück	=	rd. 800 l/min
1 B-Rohr	16 mm Mundstück	=	rd. 400 l/min
1 C-Rohr	12 mm Mundstück	=	rd. 200 l/min
1 C-Rohr	9 mm Mundstück	=	rd. 100 l/min

bei einem Strahlrohrdruck von 5 bar.

Es genügt also, die Zahl der eingesetzten Rohre und ihre Mundstückweiten zu wissen, um daraus die erforderliche Wassermenge in Litern pro Minute zu errechnen.

16. Wie stellt der Gruppenführer im Gelände die Anzahl benötigter Schläuche fest?

Bekannt ist die Länge eines B-Schlauches von 20 m. Beträgt die Entfernung beispielsweise 420 m, so wären bei diesen B-Schläuchen

$$\frac{420}{20} = 21 \text{ Schläuche}$$

erforderlich.

Für je drei Schläuche ist ein „Reserveschlauch“ mitzunehmen. Somit für das Beispiel 21 + 7 = 28 Schläuche.

17. Wie stellt man Höhenunterschiede im Gelände fest?

Im eigenen Ort sollten sie bekannt sein. Man kann sie auch aus Landkarten entnehmen. Man kann auch schätzen. Masten im Gelände bieten sich als Hilfsmittel an. Ist ein Höhenmesser vorhanden, so kann man nach Abschreiten der Entfernung den Höhenunterschied ablesen.

18. Wie geht der Aufbau der Förderstrecke vor sich?

Man beginnt immer an der Wasserentnahmestelle (FP 1) mit dem Verlegen der Saugleitung oder mit dem Abschluß an den Hydranten. Es ist dazu eine ausreichend leistungsfähige Wasserentnahmestelle zu wählen, auch wenn dadurch größere Entfernungen in Kauf genommen werden müssen.

Danach werden B-Schläuche in Richtung der zweiten FP (FP 2) verlegt. Gleichzeitig werden von der FP 2 Schläuche in Richtung FP 1 verlegt.

Die Schlauchleitungen sollen immer am Straßenrand verlegt werden.

19. Welche FP wird an der Wasserentnahmestelle in Stellung gebracht, wenn ihre Leistungen verschieden hoch sind?

Nach Möglichkeit immer die FP mit der größten Leistung. Damit ist gewährleistet, daß die Wasserentnahmepumpe alle Anforderungen der Brandstelle bzgl. der Wassermenge weitgehend erfüllen kann.

20. Wo wird ein Druckbegrenzungsventil eingebaut?

Ein Druckbegrenzungsventil wird unmittelbar eine Schlauchlänge von der nächsten Verstärkerpumpe eingebaut. Der Einstellwert beträgt 2 bar.

Das Druckbegrenzungsventil wird nur bei geschlossener Schaltreihe eingebaut.

21. Wofür soll man nach dem Aufbau der Strecke noch sorgen?

Daß B-Schläuche (nach drei B-Längen einen Reserveschlauch) und wenigstens eine FP als Reserve zur Verfügung stehen, auf die bei Ausfällen sofort zurückgegriffen werden kann.

22. Was sollte man sich für die Wasserförderung über lange Strecken merken?

1. Die Abstände zwischen 2 FP
   a) bei 1000 l/min b) bei 800 l/min c) bei 600 l/min
2. Als Faustregel

- Für je 5 m Steigung zwischen zwei FP ziehe 10 Prozent von der Länge der Verstärker- oder Strahlrohrstrecke ab;
- Für je 5 m Gefälle zwischen zwei FP zähle 10 Prozent zu der Länge der Verstärker- oder Strahlrohrstrecke zu;
- Die Strahlrohrstrecke ist etwa halb so groß wie die Verstärkerstrecke.

T

Löschwasserversorgung

1. Welche zwei Arten von Löschwasserversorgungen unterscheiden wir?

1. Die abhängige Löschwasserversorgung (Sammelwasserleitung)
2. Die unabhängige Löschwasserversorgung.

2. Wer ist für die Löschwasserversorgung verantwortlich?

Die Brandschutzgesetze der Bundesländer verpflichten die Gemeinden, für eine ausreichende Löschwasserbereitstellung zu sorgen.

3. Welche Aufgabe erwächst dem Orts- und Gemeindebrandmeister hieraus?

Er steht dem Bürgermeister des Ortes beratend zur Verfügung. Er muß dafür besorgt sein, daß ein Plan über die Löschwasserversorgung der Gemeinde vorhanden ist.

Abhängige Löschwasserversorgung (Sammelwasserleitung)

4. Welchem Zweck dient die Sammelwasserleitung?

Neben der Versorgung der Bevölkerung und der Industrie mit Trink- und Nutzwasser dient sie auch der Löschwasserversorgung.

5. Wie groß ist der Löschwasserbedarf?

Der Bedarf an Feuerlöschwasser ist relativ gering gegenüber dem Bedarf der Bevölkerung und der Industrie. Das Rohrnetz und die Wasserbehälter müssen für den Normalverbrauch **und** die Löschwasserentnahme ausgelegt werden.

6. Wie groß ist ungefähr der Wasserbedarf in Städten?

Ort auf dem Lande	80 – 120 l tägl. pro Einwohner
mittlere Stadt	150 – 200 l tägl. pro Einwohner
Großstädte	200 – 300 l tägl. pro Einwohner
Industrie	über 400 l tägl. pro Einwohner

7. Wie wird der Leitungsdruck in den Rohrleitungen erzeugt?

1. Das Wasser kann durch Pumpwerke des Wasserwerks unmittelbar in die Rohrleitungen gedrückt werden,
2. es werden Wassertürme gebaut,
3. ein Wasserbehälter wird auf ein das Versorgungsgebiet überragendendes Gelände, Hügel oder Berghang, gesetzt (Hochbehälter).

8. Welche Druckhöhen gibt es in den Leitungen?

Die Druckhöhe schwankt zwischen 1,5 und 4 bar, in einigen Ausnahmen darüber hinaus.

9. Welche zwei Möglichkeiten der Speicherung haben wir?

1. Wassertürme
2. hochgelegene Erdbehälter.

10. Welche Notwendigkeit ergibt sich bezüglich Löschwassermenge für Wassertürme und Erdbehälter?

Beim Fassungsvermögen der Behälter muß die erforderliche Löschwassermenge zusätzlich berücksichtigt werden. Diese Löschwassermenge darf beim normalen Tagesverbrauch nicht abgegeben werden, damit sie für den Brandfall immer zur Verfügung steht.

11. Welche Rohrnetzarten gibt es?

1. Das Ringleitungssystem
2. Das Verästelungssystem.

12. Was ist ein Ringleitungssystem?

Beim Ringleitungssystem sind alle Rohre der einzelnen Straßenzüge miteinander verbunden.

Das ganze Leitungssystem bildet einen geschlossenen Ring. Es hat den Vorteil, daß jedem Hydranten von zwei Seiten Wasser zugeführt wird. Bei einem Rohrbruch kann durch Absperren der Bruchstelle verhindert werden, daß die entsprechende Ringleitung für die Wasserversorgung ausfällt. Da das Wasser ständig in Bewegung ist, ist die Gefahr des Einfrierens der im Erdreich liegenden Leitung gering. Auch das Stagnieren der Leitung, d.h. ein Verkrusten, das eine Verengung der Leitung zur Folge hat, ist beim Ringleitungssystem nicht in dem Maße möglich, wie bei dem Verästelungssystem.

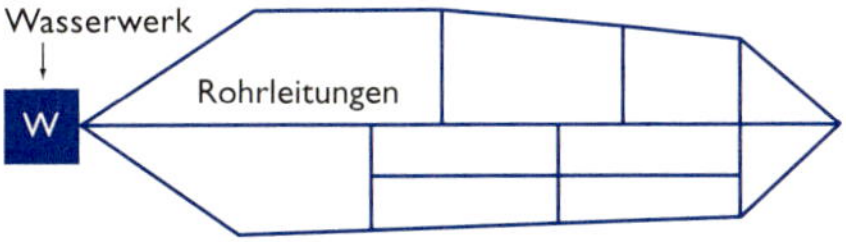

Bild 1: Ringleitungssystem

13. Was ist ein Verästelungssystem?

Beim Verästelungssystem zweigen alle Rohre von einem Hauptstrang ab, wie die Äste von einem Baum.

Nachteile gegenüber dem Ringleitungssystem:
Dem Hydranten wird nur von einer Seite Wasser zugeführt. Beim Rohrbruch ist alles, was hinter der Bruchstelle liegt, ohne Wasserzuführung.

Die Leitung kann leichter einfrieren, da das Wasser nicht ständig in Bewegung ist.

Außerdem stagniert das Wasser bei diesem System leicht, d.h. es setzt Verkrustungen ab, die den Rohrdurchmesser langsam verengen.

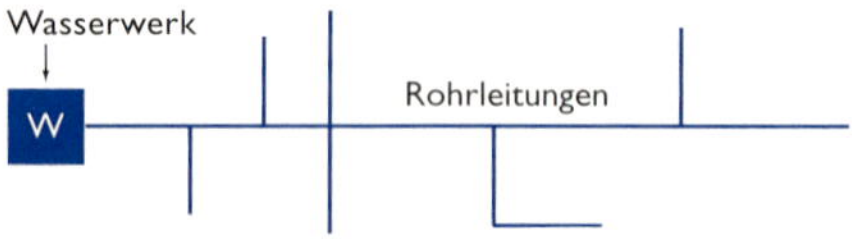

Bild 2: Verästelungssystem

14. Wie groß soll der Mindestdurchmesser einer Rohrleitung im Ortsnetz sein?

Nicht unter 100 mm Nennweite.

15. Was wird in Rohrleitungen eingebaut, um das Netz in Abschnitte zu unterteilen?

Schieber.

16. Womit wird das Wasser aus dem Rohrleitungsnetz für Feuerlöschzwecke entnommen?

Mittels Hydranten.

17. Wer sorgt für den Einbau der Hydranten?

Das Wasserwerk bzw. die Gemeinde.

Bild 3: Straßenkappe zum Unterflurhydranten

18. Was für Arten von Hydranten gibt es?

1. Unterflurhydranten DIN 3221 Blatt 1

- Form A mit selbsttätiger Entleerung mit Druckwasserschutz (zur Verhinderungen von Druckwasserverlust)
- Form AD mit selbsttätiger Entleerung wie Form A, jedoch mit zusätzlicher Absperrung
- Form B ohne selbsttätige Entleerung (Entleerungsöffnung nicht gebohrt)
- Form BD ohne selbsttätige Entleerung, jedoch mit zusätzlicher Absperrung

Schachthydranten, z. B. in Berlin und in Württemberg.

2. Überflurhydranten DIN 3222 Blatt 1

- Form A mit 2 freiliegenden oberen Abgängen mit selbsttätiger Entleerung mit Druckwasserschutz (zur Verhinderung von Druckwasserverlust)
- Form AU wie Form A, jedoch mit Sollbruchstelle
- Form AF mit 2 unter Fallmantel liegenden oberen Abgängen mit selbsttätiger Entleerung mit Druckwasserschutz
- Form AFU wie Form AF, jedoch mit Sollbruchstelle
- Form B mit 2 freiliegenden oberen Abgängen ohne selbsttätige Entleerung (Entleeröffnung nicht gebohrt)
- Form BU wie Form B, jedoch mit Sollbruchstelle
- Form BF mit 2 unter Fallmantel liegenden oberen Abgängen ohne selbsttätige Entleerung
- Form BFU wie Form BF, jedoch mit Sollbruchstelle

Bezeichnung eines Unterflurhydranten mit selbsttätiger Entleerung mit Druckwasserschutz (A) der Nennweite 100 für Nenndruck 10 für Rohrdeckung RD – 1500 (1,5):

Hydrant A 100 – 10 – 1,5 DIN 3221

Bezeichnung eines Überflurhydranten mit 2 unter Fallmantel liegenden oberen Abgängen mit selbsttätiger Entleerung mit Druckwasserschutz (AF) der Nennweite 100 für Nenndruck 10 für Rohrdeckung RD – 1500 (1,5):

Hydrant AF 100 – 10 – 1,5 DIN 3222

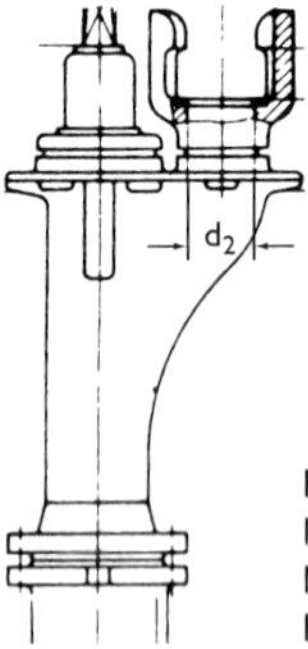

Bild 4: Unterflurhydrant
Nennweite 80
Nennweite 100
Dargestellt ist Form A

Bild 5:
Überflurhydrant
Nennweite 80 ohne Fallmantel
Nennweite 100 ohne Fallmantel
Dargestellt ist Form A

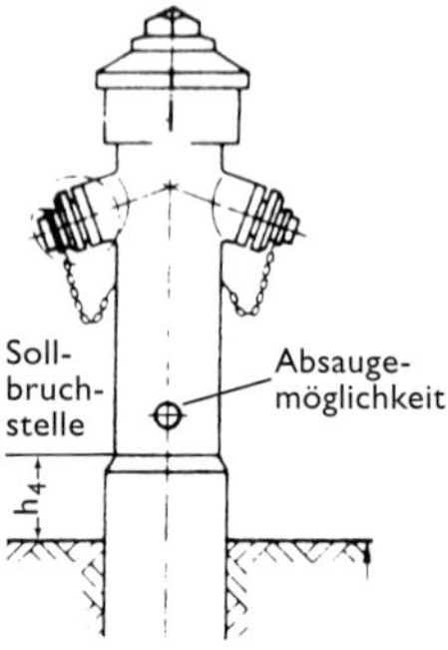

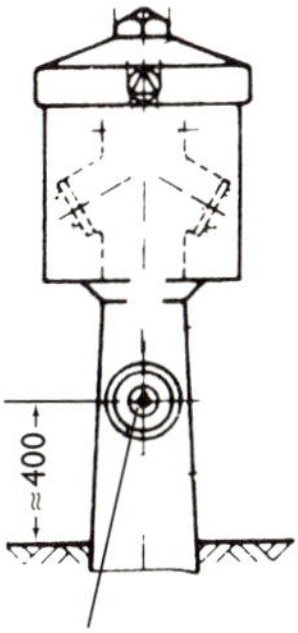

Unterer Abgang nur Nw 150

Bild 6: Überflurhydrant
Nennweite 100 mit Fallmantel
Nennweite 150 mit Fallmantel
Dargestellt ist Form A

19. Wie wird die Hydrantensäule entwässert?

a) mit der Handpumpe,
b) durch selbsttätige Entwässerung.

20. Welche Wassermenge liefert ein Hydrant?

Das ist abhängig:

1. vom Durchmesser der Versorgungsleitung,
2. von der Art des Hydranten (Überflur- oder Unterflurhydrant),
3. von der Anschlußweite (Ventilgröße),
4. vom Druck im Rohrnetz.

Beispiel:

Lichte Weite der Rohrleitung mm	Wasserlieferung bei Druck = 4 bar (40 m/WS) l/min
100	700 – 1000
150	900 – 1700
200	1500 – 3000

21. Wie groß soll der Abstand der Hydranten untereinander sein?

Nicht größer als 80 – 100 m.

22. Welche Teile hat ein Unterflurhydrant DIN 3221?

Straßenkappe (oval)
Hydrantenklaue
Ventilspindel
Standrohrsitz
Hydrantensäule
Fußflansch

23. Was brauchen wir, um das Wasser aus dem Unterflurhydranten entnehmen zu können?

Ein Standrohr und einen Schlüssel für Unterflurhydrant.

24. Welche Vor- und Nachteile hat der Unterflurhydrant?

Vorteile:

1. Wirkt im Straßenbild nicht störend
2. Billiger als ein Überflurhydrant
3. Kann direkt auf der Rohrleitung aufgesetzt werden.

Nachteile:

1. Bei Nacht und bei Schnee schwer auffindbar
2. bei Überschwemmung Betrieb erschwert bzw. unmöglich
3. erfordert mehr Pflege und Wartung als der Überflurhydrant
4. wird zugeparkt
5. muß durch Hinweisschilder besonders gekennzeichnet werden
6. geringere Wasserlieferung als Überflurhydrant.

25. Welche Vor- und Nachteile hat der Überflurhydrant? (DIN 3222)

Vorteile:

1. Mehrere Typen möglich, z.B.
   a) NW 100 mit 2 B Abgängen und 1 A Abgang
   b) NW 150 mit 2 B und 1 A Abgang
2. Schnell einsatzbereit, da ein Standrohr nicht in Stellung gebracht werden muß

3. Die Wasserlieferung ist bei NW 100 größer als die eines Unterflurhydranten.
4. Leicht auffindbar

Nachteile:

1. Kann im Straßenbild störend wirken
2. Kann durch äußere Einflüsse leicht beschädigt werden, z. B. durch Verkehrsunfälle, Sprengungen, Explosionen usw.
3. Muß vom Rohrnetz abgesetzt (verschleppt) werden. Deshalb teurer als der Unterflurhydrant.

26. Wie hoch ist der Überflurhydrant?

Etwa 1 m über der Straßenoberkante.

27. Welcher Hydrant ist vorzuziehen?

Wo irgend möglich, ist der Überflurhydrant einzubauen.

28. Worauf ist bei Frost zu achten?

Daß nach Benutzung eines Hydranten sich dieser bei selbsttätiger Entwässerung auch tatsächlich entwässert, da sonst bei Überflurhydranten die Säule durch den Frost gesprengt würde und der Hydrant ausfällt. Entwässerungskanal kann verstopft sein. Seitlichen Stopfen am Hydranten herausschrauben und evtl. mit Handpumpe auspumpen. Andernfalls Wasserwerk benachrichtigen.

29. Was ist für die Feuerwehr noch zu beachten?

Sie soll in regelmäßigen Abständen eine Begehung der Hydranten durchführen.

30. Worauf ist bei der Hydrantenkontrolle zu achten?

1. Auf Betriebssicherheit und Zustand der Hydranten
2. auf die Hinweisschilder.

31. Wozu werden Hinweisschilder benötigt?

Zur schnelleren Auffindung der Unterflurhydranten.

32. Wie sieht ein Hinweisschild aus?

Ein weißes Rechteck mit 20 mm breitem, rotem Rand.
Maße 250 x 200 mm.

Verzeichnet sind darauf der Durchmesser der Rohrleitungen, ferner die Entfernungen der Hydranten vom Hinweisschild in Metern nach vorwärts, rechts oder links, manchmal auch die Hydrantennummer (Bild 7).

33. Was muß beim Eintritt der Frostperiode mit dem Unterflurhydranten geschehen?

Die Straßenkappen der Unterflurhydranten bzw. die Schachtdeckel müssen an den Seiten mit frostsicherem Fett eingefettet werden, damit sie auch bei Frost leicht abgehoben werden können. Ferner sind alle Straßenkappen öfters mit Streusalz zu bestreuen, damit der darauffallende Schnee schmilzt und die Straßenkappen des Unterflurhydranten immer sichtbar bleiben.

34. Wie werden die Hydranten geöffnet?

Mit Hydrantenschlüsseln:

a) Unterflurhydrantenschlüssel C DIN 3223 (Bild 8)
b) Überflurhydrantenschlüssel A DIN 3223
c) Überflurhydrantenschlüssel B DIN 3223 (Bild 9)

Hinweisschild für Unterflurhydrant

Hinweisschild für Löschwasserbehälter. Die Zahl über dem Querstrich gibt den Inhalt an.

Hinweisschild für Löschwasserbrunnen für unmittelbaren Kraftspritzenanschluß

Hinweisschild für Saugstelle zur Entnahme von Löschwasser

Hinweisschild für Löschwasserbrunnen für mittelbaren Kraftspritzenanschluß

Bild 7: Hinweisschilder für Löschwasser-Entnahmestellen nach DIN 4066

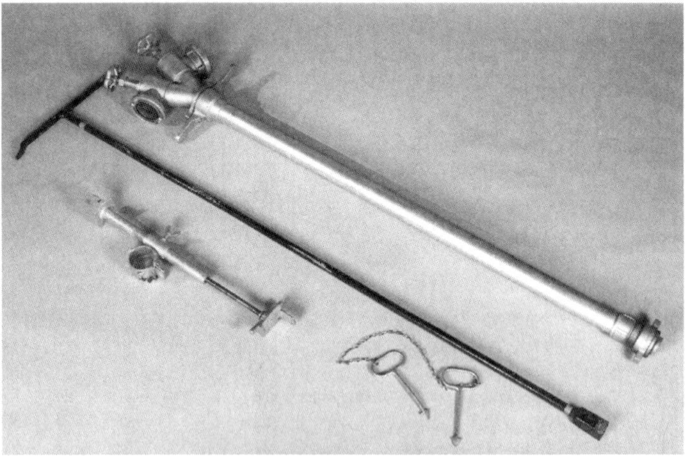

Bild 8: Unterflurhydrantenschlüssel und Standrohr für Schachthydrant

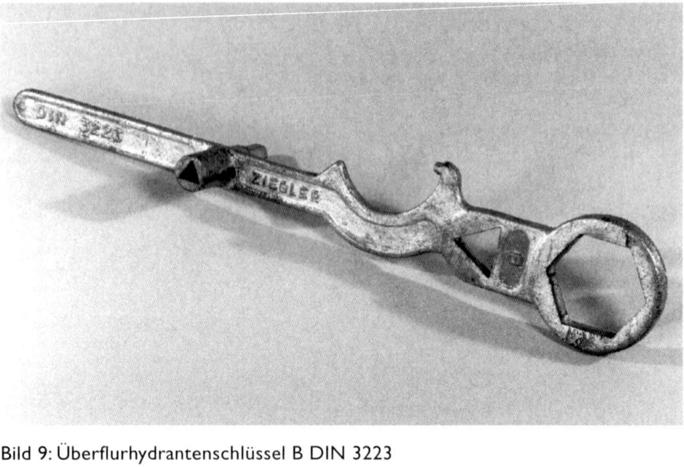

Bild 9: Überflurhydrantenschlüssel B DIN 3223

35. Wie taut man eingefrorene Hydranten auf?

Durch Dampf, Holz- und Koksfeuer, elektr. Strom, Gasbrenner, Lötlampe usw.

36. Welche Nachweise sind über die Hydranten zu führen?

Städte und Ortschaften mit nicht mehr als 200 Häusern kommen mit einem Übersichtsplan aus. Städte mit mehr als 200 Häusern sollen Hydrantenbücher bzw. Hydrantenverzeichnisse führen. In diesen sind die Hydranten straßenweise alphabetisch geordnet.

Unabhängige Löschwasserversorgung

37. Welche Bedeutung hat die unabhängige Löschwasserversorgung?

Die unabhängige Wasserversorgung stützt sich auf Wasservorräte, die unabhängig von einem Rohrnetz zum Löschen benutzt werden können. Sie ist daher besonders dort wichtig, wo durch die abhängige Wasserversorgung nicht immer ausreichend Löschwasser sichergestellt ist. Im Kriege hatte sie auch für Städte mit guter abhängiger Löschwasserversorgung große Bedeutung, da die Rohrleitungen vielfach durch Bomben zerstört waren.

38. Was für Wasserentnahmestellen gibt es hierbei?

1. Natürliche Wasserstellen
2. Künstliche Wasserstellen
   a) Löschwasserteiche nach DIN 14 210
   b) Löschwasserbrunnen nach DIN 14 220
   c) unterirdische Löschwasserbehälter nach DIN 14 230.

39. Was sind natürliche Wasserentnahmestellen?

Flüsse, Bäche, Seen usw.

40. Worauf muß man bei natürlichen Wasserentnahmestellen achten?

Es muß ein fester Standplatz und während des ganzen Jahres genügend Wasser vorhanden sein. Die Wasserentnahme muß mittels Tragkraftspritzen oder Fahrzeugpumpen möglich sein.

41. Was muß man von einem Löschwasserteich nach DIN 14 210 wissen?

Der Löschwasserteich ist künstlich angelegt und mit einer befestigten Löschwasserentnahmestelle versehen, deren Zufahrt DIN 14 090 entsprechen muß.

Mindestfassungsvermögen 1000 m^3
Mindestwassertiefe 2 m

Der obere Teichrand soll mindestens 0,25 m über Gelände liegen. Die Wasserentnahme erfolgt

a) durch Saugschacht mit einer lichten Weite von 1 m, dessen Zulaufrohr durch ein Sieb (Sieböffnung 10 – 20 mm) geschützt sein muß, oder
b) durch Saugrohr, Innendurchmesser 125 mm, Länge höchstens 10 m, Einlauföffnung durch Sieb (Sieböffnung 6 mm) geschützt.

Die Einfriedung des Löschwasserteiches muß mindestens 1,25 m hoch sein. Zwischen ihr und dem Löschwasserteich muß ein 1 m breiter begehbarer Streifen sein.

Der Löschwasserteich muß ständig gewartet und gepflegt werden.

42. Was ist für das Füllen des Löschwasserteiches zu beachten?

In den Löschwasserteich darf kein ungeklärtes Schmutzwasser eingeleitet werden. Wird Niederschlagswasser zum Nachfüllen benutzt, so ist es über einen Sandfang zu leiten.

Fließende Gewässer dürfen nicht durch den Löschwasserteich hindurchgeführt werden. Gewässer dürfen mit dem Vorratsraum nur durch eine flache, offene Rinne verbunden sein. In die Rinne ist ein Sandfang einzubauen. Das Rinnenbett muß zum Schutz gegen Erosion und Bewuchs befestigt sein. An der Einmündung in den Vorratsraum ist zum Schutz gegen große Schwimmstoffe ein Gitter, Rechen oder Sieb anzubringen.

Beim Befüllen des Löschwasserteiches aus einer Sammelwasserleitung muß das Wasser zwischen dem Austritt aus der Fülleitung und dem Eintritt in den Vorratsraum mit der freien Atmosphäre in Berührung kommen. Der Vorratsraum muß gegen Überfüllen geschützt sein.

43. Wie erfolgt die Beschilderung?

Löschwasserteiche sind mit Schildern nach DIN 4066 – B 3 dauerhaft und gut sichtbar zu kennzeichnen.

44. Was ist ein Löschwasserbrunnen nach DIN 14 220?

Eine künstlich angelegte Entnahmestelle für Löschwasser aus dem Grundwasser.

Das Löschwasser kann durch Saugbetrieb (S) oder mittels einer Tiefpumpe (T) entnommen werden.

45. Wie werden die Löschwasserbrunnen unterteilt?

Das Normblatt DIN 14 220 sieht folgende Unterteilung vor:

Löschbrunnen	Kennzahl	Ergiebigkeit* l/min
Klein	400	400 bis 800
Mittel	800	über 800 bis 1600
Groß	1600	über 1600

* Mindestens während 3 Stunden

46. Was muß man über einen Löschwasserbrunnen wissen?

1. Ein Brunnen erfüllt die Voraussetzungen als Löschwasserbrunnen, wenn die Ergiebigkeit der Löschwassermenge über mind. 3 Stunden gegeben ist.
2. Der Löschwasserbrunnen muß jederzeit zugänglich sein. Die Entnahmestelle muß außerhalb des Trümmerschattens von Gebäuden liegen.
3. Für Frostsicherheit ist zu sorgen.
4. Für die Löschwasserentnahme ist ein Löschwasser-Anschluß (Unterflur oder Überflur) nach DIN 14 244 zu verwenden. Sollte der Löschwasser-Sauganschluß unterhalb des höchstmöglichen Wasserspiegels liegen, so muß eine Absperrvorrichtung vorhanden sein (artesischer Brunnen).
5. Innerhalb von höchstens 60 Sekunden muß der Löschwasserbrunnen entlüftet und Löschwasser entnommen werden können.
6. Die Löschwasserentnahmestelle muß über eine Zufahrt nach DIN 14 090 erreichbar sein.
7. Der Löschwasserbrunnen ist durch ein Hinweisschild nach DIN 4066 – B3 dauerhaft und gut sichtbar kenntlich zu machen.
8. Jeder neu angelegte Löschwasserbrunnen ist durch einen Beauftragten der zuständigen Behörde abzunehmen. Der Hersteller hat bei der Abnahme nachzuweisen, daß der Brunnen der Norm entspricht.

47. Was sind unterirdische Löschwasserbehälter nach DIN 14 230?

Künstlich angelegte, überdeckte Löschwasserbehälter mit Löschwasserentnahmestelle.

48. Wo werden vielfach unterirdische Löschwasserbehälter angelegt?

Bei abgelegenen Bauernhöfen.

49. Welches Fassungsvermögen sollen die Löschwasserbehälter haben?

Nutzbares Fassungsvermögen:
Kleine Löschwasserbehälter: 75 bis 150 m^3
Mittlere Löschwasserbehälter: über 150 bis 300 m^3
Große Löschwasserbehälter: über 300 m^3

50. Welche Wassertiefe ist vorgesehen?

Mindestens 2 m.

51. Was sollte man noch über Löschwasserbehälter wissen?

1. Die Behälterabdeckung muß so stark gewählt sein, daß sie imstande ist, die evtl. aufzuschüttende Erdlast und das Gesamtgewicht eines Feuerwehrfahrzeuges von 16 000 kg aufzunehmen.
2. Der Löschwasservorrat muß jederzeit eisfrei sein.
3. Ein Lüftungsrohr mit einem Durchmesser von mindestens 100 mm ist in der Schachtabdeckung oder in unmittelbarer Nähe des Saugrohres anzubringen. Vor Verstopfung und Verschmutzung muß es geschützt sein.
4. Für die Löschwasserentnahme sind ein Saugschacht und Saugrohre vorzusehen.

   75 bis 150 m^3: mindestens 1 Saugrohr
   über 150 bis 300 m^3: mindestens 2 Saugrohre
   über 300 m^3: mindestens 3 Saugrohre

   Der Saugschacht, zugleich Einstiegschacht, muß eine lichte Weite von mindestens 0,8 m haben.

   Saugschacht und Saugrohr, Zufahrt, Befüllung, Beschilderung und Abnahme wie bei Löschwasserteichen und Löschwasserbrunnen.

52. Wie kann die Feuerwehr bei unzureichender örtlicher Löschwasserversorgung die Löschwassermenge sicherstellen?

a) Aufbau von Schlauchleitungen über lange Strecken
b) Einsatz von Tanklöschfahrzeugen im Pendelverkehr
c) Einsatz von Behälterfahrzeugen aus der Privatwirtschaft oder der Landwirtschaft, z.B. Tankwagen, Saugwagen usw.
d) Einsatz von mobilen Löschwasserbehältern.

U

Löschmittel

1. Was für Löschmittel gibt es?

1. Wasser
2. Schaum
3. Pulver
4. Kohlendioxid
5. Halon*
6. Inerte Gase, z.B. Stickstoff, Inergen
7. Sonst. Lösch- bzw. löschende Behelfsmittel, z.B. Salze, Sand, Zement, Graugußspäne

* darf nicht mehr verwendet werden

2. Wonach richtet sich die Anwendung der verschiedenen Löschmittel?

Nach der Art des brennenden Stoffes.

3. Was sind Brandklassen und wie ist ihre Einteilung?

Die Brandklasse kennzeichnet eine Gruppe brennbarer Stoffe mit gleichartigen Branderscheinungen, der bestimmte Löschmittel als geeignet zugeordnet sind (vgl. Bild 1).

4. Worauf beruht die Löschwirkung des Wassers?

Es ist, da meist reichlich vorhanden, das gebräuchlichste und am weitesten verbreitete Löschmittel. Seine Wirkung beruht hauptsächlich in der Abkühlung des brennenden Gegenstandes, es bindet also Wärme; zusätzlich hat Wasserdampf eine gewisse erstickende Wirkung.

Wasser besitzt eine sehr große spezifische Wärmekapazität. Die spezifische Wärmekapazität des Wassers ist die Wärmemenge, die 1 l (= 1 kg) Wasser zur Erwärmung um 1 °C aufnehmen muß. Sie beträgt 1 kcal oder nach dem neuen internationalen Maßsystem 4,1868 $\cong$ 4,2 kJ (Kilojoule).

Brandklasse	Beispiel der Stoffe	Löschmittel
Klasse A Brände fester Stoffe, hauptsächlich organischer Natur, die normalerweise unter Glutbildung verbrennen	Holz, Kohle, Papier, Stroh, Faserstoffe, Textilien	Wasser (W), Schaum (S), Pulver für Glutbrände (PG)
Klasse B Brände von flüssigen oder flüssig werdenden Stoffen	Benzin, Benzol, Heizöl, Äther, Alkohol, Stearin, Harze, Teer	Schaum (S), Pulver (P + PG), Kohlendioxid (K), Halone (HA)
Klasse C Brände von Gasen	Acetylen, Wasserstoff, Methan, Propan, Stadtgas, Erdgas	Pulver (P + PG), Kohlendioxid (K), in Sonderfällen je nach Gasdruck auch Halone (HA)
Klasse D Brände von Metallen	Aluminium, Magnesium, Natrium, Kalium	Pulver für Metallbrände (PM), Steinsalz, trockener Sand, Graugußspäne

Nimmt man eine Löschwassertemperatur von 10 °C an, so verbraucht jedes Liter Wasser 90 kcal oder ≈ 377 kJ, um bis zum Siedepunkte (100 °C) erhitzt zu werden.

Will man Wasser von 100 °C in Dampf von 100 °C verwandeln, so sind weitere 539 kcal oder ≈ 2263 kJ erforderlich. Ein Liter Wasser ergibt beim völligen Verdampfen etwa 1700 Liter Wasserdampf.

An der Brandoberfläche erhitzt sich der Wasserdampf weiter und entzieht somit weitere Wärme.

Der Wasserdampf verdrängt den Sauerstoff der Luft. Seine sauerstoffverdrängende Wirkung ist jedoch nur gering, da Wasserdampf leichter als Luft ist und somit schnell fortgetrieben wird.

Zu der abkühlenden Wirkung des Wassers kommt noch eine mechanische Wirkung.

Durch den Druck des aus dem Strahlrohr verspritzten Löschwassers wird eine größere Eindringtiefe in den brennenden Gegenstand erreicht. Die Eindringtiefe kann noch verbessert werden, wenn dem Löschwasser Netzmittel zugesetzt werden.

5. Welche Stoffe dürfen nicht mit Wasser in Berührung kommen?

Kalium und *Natrium*

Sobald diese beiden Stoffe mit Wasser in Berührung kommen, verbinden sich mit dem Sauerstoff des Wassers und verbrennen mit heller Flamme.

Der freigewordene Wasserstoff verbindet sich mit dem Sauerstoff der Luft und bildet Knallgas, was zu Verpuffungen führen kann.

Kalziumkarbid
(Verbindung von Kohlenstoff und Metallen.) Wenn Karbide mit Wasser in Berührung kommen, ergibt sich eine chemische Reaktion. Karbide an sich brennen nicht, entwickeln aber brennbare, explosive Gase (Acetylen).

Gebrannter Kalk verbindet sich ebenfalls mit Wasser, entwickelt hierbei zwar keine brennbaren Gase, aber die entstehende Wärme wird so groß, daß dadurch brennbare Stoffe entzündet werden können.

Glühende Metalle
Bespritzt man glühendes Metall mit Wasser, so können auftretende Spannungen zu Formveränderungen führen. Einstürze können die Folge sein, z.B. bei gußeisernen Stützen.

Äußerst gefährlich ist es, brennendes Metall wie Aluminium, Elektron, Magnesium usw. mit Wasser zu bespritzen. Bei diesen Metallen herrschen Verbrennungstemperaturen von 2000 bis 3000 °C. Wasser wird aber bei 1300 °C in seine Bestandteile Wasserstoff und Sauerstoff zerlegt. Diese Gase vereinigen sich wieder zu Knallgas, das sich am brennenden Metall entzündet. Die Folge sind Verpuffungen. Es können sich auch Stichflammen bilden. Ferner kann brennendes Metall, welches durch die Verpuffung in die Umgebung geschleudert wird, neue Brandherde hervorrufen. Metall in Pulverform kann durch den Löschstrahl aufgewirbelt werden. Die Folge können Staubzerknalle sein.

Glühende Kohlen
Wenn glühende Kohlen mit Wasser bespritzt werden, können sich Kohlenoxid und Wasserstoff bilden, die dann zu Zerknallen führen können.

Brennende flüssige und halbstarre Stoffe
Mit dem Wasserstrahl kann hier eine Löschwirkung nicht erzielt werden. Wasser vermischt sich nicht mit unpolaren Flüssigkeiten. Je nach Dichte sinkt es ab und kann daher die vergasende Oberfläche nicht unter die Entzündungstemperatur abkühlen. Verdampft dort das Wasser, so wird es schlagartig aus der brennenden Flüssigkeit mit dieser zusammen herausgeschleudert. Bei Friteusenbränden kommt es dann zu Fettexplosionen, wobei bei Wasser die Volumenzunahme das ca. 1500fache erreicht.

Ausströmendes brennendes Gas kann man zwar ohne weiteres mit Wasser löschen, da die brennenden Gasteilchen vom Wasser fortgeschleudert werden. Es besteht hierbei aber eine gewisse Gefahr. Das ausströmende Gas vermischt sich mit dem Sauerstoff der Luft und kann an einem brennenden oder glühenden Gegenstand erneut entzündet werden. Richtig ist hier immer „Gaszufuhr abstellen".

Starkstrombrände
Starkstromanlagen sind, wenn irgend möglich, vor der Brandbekämpfung von Fachpersonal abzuschalten. Ist dies nicht möglich, so sind die Mindestabstände nach VDE 0132 einzuhalten. Das sind:

	Niederspannung (bis 1000 Volt)	Hochspannung (bis 380 000 Volt)
Sprühstrahl	1 m	5 m
Vollstrahl	5 m	10 m

(Die Abstände gelten für C-Rohre mit 5 bar Druck und Mundstück).

6. Wie wirken Salzlösungen als Löschmittel?

Die Löschwirkung des Wassers kann durch Zusatz von Salzen erhöht werden.

Zusatzmittel sind: doppelkohlensaures Natron, Kochsalz, Natriumphosphat, Borsäure, Soda, Alaun, Salmiak, Glaubersalz, Bittersalz u.a.

Wasser mit Zusätzen hat eine höhere Verdampfungstemperatur. Der brennende Gegenstand wird mehr abgekühlt. Ist das Wasser verdunstet, überziehen die Salze den brennenden Gegenstand mit einer Kruste, die den Sauerstoff fernhält. In Gegenwart elektrischer Spannung nicht anwenden.

7. Was sind flammenerstickende Gase und wie wirken sie?

Inerte Gase sind nichtbrennende Gase, die in ausreichender Konzentration eine Verbrennungsreaktion verhindern. Brauchbar dafür sind insbesondere Kohlendioxid und Stickstoff. Die Verwendung anderer Gase scheitert daran, daß sie gesundheitsschädlich sind. Sollen Gase zur Brandbekämpfung angewendet werden, so kann man nur mit einem Erfolg rechnen, wenn

1. der Brandraum annähernd abgedichtet werden kann
2. der Brandraum nicht zu groß ist.

Das ausströmende Gas verdrängt den Sauerstoff, wobei die vollständige Verdrängung des Sauerstoffes nicht erforderlich ist. So erlischt z.B. eine brennende Kerze, sobald die Luft in dem betreffenden Raum weniger als 15 % Sauerstoff enthält. Auf gleiche Art wirkt sich die Anreicherung mit nichtbrennbaren Gasen aus. Ist im Raum die Luft in einem gewissen Verhältnis mit unbrennbaren Gasen gemischt, so ist sie nicht mehr sauerstoffreich genug, um die Verbrennung zu unterhalten. Bei Kohlendioxid ist das bei 25 % der Fall. Damit das notwendige Mischungsverhältnis schnell erreicht wird, muß das Gas unter starkem Druck in den Brandraum eingeführt werden.

Im Freien wird man mit den Gasen so gut wie keine Wirkung erreichen, da sie von den Brandgasen schnell nach oben gerissen werden. Kohlendioxid und Stickstoff sind elektrische Nichtleiter, können also bei Hochspannungsanlagen ohne Gefahr benutzt werden.

Vorsicht beim Betreten von Räumen, in denen mit nichtbrennbaren Gasen (Kohlendioxid, Stickstoff) ein Feuer bekämpft worden ist. Der Sauerstoffgehalt im Raume kann so weit herabgesetzt sein, daß Lebensgefahr besteht.

8. Was ist Trockenlöschpulver und wie wird es angewandt?

Trockenlöschpulver besteht für die Brandklassen B und C im wesentlichen aus Natriumbicarbonat (doppelkohlensaures Natrium) mit Zusätzen, für die Brandklassen A, B und C aus Ammoniumphosphat und Ammoniumsulfat mit Zusätzen. Die Zusätze sind erforderlich, um die Pulver feuchtigkeitsunempfindlich und rieselfähig zu machen.

Würde Trockenlöschpulver nur von Hand auf den Brandherd gestreut, so wäre die Löschwirkung gleich, als wenn Sand verwendet würde. Die Trockenlöschpulver entfalten ihre volle Wirksamkeit, wenn sie in dichter, nicht zu stark mit Treibgas durchsetzter Wolke in die Flammenzone eingebracht werden. Die Löschwirkung des Pulvers beruht einerseits auf einer gewissen kühlenden Wirkung (Schmelzenergie ≙ Energieentzug), andererseits auf der sog. Antikatalyse, d. h. einer Störung bzw. Eingriffs in die Verbrennungsreaktion. Nach neueren Erkenntnissen läuft die Verbrennung über „Radikalzwischenstufen“ ab. Wird in diese Kette eingegriffen, z. B. durch Löschmittel, erlischt das Feuer, da ihm die Nahrungsquelle entzogen wird.

9. Welche Arten von Schaum gibt es?

Wir unterscheiden zwei Arten:

1. *Chemischer Schaum*
Der chemische Schaum hat heute keine praktische Bedeutung mehr.

2. *Luftschaum*
Er wird gebildet durch innige Durchmischung von Wasser, Schaummittel und Luft.

Schaum wird nach folgenden Verschäumungszahlen klassifiziert:

bis 20fache Verschäumungen:	Schwerschaum
21–200fache Verschäumung:	Mittelschaum
201–1000fache Verschäumung:	Leichtschaum

Bestandteile: (bei 3,5 % Zumischung)

Schwerschaum 6fach		
Vol.-% : rd.	16,1	Wasser
	0,56	Schaummittel
	83,34	Luft
Mittelschaum 75fach		
Vol.-% : rd.	1,3	Wasser
	0,04	Schaummittel
	98,66	Luft

Leichtschaum 1000fach

Vol.-% : rd.	0,096	Wasser
	0,004	Schaummittel
	99,9	Luft

10. Welche Schaummitel gibt es nach DIN 14 272?

a) Schaummittel zur Erzeugung von *Schwerschaum*
   - Proteinschaummittel aus wasserlöslichen Eiweiß-Abbauprodukten
   - Fluor-Proteinschaummittel aus wasserlöslichen Eiweiß-Abbauprodukten und zusätzlichen fluorierten Wirkstoffen.

b) Schaummittel zur Erzeugung von Schwer-, Mittel- und Leichtschaum *(Mehrbereichsschaummittel)*

11. Worauf beruht die Löschwirkung?

Bei Schwer- und Mittelschaum auf dem Stickeffekt (die Schaumdecke auf der Oberfläche des Brandgutes unterbindet die Zufuhr von Luftsauerstoff) und dem Kühleffekt (Wasserabgabe aus dem Schaum).

Bei Leichtschaum vor allem auf dem Stickeffekt.

Brände in elektrischen Anlagen dürfen mit Schaum nicht bekämpft werden, da der Schaum den Strom leitet.

12. Wo liegen die Anwendungsbereiche?

Schwerschaum
Bekämpfung von Bränden der Klasse A (feste Stoffe wie Holz, Stroh, Faserstoffe, Kohle) und B (flüssige Stoffe wie Benzin, Benzol, Öle, Fette, Lacke, Teere). Wichtigstes Einsatzgebiet ist die Mineralölindustrie.

Mittelschaum
Mittelschaum kann zur erfolgreichen Bekämpfung von Flächenbränden im Freien eingesetzt werden, in Sonderfällen auch für das Füllen und Fluten von Räumen.

Leichtschaum
Vorwiegend für das Füllen und Fluten von Räumen (z. B. Keller, Lagerräume u.ä.) bei Bränden der Brandklassen A und B. Verqualmte, schwer zugängliche Brandherde lassen sich mit Leichtschaum eindämmen und beherrschen. Hierbei ist die spezifische Schaumrate pro Zeiteinheit im Verhältnis zur Raumgrundfläche bzw. Raumvolumen) von maßgebender Bedeutung.

13. Wieviel Schaummittel ist dem Wasser zuzumischen?

Normalerweise zwischen 1 und 6 Prozent.

Beispiele:
1 % bei gewissen AFFF-Konzentraten
3 % bei Mehrbereichsschaummitteln
4 % bei gewissen Proteinschaummitteln
6 % bei höheren viskosen Mehrbereichsschaummitteln

14. Was versteht man unter der Verschäumungszahl?

Die Verschäumungszahl nach DIN 14 272 ist: das Schaumvolumen in Liter geteilt durch das Schaumgewicht in kg. Sie gibt näherungsweise an, um wieviel sich das Volumen des Wasser-Schaummittel-Gemisches vergrößert hat.

15. Was versteht man unter der Wasserhalbwertszeit?

Das ist die Zeit, in der die Hälfte der im Schaum enthaltenen Flüssigkeit ausgeschieden wird. Sie soll nicht unter 15 Minuten liegen.

16. Was ist über das Schaummittel AFFF zu sagen?

AFFF ist ein filmbildendes Schaummittel. Die Bezeichnung AFFF entstammt der englischen Benennung des Schaummittels „**A**queous **F**ilm **F**orming **F**oam“. Es ist geeignet für die Brandklassen A und B sowie zum vorbeugenden Abdecken von Flächen. Als Schaum aufgetragen bildet es, infolge seiner großen Oberflächenaktivität, einen gasdichten Film. Es ist rückzündungssicher, da sich der Film auch dann wieder schließt, wenn er aufgerissen wird. Durch hohe Kühlwirkung wird zudem die Brandtemperatur schnell gesenkt. AFFF kann dem Löschwasser zur Verminderung der Oberflächenspannung auch ohne Verschäumung zugemischt werden. Damit kann eine bessere Eindringtiefe des Löschwassers, z.B. bei Schwelbränden, Deponiebränden usw. erzielt werden. Siehe auch DIN 14 272 Teil 3.

17. Worauf beruht die Löschwirkung von Kohlendioxid?

Die Löschwirkung von Kohlendioxid (CO_2) beruht auf seiner erstickenden Wirkung durch Verdrängung des Luftsauerstoffes. Anwendung deshalb vor allem in geschlossenen Räumen. Die kühlende Wirkung von CO_2 kann vernachlässigt werden. Kohlendioxid soll als Gas und nicht als „Schnee" in die Flamme gebracht werden; Schnee entsteht zwar an der Düse, ist aber praktisch löschunwirksam.

Wegen der erstickenden Wirkung ist Vorsicht in geschlossenen engen, schlecht belüfteten Räumen geboten. Kohlendioxid ist ein elektrischer Nichtleiter und deshalb für Stark- und Schwachstrombrände ein wertvolles Löschmittel. Schädliche Veränderungen werden durch Kohlendioxid nicht hervorgerufen.

18. Was sind Halonlöschmittel?

Halone sind Kohlen-Wasserstoff-Verbindungen, bei denen Wasserstoffatome durch Halone (Fluor, Chlor, Brom oder Jod) ersetzt sind. Es sind dies die Halone 1211 (Bromchloridfluormethan), Halon 1301 (Bromtrifluormethan).

Die Ziffern bedeuten:

1. Ziff.: Zahl d. Kohlenstoffatome
2. Ziff.: Zahl d. Fluoratome
3. Ziff.: Zahl der Chloratome
4. Ziff.: Zahl d. Bromatome

Die Löschwirkung beruht auf Antikatalyse, d.h. Unterbrechung des chemischen Verbrennungsvorganges.

Hinweis:
Aufgrund einer Verordnung der Bundesregierung vom Mai 1991 ist die Verwendung von Halonen als Löschmittel grundsätzlich untersagt.

19. Wo finden Halone noch Verwendung?

In Feuerlöschern und z.T. Triebwerklöschanlagen von Flugzeugen, Rennwagen, Panzern und bei stationären Anlagen. Halone sind elektrisch nicht leitend.

Halon 1301 wird vor allem in stationären Anlagen verwandt.

20. Was versteht man unter dem Löschmittel Inergen?

Bei Inergen handelt es sich um ein inertes Löschgas, das aus Anteilen Stickstoff, dem Edelgas Argon und Kohlendioxid besteht. Das Löschmittel ist umweltverträglich und in den üblichen Löschkonzentrationen für Menschen ungefährlich. Häufig verwendet wird Inergen in der Zusammensetzung von 52 % Stickstoff, 40 % Argon und 8 % Kohlendioxid. Die Löschwirkung beruht vor allem im Verdrängen des Luftsauerstoffes. Es ergeben sich keine Löschrückstände.

21. Welche sonstigen Löschmittel werden in Sonderfällen eingesetzt?

1. Graugußspäne, trockener Sand, Salze, Zement, Kalk, z. B. bei Metallbränden.
2. Netzmittel zum Herabsetzen der Oberflächenspannung des Wassers, z.B. zur Bekämpfung von Schwelbränden.
3. Chemische Zusätze (Kunstdünger) zum Löschwasser bei der Waldbrandbekämpfung aus der Luft (in Deutschland bisher ohne Bedeutung).

V

Ortsfeste Löschanlagen

1. Welche ortsfesten Löschanlagen werden üblicherweise verwendet?

a) Sprühwasserlöschanlagen
b) Sprinkleranlagen
c) Pulverlöschanlagen
d) CO_2-Löschanlagen
e) Inergen-Löschanlagen
f) Halon-Löschanlagen*
g) Schaum-Löschanlagen
h) sonstige Löschanlagen.

* nicht mehr zugelassen

2. Was ist allgemein über ortsfeste Löschanlagen zu sagen?

Sie sind Bestandteile des vorbeugenden baulichen Brandschutzes, die für besonders gefährdete Objekte wie z.B. Tankanlagen, Produktionsanlagen, Kaufhäuser, Theater usw. gefordert werden können. Sie sind nach Größe, Art und Auslegung auf die einzelnen Objekte abzustimmen.

3. Welche Auslösearten gibt es bei den ortsfesten Löschanlagen?

a) Handauslösung
b) selbsttätige (automatische) Auslösung.

4. Was sind Sprühwasseranlagen?

Es sind ortsfeste Feuerlöschanlagen mit festverlegten Rohrleitungen und offenen Löschdüsen. Im Brandfall wird die Anlage ganz oder in einzelnen Gruppen selbsttätig und/oder von Hand ausgelöst. (Anwendung, wo Wasser verwendbar und schnelle Brandausbreitung zu erwarten sind, z.B. Bühnen, Regenvorhänge, Müllbunker, Kabelkanäle usw.)

Anforderungen an die Ausführung siehe DIN 14 494.

5. Was sind Sprinkleranlagen?

Selbsttätige Löschanlagen mit festverlegten Leitungen und geschlossenen Düsen, die Entstehungsbrände erkennen, melden und bekämpfen.

Durch Öffnung der Sprinkler, die durch thermische Auslöseelemente (Schmelzlot, flüssigkeitsgefüllte Glasfässer) im Bereitschaftszustand verschlossen sind, entsteht bei sich entwickelnder Brandtemperatur ein Druckabfall in der Leitung, der die Alarmierung auslöst und automatisch die Brandbekämpfung einleitet. Durch das sofort austretende Löschwasser ist eine schnelle Brandbekämpfung gegeben. Die Wasserversorgung erfolgt durch zwei getrennte, voneinander unabhängige und stets einsatzbereite Wasserzufuhren.

Einzelheiten siehe auch DIN 14 489 und Richtlinien des Verbandes der Sachversicherer (VdS).

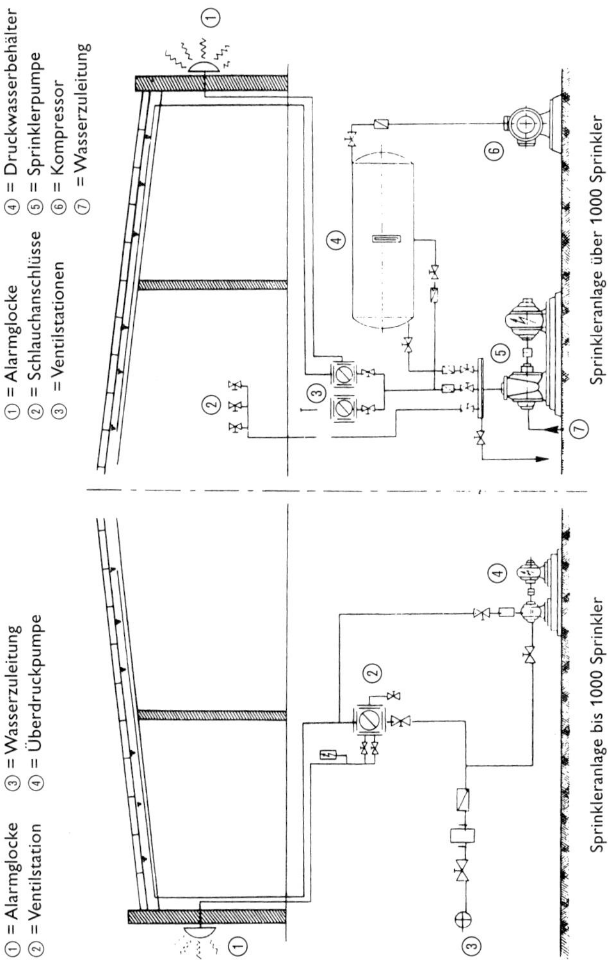

Bild 1: Sprinkleranlage (Total)

6. Wo werden Sprinkleranlagen eingebaut?

In Waren-, Geschäfts- und besonderen Hochhäusern, Ausstellungs- und Messehallen, Fabrik-, Industrie- und Lagerhallen, Theatern und Festsälen, Spinnereien und sonstigen Textilbetrieben, Holzverarbeitungsbetrieben, großen Tiefgaragen, Getreide- und Ölmühlen, Papier-, Gummi- und Kunststoff-Fabriken, Hotels usw.

Bild 2: Sprinklertypen

7. Welche Arten von Sprinkleranlagen werden in der Praxis verwendet?

a) Naßanlage: das gesamt Rohrnetz ist bis zum Sprinkler mit Wasser gefüllt und steht unter Druck. Beim Öffnen des Sprinklers beginnt sofort der Löschvorgang. Verwendung in frostfreien Bereichen.
b) Trockenanlage: In frostgefährdeten Bereichen ist das Rohrnetz mit Preßluft gefüllt. Öffnet ein Sprinkler, wird der Preßluftdruck im Rohrnetz abgebaut, das Löschwasser strömt in das Rohrnetz und der Löschvorgang beginnt. Die Brandbekämpfung erfolgt hier zwangsläufig verzögert gegenüber einer Naßanlage.
c) Vorgesteuerte Anlage: Sie ist eine Kombination aus einer Brandmelde- und Sprinkleranlage. Das Löschwasser strömt nur dann in das Rohrnetz, wenn die Brandmeldeanlage einen Brand gemeldet hat. Somit kann Wasserschaden bei beschädigtem Sprinklerkopf vermieden werden.

8. Wo sind stationäre Pulverlösch-Anlagen eingesetzt?

Stationäre Pulverlösch-Anlagen können sowohl für den Raum- als auch für den Objektschutz eingesetzt werden. Das Löschpulver wird

Bild 3: Pulver-Löschanlage einer Abfüllstation für brennbare Flüssigkeiten (Minimax)

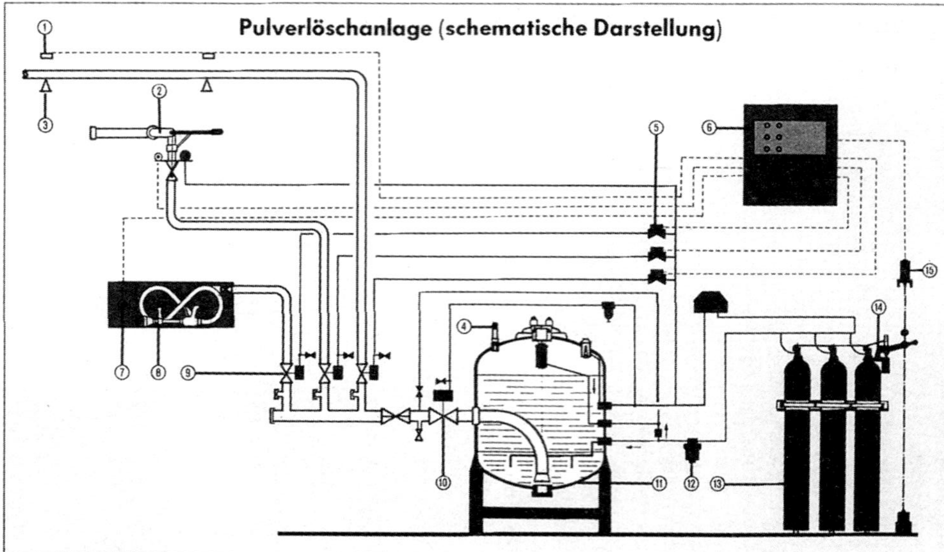

① = Temperaturschalter	⑤ = Magnetventil	⑨ = Verteilerhahn	⑬ = Treibgasflasche (Stickstoff)
② = Pulverwerfer	⑥ = Brandmeldezentrale	⑩ = Hauptpulverhahn	⑭ = Auslösevorrichtung
③ = Pulverdüse	⑦ = Druckknopfmelder	⑪ = Pulverbehälter	⑮ = Auslösemagnet
④ = Sicherheitsventil	⑧ = Pulverpistole	⑫ = Drucksteuergerät	

Bild 4: Pulverlöschanlage (Systembild) (Total)

in Behältern gelagert und im Brandfall durch Druckgas (z.B. Stickstoff) über spezielle Pulverdüsen zerstäubt. Anforderungen siehe DIN 14 492. Verwendung insbesondere bei: Flugzeughallen, chemischen Anlagen, Prüfständen, Abfüllstationen, Tankschiffen.

In Sonderfällen werden stationäre Pulverlöschanlagen auch bei Explosionsunterdrückungsanlagen verwendet.

9. Wann werden Kohlendioxid-Anlagen angewandt?

Kohlendioxid-Löschanlagen werden eingesetzt, wenn andere Löschmittel große Nebenschäden verursachen oder das Feuer nicht schlagkräftig genug ablöschen können. Beim Brand von schnell brennenden Flüssigkeiten oder Gasen ist eine CO_2-Anlage meist der einzig wirksame Brandschutz. Weitere Einsatzgebiete sind u.a.: elektrische Anlagen Schalt- und Steuerzentren, Webereien, Spinnereien, Druckmaschinen, Prüfstände, Rechenzentren, Labors usw.

Das Löschmittel CO_2, Kohlendioxid – auch als „Kohlensäure" bekannt –, ist ein farb- und geruchloses Gas, Es ist 1,5mal schwerer als Luft, nicht giftig, chemisch neutral und ein elektrischer Nichtleiter.

Das Prinzip dieses Löschverfahrens ist einfach: Feuer kann sich nur ausweiten, wenn es genügend Sauerstoff findet. Dies wird durch das ausströmende CO_2 verhindert. Es verdrängt in Sekundenschnelle den Sauerstoff und erstickt das Feuer. CO_2-Anlagen können manuell oder vollautomatisch ausgelöst werden. Zur Evakuierung des Personals

Bild 5: CO_2-Stahlflaschen-Batterie (Minimax)

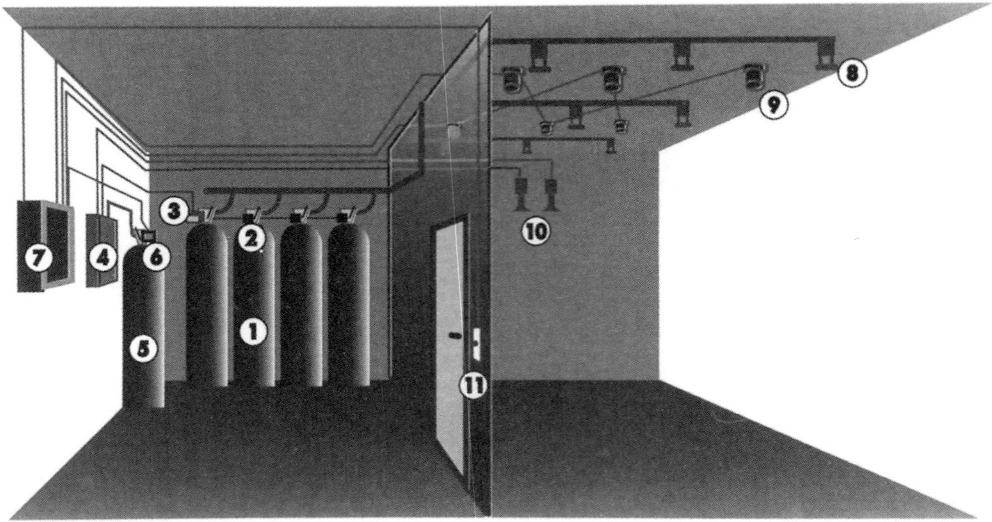

① = CO_2-Flaschen
② = Schnellöffnungsventil
③ = Pneumatische Auslösung
④ = Verzögerungseinrichtung
⑤ = Alarmflasche mit Funktion einer Pilotflasche
⑥ = elektrische gesteuerte Stoßfeder
⑦ = Brandmelde- und Steuerzentrale
⑧ = Löschdüse
⑨ = automatischer Brandmelder
⑩ = Signalgeber
⑪ = Handauslösung

Bild 6: Bestandteile einer automatischen CO_2-Löschanlage (Total)

beginnt jede CO_2-Flutung erst nach einem akustischen Signal. Die Vorwarnzeit richtet sich nach den örtlichen Gegebenheiten.

CO_2-Raumschutzanlagen
fluten im Brandfall den ganzen Raum.

CO_2-Objektschutzanlagen
schützen gezielt nur besonders gefährdete Objekte.

Bei kleineren CO_2-Anlagen wird das flüssige CO_2 in Stahlflaschen gelagert. Für größeren CO_2-Bedarf sind CO_2-Tiefkühlbehälter wirtschaftlicher.

10. Was sind Halonlöschanlagen?

Es sind Feuerlöschanlagen mit Löschmittel Halon mit Löschmittelbehälter, Leitungssystem, Düsen und Auslöseeinrichtung mit Alarmsignal und Vorwarnzeit (bei automatischen Anlagen mit Branderkennungseinrichtung und Warneinrichtung). Sie können nur in Räumen mit selbsttätig verschließbaren Öffnungen eingerichtet werden. Geschützte Räume sind durch Warnschild zu kennzeichnen.

Hinweis:
Aufgrund einer Verordnung der Bundesregierung vom Mai 1991 ist die Verwendung von Halon als Löschmittel grundsätzlich verboten.

11. Was sind Schaum-Löschanlagen?

Es sind Löschanlagen mit Schaum als Löschmittel. Sie können als Schwer-, Mittel- oder Leichtschaumanlagen ausgebildet sein. Sie bestehen aus Schaummittelbehälter, Löschwasserversorgung, Zumischregler, Rohrnetz, Abgabeorgan (z.B. Schaumrohr, Schaumdüse usw.). Sie werden zur Abdeckung von Sonderrisiken verwendet, z. B. zur Tankbeschäumung, bei Flugzeugwartungshallen.

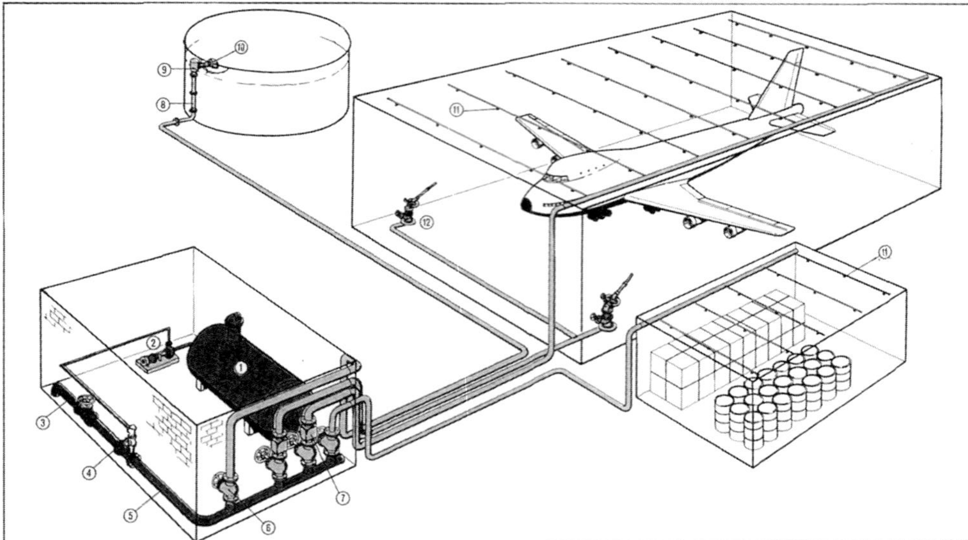

① = Schaummittelbehälter
② = Schaummittelpumpe
③ = Löschwasserversorgung
④ = Zumischregler
⑤ = Wasser-Schaumittelgemisch
⑥ = Absperrschieber
⑦ = Fernschalt-Ventilstation
⑧ = Schaumrohr
⑨ = Schaumtopf
⑩ = Schaumkrümmer
⑪ = Schaumdüsen
⑪ = Schaumwerfer

Bild 7: Bestandteile von Schaum-Löschanlagen (Total)

12. Was sind Inergen-Löschanlagen?

Es sind automatische oder handbetätigte Löschanlagen mit dem Löschmittel Inergen (sieheU). Die Bevorratung des Löschmittels erfolgt in Druckgasflaschenbatterien mit einem Fülldruck von 150 – 200 bar. Das Löschmittel wird über Rohrleitungssysteme und Löschdüsen in den Löschbereich eingeblasen. Die Funktionsweise ist insgesamt mit der von CO_2-Löschanlagen vergleichbar.

13. Welche ortsfesten Löschanlagen finden noch Verwendung?

a) Stationäre Berieselungsanlagen, z.B. für Tanklager, Raffinerien (siehe DIN 14 495).
b) Stationäre Wasser- und Schaum/Wasserwerfer mit festverlegten Leitungen und eigenen Pumpen bzw. Wasserbehältern, z.B. in Raffinerien, bei Tanklagern, in der chem. Industrie. Die stationären Werfer können vielfach ferngesteuert von einer Zentrale aus bedient werden; sie werden mittels Kameras überwacht.
c) Explosionsunterdrückungsanlagen.

W

Vorbeugender Brandschutz

1. Was versteht man unter vorbeugendem Brandschutz?

Alle Maßnahmen, die der Entstehung und Ausbreitung von Schadenfeuern vorbeugen und bei einem Brand eine wirksame Brandbekämpfung und die Rettung von Menschen und Tieren ermöglichen.

2. Wie kann der vorbeugende Brandschutz weiter unterteilt werden?

a) Vorbeugender *baulicher* Brandschutz, z.B. Anforderungen an Bauteile, Baustoffe, Rettungswege, Sicherheitseinrichtungen.

b) Vorbeugender *betrieblicher* Brandschutz, z. B. Anforderungen hinsichtlich organisatorischer Maßnahmen, Rauchverbot usw.

3. Was kann die Feuerwehr zum vorbeugenden Brandschutz beitragen?

a) *Aufklärung der Bevölkerung.*
Die große Zahl von Bränden, deren Ursache Unkenntnis oder Fahrlässigkeit ist, zeigen die Notwendigkeit laufender Aufklärung.

Die Feuerwehr kann z.B. durch Durchführung der Brandschutzwoche, eines Tags der offenen Tür usw. das Interesse für den Brandschutz wecken. Vor allem sollte die Feuerwehr durch guten Kontakt zur Presse Sorge tragen, daß über ihre Arbeit und über die Brände regelmäßig und sachbezogen berichtet wird.

b) *Regelmäßige Kontrolle der Löschwasserversorgung.*

c) *Aufstellung von Einsatz- und Alarmplänen* für größere oder besonders gefährdete Objekte. Überprüfung dieser Pläne durch Übungen und Vertiefung der Kenntnis über Lage und Beschaffenheit.

d) *Mithilfe bei der Ermittlung von Brandursachen* und deren Auswertung durch sachgerechte Brandberichte.
Nur durch die Kenntnis der Ursachen können Maßnahmen zur Verhütung weiterer Brände getroffen werden.

e) Mitarbeit bei der Begutachtung von Bauvorlagen. Dabei ist nicht nur auf die Einhaltung der Brandschutzanforderungen der baurechtlichen Vorschriften, sondern u.a. auf die Erreichbarkeit, die Brandmeldemöglichkeiten, die Löschwasserversorgung und die allgemeinen Voraussetzungen zu wirksamer Brandbekämpfung zu achten.

f) Mitarbeit bei der Bauabnahme.

g) Mitarbeit bei der Brandverhütungsschau. Die Brandverhütungsschau erstreckt sich auf Überprüfung der Gebäude in feuersicherheitlicher Hinsicht, und zwar auf die Gesamtanlage, die bauliche Ausführung und den Inhalt. Wertvoll ist hierbei noch, daß die Feuerwehr eingehende Ortskenntnisse vermittelt werden.

4. Welche Anforderungen an Gebäude können insbesondere im Bereich des vorbeugenden baulichen Brandschutzes gestellt werden?

Anforderungen bezüglich:

a) Anordnung und Abstände der Gebäude auf den Grundstücken

b) Zugänglichkeit zu den Gebäuden, Flächen für Feuerwehr (s. auch DIN 14 090)
c) Löschwasserversorgung
d) Größe der Brandabschnitte
e) Ausführung der Konstruktion (feuerbeständig, feuerhemmend, nicht brennbar)
f) Ausbildung der Flucht- und Rettungswege
g) Alarmierungsanlagen, Brandmeldeanlagen
h) Löschanlagen, Löschgeräte
i) Rauch- und Wärmeabzugseinrichtungen
j) betriebliche Maßnahmen, z.B. Rauchverbot, Verbot des Umgangs mit offenem Feuer, Beschränkung der Zugangsberechtigung zu gefährlichen Anlagen, zusätzliche Überwachungseinrichtungen usw.

5. Wer ist für die Durchsetzung der vorbeugenden Brandschutzmaßnahmen zuständig?

Die Baurechtsbehörden in Zusammenarbeit mit den Brandschutzdienststellen entsprechend den baurechtlichen Vorschriften der Bundesländer.

6. Wo sind insbesondere Vorschriften über vorbeugenden Brandschutz enthalten?

a) in den Bauordnungen der Länder
b) in Sonderbauverordnungen, z.B. Versammlungsstättenverordnung, Garagenverordnung, Geschäftshausverordnung, Krankenhausbau-Verordnung
c) Verordnung über brennbare Flüssigkeiten (VbF)
d) in Vorschriften über Gase, z.B. Druckgasverordnung, Techn. Regeln zur Verwendung von Flüssiggas (TRF).
e) in DIN und EN-Normen
f) in Verwaltungsvorschriften der Länder

Einsatzhinweis

Die Regelungen der Bundesländer können in Einzelpunkten abweichen.

7. Welche Maßnahme dient bei bestehenden Gebäuden insbesondere dem Brandschutz?

Die Brandverhütungsschau, auch Brandschau oder Feuerbeschau genannt. Sie wird – entsprechend den landesrechtlichen Vorschriften – bei bestimmten Gebäuden in regelmäßigen Zeitabständen (z. B. alle 5 Jahre) durchgeführt; dabei sollen feuergefährliche Zustände oder sonstige brandschutztechnische Mängel festgestellt werden. Diese Mängel müssen innerhalb festzulegender Fristen beseitigt werden.

8. Durch welche Maßnahmen kann bei Gebäuden ein notwendiger Feuerwiderstand erreicht werden?

Durch Anforderungen an Baustoffe und Bauteile hinsichtlich ihres Verhaltens im Feuer.

9. Welche Norm behandelt das Brandverhalten von Baustoffen und Bauteilen?

Die Norm DIN 4102

10. Was ist zu DIN 4102 zu sagen?

In der Form DIN 4102 werden Begriffe, Anforderungen und Prüfung behandelt, und zwar in

Teil	1	Baustoffe
Teil	2	Bauteile
Teil	3	Brandwände und nichttragende Außenwände
Teil	4	Zusammenstellung und Anwendung klassifizierter Baustoffe, Bauteile und Sonderbauteile
Teil	5	Feuerschutzabschlüsse, Abschlüsse in Fahrschachtwänden
Teil	6	Lüftungsleitungen
Teil	7	Bedachungen
Teil	8	Kleinprüfstand
Teil	9	Kabelabschottungen

Teil 11 Rohrleitungen, Installationskanäle
Teil 13 Brandschutzverglasungen

Teil 4 enthält eine Auflistung derjenigen Baustoffe, Bauteile und Sonderbauteile, über deren Brandverhalten eine eindeutige Aussage gemacht werden kann, weil ihre Eigenschaften auf der Grundlage von Normen beurteilt werden können.

Die Angaben der Norm können unmittelbar als Nachweis der entsprechenden Baustoffklasse oder Feuerwiderstandsklasse verwendet werden, ohne daß es eines weiteren Nachweises oder weiterer Prüfungen bedarf, jedoch müssen die in der Norm angegebenen Randbedingungen für die Klassifizierung eingehalten sein.

Für alle anderen Baustoffe, Bauteile und Sonderbauteile ist das Brandverhalten durch Prüfungen nach DIN 4102 nachzuweisen.

Nach den Bauordnungen der Länder dürfen Baustoffe, Bauteile und Bauarten, die noch nicht allgemein gebräuchlich oder bewährt sind, nur verwendet oder angewendet werden, wenn ihre Brauchbarkeit nachgewiesen ist.

Der Nachweis der Brauchbarkeit kann geführt werden durch:

- Prüfzeugnis einer anerkannten Prüfstelle
- Prüfzeichen des Instituts für Bautechnik, Berlin
- Bauaufsichtliche Zulassung des Instituts für Bautechnik, Berlin
- Bauaufsichtliche Zulassung im Einzelfall durch die oberste Baurechtsbehörde.

11. Wie werden Baustoffe unterteilt?

Baustoffklasse	Bauaufsichtliche Benennung
A	nichtbrennbare Baustoffe
A 1	
A 2	
B	brennbare Baustoffe
B 1	schwerentflammbare Baustoffe
B 2	normalentflammbare Baustoffe
B 3	leichtentflammbare Baustoffe

12. Was sind nichtbrennbare Baustoffe

In der Norm DIN 4102 Teil 4 sind klassifizierte Baustoffe der Baustoffklasse A 1 im Abschnitt 2.2.1 aufgeführt, für die kein weiterer Nachweis erforderlich ist, z.B. Beton, Stahl, Ziegel.

Baustoffe der Klasse A 2 bedürfen in jedem Fall eines besonderen Nachweises (Prüfzeichen).

13. Wann gelten Baustoffe nach DIN 4102 Teil 4 als schwer entflammbar? (Klasse B 1)

Ohne Nachweis gelten als schwer entflammbar (Baustoffklasse B 1) die in DIN 4102 Teil 4, Abschnitt 2.3.1 aufgeführten Baustoffe, z. B. Holzwolle-Leichtbauplatten, Eichen-Parkett.

14. Wann gelten Baustoffe als normal entflammbar? (Klasse B 2)

Ohne Nachweis gelten als normal entflammbar (Baustoffklasse B 2) die in DIN 4102 Teil 4, Abschnitt 2.3.2 aufgeführten Baustoffe, z.B. Holz mit einer Rohdichte $\geq$ 400 kg/m^3 und einer Dicke > 2 mm

15. Wann gelten Baustoffe als leicht entflammbar?

DIN 4102 Teil 1, Abschnitt 6.3 sagt: Brennbare Baustoffe, die weder in die Klasse B 1 noch in die Klasse B 2 einzuordnen sind, gelten als Baustoffe der Klasse B 3.

16. Was sind Bauteile?

Als Bauteile im Sinne der Norm gelten Wände, Decken, Stützen, Unterzüge, Treppen usw.

17. Wodurch wird das Brandverhalten von Bauteilen gegen Feuer gekennzeichnet?

Durch die Feuerwiderstandsdauer.

18. Was versteht man unter Feuerwiderstandsdauer?

Die Feuerwiderstandsdauer ist die Mindestdauer in Minuten, während der ein Bauteil bei Prüfung die nach der Norm gestellten Anforderungen erfüllt.

Entsprechend der Feuerwiderstandsdauer wird das Bauteil in die Feuerwiderstandsklasse eingeteilt, z.B. F30, F90.

19. Welche Feuerwiderstandsklassen kennen wir nach DIN 4102 Teil 2?

Es werden folgende Feuerwiderstandsklassen unterschieden:

Feuerwiderstandsklasse	Feuerwiderstandsdauer Minuten
F 30	$\geqq 30$
F 60	$\geqq 60$
F 90	$\geqq 90$
F 120	$\geqq 120$
F 180	$\geqq 180$

Da die einzelnen Bauteile aus verschiedenen Baustoffen bestehen können, von denen im wesentlichen ihr Brandverhalten abhängt, werden sie gemäß DIN 4102 Teil 2 in Benennungen nach folgender Tabelle benannt. Die Baustoffangaben gelten in erster Linie für den Querschnitt der Konstruktion, der für die Erreichung der Feuerwiderstandsklasse erforderlich ist.

	1	2	3	4	5
Zeile	Feuer-widerstands-klasse nach Tabelle 1	Baustoffklasse nach DIN 4102 Teil 1 der in den geprüften Bauteilen verwendeten Baustoffe für		Benennung 2) Bauteile der	Kurz-bezeichnung
		wesentliche Teile 1)	übrige Bestandteile, die nicht unter den Begriff der Spalte 2 fallen		
1	F 30	B	B	Feuerwiderstandsklasse F 30	F 30 – B
2		A	B	Feuerwiderstandsklasse F 30 und in den wesentlichen Teilen aus nichtbrennbaren Baustoffen 1)	F 30 – AB
3		A	A	Feuerwiderstandklasse F 30 und aus nichtbrennbaren Baustoffen	F 30 – A
4	F 60	B	B	Feuerwiderstandsklasse F 60	F 60 – B
5		A	B	Feuerwiderstandsklasse F 60 und in den wesentlichen Teilen aus nichtbrennbaren Baustoffen 1)	F 60 – AB
6		A	A	Feuerwiderstandsklasse F 60 und aus nichtbrennbaren Baustoffen	F 60 – A
7	F 90	B	B	Feuerwiderstandsklasse F 90	F 90 – B
8		A	B	Feuerwiderstandsklasse F 90 und in den wesentlichen Teilen aus nichtbrennbaren Baustoffen 1)	F 90 – AB
9		A	A	Feuerwiderstandsklasse F 90 und aus nichtbrennbaren Baustoffen	F 90 – A
10	F 120	B	B	Feuerwiderstandsklasse F 120	F 120 – B
11		A	B	Feuerwiderstandsklasse F 120 und in den wesentlichen Teilen aus nichtbrennbaren Baustoffen 1)	F 120 – AB
12		A	A	Feuerwiderstandsklasse F 120 und aus nichtbrennbaren Baustoffen	F 120 – A
13	F 180	B	B	Feuerwiderstandsklasse F 180	F 180 – B
14		A	B	Feuerwiderstandsklasse F 180 und in den wesentlichen Teilen aus nichtbrennbaren Baustoffen 1)	F 180 – AB
15		A	A	Feuerwiderstandsklasse F 180 und aus nichtbrennbaren Baustoffen	F 180 – A

1) Zu den wesentlichen Teilen gehören:
   a) alle tragenden oder aussteifenden Teile, bei nichttragenden Bauteilen auch die Bauteile, die deren Standsicherheit bewirken (z.B. Rahmenkonstruktionen von nichttragenden Wänden).
   b) bei raumabschließenden Bauteilen eine in Bauteilebene durchgehende Schicht, die bei der Prüfung nach dieser Norm nicht zerstört werden darf.
      Bei Decken muß diese Schicht eine Gesamtdicke von mindestens 50 mm besitzen; Hohlräume im Innern dieser Schicht sind zulässig.

   Bei der Beurteilung des Brandverhaltens der Baustoffe können Oberflächen-Deckschichten oder andere Oberflächenbehandlungen außer Betracht bleiben.

2) Diese Benennung betrifft nur die Feuerwiderstandsfähigkeit des Bauteils; die bauaufsichtlichen Anforderungen an Baustoffe für den Ausbau, die in Verbindung mit dem Bauteil stehen, werden hiervon nicht berührt.

20. Welche baurechtliche Benennung ergibt sich aus den Bauordnungen für Bauteile?

a) feuerhemmend (fh) für Konstruktionen der Feuerwiderstandsklasse F 30

b) feuerbeständig (fb) für Konstruktionen der Feuerwiderstandsklasse F 90

21. In welche weiteren Feuerwiderstandsklassen wird noch unterschieden?

Feuerwiderstandsklasse	z. B.	Bauteile
W nach DIN 4102 Teil 3	W 30, W 90	nichttragende Wände, Brüstungen, Schürzen
T nach DIN 4102 Teil 5	T 30, T 90	Feuerschutzabschlüsse, z. B. Türen, Tore, Klappen
G nach DIN 4102 Teil 13	G 30, F 30, G 60, F 60, G 90, F 90	Brandschutzverglasungen
L nach DIN 4102 Teil 6	L 30, L 90	Lüftungsleitungen
K nach DIN 4102 Teil 6	K 30, K 90	Absperrvorrichtungen gegen Brandübertragungen in Lüftungsleitungen

Für Abschlüsse in Fahrschachtwänden der Feuerwiderstandsklasse F 90 nach DIN 4102 Teil 5 und für Bedachungen nach DIN 4102 Teil 7 wurden ebenfalls keine besonderen Bezeichnungen gewählt. Die Abschlüsse und Bedachungen müssen jeweils einem Prüfverfahren nach Norm entsprechen, um den in den Bauordnungsvorschriften enthaltenen Forderungen zu genügen.

22. Nach welchen Zeit- und Temperaturanforderungen werden Baustoffe und Bauteile beim Brandversuch geprüft?

Entsprechend der Einheits-Temperaturzeitkurve (ETK) nach DIN 4102 (Bild 1).

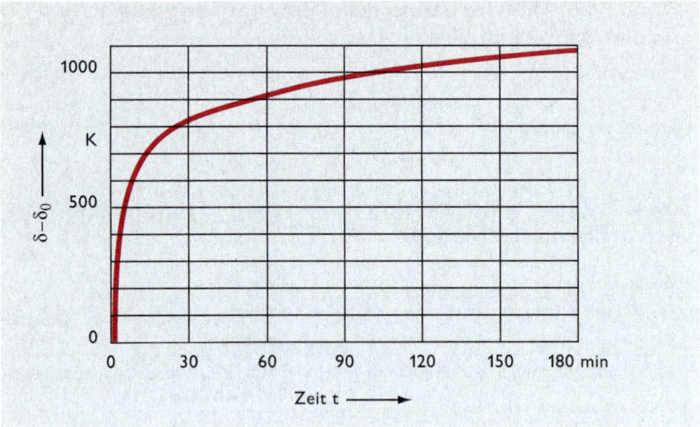

Bild 1: Einheits-Temperaturzeitkurve (ETK)

23. Wann sind i. d. R. Brandwände zu errichten?

- bei zu geringen Abständen von Gebäuden untereinander oder zu Grundstücksgrenzen
- zwischen aneinandergereihten Gebäuden
- innerhalb ausgedehnter Gebäude
- bei großen baulichen Anlagen mit erhöhter Brandgefahr.

24. Welche wesentlichen Anforderungen müssen Brandwände erfüllen?

Brandwände müssen feuerbeständig sein und aus nichtbrennbaren Baustoffen bestehen; sie müssen so beschaffen und angeordnet sein, daß sie bei einem Brand ihre Standsicherheit nicht verlieren und der Verbreitung von Feuer entgegenwirken. Sie dürfen keine ungeschützten Öffnungen haben.

25. Durch welche Maßnahmen werden Brandabschnitte gebildet?

- Abstände der Gebäude untereinander
- Anordnung von Brandwänden, bei mehrgeschossigen Gebäuden in Verbindung mit feuerbeständigen Decken.

26. Was versteht man unter notwendigen Rettungswegen?

Notwendige Rettungswege sind gesicherte Wege in Bauwerken, an die besondere Anforderungen hinsichtlich der Begehbarkeit im Brandfall gestellt werden, z.B. notwendige Flure und Treppenräume mit Ausgang ins Freie. Rettungswege dienen der Flucht im Gefahrenfall und gleichzeitig als Angriffsweg für die Feuerwehr.

27. Was versteht man unter dem „Prinzip zweier Rettungswege"?

Darunter ist zu verstehen, daß jede Nutzungseinheit in jedem Geschoß mit Aufenthaltsräumen über mindestens zwei voneinander unabhängige Rettungswege erreichbar sein muß. Dabei muß der erste Rettungsweg über eine notwendige Treppe führen; der zweite Rettungsweg kann eine mit Rettungsgeräten der Feuerwehr erreichbare Stelle oder eine weitere Treppe sein. Auf den zweiten Rettungsweg kann bei solchen Gebäuden verzichtet werden, die einen Sicherheitstreppenraum haben. Zu beachten ist dabei aber, daß dann in den jeweiligen Geschossen zumindest zwei Wege zu dem Sicherheitstreppenraum führen müssen.

28. Was versteht man unter Feuerwehraufzügen?

Hierbei handelt es sich um besonders gestaltete Aufzugsanlagen in eigenen feuerbeständigen Aufzugsschächten mit gesicherter Stromversorgung und besonderer Steuerungsmöglichkeit (Vorrangschaltung) mittels Schlüsselschalter für die Feuerwehr. Feuerwehraufzüge werden vor allem in Hochhäusern verlangt, um im Einsatzfall die Hilfsfrist für die Feuerwehr gering zu halten. Im Normalbetrieb werden die Feuerwehraufzüge wie andere Aufzüge genutzt. Feuerwehraufzüge müssen besonders gekennzeichnet sein.

29. Was versteht man unter Rauch- und Wärmeabzugsanlagen?

Es sind bauliche Einrichtungen, die im Brandfall die Abführung von Rauch und Wärme ermöglichen. Die Auslösung der Anlagen kann manuell (Handauslösung) oder automatisch erfolgen.

Rauch- und Wärmeabzugsanlagen ermöglichen der Feuerwehr bessere Möglichkeiten der Brandbekämpfung.

30. Wann und wo werden bei Neubauten Forderungen des vorbeugenden Brandschutzes gestellt?

Im Zuge des Baugenehmigungsverfahrens im Baubescheid (Baugenehmigungsbescheid).

31. Was versteht man unter dem Begriff „Flächen für die Feuerwehr“?

Flächen zu oder auf Grundstücken, die zur Durchführung eines Lösch- und Rettungseinsatzes für die Feuerwehr notwendig sind.

32. Welche „Flächen für die Feuerwehr“ werden in DIN 14 090 genannt?

- Zugänge (Durchgänge); sie dienen zum Erreichen rückwärtig liegender Grundstücksteile mit Rettungs- und Löschgeräten, z. B. mit tragbaren Leitern
- Feuerwehrzufahrten (Durchfahrten); sie dienen zum Erreichen von Aufstell- und Bewegungsflächen mit Feuerwehrfahrzeugen
- Aufstellflächen; sie dienen dem Einsatz von Hubrettungsfahrzeugen, z.B. DLK 23/12
- Bewegungsflächen; sie dienen dem Aufstellen von Feuerwehrfahrzeugen, der Entnahme und Bereitstellung von Geräten und der Entwicklung von Rettungs- und Löscheinsätzen.

33. Welche Anforderungen ergeben sich für die „Flächen für die Feuerwehr" nach DIN 14 090?

In DIN 14 090 sind Anforderungen enthalten hinsichtlich

- Abmessungen (Breite, Höhe)
- bauliche Gestaltung, z.B. Steigungen
- Kurvenradien
- Befestigungsart, Tragkraft
- Kennzeichnung.

34. Was versteht man unter dem Begriff „Sicherheitswachdienst" (Feuersicherheitswache)?

Das Stellen von Posten der Feuerwehr bei besonderen Veranstaltungen, z.B. in Theatern, Versammlungsstätten, in Zirkussen, in Messehallen, bei Großveranstaltungen usw. Die Stärke und Ausrüstung des Sicherheitswachdienstes der Feuerwehr richtet sind nach Art und Größe der Veranstaltung, bzw. nach baulichen Gegebenheiten.

Sicherheitswachdienst ist i.d.R. eine kostenpflichtige Tätigkeit der Feuerwehr, d.h. der Veranstalter hat die Kosten zu tragen.

35. Welche Haupttätigkeiten ergeben sich für den Sicherheitswachdienst?

Die Besetzung von festgelegten Posten und /oder die Durchführung von regelmäßigen Rundgängen. Dabei muß insbesondere darauf geachtet werden, daß die Sicherheitsbelange erfüllt sind, z.B. Freihalten der Flächen für die Feuerwehr, die Nutzbarkeit der Rettungswege, die Einsatzfähigkeit der Lösch- und Rettungseinrichtungen usw. Darüber hinaus muß darauf geachtet werden, daß die Veranstaltungen entsprechend des genehmigten Ablaufs abgewickelt werden. Für jeden Sicherheitswachdienst ist ein Bericht zu fertigen, in dem z.B. bestimmte Vorkommnisse festgehalten werden.

Im Gefahrenfall soll der Sicherheitswachdienst einen Entstehungsbrand bekämpfen, die Feuerwehr alarmieren, das Publikum beruhigen und anleiten, ggfs. die Räumung des Gebäudes veranlassen, Sicherheitseinrichtungen betätigen (z.B. Eiserner Vorhang, Rauchabzug, Berieselungsanlagen) und die anrückende Feuerwehr einweisen.

X

Verschiedene Brände, ihre Ursachen und Bekämpfung

1. Zimmerbrand

Zimmerbrände werden mit möglichst geringem Wassereinsatz bekämpft, z.B. mit Kübelspritze, C- oder D-Sprühstrahl. Bei stark ausgedehnten Bränden, bei denen der Einsatz eines Rohres erforderlich wird, Sprühstrahl verwenden, um Wasserschäden zu vermeiden. Bei starker Rauchentwicklung für Rauchabzug sorgen. Nur mit Atemschutzgerät vorgehen.

Nicht in den Rauch hineinspritzen. Nur Wasser geben, wenn der Brandherd erkannt ist. Löschwasser zur Vermeidung von Wasserschaden ggfs. aufnehmen, z.B. mittels Wassersauger. Stark schwelende Gegenstände wie Betten, Sessel, Sofas usw. aus dem Raum entfernen.

Vorsicht bei Öffnen der Tür. Es kann evtl. zur Stichflammenbildung kommen, deshalb geschützt Aufstellung nehmen.

2. Deckenbrand (Holzbalkendecke)

Brandherd aufsuchen durch Abtasten des Fußbodens oder der darunterliegenden Decke. Der Fußboden ist an der Brandstelle warm. Die darunterliegende Decke färbt sich evtl. dunkel. Wenn der Brandherd ermittelt, dann freilegen. Genügend Wasser bereithalten. Beim Öffnen des Fußbodens vorsichtig zu Werke gehen. Fußboden zwischen den Balken anbohren und mittels Stichsäge oder Motorkettensäge ausschneiden.

In dem darunter befindlichen Raum Posten aufstellen und brennbare Gegenstände von der gefährdeten Stelle wegschaffen bzw. den Raum ausräumen. Wasser bereithalten. Befindet sich der Brandherd unter einer Feuerstätte (Kachelofen oder Herd), dann diese Feuerungsanlage abtragen, um an den Brandherd zu kommen. Kacheln von oben anfangend behutsam abnehmen. Nach Abnahme einer Schicht die nächste Schicht zuerst mit Wasser besprengen, um den Staub zu binden. *Vorsichtig abtragen,* da die Balkenlage geschwächt und die Feuerungsanlage in das untere Stockwerk stürzen kann. Evtl. kann Abstützung notwendig werden.

Vor dem Abrücken muß noch die ganze Decke untersucht werden, damit kein Brandnest zurückbleibt. Zum Löschen möglichst Kübelspritze oder D-Strahlrohr verwenden (Wasserschaden vermeiden).

3. Gasausströmung

Sofort für Absperrung der Gaszufuhr durch Schließen des Hauptgashahns sorgen. Explosionsgefahr, absolutes Rauchverbot, auch für Zuschauer, für schnelle Durchlüftung sorgen. Funkenbildung vermeiden. Keine Klingel, Beleuchtung oder Funkgerät betätigen.

Personen, die sich in dem vergasten Raum befinden, sofort wegschaffen.

Bei *größeren Räumen* oder wenn der Aufenthalt in einem vergasten Raum längere Zeit in Anspruch nimmt, Atemschutz (umluftunabhängig) anlegen.

Wenn eine Hauptgasleitung zu Bruch gegangen ist und sich entzündet hat, so soll man sie, wenn für die Umgebung keine unmittelbare Gefahr besteht, brennen lassen und das Gaswerk benachrichtigen, damit die Hauptleitung abgesperrt wird. Umgebung schützen. Die Absperrung von Hauptleitungen dauert meist längere Zeit, da Gasleitungen nicht wie Wasserleitungen einfach abgeschiebert werden können.

Bei Ausströmungen ohne Zündung gefährdete Bereiche ausmessen (Explosionsmeßgerät, Gasspürgerät), absperren, Bevölkerung evakuieren und Löschgerät bereitstellen.

4. Kellerbrände

Bei Bränden in Kellern liegt in aller Regel unvollständige Verbrennung und damit starke Rauchentwicklung und Kohlenmonoxidbildung vor. Daher immer Atemschutz notwendig. Besonders bei größeren Kellern von Bewohnern Grundriß, Lage elektrischer Anschlußstellen, Hauptgashahn, Heizöllagerstellen, bei Lagern auch Lagergut (wegen Löschmittel) erfragen.

Lage des Brandherdes erkunden, durch Beobachtung von Fenstern, Schächten, Aufzügen, Abtasten des darüberliegenden Fußbodens auf besonders erwärmte Stellen, evtl. Abhören, ob knackendes oder knisterndes Feuergeräusch Hinweise bringt.

Beim Eindringen in den Keller größte Vorsicht! Gefahr vor Stichflammen. Deckung suchen, Kellertreppe rückwärts gebückt oder vorwärts gehockt begehen. Genügend Schlauchreserve und Rückzugsweg sichern (Hände am Schlauch, Sicherungsleine).

Auf Durchbrüche wie Schächte, Aufzüge, Installationsöffnungen usw. achten wegen Durchbruchsgefahr des Feuers. Sie wirken wie Schornsteine. Besteht Verbindung zum Treppenhaus, dieses von Personen räumen, für Rauchabzug sorgen. Bei Kellerbränden ist vielfach die Räumung aller darüberliegenden Wohnungen notwendig.

5. Treppenhausbrände (Holztreppen)

Besondere Gefahr für die Bewohner, da der Fluchtweg versperrt ist. Türen zum Treppenhaus in allen Wohnungen geschlossen halten. Falls erforderlich, die abgeschnittenen Personen über 2. Rettungsweg in Sicherheit bringen. Brandbekämpfung von oben und unten durchführen. Übertragung des Brandes auf den Dachstuhl ist möglich, da das Treppenhaus wie ein Schornstein wirkt. Wird die angebrannte Treppe betreten, dann vorsichtig sein, da mit einem Einsturz gerechnet werden muß. Evtl. Steckleiterteile zur Lastverteilung auf Treppe auflegen.

6. Flash-over (Feuerübersprung)

Begriff aus dem englischsprachigen Bereich, der ein *schlagartiges Durchzünden* aller brennbaren Stoffe in einem Raum oder Bereich beschreibt. Der Ablauf kann vereinfacht wie folgt beschrieben werden: In der Anfangsphase eines Brandes erfolgt durch die Wärmeentwicklung eine thermische Aufbereitung der brennbaren Stoffe. Wenn die dabei freiwerdenden Brandgase ein explosibles Gemisch bilden und die Zündtemperatur erreicht ist, kommt es zum „Flash-over". Durch plötzlichen Luftzutritt, z.B. Öffnen einer Tür oder Bersten von Fensterscheiben wird ein solcher Vorgang begünstigt. Ein solcher „Flash-over" wird nicht bei jedem Brandfall erreicht, die vorgehenden Trupps der Feuerwehr müssen aber z.B. beim Öffnen von Türen im Zuge der Brandbekämpfung damit rechnen und entsprechend „taktisch geschützt" vorgehen.

7. Schornsteinbrand

Gesamten Schornstein in allen Stockwerken abgehen und laufend auf defekte Stellen in den Schornsteinwangen beobachten. Brennbares Material am Schornstein entfernen, besondere Sorgfalt im Dachstock. Zwischendecken beobachten (Gefahr eines Deckenbrandes als Folge defekter Schornsteinwangen).

Gegebenenfalls Funkenflug beobachten und Nachbargebäude überprüfen. Nicht löschen, kontrolliert ausbrennen lassen. Löschgeräte und Löschmittel in allen Geschossen bereithalten. Schornstein evtl. durchstoßen (Kugelkette im Schornsteinfegerhandwerkzeug), damit freier Zug im Schornstein bleibt.

Bei Schornsteinbränden können sehr hohe Temperaturen auftreten, daher nie mit Wasser löschen (schlagartige Ausdehnung; 1 l Wasser ergibt 1700 l Wasserdampf, Gefahr des Zerreißens des Schornsteins). Müßte im Ausnahmefall doch einmal gelöscht werden, Pulverlöscher verwenden.

Schornsteinfeger benachrichtigen.

8. Brände in Geschäftshäusern

Als *vorbeugende Maßnahme* ist es wichtig, daß sich die Feuerwehr rechtzeitig durch die Besichtigung der in ihrem Bereich liegenden Geschäftshäuser Ortskenntnisse aneignet und sich über die bauliche Beschaffenheit des Grundstücks, über die Beschaffenheit der Lagervorräte, der Angriffs- und Fluchtwege und über die Wasserverhältnisse unterrichtet. Einsatzpläne sind auszuarbeiten, durchzusprechen und Übungen abzuhalten. Reichen die eigenen Kräfte für ein evtl. Großfeuer nicht aus, sind schon übungsmäßig Nachbarwehren heranzuziehen, damit auch diese Ortskenntnisse erwerben und für den Ernstfall eingespielt sind.

Während der Verkaufszeit ist in aller Regel mit Rettungsmaßnahmen zu rechnen (Kontrolle ob Gebäude geräumt ist). Große Geschäftshäuser haben fast immer Sprinkleranlagen eingebaut. Sprinkleranlage erst absperren, wenn ausreichend Rohre durch Feuerwehr vorgenommen sind!

9. Brände in Industrieanlagen

Auch hier wie bei Geschäftshäusern Einsatzpläne vorbereiten und sich durch Abhalten von Übungen mit der Örtlichkeit, der Anfahrt, der Wasserversorgung, den Angriffswegen usw. vertraut machen.

Auf Durchbrechungen in Brandmauern achten. Augenmerk auf ungeschützte Stahlkonstruktionen (Einsturzgefahr) richten.

Feststellen, ob Stahlflaschen mit Preßluft oder mit verdichteten Gasen, oder ob Acetylengasanlagen, Spritzkabinen oder -anlagen, Chemikalien usw. vorhanden sind. Hierbei evtl. Personal zu Rate ziehen. Auch feststellen, ob mit Wasser gearbeitet werden kann oder nicht. Gasflaschen herausschaffen; wenn nicht mehr möglich, Rohre zum Kühlen einsetzen. Die vorgehenden Trupps gehen am Boden vor, geschützt durch Mauern, Pfeiler usw., damit sie einer evtl.

explodierenden Flasche kein großes Ziel bieten. Rückzugsweg stets offenhalten.

Massive Mauern oder Giebel, die sich nach außen neigen, von der dem Feuer zugekehrten Seite kühlen. Sie gehen dann meist in alte Lage zurück. Ist dies nicht der Fall, absteifen soweit möglich, ansonsten absperren und Einsatzkräfte aus Gefahrenbereich zurückziehen.

Großbrände in Industrieanlagen können praktisch nur mit Rohren großer Wurfweite (B-Rohre, Monitore, Wasserwerfer, Wenderohre an Drehleitern) und hoher Wasserleistung bekämpft werden. Deshalb unbedingt ausreichende Wasserversorgung aufbauen.

Je nach Brandgut evtl. Löschwasserrückhaltung notwendig.

10. Chemische Betriebe

Stets erkunden, welche Materialien vom Brand betroffen sind, und ob mit Wasser gearbeitet werden kann oder nicht.

Besondere Vorsicht, wenn Säuren oder Laugen ausgelaufen oder Glasballons geplatzt sind.

Auf giftige Gase und Dämpfe achten.

Chemische Betriebe verfügen meist über ein eigenes leistungsstarkes Feuerlöschnetz (Betriebswasserversorgung) mit höheren Betriebsdrucken und eigene Werk- oder Betriebsfeuerwehren.
Evtl. Löschwasserrückhaltung erforderlich.

11. Mineralöl-, Faß- und Tanklager

Gefährlichkeit der Flüssigkeiten nach ihrer Gefahrklasse beachten.

Feststehende Tanks müssen nach den einschlägigen Vorschriften mit einer Berieselungs- und Schaumlöschanlage versehen sein. Vom Feuer noch nicht erfaßte Tanks gleichmäßig kühlen. Explosionsgefahr durch überhitzte Tanks, Ventile zwischen den einzelnen Tanks geschlossen halten. Reichlich Mannschaft zur Ablösung bereithalten.

Genügend Schaummittel und Schaumrohre bereitstellen, dann schlagartig alles einsetzen. Geschlossene Schaumdecke auftragen. Gefahr von Rückzündungen, deshalb stark kühlen.

Achtung: Vielfach müssen Auffangräume noch während der Brandbekämpfung ausgepumpt werden, damit brennbare Flüssigkeiten nicht in benachbarte Bereiche gelangen.

12. Sägewerk, Holzlager, Holzbearbeitungsbetriebe

Brände in Sägewerken entstehen meist im Spänebunker und können durch Späneabsaugvorrichtungen auf den eigentlichen Betrieb übertragen werden. Absaugvorrichtung sofort stillegen. Schieber der Absaugrohre schließen. Durchbrüche unter den Gattern beobachten.

Wegen des starken Funkenflugs Nachbarschaft gefährdet. Eine besondere Gefahr sind Blechschornsteine mit Stahldrahtanker. Löst sich ein solcher Stahldrahtanker, kann der Einsturz des Schornsteins die Folge sein. Wenn der Schornstein glühend wird, verliert er seine Standfestigkeit. Bei *Holzlagern* besteht besondere Gefahr, da schnelle Brandausbreitung erfolgt. Gewaltige Hitzeentwicklung. Großer Wasserverbrauch. B-Rohre und Wasserwerfer einsetzen. Holzstapel unter größter Vorsicht einreißen. Vorgehende Trupps gegen strahlende Hitze sichern.

13. Ausströmungen von Ammoniak

Ammoniak wird vielfach in Kühlanlagen verwandt.

Undichtigkeiten an der Kühlmaschine, defekte Rohrleitungen oder beschädigte Packungen zwischen den Flanschen führen zu Ausströmungen von Ammoniak. Ein Gemisch von 17–27 % Ammoniak mit Luft ist explosionsfähig. Atemschutz. Ist Ammoniaklösung ausgeflossen, so wird Sägemehl oder Bindemittel zum Aufsaugen auf den Boden gestreut und Essigwasser darübergegossen.

Ausströmendes Ammoniak mit viel Wasser niederschlagen. Umgebung absperren und evtl. evakuieren.

14. Theater, Versammlungsstätten

Bei Aufführungen müssen je nach Gebäude- und Veranstaltungsart Sicherheitswachen gestellt werden.

Löschvorrichtungen auf der Bühne, die von der Theaterwache oder dem Bühnenpersonal sofort in Tätigkeit gesetzt werden können, sind Regenanlagen, Wandhydranten und tragbare Löschgeräte.

Bei größeren Bühnen ist der vorhandene eiserne Vorhang sofort zu schließen.

Große Panikgefahr! Daher beruhigend auf das Publikum einwirken. Feststellen, ob alle Personen das Theater verlassen haben.

Bei einem im Bühnenhaus ausgebrochenen Brand den eisernen Vorhang kühlen. Übergreifen des Feuers verhindern und alle anstoßenden und darüberliegenden Räume überwachen.

Verbindungstüren, soweit sie nicht gebraucht werden, geschlossen halten. Augenmerk auch auf Magazine, insbesondere Kleidermagazine, richten. Die zuständige Feuerwehr muß durch Besichtigungen und Übungen mit den Räumlichkeiten und den Einrichtungen vertraut sein. Unbedingt Einsatzpläne erarbeiten.

Bei Versammlungsstätten vielfach eine höhere Ausrückestufe der Feuerwehr.

15. Heuselbstentzündung

Bei Heustöcken kann aus verschiedenen Ursachen während der Gärungszeit eine so starke Erhitzung eintreten, daß es zur Selbstentzündung des Heus kommt. Der jeweilige Besitzer ist daher verpflichtet, den Heustock während der Gärungszeit zu überwachen. Er könnte sonst wegen fahrlässiger Brandstiftung belangt werden.

1. *Wie wirkt sich die Überhitzung aus?*
   Durch Verkohlen des Heus entstehen Kanäle, die beim Betreten des Heustocks zusammenbrechen können. Deshalb Vorsicht beim Betreten, Weg sichern durch Bretter, Steckleiterteile oder ähnliches. Mulden und Vertiefungen an der Oberfläche deuten auf vorhandene Kanäle hin.

2. *Was hat die Feuerwehr zu tun?*
   Mit Heusonden an möglichst vielen Stellen aus verschiedenen Richtungen messen.

Bild 1: Der Temperaturverlauf im Futterstock ist mit einer einwandfreien, genügend langen Heumeßsonde gewissenhaft zu überwachen. (Foto: Bayer. Versicherungskammer München).

Heusonden gibt es in verschiedenen Ausführungen.

a) Die Thermomechanische (Bild 1)
Sie besteht aus mehreren zusammensteckbaren Rohren. Im ersten, mit Lanzenspitze versehenen Rohr ist das Thermometer eingebaut oder wird eingeschoben. Zum Ablesen der Temperatur wird die Sonde nach etwa 15 Minuten herausgezogen.

b) Die Thermoelektrische, die sogenannte Aurichsonde (Bild 2 und 3)
Sie besteht aus einer zweischneidigen Messerspitze mit eingebauter temperaturempfindlicher Diode, Meßlanze aus glasfaserverstärktem Kunststoff und einem elektronischen Meßgerät, an dem die Heustocktemperatur abgelesen werden kann. Sie mißt die Temperatur auf elektrischem Wege und hat u. a. den Vorteil, daß der Meßvorgang wesentlich weniger Zeit beansprucht.

3. Wann besteht Gefahr?
Bei 50 °C noch normal verlaufende Gärung; bei 50 – 60 °C bedenklich. Häufig Messungen durchführen.
Bei 70 °C und darüber besteht Brandgefahr. Die Temperatur kann sich in kürzester Zeit erheblich steigern. Heu muß abgetragen werden. Keine Zeit verlieren. Feuerwehr hinzuziehen.

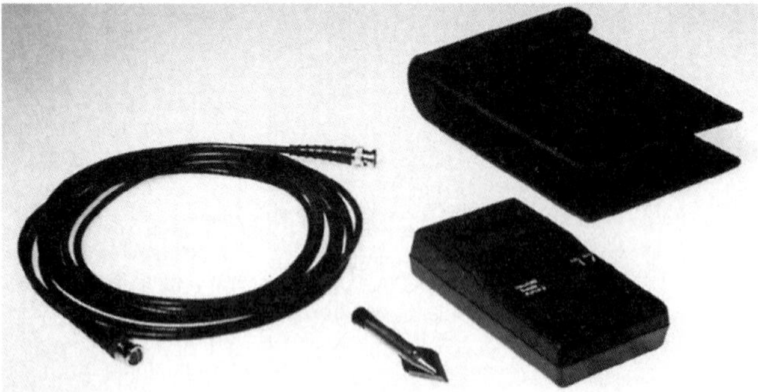

Bild 2: Thermoelektrische Sonde (Heim)

Bild 3: Aurichsonde im Einsatz (Heim)

4. *Wie verhält man sich, wenn man mehrmals Messungen durchführen muß?*
Am besten, man zeichnet sich auf ein Stück Papier die Umrisse des Heustocks auf, trägt die Meßstellen und das Meßergebnis ein. Bei weiteren Messungen wird das Ergebnis daneben geschrieben, so daß man stets verfolgen kann, ob die Temperatur konstant ist, fällt oder steigt.

5. *Was macht die Feuerwehr, wenn das Heu abgetragen werden muß?*
Sie wird entsprechend der Größe des Objekts ein oder mehrere Rohre in Stellung bringen. Wasser am Strahlrohr.
Vorsicht beim Abtragen und Ausfahren. Möglichst wenig Luftbewegung. Wenn Einsatz von Wasser erforderlich, dann Sprühstrahl. Eine schlagartige Entzündung kann eintreten, wenn beim Abtragen die Außenluft an den Wärmeherd herankommt. Deshalb vorsichtig zu Werke gehen.
Auch im Freien kann sich das schon ausgefahrene Heu noch entzünden, folglich so abladen, daß bei nachträglicher Entzündung die Umgebung nicht gefährdet ist.

6. *Das Heuwehr-Gebläseabkühlgerät*
Das Verfahren besteht im wesentlichen aus dem Absaugen der heißen Gase und Dämpfe aus dem Stapel und dem späteren Einblasen von Frischluft mit Hilfe eines elektrisch betriebenen tragbaren Gebläses.
Zunächst wird mit einer Heumeßsonde die Lage des Erhitzungsherdes festgestellt. Dann werden sechs Rohrsonden, deren Spitzen mit Löchern versehen sind, in den Heustock eingerammt. Wird eine besondere starke Erhitzung festgestellt, kann in den Stock aus kleinen Behältern Wasser in geringen Mengen eingeführt werden. Das Gebläse saugt die Gase und den durch das Wasser im Erhitzungsherd entstandenen Dampf nach außen ab. Diese Entlüftung dauert mehrere Stunden. Sobald die Temperatur im Innern des Heustocks auf 50 °C gesunken ist, wird das Gerät auf „Belüften" umgestellt und die von außen angesaugte Frischluft so lange in den Stock geblasen, bis Temperaturen von etwa 25 °C erreicht sind. Auch nach dem Sinken der Temperatur muß der Heustock noch längere Zeit überwacht werden.

16. Waldbrände

Wir unterscheiden zwischen:

a) Boden- und Lauffeuer
b) Wipfelfeuer
c) Totalbrand

Boden- und Lauffeuer
Unter einem Bodenfeuer verstehen wir ein am Waldboden laufendes, sich immer weiter ausbreitendes Feuer, das seine Nahrung ausschließlich in Baumstümpfen, Bodenbewuchs, abgefallenen Ästen, Laub und Nadeln findet.

Feuer keilförmig zusammentreiben. Ausschlagen mit Schaufeln, Waldbrandpatschen und grünen Büschen. Schutzgräben in der Laufrichtung des Feuers ausheben. Ausgehobenen Boden nach innen werfen.

Brandnester durch Aufwerfen von Sand löschen. Wenn vorhanden, Wasser verwenden.

Eine Ausdehnung des Feuers zum Wipfelfeuer verhindern. Nach Ablöschen des Brandes Brandstelle gründlich untersuchen, evtl. Brandwache zurücklassen.

Wipfelfeuer
Ein Wipfelfeuer entsteht, wenn der Bodenbrand auf den Behang des Nadelholzes übergreift und in den Wipfeln weiterläuft.

Feuer dehnt sich schnell aus. Es entsteht starker Funkenflug. Feuer kann auch springen.

Breite Schutzgräben und Schneisen anlegen. Wenn Wasser vorhanden, dieses einsetzen, Rückzugsweg freihalten. Starke Rauchbehinderung möglich.

Totalbrand (Flächenbrand)
Von einem Totalbrand sprechen wir, wenn Boden, Behang und Stammholz in Flammen steht. Starke Hitze und starker Funkenflug. Reichlich Löschkräfte und ausreichendes Gerät anfordern. Schutz-

Bild 4: Hubschrauber mit Löschwasser-Außenlastbehälter (5000 l)

streifen und Schneisen breit genug anlegen. Wasserversorgung notfalls mittels Pendelverkehr oder Wasserförderung über lange Strecken sichern.

Lotsen an den Anmarschwegen aufstellen, um Löschkräfte schnellstens an die Brandstelle zu bringen. Einsatzleitung einrichten. Ablösungen bereithalten, ebenso Erfrischungen und Verpflegung. Melderdienst zwischen den einzelnen Brandabschnitten einrichten. Hubschrauber oder Kleinflugzeuge können wertvolle Dienste bei der Erkundung, Einweisung der Einsatzkräfte und Einsatzleitung leisten. Ggfs. Unterstützung der Brandbekämpfung aus der Luft mittels Löschflugzeugen und Hubschraubern mit Löschbehältern (siehe Bild 4). Brandstelle nach Ablöschen gründlich auf Brandnester untersuchen. Brandwache zurücklassen.

Y

Verbrennungsvorgang

1. Wie bezeichnet man allgemein die chemische Vereinigung eines Stoffes mit Sauerstoff?

Als Oxidation (abgeleitet von Oxigenium = Sauerstoff).

2. Was geht bei der Oxidation unter anderem vor sich?

Ein Teil der in dem oxidierenden Stoff enthaltenen chem. Energie wird in Wärmeenergie umgewandelt.

3. Was für Arten von Oxidationen gibt es?

1. Die *langsam verlaufende Oxidation.*
   Es handelt sich hier um eine *Oxidation ohne Feuererscheinung.*
   Hierunter verstehen wir: oxidieren, rosten, verwesen.
2. Die *schnell verlaufende Oxidation.*
   Hierbei handelt es sich um eine *Oxidation mit Feuererscheinung.*
   Wir bezeichnen sie als eine *Verbrennung.*

4. Was ist eine Verbrennung?

Die Verbrennung ist ein chem. Vorgang, bei dem sich ein brennbarer Stoff unter Wärme- und Lichterscheinung (Feuererscheinung) mit Sauerstoff verbindet. Oxidation ist also nicht immer gleichbedeutend mit Verbrennung. Umgekehrt ist aber jede Verbrennung eine Oxidation.

5. In welchen Erscheinungsformen tritt die Verbrennung auf?

In den Erscheinungsformen der *Flamme* oder der *Glut.*

6. Wonach richtet sich das?

Nach der Art des brennbaren Stoffes. Die Erscheinungsformen der Flamme oder der Glut können einzeln oder gleichzeitig vorkommen.

7. Wie verbrennen die einzelnen Stoffe?

1. *Gasförmige Stoffe* (Gase und Dämpfe) *nur mit Flammen.*
2. *Flüssige Stoffe* nach Übergang in Dampfform *nur mit Flammen.*
3. *Feste Stoffe* entweder
   a) *mit Flammen und Glut,*
   dies ist der Fall bei Stoffen, die sich infolge der Wärme in gasförmige Bestandteile und festen Kohlenstoff zersetzen. Die gasförmigen Stoffe bilden die Flammen. Der feste Kohlenstoff bildet die Glut (Papier, Holz, Kohle usw.),
   b) *nur mit Flammen*
   bei Stoffen, die in der Wärme flüssig werden oder sich zersetzen und brennbare Dämpfe bilden (Paraffin, Harz, Wachs usw.),
   c) *nur mit Glut*
   bei allen Metallen und künstlich entgasten Stoffen (Koks, Holzkohle).

8. Was kann also nur mit Flammen und was nur mit Glut verbrennen?

Mit Flammen
können nur gasförmige Stoffe,

mit Glut
nur feste Stoffe verbrennen.

9. Welche Glutstufen gibt es?

Rot-, Gelb- und Weißglut mit Unterteilungen.

10. Was schließen wir daraus, wenn Flammen an festen oder flüssigen Stoffen auftreten?

Daß sich brennbare Gase oder Dämpfe aus ihnen entwickeln.

11. Was ist eine Flamme und wo findet bei normaler Flamme die Verbrennung statt?

DIN 14 011 T1 gibt als Begriffsbestimmung:

Flamme ist der Bereich brennender oder anderweitig exotherm reagierender Gase oder Dämpfe, von dem sichtbare Strahlung ausgeht. Das heißt also:

Die Flamme ist ein leuchtender oder glühender Gasstrom.

Die Verbrennung findet bei normalen Flammen nur an der Außenfläche statt, wo der Sauerstoff der Luft zutreten kann.

Beispiel:

An der Flamme einer Kerze lassen sich verschiedene Zonen unterscheiden (siehe Bild 1).

1. Um den Docht herum ist eine dunkle Gaszone, in der sich die aus dem flüssig gewordenen Brennstoff entwickelten Dämpfe befinden,
2. dann folgt die helle, gelbstrahlende Glühzone.
   Hier werden unter dem Einfluß der Verbrennungstemperatur die

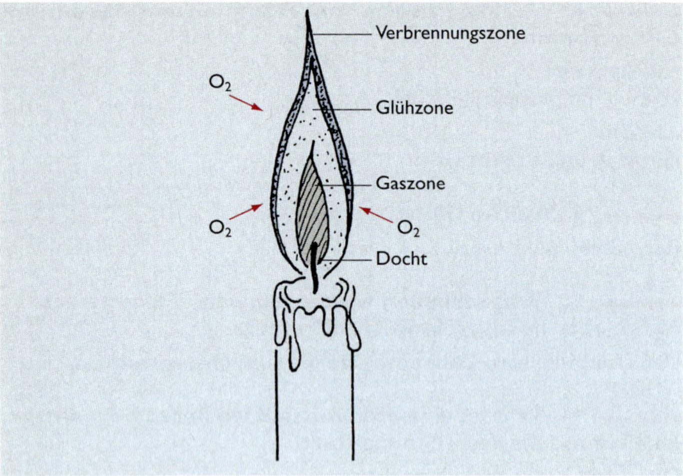

Bild 1: Verbrennungszonen

Brennstoffdämpfe in Wasserstoff und Kohlenstoff zersetzt. Das Glühen kommt von dem abgespalteten festen Kohlenstoff (Ruß).

3. Außen haben wir dann noch als dünnen blauen Streifen die Verbrennungszone.
   In dieser Zone findet die Verbrennung und Wärmeentwicklung statt.

12. Was ist Voraussetzung jeder Verbrennung?

1. Ein brennbarer Stoff
2. Sauerstoff
3. eine Zündenergie
4. ein zündfähiges Mischungsverhältnis zwischen brennbarem Stoff und Sauerstoff.

Brennbare Stoffe

13. Wie werden die brennbaren Stoffe unterteilt?

1. *Nach ihrer Brennbarkeit:*
   a) *brennbare Stoffe*
   brennen, einmal entzündet, auch nach Entfernen der Zündquelle weiter,
   b) *schwer entflammbare Stoffe*
   Flammen und Glut erlöschen nach Entfernen der Zündquelle;
2. *nach ihrer Entzündlichkeit:*
   a) *selbstentzündliche Stoffe,* z.B.
   Phosphor (weiß)
   b) *leichtentzündliche Stoffe,* z.B.
   Schwefelkohlenstoff, Zellhorn, Acetylen
   c) *normalentzündliche Stoffe,* z.B.
   Mehrzahl der brennbaren Stoffe
   d) *schwerentzündliche Stoffe,* z.B.
   massives Elektron, Thermit, Koks;
3. *nach ihrem Heizwert.*

14. Wovon hängt die Entzündlichkeit eines Stoffes ab?

Von seiner Zündtemperatur (Zündpunkt).

15. Was ist der Zündpunkt?

Der Zündpunkt eines Stoffes ist die Temperatur, auf die der Stoff mindestens erwärmt werden muß, um sich bei Berührung mit Sauerstoff (Luft) von selbst zu entzünden.

Beispiel für Zündpunkte
(Zündtemperatur in Luft)

A. Gase

Acetylen	+ 300 °C
Butan	+ 400 °C
Propan	+ 460 °C
Wasserstoff	+ 590 °C
Leuchtgas	+ 560 °C
Kohlenoxid	+ 640 °C
Methan	+ 545 °C

B. Dämpfe

Schwefelkohlenstoff	+120 °C
Äther	+ 210 °C
Schmieröl	+ 500 °C
Dieselöl	+ 350 °C
Benzin	+ 470 °C bis + 530 °C
Benzol	+ 560 °C
Alkohol	+ 550 °C

C. Feste Stoffe

Kohlen

Graphit	+ 750 °C
Hüttenkoks	+ 750 °C
Gaskoks	+ 500–650 °C
Steinkohle	+ 350 °C
Holzkohle	+ 300 °C
Braunkohle	+ 260 °C
Anthrazit	+ 400 °C
Steinkohlenstaub	+ 145° C bis + 190 °C
Holzkohlenstaub	+165 °C
Braunkohlenstaub	+ 150 °C bis + 170 °C

Papier

Schreibpapier	+ 360 °C
Krepp-Papier	+ 280 °C

Seidenpapier	+ 260 °C
Zeitungspapier	+ 185 °C
Holz	
Fichte	+ 280 °C
Buche	+ 295 °C
Eiche	+ 340 °C

D. Sonstiges

Phosphor	+ 60 °C
Schwefel	+ 250 °C
Tabak	+ 175 °C
Watte	+ 320 °C
Baumwolle	+ 450 °C

16. Was unterscheiden wir bei flüssigen Stoffen noch außer dem Zündpunkt?

Den *Flammpunkt* und den *Brennpunkt*.

17. Wie erklärt sich das?

Während alle *gasförmigen* und auch eine Reihe fester Stoffe unmittelbar als solche verbrennen, müssen *Flüssigkeiten* erst in gas- oder dampfförmigen Zustand übergehen. Flüssigkeiten brennen nicht selbst, sondern immer nur ihre Dämpfe.

Die Entzündung einer Flüssigkeit ist also erst dann möglich, wenn sie brennbare Dämpfe entwickelt hat. Dies ist erst von einer bestimmten Temperatur an der Fall.
Diese Temperatur bezeichnet man als den *Flammpunkt*.

18. Was ist also der Flammpunkt?

Der Flammpunkt einer brennbaren Flüssigkeit ist die niedrigste Flüssigkeitstemperatur, bei der sich Dämpfe in solcher Menge entwickeln, daß über dem Flüssigkeitsspiegel ein durch Fremdentzündung entzündbares Dampf-Luft-Gemisch entsteht.

Beispiele für Flammpunkte

Äther	−40 °C
Benzin	
– Leichtbenzin	−30 °C
– Normalbenzin	−58 +10 °C
Benzol (rein)	−18 °C
Alkohol	+16 °C
Schwefelkohlenstoff	−20 °C

19. Welche Rolle spielt hierbei die Zündquelle?

Die Dämpfe wenigstens an einer Stelle auf die Temperatur des Zündpunktes zu erhitzen, damit sie sich entzünden.

Da eine Flüssigkeit bei Temperaturen, die *unterhalb* ihres Flammpunktes liegen, nicht entzündet werden kann, ist der *Flammpunkt von besonderer Bedeutung für die Beurteilung der Feuergefährlichkeit von Flüssigkeiten.*

Wenn eine Flüssigkeit bis zum Flammpunkt erwärmt ist, verbrennt mit einem kurzen Aufleuchten nur die über der betreffenden Flüssigkeit vorhandene geringe Dampfmenge.

Die Flamme erlischt aber wieder, da bei dieser Temperatur die Dämpfe noch nicht so schnell entwickelt werden, daß ein dauerndes Fortbrennen möglich wäre.

Der Stoff muß hierzu noch etwas höher bis zum *Brennpunkt* erwärmt sein.

20. Was ist der Brennpunkt?

Nach DIN 14 011 T1 ist der Brennpunkt die Temperatur einer brennbaren Flüssigkeit, bei der die Konzentration des gesättigten Dampf-Luft-Gemisches die untere bzw. obere Explosionsgrenze erreicht.
Der Brennpunkt ist praktisch nur von geringer Bedeutung, er liegt nur wenig über dem Flammpunkt.

21. Wann erfolgt die Zündung?

Die Zündung eines brennbaren Stoffes erfolgt, wenn die chem. Vereinigung mit Sauerstoff (Oxidation) so beschleunigt wird, daß sie unter Feuererscheinung weiterverläuft.

Kurz gesagt, bei Erwärmung auf die Zündtemperatur.

22. Wodurch kann die Zündung herbeigeführt werden?

a) Durch *äußere* Ursachen,
man spricht dann von *Fremdentzündung;*

b) durch *innere* Ursachen,
man spricht dann von *Selbstentzündung.*

23. Wodurch unterscheidet sich eine Fremd- und eine Selbstentzündung?

Bei der *Fremdentzündung* wird die zum Erwärmen des Stoffes auf die Zündtemperatur nötige Wärme von *außen zugeführt.*

Bei der *Selbstentzündung* wird sie durch die vorhergehende langsame Oxidation des brennbaren Stoffes *selbst entwickelt,* z.B. Heuselbstentzündung.

24. Wie ist der Verlauf einer Selbstentzündung?

Die Oxidationsvorgänge gehen bei gewöhnlicher Temperatur sehr langsam vor sich.

Temperatursteigerungen treten hierbei nicht auf, da die entwickelte Wärme sofort von der Umgebung aufgenommen und weitergeleitet wird.

Wird jedoch die Wärmeabgabe an die Umgebung verhindert, so erwärmt sich der oxidierende Stoff, es tritt also ein Wärmestau ein, der eine Temperaturerhöhung bewirkt. Eine Wärmestauung ist die Vorbedingung für eine Selbstentzündung. Die Oxidationsgeschwindigkeit wird hierbei immer mehr gesteigert. Sie steigt bei einer Temperaturerhöhung von 10° jeweils um das Doppelte bis Dreifache. Ist der Zündpunkt erreicht, erfolgt die Zündung. Die Oxidation geht jetzt also in die Form der Verbrennung über. Alle Einflüsse, die die Oxidationsgeschwindigkeit erhöhen, begünstigen die Selbstentzündung (erhöhter Druck, Wärme, erhöhte Sauerstoffkonzentration).

25. Welche Stoffe neigen zur Selbstentzündung?

Phosphor, Braunkohle (Briketts), feuchtes Heu, ölgetränkte Faserstoffe (Leinöl, Firnis) usw.

26. Was ist der Heizwert oder die Verbrennungswärme?

Die Verbrennungswärme ist die Wärme, die bei vollständiger Verbrennung eines Stoffes frei wird. Sie wird in Joule (Kalorien) gemessen. Man spricht auch vom Heizwert eines Stoffes.

Der *Heizwert* oder die *Verbrennungswärme* eines Stoffes gibt an, wieviel Joule (Kalorien) beim vollständigen Verbrennen einer bestimmten Menge (1 kg oder 1 m^3) frei werden.

Beispiele für Heizwerte (Verbrennungswärme)

a) feste Stoffe

(kcal/kg = Kilokalorien pro Kilogramm, nach SI Einheiten kJ/kg = Kilojoule pro kg)

Holz, durchschnittl.	4400–4500 kcal/kg	18400–18850 kJ/kg
Braunkohle, jüngere	1800–2200 kcal/kg	7500–9200 kJ/kg
Braunkohle, ältere	4200–5200 kcal/kg	17600–21750 kJ/kg
Braunkohlenbriketts	4700–5200 kcal/kg	19700–21750 kJ/kg
Steinkohlen	6200–8000 kcal/kg	28000–30500 kJ/kg
Koks	6700–7300 kcal/kg	25950–33580 kJ/kg
Aluminium	7000 kcal/kg	29300 kJ/kg
Magnesium	6000 kcal/kg	25100 kJ/kg
Phosphor	5000 kcal/kg	25100 kJ/kg

b) flüssige Stoffe

Benzin	10200–10600 kcal/kg	42700–44400 kJ/kg
Benzol	9580–10070 kcal/kg	40100–42150 kJ/kg
Heiz- o. Teeröle	8900–10200 kcal/kg	37300–42700 kJ/kg
Spiritus	6030– 6730 kcal/kg	25250–28200 kJ/kg

c) *gasförmige Stoffe*

($kcal/m^3$ = Kilokalorien pro Kubrikmeter, 0 °C und 760 mm QS [kJ/m^3 bei 0° und 1 bar])

Wasserstoff	2573–3050 $kcal/m^3$	10750– 12750 kJ/m^3
Leuchtgas	4150–4600 $kcal/m^3$	17350– 19250 kJ/m^3
Erdgas	~7600 $kcal/m^3$	~ 32000 kJ/m^3
Acetylen	13600–14090 $kcal/m^3$	56950– 59000 kJ/m^3
Propan	22350–24360 $kcal/m^3$	93600–102000 kJ/m^3
Butan	29510–32010 $kcal/m^3$	123600–134100 kJ/m^3

27. Wie entsteht die Verbrennungstemperatur?

Je stärker bei einer Verbrennung die Umsetzung des brennbaren Stoffes vor sich geht (Oxidation), um so größer ist die Verbrennungstemperatur.

28. Wovon hängt die Verbrennungstemperatur ab?

a) vom Heizwert
b) von der Verbrennungsgeschwindigkeit.

(Wegen der Wärmeverluste an die Umgebung erreicht die Verbrennungstemperatur selten ihren theoretisch möglichen Wert.)

Beispiel:

Phosphor und Magnesium haben den gleichen Heizwert = 6000 kcal/kg (25100 kJ). Magnesium aber verbrennt erheblich schneller als Phosphor, folglich ist seine Verbrennungstemperatur auch höher als die des Phosphors.

Beispiele für Verbrennungstemperaturen:

Phosphor	800 °C
Magnesium; Elektron	2000–3000 °C
Thermit	etwa 2000 °C
Holz, Kohlen	etwa 1100–1300 °C
Koks	etwa 1400–1600 °C
Leuchtgas	
Bunsenflamme	1600–1800 °C
Wasserstoff-Sauerstoff-Gebläse	2100 °C
Acetylen-Sauerstoff-Gebl.	3000–3500 °C

29. Wie hoch sind im allgemeinen die bei Schadensfeuern auftretenden Temperaturen?

Zwischen 800° und 1200 °C bei Bränden in Wohngebäuden. Bei bestimmten Bränden können sie bis auf 1500 °C und mehr ansteigen, z.B. bei Bränden von Metallen.

Sauerstoff

30. Was ist über Vorkommen und Eigenschaften des Sauerstoffs bekannt?

Sauerstoff ist das verbreiteste Element der Erde.
21 Vol.-% (= 23 Gew.-%) in Luft,
88 Gew.-% Sauerstoff in Wasser.

Die Erdkruste besteht zu 50 Gew.-% aus chem. gebundenem Sauerstoff.

Sauerstoff ist eines der aktivsten und angriffslustigsten Elemente. Er ist bei fast allen chemischen Vorgängen des täglichen Lebens beteiligt.

31. Ist Sauerstoff brennbar?

Sauerstoff selbst ist nicht brennbar, aber ohne ihn ist keine Verbrennung möglich.

32. Welchen Einfluß hat der Sauerstoff auf die Verbrennung?

Die Verbrennung ist je nach Sauerstoffzufuhr schneller oder langsamer.

Die Verbrennung hört auf, wenn zu wenig Sauerstoff da ist.

33. Wovon ist die Verbrennungsgeschwindigkeit immer abhängig?

a) Von der *Luftzufuhr*

Bei mangelhafter Luftzufuhr brennt ein Feuer schlecht oder erlischt.

Je besser die Luftzufuhr, um so lebhafter die Verbrennung (Anfachen durch Wind).

Die Verbrennung kann aber auch durch übermäßig starke Luftzufuhr gehemmt oder unterbrochen werden (Ausblasen des Feuers = Entziehung der Wärme.)

b) Von der *Sauerstoffkonzentration*

In der Luft sind rund 21 % Sauerstoff enthalten.

Wird der Sauerstoffgehalt erhöht, so wird die Verbrennung beschleunigt und verstärkt, in reinem Sauerstoff wird die Verbrennungsgeschwindigkeit aufs äußerste gesteigert.

Sinkt der Sauerstoffgehalt der Luft, so wirkt sich das hemmend auf die Verbrennung aus. Eine Fackel erlischt zum Beispiel bereits, wenn weniger als 15 % Sauerstoff in der Luft enthalten sind.

c) Von der *Oberflächenbeschaffenheit des brennbaren Stoffes*

Je größer die Fläche ist, die mit Sauerstoff in Berührung kommt, um so schneller verbrennt der betreffende Stoff. Stoffe mit großer Oberfläche (im Verhältnis zu ihrer Masse), wie Stroh, Holzwolle und Papier, brennen leichter als solche mit einer kleinen Oberfläche (Holzbalken, Baumstämme usw.).

d) Vom *Mischungsverhältnis von Brennstoff und Sauerstoff*

Ist ein Brennstoff mit Sauerstoff vermischt, so ist er überall mit dem zur Verbrennung nötigen Sauerstoff in Berührung. Die Verbrennung wird daher außerordentlich rasch sein. Gas- oder staubförmige Stoffe können, wenn sie mit Luft oder mit Sauerstoff vermischt sind, explosionsartig verbrennen. Bei einer Steigerung der Verbrennungsgeschwindigkeit kann es zu Verpuffungen, Explosionen und Detonationen kommen.

e) Von der *Temperatur*

Der Einfluß der Temperatur auf die Verbrennungsgeschwindigkeit ist sehr groß. Bei normaler Temperatur erfolgt die Oxidation langsam, bei steigender Temperatur erhöht sich die Oxidationsgeschwindigkeit immer mehr, bei 10 °C Temperatursteigerung jeweils um das Doppelte bis Dreifache.

34. Was ist eine Verpuffung?

Die Verpuffung kann man als eine schwache Explosion bezeichnen. Sie verläuft aber langsamer und mit mäßiger Druckwirkung.

Die Gas- und Luftgemische liegen hierbei in der Nähe ihrer Explosionsgrenzen.

Die Verbrennungsgeschwindigkeit wird in cm/s gemessen.

35. Was ist eine Explosion?

Nach DIN 14 011 T 1 ist die Explosion eine wärmeerzeugende Reaktion in explosionsfähigen Gemischen. Die sehr schnell verlaufende Umsetzung im Stoffgemisch erzeugt große Gas- und Wärmemengen. Die Gase werden durch die Wärme in ihrem Volumen noch sehr stark vergrößert, wodurch hohe Drücke entstehen (einige bar). Diese wirken auf Menschen und Sachen im Nahbereich zerstörend.

Die Flammenausbreitungsgeschwindigkeit muß für eine Explosion einige 100 m/s betragen.

36. Was ist eine Detonation?

Detonation ist eine durch eine Stoßwelle ausgelöste Flammenreaktion, die sich mit Geschwindigkeiten bis zu einigen km/s fortpflanzt.

Höchstdruck bei Gas- oder Dampf-Sauerstoff-Gemischen etwa 50 bar.

Verbrennungsgeschwindigkeit wird in km/s gemessen.

37. Wann besteht Explosionsgefahr?

Wenn bei brennbaren Gasen oder Dämpfen das Mischungsverhältnis *innerhalb der Zünd- oder Explosionsgrenzen* liegt.

Die untere Ex-Grenze ist die niedrigste, die obere Ex-Grenze die höchste Konzentration von brennbaren Gasen, Dämpfen, Nebeln und/oder Stäuben in der Luft, in dem sich nach dem Zünden ein Brennen gerade nicht mehr fortpflanzt. Der Explosionsbereich ist also der Konzentrationsbereich zwischen der unteren und oberen Explosionsgrenze.

Beispiele für Explosionsgrenzen

	Mischungsverhältnis mit Luft oder Sauerstoff
Enge Explosionsgrenzen haben:	
Benzin	2,3–5,0 %
Benzol	2,6–6,7 %
Äther	2,6–7,9 %
Mittlere Explosionsgrenzen haben:	
Alkohol (Spiritus)	4,0–13,6 %
Leuchtgas	8,0–19,0 %
Weite Explosionsgrenzen haben:	
Schwefelkohlenstoff	2,0–50,0 %
Acetylen	3,5–52,2 %
Wasserstoff	9,5–66,3 %
Kohlenoxyd	16,6–74,8 %

38. Was bezeichnet man als Zündgrenze bei Mischung von brennbaren Gasen oder Dämpfen mit Luft?

Der niedrigste oder höchste Anteil des brennbaren Stoffes, bei dem ein Zündfunke noch eine Durchzündung bewirkt.

Beispiele für Zündgrenzen (nach Jones):

	Zündgrenze in Vol.-%	
	untere	obere
Propan	2,1	9,35
Butan	1,5	8,4
Benzol	0,8	8,0
Ammoniak	15,0	27,0
Leuchtgas	4,5	30,0
Kohlenoxyd	12,5	74,2
Schwefelkohlenstoff	1,0	60,0
Wasserstoff	4,0	75,2
Acetylen	1,5	80,0
Methan	~5	~15

39. Wie verläuft die Verbrennung solcher Gemische?

Die Verbrennung verläuft immer sehr rasch.

Wärme

40. Was ist Wärme?

Die Wärme ist eine Form der *Energie*. Die Verbrennungswärme eines Stoffes ist sein Gehalt an *Wärmeenergie*.

41. Was bezeichnet man dagegen als Temperatur?

Den *Wärmezustand* eines Stoffes.

42. Was ist eine Maßeinheit für die Wärme?

Die Maßeinheit für Wärme ist die Kalorie (cal) bzw. die Kilokalorie (kcal). Nach dem neuen internationalen Maßsystem Joule (J) bzw. Kilojoule (kJ).

1 cal = 4186,8 J; 1 kcal ≈ 4,2 kJ

43. Was ist eine kcal?

Eine kcal ist eine Wärmemenge, die erforderlich ist, um die Temperatur von 1 kg chemisch reinen Wassers von 14,5° auf 15,5 °C zu erhöhen.

44. Was für eine Bedeutung hat die Wärme für den Verbrennungsvorgang?

Ohne Wärme kann kein Verbrennungsvorgang stattfinden. Ein bestimmter Wärmezustand ist für die Einleitung und Fortdauer der Verbrennung Grundbedingung.

Der brennbare Stoff muß zunächst auf seine Zündtemperatur (Zündpunkt) erwärmt werden, um die Verbrennung einzuleiten, und erwärmt bleiben, um die Verbrennung zu unterhalten.

45. Was geschieht, wenn der brennbare Stoff unter seinen Zündpunkt abgekühlt wird?

Die Verbrennung wird unterbrochen.

46. Wie wirkt sich die Wärme physikalisch aus?

1. Bei *Erwärmung dehnen sich feste, flüssige und gasförmige Körper aus.*

   Beispiele: Ein eiserner Träger von 10 m Länge würde sich bei einer Erwärmung von 700 °C um rund 10 cm ausdehnen. Bei 4 °C hat Wasser seine größte Dichte. Bei Erwärmung auf 100 °C dehnt sich ein Liter Wasser um 43 cm^3 = 4,3 % aus.

   Gas hingegen dehnt sich bei einer Erhöhung seiner Temperatur von 0° auf 273 °C auf das Doppelte, bei Erhöhung auf 546 °C auf das Dreifache aus usw.

Wird ein fester Körper ungleichmäßig erwärmt, so dehnen sich die erhitzten Stellen stärker aus als die kälter gebliebenen. Folglich treten innere Spannungen auf, die Verbiegungen bewirken.

Glas, Natursteine usw. zerspringen daher leicht bei ungleichmäßiger Erwärmung oder aber bei plötzlicher Abkühlung.

2. *Es tritt eine Änderung des Aggregatzustandes ein.* Die meisten festen Stoffe gehen bei Erwärmung erst in den flüssigen und dann in den gasförmigen Zustand über. Dazu wird eine bestimmte Wärmemenge verbraucht, die beim Schmelzen als Schmelzwärme, beim Sieden als Verdampfungswärme bezeichnet wird.

   Um 1 kg Wasser von 100 °C in Dampf von 100 °C zu verwandeln, werden 539 kcal ≈ 2263 kJ verbraucht.

   Nimmt man eine ursprüngliche Löschwasserwärme von 10 °C an, so verbraucht jedes kg oder jedes Liter Wasser um bis zum Sieden (100 °C) erhitzt zu werden, 90 kcal ≈ 377 kJ.

3. *Die Festigkeitswerte ändern sich.*

   Die Festigkeit ändert sich bei Erwärmung der festen Körper. Bei 500 °C hat Baustahl (St 37) z.B. nor noch die Hälfte und bei 700 °C ein Drittel seiner Tragfähigkeit. Gerade diese Veränderungen sind für das Verhalten der Baustoffe im Feuer von großer Bedeutung.

47. Wie kann Wärme übertragen werden?

1. Durch Leitung innerhalb eines festen Stoffes oder bei unmittelbarer Berührung von einem Stoff auf einen anderen;
2. durch Wärmeströmung, d.h. Wärme wird von einem Medium mitgeführt (z.B. Warmluftheizung);
3. durch Wärmestrahlung.

48. Was ist ein Wärmestau?

Wärmestau tritt ein, wenn mehr Wärme erzeugt als abgeführt wird, d. h. die Wärmeentwicklung muß größer sein als der Wärmeverlust an die Umgebung.

Ohne Wärmestau kann keine Verbrennung zustande kommen oder unterhalten werden (Gesetz von van t'Hoof).

Der Wärmestau ist bei Selbstentzündungen von ausschlaggebender Bedeutung.

Für die Ermittlung von Brandursachen ist das Wissen über den Wärmestau wichtig.

Bekämpfung

49. Wie bekämpfen wir ein Feuer?

Indem wird ihm eine seiner Voraussetzungen entziehen oder das Mengenverhältnis ändern, z.B.

1. *Durch Entfernung des brennbaren Materials.*
   Wir entziehen dem Feuer auf diese Art die Nahrung.
2. *Durch Entfernung des Sauerstoffs.*
   Wir verhindern den Zutritt von Sauerstoff durch Abdecken mit Sand, Erde usw. oder mit Schaum.
3. *Durch Reduzierung des Sauerstoffgehaltes,*
   z.B. durch Inertgase (Kohlendioxid, Stickstoff, Inergen) in geschlossenen Räumen.
4. *Durch Entziehung der Wärme.*
   Durch Abkühlung unter die Entzündungstemperatur.
5. *Durch Antikatalyse*, d.h. durch Störung der chemischen Reaktion zwischen brennbarem Stoff und Sauerstoff.

Z

Umweltschutz bei der Feuerwehr

1. Was verstehen wir unter „Umweltschutz bei der Feuerwehr"?

Für uns ist es mittlerweile selbstverständlich geworden, daß die Feuerwehr im Rahmen ihres gesetzlichen Auftrages Gefahren für die Umwelt beseitigt, sofern diese Gefahren durch unkontrolliertes Freiwerden von gefährlichen Stoffen entstehen (abwehrender Umweltschutz). Die Feuerwehr ist somit eine aktive „Umweltschutzorganisation".

Nicht vergessen dürfen wir jedoch, daß wir oft Gefahr laufen, im Rahmen unserer Feuerwehrtätigkeit selbst zum Umweltsünder zu werden. Dies zu vermeiden, soll Ziel des Kapitels „Umweltschutz bei der Feuerwehr" sein. Das Kapitel soll Hilfe geben, ökologisches Wissen zu vermitteln und die Feuerwehrangehörigen für die Aufgaben und Probleme des Umwelt- und Naturschutzes zu sensibilisieren. Wir müssen bei unserer Tätigkeit bestrebt sein, jeden Schaden von der Umwelt fernzuhalten und eine im Einsatz ggf. nicht vermeidbare Schädigung auf ein Minimum zu begrenzen (vorbeugender Umweltschutz).

2. Welche Löschmittel können beim falschen Umgang zu einer Schädigung der Umwelt führen?

1. Schaum
2. Löschpulver

3. Was sollte beim Umgang mit diesen Löschmitteln grundsätzlich beachtet werden?

Abgesehen von dem Verbot der bis zum 31.12.1993 eingesetzten Halone gibt es kein Gesetz, das eine Übung oder einen Einsatz mit Löschmitteln verbietet. Jedes Löschmittel hat seinen besonderen Anwendungsbereich und seine Vorteile gegenüber Alternativen. Dennoch muß die Feuerwehr darauf achten, keine vermeidbaren Umweltschäden bei der Anwendung dieser Löschmittel zu verursachen.

Übungen müssen stattfinden, um den Ausbildungsstand der Wehren zu gewährleisten. Die Übungshäufigkeit und die Menge der verwendeten Löschmittel ist jedoch auf ein Mindestmaß zu reduzieren. Jede *unnötige* Anwendung muß vermieden werden.

Die ausgearbeiteten Empfehlungen, die von den Löschmittelherstellern zusammen mit Fachleuten aus Instituten und Fachbehörden erstellt wurden, sind zu beachten.

4. Worauf beruht die schädigende Wirkung von Schaum?

Schaum besteht aus Wasser und Schaummittel. Verantwortlich für die schädigende Wirkung ist das Schaummittel. Dieses zerstört bei bestimmten Konzentrationen das Leben im Wasser. So werden zum einen die für die Selbstreinigungskraft des Wassers verantwortlichen Mikroorganismen durch Störung ihres Wasserhaushaltes abgetötet. Zum anderen sterben die Fische, weil ihre Kiemenatmung gestört wird.

5. Wie können wir eine Schädigung durch Löschschaum während der Ausbildung vermeiden?

Die verwendete Schaummenge ist möglichst gering zu halten. Der Einsatz von Schaummitteln bei Löschvorführungen, die nicht der Ausbildung dienen, ist verboten.

Übungen dürfen nur auf befestigten Flächen mit Abfluß und direktem Anschluß an das öffentliche Abwassernetz bzw. an das Klärwerk durchgeführt werden. Die Zustimmung des Kläranlagenbetreibers ist vor der Übung einzuholen. Eine Beeinträchtigung biologischer Kläranlagen ist bei einem Verdünnungsverhältnis (Schaummittel-Wasser-Gemisch) von mindestens 1 : 250 nicht zu erwarten.

In Wasserschutzgebieten und im Grundwassereinzugsbereich von Trinkwasseranlagen sind Übungen und Erprobungen mit Schaum verboten.

Bei der Verwendung von Mehrbereichschaummitteln kann durch Verringerung der Zumischung während der Ausbildung auf 1 bis 2 % ein zusätzlicher Beitrag zum Umweltschutz geleistet werden.

6. Wie können wir im Einsatz eine Schädigung durch Löschschaum vermeiden?

Nur soviel Löschschaum erzeugen, wie unbedingt notwendig ist.

Möglichst vermeiden, daß der Löschschaum in Flüsse, Bäche, Teiche oder ins Grundwasser gelangt. Sollte dies nicht auszuschließen sein, sofort die untere Wasserbehörde verständigen.

Gelangt Löschschaum ins Abwassernetz, sofort Klärwerk verständigen. Mit viel Wasser verdünnen (mind. 250fach).

Mit Löschschaum oder Schaummitteln verunreinigte Schläuche und Armaturen nur auf befestigten Flächen mit Anschluß ans Klärwerk reinigen.

7. Was ist beim Umgang mit Löschpulver zu beachten?

Trockenlöschpulver besteht je nach Verwendungszweck und Zulassung für die verschiedenen Brandklassen aus unterschiedlichen Hauptkomponenten. So bestehen ABC-Löschpulver aus Monoammoniumphosphat und Ammoniumphosphat. BC-Löschpulver bestehen aus Kaliumsulfat, Kaliumchlorid, Kalium- oder Natriumhydrogencarbonat, Calciumcarbonatmischungen und Kalium-Ammoniumcarbamat. Diese Stoffe sind weitestgehend unproblematisch.

Aufgrund eines, wenn auch nur sehr geringen Schwermetallgehalts zählt Löschpulver jedoch zu den umweltbelastenden Stoffen.

Ausgetauschtes oder „verübtes" Löschpulver muß daher fachgerecht entsorgt werden. Sogenanntes „Altpulver" hat im Bundesabfallkatalog die Sonderabfallnummer 39 905. Dies bedeutet, daß es auf einer Sondermülldeponie entsorgt werden muß.

Übungen mit Löschpulver dürfen nur auf befestigten Flächen durchgeführt werden. Das Pulver ist bei Abschluß der Übung zusammenzufegen und fachgerecht zu entsorgen. Wegspülen oder „Einblasen" in die Kanalisation ist verboten.

In Wasserschutzgebieten und in Grundwassereinzugsgebieten müssen Löschübungen unterbleiben. Ebenso sind Löschvorführungen verboten, wenn sie nicht der Ausbildung dienen.

Daraus ergibt sich aus, daß in Feuerlöschern verbliebene Restmengen an Löschpulver nicht abgeblasen werden dürfen. Sollen die Löscher nach einer Übung oder einem Einsatz drucklos gemacht werden, muß hierbei der Löschmittelbehälter auf den „Kopf" gestellt werden.

8. Was müssen wir über Halon wissen?

Halon ist ein halogenierter Kohlenwasserstoff und wurde in Deutschland bis zum 31.12.1993 als Löschmittel verwendet. Halogenierte Kohlenwasserstoffe sind für die Schädigung der Ozonschicht verantwortlich.

In der Bundesrepublik ist die Produktion von Halon durch die Halonverbotsverordnung seit dem 1. 1. 1992 verboten. Demnach durften Feuerlöscher mit dem Löschmittel Halon nur noch bis zum 31. 12. 1991 produziert und verkauft werden.

Geräte und Anlagen, die vor dem 1. 1. 1992 in Betrieb genommen wurden, durften nur noch bis zum 31.12.1993 eingesetzt werden. Seit diesem Termin ist der Umgang mit Halon verboten.

9. Was geschieht mit nicht mehr benötigten Halonlöschern?

Die Herstellerfirmen sind gesetzlich zur Rücknahme und Entsorgung des Halons verpflichtet. Wenden Sie sich bei Entsorgungsfragen an die Herstellerfirma Ihres Feuerlöschers.

Bild 1: Tragbares Feuerlöscher-Übungsgerät, das mit Propan-/Butan-Gemisch betrieben wird (fire-trainer, P 2000, Krantz – TKT)

10. Was ist bei Löschmittelübungen besonders zu beachten?

Bei Löschmittelübungen entsteht die Umweltbelastung nicht nur durch das Löschmittel, sondern insbesondere durch das verwendete Brandgut. Die Feuerwehr sollte daher möglichst auf das Abbrennen von Benzin, Diesel, Autoreifen, Kunststoffen usw. verzichten. Für Flüssigkeitsbrände kann als Brandgut n-Heptan (technische Qualität) verwendet werden. Für die Brandklasse A kann Holz und Kartonage genommen werden.

Zwischenzeitlich werden für Feuerlöschübungen gasbefeuerte tragbare Übungsgeräte angeboten, die eine umweltgerechte Ausbildung ermöglichen (Bild 1, S. 623).

11. Was ist bei Löscheinsätzen im Winter zu beachten?

Bei Löscheinsätzen läuft immer wieder Löschwasser aus Feuerlöschkreiselpumpen, Druckbegrenzungsventilen, Schläuchen oder überlaufenden Löschmittelbehältern von Löschfahrzeugen auf Straßen und Gehwege.

Während dies im Sommer nicht stört, kann sich im Winter Glatteis bilden. Das Glatteis wird dann von der Feuerwehr oft mit Streusalz beseitigt. Diesen Streusalzeinsatz sollten wir möglichst vermeiden, indem wir bereits die Ursache beheben.

Hierzu gilt es folgendes zu beachten:

- bei den Abräumarbeiten Schläuche immer so leeren, daß das auslaufende Wasser nicht auf die Straße oder den Gehweg, sondern in Gärten bzw. direkt in die Kanalisation läuft;
- an freie Pumpenabgänge oder an den Abgang des Druckbegrenzungsventils zusätzlichen Druckschlauch ankuppeln, mit dem das Wasser außerhalb der Verkehrsfläche abgeleitet werden kann.

12. Was sollte die Feuerwehr bei der Wasserentnahme aus Teichen beachten?

Teiche – auch Löschwasserteiche – sind oft idealer Lebensraum für Insekten und Amphibien (Frösche, Molche, Feuersalamander u.a.). Insbesondere in der warmen Jahreszeit ist der Teich Lebensraum für Insekten- und Amphibienlarven. In dieser Zeit sollte daher bei Übungen kein Wasser aus diesen Teichen entnommen werden. Nehmen Sie zuvor Kontakt mit der unteren Naturschutzbehörde auf.

13. Was muß die Feuerwehr zum Schutz des Trinkwassers beachten?

Trinkwasser ist unser wertvollstes Lebensmittel. Vom Wasserwerk aus wird es hygienisch sauber in Rohrleitungen (zentrale Wasserversorgung) zum Verbraucher (Haushalte, Betriebe) transportiert.

Bei Einsätzen und Übungen darf die Feuerwehr aus diesem Rohrnetz über Hydranten Wasser entnehmen. Dabei besteht immer eine große Gefahr, daß das Trinkwasser verschmutzt wird. Dies muß verhindert werden! Die Grundregel hierbei ist, daß Trinkwasser nie mit Schmutzwasser in direkte Berührung kommen darf. Im einzelnen bedeutet dies:

- Unterflurhydranten dürfen nur geöffnet werden, wenn ein Standrohr eingesetzt ist.
- Zwischen Hydrant und Wasserabgabe muß immer eine Feuerlöschkreiselpumpe zwischengeschaltet werden. Dies gilt besonders beim Einsatz von Wasserstrahlpumpen.
- Werden Behälter mit Wasser aus einem Hydranten gefüllt, so muß zwischen Wasserspiegel des zu befüllenden Behälters und der Armatur zur Wasserabgabe (Austrittsquerschnitt) eine freie Fließstrecke von mindestens 30 cm sein.
- Löschwasserbehälter von Löschfahrzeugen, die mit Schmutzwasser gefüllt waren, müssen hygienisch einwandfrei gereinigt werden, bevor sie wieder vom öffentlichen Trinkwassernetz aus gefüllt werden dürfen.
- Bei der Zuführung von Löschwasser mit *zwei* Schlauchleitungen über Sammelstück zu *einer* Feuerlöschkreiselpumpe dürfen nie-

mals eine Schmutzwasserleitung und eine Trinkwasserleitung gemeinsam angeschlossen werden.

14. Was sollte bei Übungen in der Nähe von Hecken und Waldgebieten beachtet werden?

Hecken sind oft Brutgebiete von Vögeln. Übungen insbesondere mit laufenden Motoren der Fahrzeuge und der Aggregate sind während der Brutzeit dort zu unterlassen.

Wald- und Wiesengebiete sind ggf. als Naturschutzgebiete ausgewiesen. Auch dort sollten keine Übungen durchgeführt werden. Gleiches gilt für das Befahren von Seen mit Mehrzweckbooten.

Informieren sie sich bei ihrem Bürgermeisteramt, Forstamt oder ihrer örtlichen Naturschutzorganisation.

15. Was sollte die Feuerwehr beim Umgang mit Motorkettensägen beachten?

Beim Arbeiten mit Motorkettensägen wird Kettenöl in relativ großen Mengen verspritzt. Dieses Öl belastet den Boden und das Grundwasser. Die Feuerwehr sollte zum Schutz der Natur nur ökologisch abbaubares Kettenöl benutzen. Die Kettensägenhersteller geben entsprechende Informationen.

16. Wie verhält sich die Feuerwehr, wenn Stechinsekten (z. B. Bienen, Wespen, Hornissen) als Schwarm auftreten und sich Personen bedroht fühlen?

Die Tiere sollten grundsätzlich nicht getötet werden. Es sollte sofort ein Imker hinzugerufen werden, der die Tiere in aller Regel problemlos entfernen kann.

Eine ggf. bestehende Gefahr für Menschen ist sofort zu beseitigen, indem Fenster oder andere Öffnungen zu Aufenthaltsräumen geschlossen werden.

Werden unter Naturschutz stehende Insekten, z.B. Hornissen, getötet, macht sich der Ausführende bzw. Anordnende strafbar. Selbst eine Umsetzung muß hier zuvor behördlich (i.d.R. durch die höhere Naturschutzbehörde – Regierungspräsidium) genehmigt sein.

Jede Feuerwehr sollte vorbereitete Absprachen mit ortsansässigen Imkern treffen.

17. Woran sollte die Feuerwehr bzgl. laufender Motoren im Einsatz- und Übungsdienst denken?

Laufende Motoren belasten die Umwelt. Im Einsatz- und Übungsdienst ist heute immer noch zu beobachten, daß Motoren von Feuerwehrfahrzeugen und Aggregaten unnötig lange laufen. Künftig sollten alle Motoren abgestellt werden, sobald sie nicht mehr benötigt werden.

Hierzu gehört auch, daß der Einsatzleiter beim Einsatz nicht mehr benötigte Fahrzeuge sofort einrücken läßt oder die Anweisung erteilt, die Fahrzeuge verkehrsgerecht zu parken, um Blaulicht und Motor abstellen zu können.

18. Was muß die Feuerwehr beim Einsatz von Ölbindemitteln auf Verkehrsflächen (Ölspurbeseitigung) beachten?

Das ölgetränkte Ölbindemittel darf nicht auf der Verkehrsfläche zurückgelassen werden. Es ist sachgerecht zusammenzufegen und zu entsorgen. Dies ist Aufgabe der Feuerwehr, auch wenn sie in Amtshilfe tätig wird. Die Entsorgungskosten sind dem Straßenbaulastträger in Rechnung zu stellen.

19. Wie kann sich die Feuerwehr darüber hinaus aktiv am Naturschutz noch beteiligen?

Die Feuerwehr verfügt über zahlreiche technische Möglichkeiten, um Umwelt- und Naturschutzaktionen einfach und schnell durchführen zu können. Oft kann mit solchen Aktionen auch ein Übungszweck erreicht werden. In Absprache mit dem Bürgermeister und als Übungsdienst tituliert sollte sich die Feuerwehr an Umwelt- und Naturschutzaktionen beteiligen. Beispiele hierfür sind:

- Übernahme von Bach-, Biotop- und Teichpatenschaften
- Reinigungsaktionen von Bächen und Wäldern
- Gießen von neugepflanzten Bäumen
- Beseitigen von Windbruch
- Anbringen von Krötenzäunen
- Erhöhen des Sauerstoffgehalts von sauerstoffarmen Gewässern in der heißen Jahreszeit durch Pumpen und Strahlrohrfontänen
- Bau und Aufstellung von Nistkästen und Bienenanflugstationen
- Anfertigen und Aufstellen von Rauchverbotsschildern in Wäldern.

Sachregister

F

G

T

Inserentenverzeichnis

AEG Mobile Communication GmbH, Ulm (Seite 401)
Auergesellschaft GmbH, Berlin (Seite 137)
automess Automation und Messtechnik GmbH, Ladenburg (Seite 507)
Dr. STHAMER, Hamburg (Seite 553)
ELTHA GmbH, Beratzhausen (Seite 451)
E.ENGEL GmbH, Nentershausen (Seite 289)
Erbstößer Sicherheitstechnik GmbH, Marktheidenfeld (Seite 391)
FREQUENTIS Nachrichtentechnik Gesellschaft m.b.H, Wien (Seite 409)
GEROH GmbH & Co. KG, Waischenfeld (Seite 395)
GLORIA-WERKE, Wadersloh (Seite 369)
GRAETZ Strahlungsmesstechnik GMBH, Altena (Seite 513)
Hafenrichter GmbH, Auetal-Rehren (Seite 311, 331)
HESS-Technik-Vertrieb, Gerlingen (Seite 519)
Dieter KEMPKE, vereidigter Sachverständiger, Stuttgart (Seite 581)
Krantz-TKT GmbH, Aachen (Seite 625)
PETER LANCIER GmbH & Co. KG, Münster (Seite 437)
Limbach Flugmotoren GmbH & Co. KG, Königswinter (Seite 229)
Fritz Massong GmbH, Frankenthal (Seite 139, 491, 569)
MAST-PUMPEN GmbH, Aichwald (Seite 203)
MAUSER Metallverpackungen GmbH, Brühl (2. Umschlagseite)
MEHLER vario system, Fulda (Seite 279)
Mercedes-Benz AG, Berlin (Seite 235)
METZ Feuerwehrtechnik GmbH & Co. KG, Karlsruhe (Seite 241)
Minimax GmbH, Bad Urach (Seite 549)
NIXDORF DEUTSCHLAND, Nordhorn (Seite 489)
August Penkert, Mühlheim (Ruhr) (Seite 123)
plettac mobile radio GmbH, Fürth (Seite 419)
Springer-Verlag, Heidelberg (Seite 475)
Techno-Design Wilmering GmbH, Dülmen-Buldern (Seite 253)
Volkswagen AG, Wolfsburg (Seite 249)
WEBER-HYDRAULIK GMBH, Güglingen (Seite 447)
Andy Wenner Brandschutzbedarf, Wald-Michelbach (1. Vorsatzseite)
Max Widenmann Armaturenfabrik, Giengen/Brenz (Seite 317)
Albert Ziegler GmbH & Co. KG, Giengen/Brenz (Seite 181)

Bildnachweis

AEG, Ulm
Albach, Frankfurt
Ascom, Aachen
Auergesellschaft, Berlin
Automess, Ladenburg
Barth, Fellbach
Bayerische Versicherungskammer, München
Berufsfeuerwehr Heilbronn
Berufsfeuerwehr München
Bosch, Stuttgart
BP Strohmeyer
Dräger, Lübeck
Eltha, Beratzhausen
F-Plan, Wiehl
GFT, Bad Friedrichshall
Gloria, Wadersloh
Graetz, Altena
Heim, Wildberg-Effringen
Herfurth, Hamburg
Iveco Magirus, Ulm
Karl, Michael, Rastatt
Krantz-TKT, Aachen
Lentner, Grafing
Lukas, Erlangen
Magirus, Ulm
MAN, München
Mast, Aichwald
Meiller, München
Mercedes-Benz, Berlin
Metz, Karlsruhe
Minimax, Bad Urach
Polyma, Kassel
RDN
Rosenbauer, Linz-Leonding
Rotzler, Steinen
Sachs-Dolmar, Hamburg
Schmitz, Wilnsdorf
Siemens, München
Stihl, Waiblingen
Swissphone, Gundelfingen
Total, Ladenburg
Vetter, Zülpich
Weber, Güglingen
Widenmann, Giengen/Brenz
WS-Umwelt Gerätebau, Aachen
Ziegler, Giengen/Brenz
Zollern, Lauchertal